# 云贵高原典型陆地生态系统研究(二)

## ——典型流域生态系统、水生态过程与面源污染控制

主　编　王震洪
副主编　吴永贵　张崇玉　刘鸿雁　周运超
　　　　阴晓路　许昌敏　张梦娇

科学出版社

北京

# 内 容 简 介

云贵高原典型陆地生态系统中,滇池流域、贵州两湖流域、金沙江流域、牛栏江流域、小江流域生态系统是生态破坏比较严重或环境污染问题突出的典型流域生态系统,其流域面源污染不仅造成了当地环境质量下降,而且也影响着长江、珠江中下游水环境安全。本书首先提出流域生态系统结构的新框架,并分析了流域系统结构成分特征及成分之间的相互关系;探讨了不同土地利用类型降雨径流作用下污染物产生特征,径流水、污染物和影响因子间的相互作用;利用流域出口监测资料,评价了流域面源污染物输出特征和动态规律;讨论了农村户用复合多功能污水处理、生态沟道污水处理和坡式湿地污水处理三级系统的结构、功能、施工工艺及污水的处理效果;介绍了针对农村设计的新型堆沤肥系统、玻璃钢沼气池系统、蚯蚓分解池系统处置农村固体废弃物,实现循环利用的技术模式;总结了削减农田氮磷排放的有机水稻种植模式、缓控释肥、精准化施肥、生物菌肥施用技术和控制坡耕地土壤侵蚀的植物篱种植技术模式。

本书可供生态学、环境科学、环境工程、农学、水土保持科技人员和管理者参考。

**图书在版编目(CIP)数据**

云贵高原典型陆地生态系统研究(二):典型流域生态系统、水生态过程与面源污染控制/王震洪主编.—北京:科学出版社,2013.1
ISBN 978-7-03-036104-2

Ⅰ.①云… Ⅱ.①王… Ⅲ.①云贵高原-陆地-生态系统-研究 Ⅳ.①P942.7

中国版本图书馆 CIP 数据核字(2012)第 284547 号

责任编辑:马 俊 刘 晶/责任校对:刘小梅
责任印制:徐晓晨/封面设计:耕者设计工作室

科 学 出 版 社 出版
北京东黄城根北街 16 号
邮政编码:100717
http://www.sciencep.com

北京厚诚则铭印刷科技有限公司 印刷
科学出版社发行 各地新华书店经销

*

2013 年 1 月第 一 版  开本:787×1092 1/16
2015 年 1 月第二次印刷  印张:21 3/4
字数:513 000
**定价:98.00 元**
(如有印装质量问题,我社负责调换)

# Typical terrestrial ecosystems in Yun-Gui plateau in China（Ⅱ）

—— typical watershed ecosystems, water ecological processes and non-point source pollution control

Editor-in-Chief: Zhenhong Wang

Vice Editors-in-Chief: Yonggui Wu, Chongyu Zhang, Hongyan Liu, Yunchao Zhou, Xiaolu Yin, Changmin Xu, and Mengjiao Zhang

**Science Press**

**Beijing**

# 前　言

云贵高原区域生态系统包括许多典型陆地生态系统，如典型森林、灌丛、流域生态系统、典型山地退化生态系统、典型石漠化退化生态系统、典型城市生态系统等。这些生态系统构成了陆地生态系统的主体，为云贵高原地区、长江和珠江中下游提供着生态系统服务。然而其中的一些生态系统，由于环境污染或生态退化，在提供一定生态系统服务的同时，对周围或下游生态系统产生了负面影响，导致这些生态系统环境恶化，制约了社会经济的可持续发展。在云贵高原腹地的滇池流域生态系统、贵州两湖流域生态系统、牛栏江流域生态系统、小江流域生态系统、金沙江流域生态系统就是这种生态系统的典型。

这些流域生态系统有一个共同特征，就是流域内分布着比较多的农村人口，农业生产方式与我国东部和中部比相对落后，生产生活中的污水大部分没有经过处理而直接排放到流域沟道、河道，固体废弃物没有良好的收集和处置体系，大部分村庄对固体废弃物都是按传统方式堆肥、随意堆放倾倒等。在流域生态系统内，为了发展农业，获得更多的农产品，增加群众收入，农田施肥、用药水平都比较高。流域的山地部分，坡地耕种还比较普遍，导致了严重的水土流失。因此，在这些流域内，从村落、农田、坡耕地产生了大量的面源污染物，对流域内的湖泊、长江、珠江中下游水体构成了面源污染。例如，滇池、红枫湖、百花湖的水体在一年的大部分时间水质都在Ⅳ类到Ⅴ类之间，严重影响了昆明和贵阳两个大城市的用水安全。这些流域产生的面源污染物向中下游输送，使长江、珠江水系也被严重污染。尽管在过去的 10 年里，国家通过"973"计划项目、国家科技支撑计划、国家水专项等重点科技项目，对全国包括云贵高原地区的典型流域农业农村面源污染治理进行了系统研究，各级政府对所管辖地区的流域也开展了面源污染治理，但全国包括云贵高原地区的关键湖泊和流域水质并没有根本好转，且农业农村面源污染治理技术本身也存在不少的问题。

从国内外看，农业农村面源污染治理技术主要存在以下三个方面的问题。①各种科技项目已经开发了不少的农业农村面源污染治理技术，各单项技术在治理中效果常常也很好，但是这些治理技术没有按流域单元和水生态过程进行各种技术的综合集成、整体治理、形成多级控制体系。江河湖泊上游是由有限个微流域构成的多级系统，污染物通过流域的水生态过程产生、输送，并在流域出口排放，导致水体污染。如果按流域单元治理，可根据水生态过程设计污染物产生、输送、排放及污染部位的治理措施，连续多级控制，并通过出口径流和污染物监测，准确评估治理效果，调整治理技术和配置。②在农村，面源污染治理是要削减氮磷使用，而发展高效农业需要增加肥料使用。已开发的治理措施没有达到环境治理目标和农业发展目标的协调。如何在流域内建立一种减少肥料使用的高效农业，是解决这一矛盾的关键所在。③治理措施没有很好地按生态系统物质循环原理设计。生态系统物质循环表现为输入和输出平衡。如果按物质循环原理设计治理措施，可使面源污染物（当被充分利用就变成资源）在流域内充分循环，大量削减输出流域的量。例如，可以设计能使固体废弃物在"村落—农田"循环起来的设施，发展循环农业，使固体废弃物充分利用，减少化肥使用，实现固体废弃物和农田高氮、磷排灌水污染的有效控制等。

为了解决这些问题，由王震洪教授主持，申请并获得了两湖一库专项"两湖一库汇水区域农业面源污染治理技术研究与新农村建设示范"（2009 筑科农合同字 3-042 号）的资助。该项目基于面源污染物在流域内通过水流作用从村落、农田、坡耕地、园地产生，通过沟渠、小型河道向湖泊排放，导致水体污染，富营养化加剧的规律，选择"两湖一库"汇水区的一个微流域为研究单元，设计了费用低、适合农村推广应用的村落生活污水多级处理技术、村落固体废弃物循环处理技术、农田氮磷削减施肥技术、植物篱治理坡耕地水土流失生态工程技术，并组合在该流域中进行试验研究和示范，评估各单项治理技术效果，在微流域出口监测评估流域尺度上面源污染负荷。本书对这些研究成果进行总结，首先根据国内外研究资料，提出一个新的流域生态系统研究体系，并对系统结构成分、生态问题和相互关系进行分析，然后对流域水生态过程和面源污染治理的各单项技术试验研究进行总结，形成理论和技术体系，为农业农村面源污染治理提供技术支撑。

全书共 7 章，第一章，典型流域生态系统，由王震洪撰写；第二章，流域内网间带不同土地利用类型地表和土壤中面源污染物输出特征，由张梦娇、许昌敏、王震洪编写；第三章，流域出口面源污染物输出动态及负荷分析，由阴晓路、王震洪编写；第四章，流域内农村生活污水多级处理技术及面源污染控制效应，由吴永贵编写；第五章，流域内农村固体废弃物循环处理技术及面源污染控制效应，由刘鸿雁编写；第六章，流域内农田氮磷削减施肥技术及面源污染控制效应，由张崇玉编写；第七章，流域内植物篱控制坡耕地土壤侵蚀模式及面源污染控制效应，由周运超编写。书稿分章节完成后，由王震洪教授统稿。

编 者

2012 年 10 月 13 日

# 目　录

# 第一章　典型流域生态系统

**摘　要**　流域作为地貌学和水文学的研究单元，具有明确的物质界限和范围。在流域尺度上定义生态系统，一方面使生态系统具有客观的研究尺度，另一方面使流域单元蕴涵着丰富的生态学规律。流域的最大特点是水文和伴随的物质输送过程，因此流域生态系统的研究核心是流域系统结构与水生态过程的关系及规律。本节讨论了流域作为生态系统研究尺度的意义，定义了流域生态系统的结构和水生态过程的概念，讨论了流域生态系统的形态和量化指标，分析了流域系统各结构成分的特征及相互关系，认为流域生态系统由形态上具有显著差异的河网、网间带和湖泊构成。河网由沟道和河道构成；网间带由表面特征和生态功能具有显著差异但表面均匀的土地类型构成，包括林地、荒山荒坡、草地、坡耕地、农田、人居环境；湖泊包括人工坝塘、水库、天然湖泊和湿地。河网是连接网间带和湖泊的径流及物质输送通道，其形态结构、功能与网间带和湖泊特征有关。湖泊大小、水位和功能受网间带及河网的调控。河网的侵蚀、湖泊的沉积也调节着网间带的形态结构，三个结构成分之内和之间发生着一系列的生态作用和过程，其中水生态过程是流域最典型的生态系统过程，流域生态系统各结构成分之间相互作用必须依赖于水生态过程。流域各结构成分之内的生态过程如生物量、生产力、多样性，土壤侵蚀、面源污染物产生、输送对其他两个结构成分的影响一般要通过水生态过程。山区河道中的阶梯-深潭系统对维持河道稳定和河道生物多样性具有重要意义。河道系统组成和物质成分反映了河道上游网间带特性。河道下游的冲淤过程与上游网间带的生态过程有关，并影响着三角洲和河道的演化。从伦理学的角度，河道具有生命的意义。河道演变中，受网间带面积、气候、地质、地貌的影响，形成了不同的类型。山区河道和平原河道在形态特征、水生态过程、生态效应方面具有显著的差异。沟道作为河道的上游部分，具有与河道不同的特征。沟道侵蚀使网间带面积减小，营养物质向河道、湖泊输送，对河道、湖泊产生了淤积作用，改变着河道、湖泊生态环境和生态过程。网间带的生态格局和过程调控着河网、湖泊水体环境质量。网间带中坡耕地、人居环境系统和农田是面源污染的主要来源。网间带的个体、种群、群落、生态系统的格局和过程都会在形态、结构、功能上影响沟道、河道和湖泊，沟道、河道和湖泊在形态、结构、功能的变化也会反作用于网间带的个体、种群、群落、生态系统的格局和过程，因此，河网、网间带和湖泊是一个有机的整体，构成有固定界限的流域生态系统。

**关键词**　流域生态系统；网间带；河网；沟道；河道；湖泊；面源污染；水生态过程；阶梯-深潭系统

## 1.1　流域作为生态系统研究尺度的意义

流域（watershed）是指地球陆地上一个闭合的汇水区域。流域在空间上可由形态及结构具有差异的河网、网间带和湖泊构成（图 1-1）。河网是连接上游网间带与下游湖泊的物质输送通道，由沟道、河道构成；网间带是流域内沟道和河道之间的部分，包括不同的土地利用类型，如林地、坡耕地、农田、荒山荒坡、人居环境；湖泊是流域中储存径流的水体，包括坝塘、水库、湖泊和湿地。河网、网间带和湖泊内部及相互之间发生着一系列的生态过程，其中水生态过程是流域最典型的生态系统过程。水生态过程是指由于水在循环过程中与环境的作用而导致流域中的河网、网间带和湖泊发生的一系列变化过程。这些过程主要是在流域尺度上水的下落、流动、渗透过程中导致河网、网间带和湖泊发生的形态、结构和功能的变化。

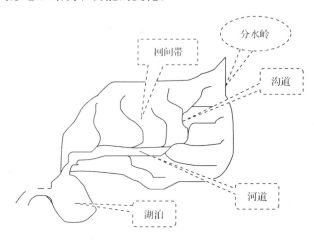

图 1-1　流域生态系统结构

在构造运动形成的原始地形上，降水和径流的塑造作用形成了流域。流域是水生态过程的产物和发生水生态过程的场所。不同地区流域的河网、网间带、湖泊特征是不同的，这些不同导致了流域水生态过程的差异。例如，长江中下游河网地区流域，河道较密、坡降小、河道形态受人类影响较大，网间带平缓、地下水位高、土地利用类型主要是农田，河道水位高、流速慢、营养盐丰富。而在长江上游的云贵高原地区，流域的这些特征刚好相反，即河道较稀疏、坡降大、河道形态受人类影响小，网间带起伏大、地下水位低、土地利用类型主要是林地和灌丛，河道中水位低，很多是季节性河流，水流速度快。

在流域中，水既是一个塑造流域的媒介，也是连接河网、网间带、湖泊的媒介。液体水还是生态系统中生命元素得以无限循环的介质，是人类赖以生存和社会经济发展的重要资源。水资源的开发、利用和管理已成为各国普遍重视的课题。水资源的形成、时空变化、容量、人口承载力等问题的研究，以及正确制定水资源发展战略，协调各国水资源利用，都常常在流域尺度上开展。水在流域中的流动将网间带的污染物输送到河道、湖泊中，从流域上游输送到下游，导致流域一系列水污染问题。流域中污染物的积累、迁移、转化，不论在生物个体水平，还是在流域水平都与水有关。流域内河网和湖泊富营养化问题、网间带水土流失问题、河网和湖泊冲淤问题都与水在流域中的流动有关。因此，流域尺度上水生态过程的知识对保护和合理利用水资源、解决流域污染问题具有重要意义。

现代生态学发展表明，生态学不断向宏观和微观两个方向拓展。宏观的最大尺度是从全球研究环境变化的生态学问题，是各种生态学过程的整合，即全球生态学；微观方面是利用分子生物学技术探讨生态学过程的分子机制，即分子生态学。在宏观和微观的两极之间，存在着一系列中间地带的生态学，如个体生态学、种群生态学、群落生态学、生态系统生态学、景观生态学等。生态系统生态学是以具有非生物成分、生产者、消费者、分解者及相互关系为研究对象的生态学，生态系统生态学的发展使生态学领域达到了一个新的高度。生态学家在生态系统生态学这一中尺度上改革生态系统成分论（非生物成分、生产者、消费者、分解者成分），发展了景观生态学的斑块论（斑块、廊道、基底），将生态系统成分作为斑块中的元素，研究生态问题。但是，不论是生态系统生态学还是景观生态学，在研究格局和过程时，尺度问题一直困扰着生态学家。生态系统生态学和景观生态学在尺度上弹性比较大，特别是生态系统，尺度可从局域尺度到区域尺度，而且常常没有一个自然的分界线，一般都是根据研究的便利主观上进行确定。如果把流域作为生态系统的研究尺度，那么生态系统就有了客观的自然分界线和尺度，即地球陆地一个闭合的汇水区域。以这一尺度为单元的生态系统生态学研究被生态学家确定为流域生态学，并把流域系统确定为高地、滨岸带和水体构成的系统（吴刚和蔡庆华，1998；邓红兵等，1998；尚宗波和高琼，2001）。笔者将流域系统确定为河网、网间带和湖泊构成的系统，这样确定的理由主要是：①尽管湖泊和河网的主体都是水体，但湖泊和河网的环境条件、动力学过程有很大差异，它们具有显著差异的生态特征；②在流域中，很容易区分主要起物质输送作用的河网、起物质储存作用的湖泊和起物质输出作用的网间带，使流域结构和功能的研究具有客观明确的界限；③用河网、网间带和湖泊作为流域的要素，能使流域生态学的概念和地貌学、水文学上的概念通用，并为流域尺度上的生态学带来丰富的信息和方法论基础。

以流域为尺度，关注水生态过程为核心的河网、网间带和湖泊之间关系及调控的流域生态系统研究（可称为水生态过程论，有别于生态系统成分论、景观生态斑块论），具有以下三个方面的生态学意义。①流域具有客观自然的研究尺度（非人为划定），使研究具有很好的可操作性。因为生态系统生态学理论认为，只要是由非生物成分、生产者、消费者、分解者构成的相互作用体系，如小到一个池塘、大到整个地球范围都可以是生态系统，使生态系统的研究工作在许多问题上由于尺度问题被困扰，用流域限定生态系统范围使生态系统具有客观物质界限，并清晰化。②水资源、水环境和面源污染问题是目前备受关注的生态环境问题，这些问题都与流域尺度上河网、网间带和湖泊之间的水生态过程相关，通过流域尺度上的水生态过程研究，可以优化生态系统过程，实现流域水资源保护和水环境改善。③生态学家普遍认为，生态学缺乏普适原理，在一个等级尺度上研究获得的生态学规律，常常不能被利用来建立其他等级生态学的理论体系。由于流域在形态和结构上具有自相似性，把不同等级生态学中的格局和过程布置在不同尺度流域上进行研究，并与水生态过程联系，有可能使小流域尺度上的研究结果和规律外推到大流域尺度上，提高生态学理论的普适性。

## 1.2 流域系统结构

### 1.2.1 一般系统结构

在一定的时空范围内，存在着同种或异质性的结构成分，这些成分之间相互影响、相互作用、相互制约，使这个时空范围形成一个有机的整体，这个有机整体就称为系统。自然界和人类社会任何事物都是以系统的形式存在的。当我们研究一个事物的内在本质联系，并从整体角度进行综合研究时，这个事物就是一个系统。系统是系统论的研究对象。系统论把研究对象看成整体和系统，全面研究系统中各成分之间的相互关系、相互作用，以及系统和周围环境之间的物质和能量交换过程，从而确定系统的整体运动规律。

系统论的思想由美籍奥地利生物学家贝塔郎非于 20 世纪 20 年代首先提出（Bertanlanfy, 1950）。19 世纪到 20 世纪，科学技术的发展带来了工业发展、经济繁荣和社会进步。由于生产规模急剧扩大，生产过程越来越复杂，科学合理地组织和管理生产、避免浪费成为社会生产的关键问题。科学技术在世界范围内高度分化，衍生出许多分支学科；学科间的交叉，又产生新的边缘学科。科学技术越分越细的发展模式也使它面临着许多分支学科所不能单独解决的科学问题。因此，自然科学和社会科学中出现了把设计内容广泛、因素复杂的研究对象作为一个整体，进行全面、系统、大规模综合研究的趋势。在工业生产领域，需要解决的生产性问题涉及众多技术，规模又十分庞大，或者研究的对象极为复杂，其变化过程受控于许多条件和因素，原有各分支学科的理论、思想、方法都无法圆满解决这些问题，于是"系统论"应运而生（陆中臣等，1991）。

系统论包括系统思想、系统科学和系统哲学。它既有认识客观实体的总体结构的哲学思想，又有科学精确的数学方法，能定量地描述系统及其变化过程。它跨越自然科学和社会科学两大领域，可以广泛地应用于社会系统、经济系统、管理系统、生物系统以及决策和预测研究中。在系统论中，任何一般系统都具有三个基本特征：①系统中至少存在两个以上的结构成分（或要素、组分）；②系统中结构成分与结构成分、结构成分与整体，以及整体与环境之间存在相互联系、相互制约的关系；③系统具有不同于各个结构成分的整体新功能。

结构成分是指构成系统的各个组成成分，系统是整体，结构成分是部分，两者互相依存。没有系统就没有结构成分，没有结构成分也无系统可言。系统对结构成分起着支配和主导作用，它决定和控制了结构成分的性质与功能。结构成分是构成系统的基础，结构成分的变化会引起系统性质的变化。

一个系统对更高一级系统来说，它是一个结构成分。任何一个系统的结构成分，又往往是次一级结构成分的系统。同一个事物在一定范围内是系统的结构成分，在另外的范围可确定为系统。系统和结构成分具有相对性，一个系统在大系统中是一个结构成分，同时它又是一个小系统，其中，次一级成分的结构决定了它的性质和功能。如此推演，在系统中可发现无限层次系统系列，其中每个环节的结构成分都具有双重的地位和作用（陆中臣等，1991）。

任何系统都有特定的结构和功能。结构是不同成分在系统中所占的比例、空间配置方式和因果关系。系统功能是系统整体或局部为维持系统存在、系统结构成分和系统间的相互联系，对自身和系统外环境产生的各种效应的集合。同种结构成分组成的系统，由于它们组织结构的不同，可使系统表现出完全不同的性质和功能。稳定性和有序性是系统结构的基本性质。系统与环境之间总是进行物质、能量和信息交换，所以系统的结构总是处在不断变化过程中。系统以外的周围事物称为环境，在一个大系统中，当我们把其中一个结构成分看成子系统时，其他结构成分就是这个子系统的环境。

对系统进行研究时，由于研究目的、角度和范围不同，可把系统分为各种类型。根据系统的构成，可分为物质系统和概念系统。物质系统是客观物质或事物组成的系统，如原子、分子、生物、人体、环境、企业、社会等。概念系统是由主观概念和逻辑关系等非物质组成的关系，如计划、决策、制度、法律等。按组成系统结构成分的性质，可分为自然系统、人工系统和复合系统。自然系统指自然界不依赖于人力而独立存在的各种系统，如天体系统、大气系统、生态系统等。人工系统是由人类活动而建立起来的各种系统，如文化系统、经济系统、城市系统。复合系统是由自然系统和人工系统相结合而构成的系统，其中包括自然结构成分和人工结构成分，如农业系统、环境系统、牧业系统。从系统环境之间的关系看，可分为封闭系统和开放系统。封闭系统是系统与周围没有物质和能量交换的系统。开放系统是指与环境存在物质、能量和信息交换的系统。开放系统由于不断和外界发生物质和能量的交换，该系统从无序向有序发展和演化。系统开始演化时与外界物质和能量的交换较少，系统处于平衡状态，系统为相对无序结构。随着时间的推移，物质和能量的交换增加，系统达到非平衡状态。系统本身产生熵，同时又向外界输出熵，输出大于产生，系统保留的熵减少，所以走向有序。这时系统只有耗散能量才能保持结构，因此称为耗散结构（陆中臣等，1991）。

## 1.2.2 流域系统结构

因为流域呈现一定的时空范围，流域内有河网、网间带、湖泊三个基本结构成分，每一个结构成分可进一步细分为更小的成分，这些结构成分之间存在相互影响、相互作用、相互制约的关系，因此流域是一个典型的系统。但是流域系统是一个巨体系统。流域系统具有三个基本特征：① 河网、网间带和湖泊三个系统结构成分中，至少必须有两个结构成分才能称为流域系统；②流域系统的这三个结构成分是相互联系、相互作用和相互制约的；③流域系统的功能不同于流域系统中每个单独结构成分的功能。

从流域系统的类型来看，流域系统是一个物质系统，因为流域系统每个结构成分都存在物质形态和结构。流域又是一个复合系统，因为流域在人类社会诞生之前就独立存在，不依赖于人力。在人类社会诞生之后，人类在流域中建立了各种人工系统，如城市、水利工程、人工绿地等人造自然物。所以，流域是自然和人类相互作用的综合体。流域还是开放系统，因为流域与流域外不断进行着物质、能量和信息的交换，使流域维持有序状态。例如，在流域内进行农业生产活动中，农民为了获得高产，使用来自流域外的化肥和农药；流域内的居民日常生活利用流域外的生活必需品，利用流域外输入的电能、煤炭、石油能源等。

对于由网间带、河网和湖泊构成的某一个流域系统来说，一般隶属于更大的流域系统，如对于金沙江流域系统来说，更大的流域系统是长江流域；而且金沙江流域可分出许多次级的流域系统，如小江、牛栏江、龙川江、雅龙江、通天河等流域系统。不论是大的流域系统还是小的流域系统，其系统构成的基本成分都为网间带、河网和湖泊。在这三个流域基本的构成成分下，还可分为不同的亚成分，如网间带由林地、农田、坡耕地、荒山荒坡、人居环境系统等成分构成，湖泊由人工水库、坝塘、天然湖泊湿地等构成，河网由河道和沟道构成等，这些亚成分根据系统结构还可再进一步划分成更小的成分，如一条河道可由深塘、急流、沙滩组成的若干段构成。

不同的流域，流域生态系统结构成分在系统中所占面积比例、空间配置方式和相互作用关系是不同的，相应的流域功能也具有差异。例如，有的流域中网间带这个基本成分中林地多一些，有的则农田、人居环境系统面积大一些，相应地，流域系统的功能就具有差异。但一定地理区域的流域具有比较相似的结构，如云贵高原的流域的网间带、河网、湖泊结构特征方面具有很高的相似性，但它与黄土高原地区的流域在这些方面差异性就很大。流域系统结构成分之间相互联系、相互作用，维持着流域整体或局部的存在，发挥着一定的流域功能，如网间带对湖泊的水源补给功能、水资源净化功能、初级生产功能、河网的物质输送功能等。

流域系统具有稳定性和有序性。稳定性表现在一定范围内，人类对流域干扰或自然干扰，流域生态系统结构和功能保持相对稳定、有序。在一定强度的人类干扰或自然干扰后，流域可恢复到原来状态。但保持稳定和有序具有一定的阈值，当干扰超出流域抵御干扰的阈值时，流域系统将变得不稳定和无序化。我国许多淡水湖泊如滇池、太湖就是因为网间带输送入湖的污染物超出了湖泊净化的阈值而出现系统自然恢复困难，需要通过人工措施进行湖泊生态系统恢复。流域系统与环境之间总是进行物质、能量和信息交换，所以系统的结构总是处在不断演变过程中。这种演变包括河网、网间带和湖泊中植被、地形、地貌、土壤等的演变。

# 1.3  流域形态

流域形态是流域在水平面上的几何形状。对流域形态的描述一般有定性描述和定量描述。一般定性描述把流域描述成长条形、椭圆形、扇形、圆形、不规则形等。不同的形态对流域的生态过程有着显著影响。例如，相同面积和相似高差的圆形流域和长条形流域，在流域生物地球化学循环上就有显著的不同。圆形流域地表径流的汇集和消退要比长条形流域快。降雨产生径流时，径流很快汇集到沟道中，使流域中下部的土壤侵蚀强烈，物质损失多，结果导致土壤环境恶化，影响植被初级生产力。长条形流域地表径流的汇集和消退速度较慢。降雨产生径流时，接近流域出口部分产生的径流先汇集到沟道优先流出流域，之后是流域中部和尾部的径流流出。由于径流汇集不集中，径流对流域中下部的土壤侵蚀相对较弱，物质损失相对较少，土壤环境有利于植被初级生产力的形成。

流域形态定性描述只对流域进行概括性的描述。要准确描述流域形态特征的不同，需要通过定量指标来描述（承继成和江美球，1986）。

### 1.3.1　形态要素

流域形态的定量描述，在1932年Horton就已经开始研究。他用流域面积$A_d$与流域最大长度$L_m^2$的平方之比表示形态要素$R_t$：

$$R_t = \frac{A_d}{L_m^2} \tag{1-1}$$

流域形态要素$R_t$随着流域长度增加而减小。若流域为正方形，则形态要素为1；若流域为圆形，形态要素为π/4。但完全为方形和圆形的流域是不存在的，其形态要素的常数值仅作为理论上与其他形态流域进行对比。

### 1.3.2　紧度系数

紧度系数（$m$）表示流域实际周长$P$与等面积的圆的周长$P'$之比。

$$m = P/P' \tag{1-2}$$

$$或\ m = \frac{0.282P}{\sqrt{A}} \tag{1-3}$$

式中，$A$为等面积圆的面积。对于圆形流域，紧度系数$m=1$；方形$m=1.128$；最长的流域$m$值可超过3。

### 1.3.3　流域圆度

流域圆度$R_c$表示流域面积$A_a$与等周长圆的面积$A_c$之比：

$$R_c = \frac{A_a}{A_c} \tag{1-4}$$

若流域是圆形的，则$R_c$为1；若流域是方形的，则$R_c$为0.785。流域不断加长，则$R_c$值不断减小。

### 1.3.4　流域狭长度

流域狭长度表示具有等面积圆的直径$D_e$与流域主轴线平行的最大轴线长度$L_b$（近似于流域长度）之比。

$$R_e = D_e/L_b \tag{1-5}$$

由于$A = \pi D_e^2/4$，则$D_e = 2(A/\pi)^{1/2}$，式（1-5）可变成容易计算的式（1-6）。

$$R_e = \frac{2\sqrt{A}}{L_b\sqrt{\pi}}\ 或\ R_e = \frac{1.129\sqrt{A}}{L_b} \tag{1-6}$$

若流域形态是介于圆形到方形之间的类型，则流域狭长度为1.275～1.128，其值的减小与流域长度成正比，最小值约为0.20。在计算此值时，若选平均流域长度代替$L_b$，则圆度和狭长度有较好的相关关系。

### 1.3.5　曲度

Chorley等（1957）选用曲率极坐标方程来表示流域形态变化，即

$$\rho = L_b \cos \bar{\omega}\theta \tag{1-7}$$

式中，$\rho$ 为出口到进口的轴径；$\theta$ 为半径与基线的夹角。当 $\theta$ 等于 0 时，$L_b = \rho$。$\bar\omega$ 表示流域接近于圆形的程度，由式（1-8）确定。

$$\bar\omega = L_b{}^2 \frac{\pi}{4A} \tag{1-8}$$

当 $\bar\omega = 1$ 时，流域为圆形；$\bar\omega = 1.27$ 时，流域为方形；当 $\omega$ 增大到 10～15 时，流域为长形。

### 1.3.6 流域不对称系数

一个流域的干流不会正好将其面积分为相等的两半，干流的位置也就不会正好在分水线的中间。因此，通常干流两边的面积是不相等和不对称的，这种不对称性，一般用不对称系数表示，即流域干流左右两岸面积之比。阿波洛夫用下式计算流域不对称系数：

$$a = (f_\lambda - f_{np}) / \frac{(f_\lambda + f_{np})}{2} \tag{1-9}$$

式中，$f_\lambda$ 和 $f_{np}$ 分别代表左、右岸流域面积。

## 1.4 河 网

在流域中，河网是连接湖泊和网间带的径流通道。没有湖泊的流域，河网是通向流域出口的径流通道。河网由沟道系统和河道系统构成。

### 1.4.1 沟道系统

#### 1.4.1.1 沟道的概念

沟道是连接网间带和河道系统之间的部分，是两个系统的纽带，也可以说是二者间的过渡带。沟道的横断面一般为"V"形，沟底没有完整的阶地、河漫滩等地貌单元。河道的横断面则应清楚地划分出河床、河漫滩、阶地等地貌单元。一般沟道没有流水，但在干旱地区，许多河道大部分时间也无流水，只有暴雨季节才出现暂时性流水。所以不能用有无常年流水划分沟道与河道。

#### 1.4.1.2 沟道发育规律

石质山地上，溯源侵蚀不明显，沟道侵蚀量小，发育速度相当缓慢，发育时间常常要以地质时间来计算，而且发育过程中受构造因素如地震导致的断裂、沉陷等影响，沟道发育会被中断。因此，石质山地沟道发育规律比较复杂。在黄土地区，由于土质疏松、黄土沟道发育迅速，较短的时间内可以形成典型的沟道系统。在此期间，新构造运动的影响不明显，可以把沟道发育看成完全的外动力过程。

黄土地区，无论是风成的原生黄土，或者经流水作用改造后再沉积的次生黄土，它们在外观上很难区别，给分析沟道发育历史的工作带来困难。自 20 世纪 70 年代以后，黄土研究工作日益深入，通过对黄土古土壤序列的详细年代学研究，基本确定了各层黄土和古土壤的地质年龄，从而为探索沟道发育历史提供了新的线索。黄土梁峁地区，地形起伏较大，冲沟剖面比较复杂，难于恢复其发育过程。黄土塬区地形比较平缓，黄土层和古土壤层呈水平延伸，沟道侵蚀比较微弱，保留了清晰的沟道发育过程的地质记录。因此，可以首先在黄土塬区查明沟道发育历史，然后进一步与黄土梁峁区进行对比，全面了解黄土区沟道发育规律（陆中臣等，1991）。

### 1.4.1.3 沟道系统分类

沟道系统分类是研究沟道结构和发育的基础。对于沟道分类，黄土高原地区的研究比较详细。罗来兴等（1955）在研究陕北无定河黄土区域的侵蚀时，将沟道分为纹沟、细沟、切沟、浅沟、冲沟、干沟和河沟等类型。纹沟是坡面径流最初轻微的沟状侵蚀，沟形远望如梳状花纹。细沟宽度与深度由几厘米到几十厘米，沟与沟的间距由几十厘米到大约 1m，在坡耕地上，犁作过程可消除。细沟为坡面径流在片状侵蚀基础上，发生最初沟状侵蚀，它的分布是在分水线下一定距离的坡面上。分水线下出现细沟的临界距离为 4~12m 的约占总数的 90%。影响细沟出现的临界距离的因素很多，主要有坡度、暴雨强度、植被、坡向、岩性等。一般坡度越陡、暴雨强度越大、植被覆盖越低、坡向为北坡、土壤为较容易侵蚀的类型，细沟出现的临界距离越短。细沟出现的频率与临界距离间也存在一定的规律。在 0~80m 的临界距离内，随着距离增加，细沟出现的频率增大，但临界距离达到 30~50m 之后，则频率开始减小，表现出明显的抛物线特征（图 1-2）。细沟与坡度也表现出一定的规律性。一般细沟出现的临界距离与坡度呈局部直线相关（图 1-3）（陈永宗，1976）。

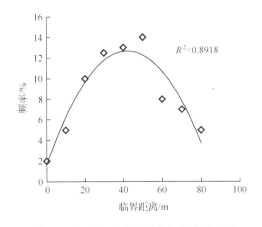

图 1-2　细沟出现临界距离与频率的关系　　　图 1-3　坡度与细沟出现临界距离间的关系

切沟是下切比细沟深的侵蚀沟，深度达 1m 甚至 2m，沟与沟间往往相隔数十米，犁作过程无法消除切沟的存在。浅沟呈展开的"V"形，无明显的沟缘，常常表现为狭长的浅洼地。切沟与浅沟属于同一性质不同发育阶段的沟道。切沟是处于强烈切割阶段的沟道，而浅沟则是接近均衡状态的沟道；一个是属于早期的沟道，另一个是属于晚期的沟道。切沟和浅沟的出现与坡度存在一定的关系，一般出现在 25°~30° 的坡度上，约占这类型沟道总数的 60%。纹沟、细沟、切沟的排列随坡形而变化，在凸形坡面呈扇形分开，凹形坡面呈扇形集合，直线形坡面则平行分布。冲沟多为流水下切浅沟的结果，有明显的沟缘。浅沟与冲沟一般发生在凹形斜坡上，凸形与直线形的坡面则很少见。干沟已经是主沟道，坡度较缓，是多条冲沟水流的收集沟道。河沟比干沟更平缓，是干沟水流的收集沟道。

### 1.4.1.4 沟道级别的划分

沟道级别的划分方法，普遍的方式是把最大的沟道划分为一级、水流进入一级的沟道划分为二级，依此类推，直到所有沟道划分完成。Horton 曾提出相反的划分方法，即从最小的沟道开始划分为一级、一级沟道流入的沟道划分为二级，依此类推。

### 1.4.1.5 流域面积与沟道级别的关系

各级流域的平均面积接近于递增的几何级数（陆中臣等，1991）。相邻两级流域之间面积的比值一般为常数。只要知道某级流域的面积，就可计算出上下两级流域面积，如式（1-10）和式（1-11）所示：

$$A_n = A_{n-1} \times R_{n+1/n} \tag{1-10}$$

$$或 A_n = A_{n+1} \times R_{n/n+1} \tag{1-11}$$

式中，$A_n$ 是 $n$ 级流域的面积；$A_{n+1}$ 和 $A_{n-1}$ 是 $n+1$ 和 $n-1$ 级流域的面积；$R_{n+1/n}$ 是 $n+1$ 级流域面积与 $n$ 级流域面积之比；$R_{n/n+1}$ 是 $n$ 级流域面积与 $n+1$ 级流域面积之比。式（1-10）计算从最大沟道到最小沟道的流域面积，而式（1-11）计算从最小沟道到最大沟道的流域面积。只要知道相邻两级流域面积，就可通过推算求出所有级别流域的大致面积。

### 1.4.1.6 沟道纵比降与级别的关系

沟道纵比降是一条沟道的落差与水平距离的比值。沟道的纵比降是上游大、下游小，河道的比降最小，而支流的最大。沟道宽度越小，纵比降就越大，同时流域的级别就越高。比降、宽度、级别之间存在一定的规律性。Morisawa（1962）根据美国阿帕拉切高原 15 条小流域的资料分析，确定了各级沟道平均比降定律：各级沟道的平均比降，构成按沟道级别递减的几何级数，级数的第一项是第一级沟道的纵比降，而直线的斜率则是相邻两级沟道纵比降的比率。进一步对这一规律的验证，Schumm 在 Perth Amboy 地区实测到的沟道级别与沟道纵比降的资料见表 1-1（陆中臣等，1991）。

将表 1-1 中数据作图，则得到它们之间关系规律（图 1-4）。

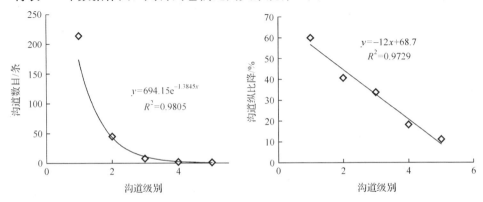

图 1-4　沟道级别与沟道数目和沟道纵比降之间的关系

表 1-1　沟道级别与沟道纵比降之间的关系实测资料

| 沟道级别 | 沟道的数目/条 | 沟道纵比降/% |
|---|---|---|
| 1 | 214 | 59.9 |
| 2 | 45 | 40.6 |
| 3 | 8 | 33.7 |
| 4 | 2 | 18.2 |
| 5 | 1 | 11.1 |

Horton（1945）也曾研究 Neshaminy、Tohichon 和 Perkiomen 三个流域的各级沟道纵比降与沟道级别之间的关系。他根据研究资料，导出式（1-12）的数学表达式以量化沟道级别与沟道纵比降的几何级数关系。

$$s_u = s_1 \sqrt{r_{u/u-1}} \tag{1-12}$$

式中，$s_u$ 为第 $u$ 级沟道的平均比降；$s_1$ 为第一级沟道的平均比降；$r_{u/u-1}$ 为相邻两级沟道的纵比降之比（承继成和江美球，1986）。

Morisawa 还发现，沟道平均比降与流域面积及沟道平均长度之间有一定的关系，流域面积越大，沟道的比降就越小；沟道平均长度越大，沟道比降也越小。

用黄土高原四个小流域沟头和沟口的高程差 $\Delta h$，以及两者间沟床的水平距离 $l$，求得近似的平均比降值 $J$：

$$J = \frac{\Delta h}{l}\% \tag{1-13}$$

通过分析 $J$ 发现，尽管同一级别的沟道纵比降仍然存在差异，但它们却具有很明显的集中范围，如韭圆沟小流域第一级沟道纵比降 78% 分布在 10%～35%；第二级沟道纵比降 83% 分布在 2%～12%；第三级沟道的纵比降全部小于 6%。从总体趋势看，各级沟道的纵比降变幅也是随着级别的加大而减小的。

## 1.4.2　河道系统

河道系统在结构上由河岸、河床、流动水体、生物组成。这些成分之间是相互作用、相互影响的。

### 1.4.2.1　河道系统组成

**(1) 河岸**

河岸是使流动水体具有固定流通区域的拦挡物。河岸根据不同的划分方法，可将其分成不同的类型。根据河岸的形状不同，可分为规则型河岸、不规则型河岸。规则型河岸如直线型河岸。按有无人工建筑的过程，可分为自然河岸和人工自然河岸。自然河岸由于是长期演化形成的，比较适应河流的水力学作用，同时河岸上植被的长期演替已经适应了非生物环境和水力学作用的环境，生物多样性较高。按河岸组成物质成分的不同，可分为土质河岸、石质河岸、复合型河岸等。对于复合型河岸，由于河岸是土壤、石块和植物的复合体，植物能够利用光能合成有机物，使复合河岸形成一个自组织系统，与没有植物结合的土石河岸相比，显示了自我发展的特性。

**（2）流动水体**

流动水体是河道中物质输送的媒介，也是水生生物赖以生存的环境条件。流动水体随着地理位置、季节、气候及人类活动等因素的变化而发生有规律的变化。这种变化主要体现在流量和水体中物质成分的变化。河道流量的大小表现出一定程度的地带性规律。一般来说，随着流域分布的经度越大，单位面积流量越小，季节性变化越明显；随着纬度的上升，河道流量也呈减少趋势，到中纬度地区，流量达最小值，但随着纬度继续上升，流量又缓慢增加。流动水体中物质组成及数量与流域所处地理位置、流域内人类活动、水体流速和流量有关。流动水体流速与河床纵比降有关，纵比降越大，流速越大。

**（3）生物**

生物是河道中最活跃的成分。由于河岸、流动水体和河床的环境异质性明显，在河岸、流动水体和河床上分布着不同的生物类群。在人类干扰很少的河道，具有复杂的食物链。河岸是陆地生态系统和水生生态系统的过渡地带，生态系统具有明显的边缘效应，生态系统初级生产力、生物量和物种多样性都很高。但是，在人类干扰严重的河道，河岸的生物类群很少，食物链单一，特别是人工建造的混凝土河岸，尽管对流动水体具有很好的控制作用，但生物多样性几乎全部被破坏。

河道生物多样性有从上游向下游递增的趋势，这与河道的纵比降及营养物质丰富程度有关。在河道上游，河道纵比降较大，水流速度较快，营养物质积累较少，水中初级生产力相对较低。以鱼类为例，上游以喜流性鱼类为主，中下游草食性和肉食性鱼类不断增加，在河道入海口，还有溯河性和河口鱼类。不同河道生物区系和物种多样性有明显区别，一般自然环境优越、发育历史悠久的大河生物多样性较高。以中国寒温带黑龙江水系为例，该河有鱼类100种，物种多样性较高，包括雷氏七鳃鳗（*Lampetra reiss-neri*）、乌苏里白鲑（*Coregonus ussuriensis*）等冷水种和施氏鲟（*Acipenser schrenckii*）等北方特有种；而中国的温带水系黄河，由于整个水系人类干扰严重，鱼类物种多样性较低。

**（4）河床**

河床是河道中流动水体的承载体。由于河床受流动水体的作用，形态、物质组成、环境具有显著的差异。根据形态不同，可将河床分为"V"形沟槽河床、平底型河床、分叉型河床、江心洲型河床。根据物质组成不同，可将河床分为淤泥河床、岩石河床、卵石河床、细砂河床等。根据河床环境不同，可将河床分为干河床、流水河床。河道系统的河岸、河床和生物在流动水体的动态作用下是不断变化的。河道系统各成分具有不同的演化模式。

## 1.4.2.2　河道特征

理想的河道系统，有比较稳定的河型、断面形态；有比较小的坡降、细颗粒物质输送等，这些属性统称为河道特征。因为网间带植被、土壤、土地利用方式、坡度、人类活动等控制因素决定着产水量、产沙量、污染物负荷及其过程，因此，网间带对河道特征有着深远的影响。在河道下游的三角洲和湖泊也会影响河道特征，如当侵蚀基准面升降变化时，会产生溯源冲淤，影响中上游的河道特征，如坡降、颗粒大小等。对于一个河段而言，在一定流量下，进出河段的物质具有一定数量。如果这两部分数量不等，河道就要进行调整，通过冲淤变化，改变河床形态和物质来调整河道的物质输出能力，使河段下泄物质与进入物质相等，保持物质输入输出的动态平衡。这是河道具有的第一种反馈作用（陆中臣等，1991）。

如果因为某种外在原因引起河道系统变化幅度很大，涉及的范围很广，并影响到河道系统所在流域，则流域产流产沙条件的改变，可以减缓河道的调整强度，甚至使之朝相反的方向发展。例如，对于一条入海河道，如果侵蚀基准面大幅度下降，使进入海洋的河道发生长距离的冲刷，河道比降在冲刷过程中普遍变陡，河道中水流冲刷作用会继续向上延伸，深入到流域的各级河道、沟道，到了这一阶段，来自流域的泥沙会有大幅度增加，超过河道的输送能力，泥沙会发生回淤，导致河道的溯源侵蚀慢慢停止。这是河道系统调节流域过程的第二种反馈作用。

第一种反馈作用一般发生在河道的一部分，第二种反馈则发生在整条河道。这是河道系统水-沙动力学平衡过程中偏差自我校正的方式。一般这种校正需要一个过程，即发生偏差和偏差消除之间存在一个时差，是反馈作用的滞后现象，时差越小，反馈作用越灵敏。对于冲积河道来说，沙坡的消长以小时为尺度，沙洲的消长以月、年为尺度，河型的转化则需要数年至数十年。在这段反馈作用时间里，往往旧的调整还未完成，新的变化就已经发生，使调整的结果处于不同水平。在这些变化中，河型是河道形态变化相对稳定的状态。

**（1）河型**

河型指河道的平面形态。一般来说，河型常被分为顺直型、弯曲型、江心洲型和游荡型几类。河型的划分与河型的成因有着密切关系。目前河型成因理论大致有地貌临界假说、能耗率极值假说、稳定性理论、随机理论等。

在河型成因问题上，首先要探讨哪些因素是主导性变量，哪些因素是次要性变量。地貌学家和工程师对这个问题常常存在分歧。地貌学家主要关注第四纪气候和构造运动的影响，而工程师主要关注暴雨事件和人类活动的影响。根据长期研究结果，决定河型变化的主要因素是原始地形、地质（构造和岩性）、古气候、古水文、基面以上系统的起伏或体积、河谷尺度（宽、深、坡降）、气候（降水、温度、季节性变化）、植被（类型、密度、生物多样性）、水文（平均流量和输沙量）、河床形态、瞬时断面水沙量、水流水力因素等。其中，前面的变量是长期地质历史作用的产物，是地貌学家关注的领域，而后面的变量主要受水文、水利、生态、水土保持科学工作者关注。生态工作者特别关注河道类型、结构与植被类型、密度、多样性的关系，不同河型对维持生态系统功能如生物量、生产力、生物多样性具有重要的生态学意义。研究这些生态过程有利于人们了解生物与环境间的关系，实现河道生态环境保育。

**（2）河道纵剖面**

河道纵剖面是指河道纵断面的几何形态，通常包括水面纵剖面和河床纵剖面，后者又包括河槽及高低滩地的纵剖面。河道纵剖面的特征，不仅影响河道生态系统的格局与过程，而且影响河道上游和下游生态系统的格局与过程。

河道纵剖面常用下凹度和河道比降描述。下凹度是指河道纵剖面向下凹陷的程度。不同学者对下凹度的计算方法不同。里奥普等对下凹度的求法是连接河尾部分水岭与入海口作一直线，河道则呈一弧形，直线为一河弦（图 1-5）。那么，河道下凹度 $w$ 为弧与弦间最大垂向距离与该垂线和弦交点高程之比。伊凡诺夫确定下凹度的方法是把全河或某河段的纵剖面绘出之后，通过与尾部和入海口上下端点作矩形，而纵剖面线将矩形分为上下两半，用上下面积之比作为这条河道的下凹度（陆中臣等，1991）。

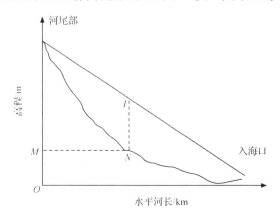

图 1-5  河道下凹度示意图

$IN$ 为弧与弦的最大垂向距离，$MO$ 为该垂线与弦交点 $N$ 的高程；河道下凹度 $w＝IN/MO$

有关河道纵剖面下凹原因的研究结果表明，河道的上游段主要是水的汇集区和地表的侵蚀区。河道的下游为沉积区，即淤积占优势。中游地区为二者的过渡区。由于河道输送物质粒径从上游到下游逐渐减小，物质被河流输送到河口沉积下来，导致河道长度不断增加，引起卜凹（朱起茂，1982；叶青超等，1990）。陆中臣等（1991）对黄河的铁谢至高村、陶城埠和利津三种不同的河长进行下凹度计算，其值分别为 1.16、1.41、1.50，得出短河段的下凹度小、长河段的下凹度大，河段越长、下凹度越大的结论。下凹度与河长的关系可用式（1-14）表达。

$$C = 0.06L^{6.24} \tag{1-14}$$

有学者提出，纵剖面的下凹度与河道水流的能量有关，认为最小能耗率理论是解释下凹的最好理论（黄文典和王兆印，2007）。最小能耗率理论可表述为：一个处于动态平衡、封闭、耗散的系统，其能耗率达到最小值。这个最小值的大小是由施加于系统的约束条件决定的。系统不处于动态平衡时，能耗率不为最小值。但系统会通过对自身进行调整，减小系统的能耗率，重新获得平衡。由于水沙条件的变化，天然河道水流很少处于真正的动态平衡状态，但它可以通过调整河道形态、坡降、糙率等条件，减小其能耗率，以适应上游的来水来沙条件。根据最小能耗率理论，当河道水流处于动态平衡时，其能耗率达到最小，也可表述为单位河长的河流功（$QS$）达到最小。当河流功达到最小值时，必须满足：

$$\frac{\mathrm{d}}{\mathrm{d}X}(QS) = Q\frac{\mathrm{d}S}{\mathrm{d}X} + S\frac{\mathrm{d}Q}{\mathrm{d}X} \tag{1-15}$$

式中，$Q$ 为体积流量；$S$ 为坡降；$X$ 为距初始断面距离。由式（1-15）可知，当流量向下游沿程增大（$\mathrm{d}Q/\mathrm{d}X>0$）时，河床的纵比降则沿程减小，即 $\mathrm{d}S/\mathrm{d}X<0$，其河道水流处于动态平衡，纵剖面则为一条向下凹的曲线。一般河道水流（除沙漠季节河外），当支流增加引起流域面积增大时，河宽和水深沿着河道不断增加，河床质粒径一般趋向

减小，河道比降下降，纵剖面趋向于下凹（朱起茂，1982；叶青超等，1990）。

黄文典和王兆印（2007）还进一步基于长江河道流量沿程变化的地形数据，由式（1-15）的差分格式计算了长江中下游河道达到动态平衡的河床纵剖面。结果表明，长江中下游河道还未达到动态平衡，大部分江段的实际纵剖面低于下凹的平衡纵剖面。但从实际纵剖面的演变来看，它向着平衡纵剖面发展。从整个江段来看，干流以淤积为主。从各江段看，宜昌—城陵矶江段，实际纵剖面高于平衡纵剖面，河床以冲刷为主；城陵矶—武汉段则在一段时期内发生淤积。在没有人类活动干扰的情况下，长江中下游以淤积为主，达到动态平衡还需要很长一段时间。

但是笔者分析认为，上述学者提出的原因，都与外营力造成土壤侵蚀和沉积有关，而内营力的作用，如地壳上升运动导致河道上游抬高，河道比降增大，导致上游侵蚀增加，泥沙在下游沉积，河道变长，也会导致河道下凹。例如，长江与珠江比，下凹度较高，这与第四纪喜马拉雅抬高有关。但是，如果河道经过的地区没有丰富的侵蚀基质，如珠江和黄河比，西南石质山地侵蚀基质较少，长期侵蚀也不会像黄河能使河道增长而增加河道下凹度。因此，河道下凹度增加与内外营力和河道的环境特征有关。

根据笔者的研究表明，下凹度高的河道，在河道的中下游水流速度缓慢，在河道演化中，常常形成湖泊、沼泽生态系统，如长江中游的洞庭湖、洪湖，古代的云梦泽等。这些湖泊在流域中发挥了不同的生态系统功能，如蓄洪滞洪、淡水储蓄、淡水生态系统生物多样性保持、调节气候等。如果这些湖泊在人类干扰下减小或消失，将会对流域生态系统产生破坏，生态系统的功能不能正常发挥。最直接结果是由于这些湖泊不能储蓄大量洪水，过去大暴雨出现的洪灾，现在大雨就会出现。淡水生物多样性也会急剧减少，大陆性气候会增强。

**(3) 河道纵比降**

关于河道纵比降，地貌学家和水利学家对河道沿程的比降变化及纵剖面的形状已经提出了不少的公式，以量化河道纵比降与不同因素的关系。公式的形式虽然不同，但基本上都是从河床的组成物质和流量的大小等因素分析着手，一般只考虑外部营力，对于影响河床比降和纵剖面形状内营力，学者们考虑得比较少。陆中臣等（1991）认为，因为河道的形成、发展和演变，是内外营力共同作用的结果，河道纵比降应考虑流域的来水来沙及河床的边界条件（外营力）和新构造运动（内营力）——形变率的影响。

A. 河床质粒径

从输沙平衡的角度出发，河床组成越粗，河道纵比降也应越陡，两者具有函数关系。实际上，河床组成的粒径可间接反映河道纵比降。冲积河道具有自动调整的能力，在一定的来水来沙条件和边界条件下，河床要调整它的形态和比降，力求使其挟沙能力和上游来沙条件相适应。另外，组成边界的物质又对水流产生一定的阻力，阻力越大，水流所消耗的能量也越大。从阻力的角度考虑，也同样会得出河床物质越粗，河道形成的比降越陡的结论。黄河和长江干支流河道比降与床沙粒径 $D_{50}$ 的关系式［式（1-16）和式（1-17）］很好地反映了河床组成与和河床比降的关系。

$$黄河：J = 41D_{50}^{1.30} \tag{1-16}$$

$$长江：J = 25 D_{50}^{2.38} \tag{1-17}$$

B. 来沙系数（$\rho/Q$）

来沙系数是指上游来水量为 $1m^3/s$ 时进入河段的沙量，它反映了流域水量的产沙情况。输沙量和流量之间并不保持完全的线性相关，但是在影响来沙系数因子相同的条件下，比降越大，来沙量就越大。因此，来沙系数在一定程度上可以量化河道纵比降。钱宁（1965）认为，黄河下游的造床质泥沙来量沿程递减，即来沙系数沿程变小，而比降通常沿程减小，所以比降的变化依赖于来沙系数，并给出式（1-18）表达它们之间的关系。

$$J = (\rho/Q)^{1.6} \tag{1-18}$$

C. 地壳垂直形变率

地壳垂直形变率是指地壳相对升降强度。不同的地貌单元垂直上升和下降是不同的，这两个过程的综合作用影响了河床的纵比降。一般来说，地貌单元上升运动大于下降运动，河床纵比降增加；地貌单元上升运动小于下降运动，纵比降减小。根据上升运动和下降运动的对比分析，可确定地壳垂直形变率对河道纵比降的影响。

华北地区在中生带（在 2.25 亿～0.65 亿年前）燕山运动时就奠定了目前隆起和沉陷构造的雏形，新生带（0.65 亿年前至现在）喜马拉雅运动使本区进一步形成了继承性的隆起和沉陷的基底构造格局。大型沉陷带形成了接受物质沉积的场所，周围的大型隆起，特别是山西中台隆起为本区的沉积提供了大量的泥沙来源。上新世晚期以来，由于断块运动的变异和发展，沉陷盆地继续下沉，周围山地继续上升（在太行山东麓普遍形成的二至三级河流阶地就是一个有力的证据）。新生代以后，沉陷带一直处于扩张、沉陷阶段，各时期的沉陷速率见表 1 2（陆中臣等，1991）。

表 1-2　冀中地区新生代以来沉陷速率　　　　　（单位：mm/a）

| 地质年代 | 老第三纪 E | 新第三纪 N | 早更新世 Q1 | 中更新世 Q2 | 晚更新世 Q3 | 全新世 Q4 |
|---|---|---|---|---|---|---|
| 沉陷速率 | 0.110 | 0.081～0.118 | 0.153～0.380 | 0.314～0.371 | 0.188～2.460 | 4.200～5.800 |

第四纪以来，本区整体下沉的基础上，南北发生了差异性升降运动。无论是南部还是北部，由老到新其沉积速率是增大的，这种加速沉积的新构造运动特点，对河道比降的塑造也有较大影响（表 1-3）。

表 1-3　冀中平原第四纪沉积速率　　　　　（单位：mm/a）

| 地质年代 | 北　部 | 南　部 |
|---|---|---|
| 早更新世 Q1 | 0.49 | 0.11 |
| 中更新世 Q2 | 0.20 | 0.27 |
| 晚更新世 Q3 | 0.20 | 0.24 |
| 全新世 Q4 | 5.00 | 5.83 |

根据上述两表可得出河道纵比降的变化趋势和特点，华北平原河道纵比降应与上述诸因素存在着式（1-19）所示的函数关系：

$$J = f(D_{50}, \rho/Q, T) \tag{1-19}$$

就统计意义来说，这种函数关系可以认为是指数形式。根据实测资料，进行复式回归计算，得出了河道比降与各因子间的关系式（1-20）及关系式中的指数和系数。统计分析表明，河道比降与这些因素的综合相关系数达到了 0.95。

$$J = 7.5T^{0.194}D_{50}^{0.570}(\rho/Q)^{0.169}$$ (1-20)

### 1.4.2.3 河道的演变

在地球的演变历程中，出现过多次陆地板块的分离和碰撞，相应发生过多次的陆海变迁。在不同地质年代的河流，各有其形成、发育、衰退和消亡的过程。喜马拉雅山在新生代第三纪中期的崛起，导致我国出现西高东低的地势，从而形成我国大部分河流由西向东的流向。又经过长期的演变，到第四纪在东部形成广大冲积平原，才出现当今主要河流的雏形。不同地区的自然环境塑造了不同特性的河流，同时，河流的活动也不断改变着与河流有关的自然环境。当外部的自然环境发生重大变化时，如剧烈的地质活动、气候上的突变等，河流本身的走向、形态或径流会出现较大的变化，导致新的河流发育形成，原有的河流衰退甚至消亡（钱正英和陈家琦，2009）。

**（1）山区河道的演变**

河道可分山区河道和平原河道。对于大流域如长江流域，流域上游河道在峡谷中，属于山区河道；而在中下游地区，河道在平原上，属于平原河道。对于小型流域，河道一般都在山区，特别是高原地区的流域，河道都属于山区河道。在平原地区的流域，河道都属于平原河道（吕娜，2010）。

山区河道流经地势高、地形复杂的山区，河道演变一方面受构造运动的影响，另一方面受水流侵蚀作用的影响。水流在构造运动形成的原始地形上不断侵蚀，这种侵蚀表现为水流对组成河床岩石的动力摩擦作用和侵蚀作用。尽管作用过程缓慢，但山区河道就是在水流的纵向切割和横向拓展下形成的。山区河道演变均以下切为主，使河道断面呈现"V"形或"U"形。由于河道中物质抗冲性能不同，以及水流剥蚀力的差异，河道会形成不同的形态。

阶梯-深潭系统（step pool system）是大坡度山区河道演变中常见而又十分重要的河床形态，常由一段陡坡和一段缓坡加上深潭相间连接而成，在河道纵向呈现一系列阶梯状（图 1-6）。形成阶梯-深潭的山区河流需要河床泥沙级配范围广，最大泥沙粒径可以达到与河道深度甚至宽度尺度相同，有一般水流难以冲动的巨石，而且要求河道比较窄。巨石构成了稳固结构的框架。粗大泥沙颗粒堆积在巨石边，相互叠盖遮蔽，与巨石共同构成阶梯。水流越过阶梯之后，对阶梯下游河床进行冲刷淘蚀，河床不断下陷，最后形成深潭。部分细小颗粒可以随着水流越过下一级阶梯，大部分仍然被其阻拦，留在

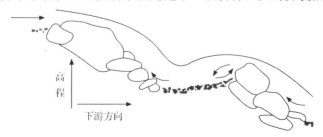

图 1-6　山区河道阶梯-深潭系统示意图（徐江和王兆印，2003）

深潭之内，使两阶梯间的深潭处堆积了细小的泥沙颗粒。阶梯中互锁的泥沙颗粒稳定性很好，只有在很大的洪水情况下才会被破坏。尽管由巨石组成的阶梯是最常见的，阶梯也可以由基岩和丛林流域的树木堆积物组成。另外，除了需要关键性的巨石，上游泥沙来量和输运条件对阶梯-深潭系统的发育影响很大。水槽实验表明，阶梯-深潭的消能作用在泥沙充满深潭后被破坏，所以阶梯-深潭意味着上游泥沙来源不足，河床处于冲刷侵蚀状态。山区河道阶梯-深潭系统按其成因和规模分成两类：一类为大型阶梯-深潭系统，是在滑坡、泥石流作用下堵塞河道形成的串珠状高山湖泊和瀑布群；另一类为典型的山区小河阶梯-深潭系统，是水流冲刷河床下切过程中粗大卵石叠在一起形成阶梯段，水流冲刷下游形成深潭段的结构（余国安等，2011）。

阶梯-深潭系统对河道的调控作用首先是消耗能量的作用。与平原冲积河流可以通过横向发育弯曲型河道来消耗能量不同，山区河流的山谷狭窄限制了河床的横向调整，河流通过发育阶梯-深潭系统，在垂向对河床进行调整，从而达到消耗水能的效果。具体地，水流越过阶梯注入下边深潭为急流和缓流交替的过程。水流在阶梯上是急流，在深潭中变为缓流，在这个过程中通过水跃掺混消耗大量能量，而且主要由巨石构成的阶梯施加的形状阻力也增加了水流能量消耗。同时阶梯-深潭结构对水流阻力有明显的增大作用。其次，阶梯-深潭结构可以稳定山区河道的河床。在小流量下，水流从阶梯旁边经过，缓缓流入深潭，并不越过阶梯，整个水流流态平缓；当流量增大，水流从阶梯上的急流状态连续地过渡为深潭中的缓流状态，由于阶梯-深潭结构对水流的消能作用，水流对河床的冲刷很小，稳定了河床。第三，阶梯-深潭系统与平直的河床比，生境变得多样化，因此适宜多种生物栖息。野外实验和取样分析发现，发育阶梯-深潭系列的深沟和九寨沟底栖动物密度高达 552 个/m²，生物量高达 5.96g/m²；而邻近的小白泥沟和蒋家沟底栖动物密度仅仅 0.75 个/m²，生物量不到 0.006g/m²（王兆印等，2006）。利用阶梯-深潭系统治理山区河流，既能保持河道稳定，又能维持较高的生物多样性，保持健康的河流生态系统。

**（2）平原河道的演变**

河道在地势平坦广阔、土质松散的平原，平面形态多变，河道断面较为宽阔和宽浅，大多伴有河漫滩而呈复式断面。河道纵坡面较平缓，沿程有深槽和浅滩相间。河床上有深厚的冲积层，冲淤变化大，如果受约束，则演变比较剧烈。洪水涨落过程平缓，持续时间长。根据河道平面形态，可把平原型河道分为弯曲型、游荡型、分岔型和顺直型。

弯曲型河道是冲积平原常见河型，它由正反相间的弯道和介于两弯道之间的直段连接而成。河道具有弯曲外形，深槽紧靠凹岸，边滩依附凸岸，河道较窄深，宽度及宽度变化范围小。主河槽较稳定，河势变化相对较小，有弯道横向环流，冲淤位置变化不大，洪水位表现比较稳定。游荡型河道分布在河流的中下游，河道总体宽浅，但宽窄相间，如藕节状。窄段水流集中，宽段水流散乱，沙滩密布，岔道交织，主流摆动不定。河床冲淤变化迅速，含沙量变化大，洪水暴涨暴落。分岔型河流分为若干股，岔道之间有沙滩和岛屿，按平面形态分为顺直分岔型、弯曲分岔型、弓型分岔型和复杂分岔型。顺直型河段河道外型相对顺直。

对于弯曲型河道演变，水流入湾后，主流贴近凹岸流动，受离心力（表层水离心力大）作用，凹岸水位壅高，在压力差作用下，底层水流流向凸岸，形成横向环流，并与纵向流动水流组合成螺旋流。由于表层水流含沙量小，底层水流含沙量大，造成了横向输沙不平衡，引起凹岸冲刷、坍塌、后退以及凸岸淤积、淤进，使弯道越来越弯曲，弯道顶点不断向下游移动，这种复合变化称为蠕动。随着不断演变，河道呈"S"形河弯，甚至呈"Ω"形河环。这种形态发展到一定程度，将影响行洪能力，遇较大洪水可能自然裁弯。弯曲型河道沿流程呈现凹岸深槽与凸岸或过渡段浅滩的交替变化，这种深槽与浅滩随着河道流量的大小而发生变化，如洪水区间刷槽、淤滩，枯水期间淤槽、冲滩。游荡型河道在河床演变中则不断淤积抬高，可能导致串沟、汊道、夺流等。涨水时冲刷，落水时淤积。涨水冲槽淤滩，落水塌滩淤槽。当漫滩走溜时，易造成主流摆动改道。

在水流作用下，平原河道形成了与所在河段具体条件相适应的均衡状态，这种均衡状态下的影响因素（如水深、河宽、比降等）与来水来沙条件（如流量、含沙量、泥沙级配及河床地质条件）之间存在一定的关系。前苏联国立水文研究所根据前苏联的一些河流，主要是平原河流资料整理出河宽与平均水深关系式

$$K = B^{1/2} \cdot h^{-1}$$

式中，$K$ 为河宽系数；$B$ 为河宽；$h$ 为相应于河漫滩齐平的平滩流量的平均水深，反映了天然河道随尺度的增大，河宽增加比水深增加较快的一般性规律（李山等，2002）。因此，河道演变出现非常典型的自由流动和溢出分岔特征，与山区河道演变相比，河道演变多样化较高。

**（3）人类活动和河流演变**

在生物的演化和进化过程中逐渐出现了人类。人类和其他动物一样，必须以饮水水源作为生存的第一条件，并和其他生物群体共享水资源。人类和其他动物不同的是：人类利用和改造一些河流，发展生产，创造文明，从而逐渐支配了自然界几乎所有资源，并以地球的主人自居。古埃及文明、古两河文明、古印度文明和古中华文明无不发源于大河两岸的冲积平原，是有其必然性的。这是因为，只有广阔的冲积平原和源源不断的河流淡水资源，才有条件发展农业和水上运输，建立经济基础和物质信息交换，形成大规模的人类社会。根据社会经济发展的需要，人类对河流进行了各种方式的改造。从某种意义上说，人类是通过改造河流才创造了今天的文明世界。但是，随着人类社会经济的发展，自然环境受到的干扰越来越大，河流的自然功能也受到越来越严重的损伤（钱正英和陈家琦，2009）。

首先是影响河道生态环境的网间带的自然环境受到各种干扰，如森林和草地受到破坏，加重了水土流失；各类建设及生产中的废渣、废料和废水污染了地表水和地下水；各种废气污染了大气，并造成酸雨，导致植被破坏和水体污染；由于温室气体增加导致全球气温的变化，将对人类社会造成不利后果，包括对流域生态系统、河川径流和江河洪水的影响。

其次，由于人类利用河水发展灌溉、航运、发电、城乡供水等各种功能，从而改变了河道的本来面貌。例如：围垦河流两岸的洪泛土地，从而割断河流与两岸陆地的联系，并侵占洪水的蓄泄空间；引水到河道以外，从而减少河流的径流；筑坝壅高或拦截河水，从而阻拦或改变河水的流路；建造调节径流的水库，从而改变河流的水文律情；

利用河流排泄废水，从而改变河流的水质。在改造河流的同时，也改变了河流所在地区的原有生态系统，并创造了城镇村庄、农田、人工河流等各种人工生态系统。以上这些改造，都不同程度地改变了河流的天然水文，干扰它的自然功能。河流是一个巨大的系统，具有较强的抵御干扰能力，但目前很多干扰已经超过它的自我调节和修复能力，其自然功能也将不可逆转地逐渐退化，最终将影响甚至威胁人类的生存和发展（钱正英和陈家琦，2009）。

### 1.4.2.4　河道功能

河道是地球演化过程中的产物，它的自然功能是地球环境系统不可或缺的。河道的自然功能总体意义上就是它的环境功能，主要有三个方面。

**（1）河道的水文功能**

河道是全球水文循环过程中液态水在陆地表面流动的主要通道。大气降水在陆地上所形成的地表径流，沿地表低洼处汇集到河道形成河流。降水入渗形成的地下水，一部分也复归河道。河道将水输送入海或内陆湖，然后蒸发回归大气。河道的输水作用能把地面短期积水及时排掉，并在不降水时汇集源头和两岸的地下水，使河道中保持一定的径流量，也使不同地区间的水量得以调剂。

河道是集水范围内水流的汇集通道。对水文功能和过程的定量化可以采用三类模型，即系统模型（black-box model）、概念模型（conceptual model）、物理模型（physically-based model）。系统模型将所研究的流域或区间视作一种动力系统，利用输入（一般指雨量或上游干支流来水）与输出（一般指流域控制断面流量）资料，建立某种数学关系，然后可由新的输入推测输出。系统模型只关心模拟结果的精度，而不考虑输入-输出之间的物理因果关系。系统模型可分为线性的和非线性的、时变的和时不变的、单输入单输出的、多输入单输出的、多输入多输出的等多种类型。代表性模型有总径流线性响应（the total linear response，TLR）模型、线性扰动（the linear perturbation，LP）模型、人工神经网络（artificial neural network，ANN）模型等。概念性模型利用一些简单的物理概念和经验公式，如下渗曲线、汇流单位线、蒸发公式或有物理意义的结构单元，如线性水库、线性河段等组成一个系统来近似地描述流域水文过程，进行径流模拟。代表性模型有美国的斯坦福流域模型（Stanford watershed model，SWM）、日本的水箱模型（tank model，TM）、中国的新安江模型（Xinanjiang model，XJM）等。物理模型是依据水流的连续方程和动量方程来求解水流在流域中的时空变化规律，代表性模型有 SHE（System Hydrologic European）模型、IHDM（Institute of Hydrology Distributed Model）模型等。目前基于 GIS 的流域产汇流分布式水文模型如 SWAT（soil and water assesment tool）模型是比较受到推崇的物理模型。分布式模型认为流域表面上各点的水力学特征是非均匀的，应将流域划分为很多小单元，在考虑水流在每个小单元体纵向运动时，也要考虑各个单元之间的水量横向交换。分布式水文模型可分为松散型和耦合型两类。前者假定每个单元面积对整个流域响应的贡献是互不影响的，可通过每个单元的叠加来确定整个流域响应；后者是用一组微分方程及其定解条件构成的定解问题，通过联立求解确定整个流域的响应（甘华军，2010）。

**（2）河道的地质功能**

河道是塑造全球地形地貌的一个重要因素。径流和落差组成水动力，切割地表岩石层，搬移风化物，通过河水的冲刷、挟带和沉积作用，形成并不断扩大流域内的沟壑水系和支干河道，也相应形成各种规模的冲积平原，并填海成陆。河道在冲积平原上蜿蜒游荡，不断变换流路，相邻河道时分时合，形成冲积平原上的特殊地貌，也不断改变与河道有关的自然环境。

关于河道的地质功能，典型的例子是黄河上游来水来沙与三角洲的演化（彭俊，2011）。黄河是我国第二大河流，以高含沙量闻名于世。历史上黄河的高含沙量导致下游河道淤积并发生漫滩形成泛滥平原和宽广的三角洲。黄河流域水沙产自中上游，其中径流量主要来源于上游，输沙量主要来源于中游，下游不产水不产沙。在中游，黄土高原沟壑区的形成，就是由于黄河河道向下游输沙，各支流发生溯源侵蚀形成的。1950年以来，黄河下游河道经历了淤积-冲刷不断交替的变化过程。当进入下游河道的含沙量小于 $18.6kg/m^3$ 时，河道表现为冲刷；大于 $18.6kg/m^3$ 时，河道表现为淤积。冲淤变化过程除受水沙条件控制外，还受到入海流路变迁的影响。流路变迁初期形成新河口，河道发生溯源冲刷；流路变迁中后期河口延伸，河道发生溯源淤积。不同流路时期，当黄河入海总水沙量比在 $25.34\sim26.05kg/m^3$ 时，河口附近岸线延伸，三角洲面积增加。但1999年小浪底水库下闸蓄水以后，$2000\sim2007$ 年黄河入海总水沙量比仅为 $10.90kg/m^3$，河口三角洲表现为侵蚀，加上废弃河口的岸段侵蚀，整个黄河三角洲已由淤积转变为侵蚀。根据沉积物粒度参数和磁学参数的变化特征，结合 AMS[14]C 测年，黄河三角洲沉积相序自上而下大致经历了泛滥平原相→河流相→三角洲前缘相→浅海相→潮坪相→河流相，沉积动力环境表现为强（陆相）→弱（海相）→强（陆相）的变化过程。

**（3）河道的生态功能**

河道的生态功能可分为狭义和广义的生态功能。狭义的生态功能指维持河道生态平衡和健康的格局与过程。具体地，河道是形成和支持地球上许多生态系统的重要因素。在输送淡水和泥沙的同时，河道也运送由于雨水冲刷而带入河中的各种有机质和矿物盐类，为河道内以至流域内和近海地区的生物提供营养物，为它们运送种子，排走和分解废物，并以各种形态为它们提供栖息地，使河道成为生物生存、生态系统维持和演化的基本条件。这不仅包括河道及相关湖泊沼泽的水生生态系统和湿地生态系统，也包括河道所在地区的陆地生态系统以及河道入海口和近海海域的海洋生态系统。

广义的生态功能是河道能够提供的生态系统服务功能和价值。河道生态系统包括河道内水域和河岸带陆域两部分，相应河道生态系统服务功能是河道内水域与河岸带陆域生态系统提供的产品和服务复合体。根据河道生态系统的组成、结构、生态过程和效用，魏国良等（2008）把河道生态系统服务功能划分为供水及相关功能、物质生产功能、生态支持功能、调节功能和科教娱乐功能五大类（图1-7）。其中，供水及相关功能和物质生产功能为河道生态系统的直接服务功能，产生直接使用价值；生态支持功能、调节功能和科教娱乐功能为河道生态系统的间接服务功能，产生间接使用价值。

由上可见，河道具有多方面的自然功能，其中最基本的是水文功能。从某种意义上说，水文功能决定了其他方面的功能。河道水文功能由不同要素反映，这些要素包括径流、泥沙、水质、冰情等方面，其中最活跃的是径流。在相对稳定的地形地貌和生态功

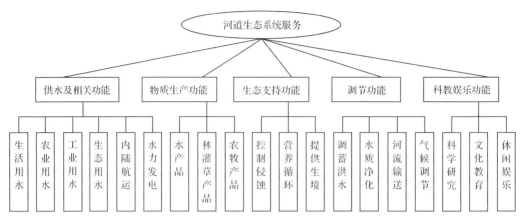

图 1-7　河道提供的生态系统服务功能（魏国良等，2008）

能（如植被覆盖）条件下，由于气候的波动性和随机性作用，河川径流表现有一定的律情（regime），如径流的季节变化，一年中有汛期、中水期和枯水期；径流的年际变化有丰水年、平水年和枯水年之分。河网、网间带、水体所在流域的气候、地貌、地质、植被条件决定河道中不同的含沙量及其年内分配和年际变化。径流和含沙变化对大地的塑造反过来又逐步影响河道地形、地貌、生态系统过程。河道和网间带的自然环境、水文过程、生态功能三者之间相互作用，在变化中相互调整适应，使河道在这种反复调整过程中演化发展。

### 1.4.2.5　河道伦理

#### (1) 河道具有生命

生命是宇宙间的物质存在形式。只要能够完成消化、呼吸、发育、生长、新陈代谢的系统都被生理学家视为生命系统；生物化学家把传递遗传信息的系统看成是生命有机体；进化论者又把能够通过自然选择和进化的系统看成是生命。生态伦理学家则主张生命不仅是人类和其他有机体，也包括河道、景观和生态系统。从哲学的观点来看，生命最普遍的含义是存在和消亡，一种自然物体只要具有存在和消亡的过程，都具有生命。所不同的只是生命的层次与存在方式互有差异，而河道完全符合这种自然本体性（侯全亮和李肖强，2005）。

河道生命包括自然生命和文化生命。河道自然生命表现为河道经历过构造运动、侵蚀、水系发育、河床调整、河道消亡时期。尽管每条河道的地质条件和外在形态各不相同，但都拥有生命特征。一是河道是由源头、干支流、湿地、湖泊、河口组成的庞大体系。它们一路接溪纳流，奔腾跌宕，最终融身海洋，或潜入内陆，具有完整的生命形态。二是河道作为开放的动态系统，在流域水系之间，进行着大量而丰富的物质生产和能量交换。三是作为一个有机的生态整体，河道与生物多样性共存共生，构成了一种互相耦合的生态环境与生命系统。四是在构成河道生命的基本要素中，流量与流速代表了河道生命的规模和强度，洪水与洪峰是河道生命的高潮和能量顶峰。正是由于这些特征，无数的河川溪流才显示了它旺盛的生命力。河道所经之处，生灵跳跃，万物丰茂，一片生机。

河道文化生命体现在自人类诞生以来，河道深刻影响了人类的历史发展，塑造了各具特色的文明类型。河道与人类文明的相互作用，造就了河道的文化生命。一是河道是河流文化生命的本源。古老人类的第一行脚印，即印迹于河道岸边。先人通过对河道特征的感知，引水灌溉，形成了最早的农业，并诞生了相应的科学技术、政治文化和社会分工，人类由此进入文明之门。世界上四大古代文明，分别产生于黄河、尼罗河、印度河以及幼发拉底河和底格里斯河就是最有力的证明。二是河道文化生命具有很强的传承功能。世界上所有的大河在孕育人类文明的同时，都书写了一部生动的河流文化生命史。它们或是记录治国安邦方略，演绎哲学思想，或是标量科技发展水平，鉴戒历史演进规律，成为一个民族发展过程中重要的精神宝库。三是河道文化蕴含着深邃的美学价值。河道奔腾不息，声色鲜明，极具运动性和个性化的特质，激发了人类丰富的想象力和自然情怀，从而产生了河道美学。河道作为养育不同民族的母亲，催生民族凝聚力的文化倾向。在漫长的历史发展进程中，受本国母亲河自然形态和人文历史的影响，民族文化品质和意识具有了鲜明的地域特点（侯全亮和李肖强，2005）。

河道的自然生命与文化生命，属于存在和意识的关系，后者伴随前者兴衰而兴衰。一度辉煌的巴比伦文明后来成为"陨落的空中花园"，美洲玛雅文化给后人留下一堆难以破解的神秘废墟，中国古老丝绸之路上的楼兰国悄然消亡在滚滚大漠……这一幕幕文明没落的悲剧，无不是河道消亡、水源枯竭、生态平衡遭到严重破坏的结果，它们像沉重的历史警钟在悠悠时空中回荡。

**（2）河道伦理的哲学基础**

按照传统伦理学的定义，伦理就是指人与人之间的道德行为规范。在这一视野里，"天赋人权"，道德主体只限于人类，而其他生物族群和自然存在，都不过是任人享用的资源，也不拥有道德关怀的资格。然而，当全球范围内生态环境危机日益严重，人们不得不重新思考人与自然的关系，传统伦理学的观点遇到了重大挑战。人们逐步把道德规范的范围扩大到人类之外的客体存在，并兴起了环境伦理学、生态伦理学。尽管这些新的伦理派别迄今争论未绝，但归纳起来，其分歧的焦点主要集中在"人类中心主义"和"非人类中心主义"的问题上（侯全亮和李肖强，2007）。

人类中心主义看来，自然本身并不拥有权利和自身价值，而环境问题的根源在于个人或集团利益的狭隘化，人类不尊重自然，不主张对人类自身利益的限制。而非人类中心主义则认为，包括人类在内的自然都具有其内在价值，相应地也拥有生存和发展的权利，主张把道德关怀对象推广到所有生命，而人的角色应从大地共同体的征服者改变成大地共同体的平等成员。人类中心主义承认了人类追求自身利益的狭隘化。非人类中心主义突破了传统伦理学限于人际伦理的藩篱，要求人在意识深处反思以往对自然的行为，形成一种新的自然观和价值观，这是河道伦理的思想源泉。

河道伦理强调河道开发利用必须以保证当代人生活安全健康，保证子孙后代基本的生存条件：一是反对唯发展主义，主张破除"征服河流、开发河流、改变河流、重组河流"观念，恢复和重建自然河道生态系统，实现人类与河流和谐；二是不赞成"荒野论"，反对纯粹自然论、不利用的荒野保护、极端生态主义，认为纯粹自然论是一种人与自然对立的意识形态，是不符合实际的幻想；三是主张给河道道德关怀主体地位。作为一种自然存在，河道对人类的生存方式与文明具有重大意义。关爱河道，归根结底就是关爱人类。重新审视历史、科学、文化和当代社会实践，将河道生命纳入道德关怀的范畴，建立起人与河道的新型伦理关系（侯全亮和李肖强，2005）。

传统哲学把整个世界划分为主体与客体两个对立部分，认为只有人才是主体，才拥有内在价值和权利，而一切非人类的存在均无主体性，也谈不上内在价值和权利。事实上，按照辩证唯物主义观点，主体、客体的划分是相对的，主体的本质特征是具有主动性、能动性和创造性。人类在自然界的主动地位虽然高于其他物种，但其他物种在一定条件下，也同样具有主动性。特别是大自然的主动力量常常更是人类不可抗拒。一场海啸、飓风、地震或大洪水，每每使人们束手无策，在这种情势下，大自然就成为了主体。大自然的主体性，还表现在日月星辰、山川河流、风雨雷电等自然存在的巨大的创造力。作为大自然子系统，河道的主体性地位也不言而喻。河道是自然界按照自身规律自我组织、发展、维持和消亡的系统，它的产生和发展达到自己的目的，完成自己的使命，实现自身的发展和演化。因此，河道同人类一样，也拥有主体性和自身的内在价值。

在伦理学领域，任何道德主体的义务与权利都是对称的。既然河道主体在河道功能上承载着对人类的义务，它也应拥有自身的权利。一是完整性权利。作为大气和地球水文循环不可或缺的链条，河道的水资源体系支撑着人类一代又一代维持生存。流域是一个连续的、有机耦合的生态系统，其中河道的完整形态无疑是流域生态系统融汇贯通的重要保证。如果人为切割河道的生命肢体，把完整连续的生态系统分割成一个个孤立的区域，那么，河道必然走向枯萎和衰亡。二是清洁性权利。在化学工业高度发达的今天，高分子化合物产品的生产和使用，成为生态系统物质循环的严重障碍。生产生活中大量有害物质排入河道，导致生态系统赖以生存的环境趋于恶化，河道生态系统功能不断丧失。面对河道污染对人类的巨大反作用，人类必须考虑恢复河道的清洁性权利。三是用水权利。在人们的传统意识中，河中有水就可尽情利用是天经地义的。其实这是一种非常错误的认识。河道作为流域的躯干，应当拥有从自身获得保证生存水量的基本权利。特别是在资源性缺水流域，应给予河道本身初始生态水权的分配，保证至少有维持河道健康生命的基本流量（侯全亮和李肖强，2005）。

河道的权利一旦成为伦理要求，人们对河道就有了道德义务。这些道德义务应通过原则性规定来实现。一是尊重性原则。人类对河道的尊重态度取决于如何理解河道生态系统和人类的关系。尊重性原则体现了人们对河道的关怀态度，是进一步赋予河道权利的基础，因而成为行动的第一原则。二是整体性原则。人与河道是一个相互依赖的整体。人类在河道开发利用过程中，任何只考虑自身利益而忽视河道整体性的行为都是错误的。三是不损害原则。关爱生命是伦理道德的基本义务与准则。它要求包括拦河筑坝等河道开发利用活动都不应对河道生态系统造成不可逆转的损害。四是评价性原则。河道伦理把促进河道生态系统的完整、健康与和谐视为最高意义的善举。它要求对人们的行为从良好动机、行动程序到后果后效作出全面评价，以检讨其合理性。五是补偿性原则。当河道生态健康受到损害时，责任人打破了自己与河道之间的公正和平衡，必须承担由自己错误行为导致的生态破坏责任，履行恢复河道生态平衡的义务。

## 1.5 网间带

网间带是河网水系间的陆地部分，是流域生态系统中面积最大的系统。由于人类对其作用的不同，从地理学和生态学角度，网间带可分为环境和功能异质性的结构成分或子系统，主要包括坡耕地系统、荒地系统、梯平地系统、水田系统、园地系统、林地系统、人居环境系统等。这些系统的环境特征具有显著差异。

### 1.5.1 坡耕地

坡耕地是指坡度在5°以上的耕地，一般坡度为10°～25°，是网间带中最脆弱的部分。由于农业耕作经常扰动，植被覆盖率低，国家规定坡度大于25°的耕地要实施退耕还林还草，大于25°坡耕地面积正在不断减少。

#### 1.5.1.1 坡耕地形成原因

1）刀耕火种这种落后的生产方式的存在。山区农民长期的刀耕火种习惯，在历史上曾对该区域居民的生存和繁衍起到了积极的作用，在特定的历史时期，为山区社会经济的发展提供了支持（刘照光和潘开文，2001；冯仁国等，2001）。

2）广种薄收是适应山区复杂自然条件的一种反应。广种薄收是当地居民祖祖辈辈长期适应山区复杂自然和气候条件下的结果，是适应山区复杂自然条件的一种反应，是在落后的原始与传统农业条件下，维持生存条件的必需途径。在降雨较少的年份，阴坡、沟谷和坡下段种植的粮食有较好收成；在降雨较多的年份，阳坡、山脊和坡上部种植的粮食产量高，形成了广种薄收的格局。

3）"以粮为纲"等政策严重忽视山区自身的特点。以长江上游为例，20世纪50年代后期，几度发生大规模的乱砍滥伐、开荒种地，使上游西部地区的森林覆盖率一度降到20%以下，盆地低山丘陵地区降到3%～5%，有的县（市）甚至不足1%，从而产生大量的坡耕地。这些政策往往忽略了山区自身的特点和优势，比如岷江上游，在历史上主要以发展一些特色产业如养殖、狩猎、采药、中药材，以及有机豆类、花椒、核桃等干果来维持生计，但在"以粮为纲"等政策的指导下大量毁林开荒，陡坡地几乎开到了山脊，种植玉米等粮食，收益极低（刘照光和潘开文，2001；冯仁国等，2001）。

4）人口增长过快，人口素质差，人地矛盾尖锐。长江上游地区的人口密度（200人/km²）远高于全国平均水平（105人/km²），人口多集中在长江上游支流的河谷和冲积平原地区；农业人口人均耕地仅为0.09hm²，低于全国平均水平，人地矛盾十分突出。上游地区农业总产值占工农业总产值的30%，农业人口的比例高达83%，均大大高于全国平均水平，绝大多数人以种植业为主，经济发展相对落后。这些特点决定了群众把毁林开荒和陡坡开垦作为一种维持生存的生产方式。

#### 1.5.1.2 坡耕地生态环境问题

1）水土流失严重，石漠化、滑坡、泥石流、崩塌灾害频发。长江上游的坡耕地，山高坡陡，在降雨集中、水力侵蚀和重力侵蚀的双重叠加下，水土流失十分严重。例如，三峡库区耕地面积占土地总面积仅 38%，而土壤的侵蚀量却占库区土壤侵蚀总量的 60%，占入库泥沙总量的 46%。嘉陵江、岷江、大渡河、雅砻江及金沙江上游地区，泥石流、滑坡、崩塌等自然灾害在近 20 年来危害不断加剧，有潜在危险的地段达 4000 余处（刘照光和潘开文，2001；冯仁国等，2001）。

2）在过去，坡耕地的大量存在，尽管维持了农村群众的生产生活，但也是农村长期贫穷落后的根源，并阻碍着"三农"问题的解决。坡耕地是历史发展过程中大量农村人口日益增长的粮食和其他农产品的需求与农村生产不能满足其需求之间矛盾的产物。由于农村人口不断增多，水田、梯平地上的粮食和其他农作物生产不能满足其需求，不得不开荒造地，在坡耕地上组织生产。由于坡耕地上的生产过程容易造成水土流失，坡耕地生产力不断下降，促使人们增加开荒的面积，增加坡耕地上粮食和其他农产品种植面积，于是导致了大面积的坡耕地。因为新开垦的坡耕地离居民点越来越远，坡度越来越陡，退化越来越快，而且种植坡耕地都是以一家一户为单位，种植过程依靠人力和畜力，生产活动的进行要求有更多的劳动力，生产力的提高依赖于更多的劳动力，因此，一家一户劳动力的再生产和生产力决定了农业生产力的高低，促进了农村家庭生育率的提高，并导致大量农业人口。农业人口的增多导致了"农村、农业和农民问题"和更多开荒种植的需求。

3）生物多样性受到严重破坏，虫、鼠害猖獗。大量陡坡开垦，导致许多对农业生态平衡具有重要维持作用的有益生物丧失了生存环境而锐减或消亡，低山丘陵区陆生脊椎动物从以林栖群落为主演变为以草灌动物群落为主，适应森林生活的种类及数量不断下降，适应农田草灌生活的种类尤其是有害鼠类和虫害增加，原先合理有序的食物链中断，一些对农业生产具有严重破坏性的病虫、鼠害则因缺乏天敌而日益猖獗（王震洪，2006）。

4）陡坡耕地十分贫瘠，种植 1～2 年，产量迅速递减，扣除种源、肥料和农药等费用，收益很少，若算上投劳，则入不敷出。例如，岷江上游山地坡耕地粮食平均产量仅为 1500～2250kg/（hm²·a），其现实经济价值为 750～1125 元/（hm²·a）；四川北部、东部等山区旱灾频率已高达 95% 以上，一遇旱灾，则坡耕地上的庄稼几乎颗粒无收，该区域平均每年受灾面积超过 13 000km²，粮食减产达 20 亿 kg。

5）农药、化肥等污染严重。坡耕地耕种中，为了维持粮食和农副产品产量，逐年增施化肥使用，病虫害日趋严重，农药施用量不断增大，造成了流域、水体、土壤的污染，通过食物链，威胁着人们的健康甚至生命（刘照光和潘开文，2001）。

## 1.5.2 荒地

荒地是网间带中地带性森林、灌丛、草地在人类或自然干扰下受到破坏，生态系统逆行演替形成的退化生态系统。荒地也是网间带中脆弱部分。荒地一般土层薄，土地贫瘠，植被生物量、生产力和生物多样性低，人类活动比较频繁。荒地一般分为两类，一类是没有植被生长的裸地，另一类是有少量灌木和草本植物覆盖的土地。荒地在流域中所占面积，不同地区具有显著的差异。在我国的东南沿海地区，因为生态恢复的长期实践，荒地面积逐年减小，有的省，如广东已实现了这类退化生态系统的"零"面积和"零"增长。在中西部地区，这类生态系统的面积还很大，还要经过长期努力，通过生态林业工程的实施，使这类生态系统的面积减小，恢复生态系统的结构和功能。例如，湖南有荒地 2 万 $km^2$，江西有 1.9 万 $km^2$。荒地尽管土壤比较瘠薄，但它是农林业综合开发的后备土地，可以通过土壤改良和生态系统恢复措施，重建受损生态系统，发展经济林、用材林、生态防护林等。

### 1.5.2.1 荒地的形成

在地球陆地上，地带性植被分布面积最大的类型主要有森林、灌木、草地。这些植被类型在人类或自然干扰下会消失，土地以次生裸地形式存在。一般人类干扰有砍伐、放牧、开荒种植、轮歇种植等。自然干扰主要有滑坡、泥石流、地震、火灾、洪涝、行星撞击、植物病害、虫害等。地带性森林逆行演替成荒地，一般首先是森林砍伐变成疏幼林。森林砍伐的目的多种多样，可用作建筑材料、工业用材、工业燃料等。疏幼林阶段往往持续时间比较长。疏幼林的破坏常常是长期收获薪柴过程中，收获量大于生长量，导致生态系统不断退化。放牧也会导致疏幼林退化。灌木林地退化到荒地主要是收获薪柴和放牧活动导致。草地退化到荒地是过度放牧的结果。表 1-4 显示了云贵高原典型森林—半湿润常绿阔叶林退化为荒地的例子。

**表 1-4　不同演替阶段干扰过程和恢复方式**

| 时间 | 逆行演替阶段 | 干扰类型 | 干扰目的 |
|---|---|---|---|
| 20 世纪 50 年代初 | 地带性森林 | 放牧、狩猎、薪柴收获 | 获得畜产品、燃料和野味 |
| 20 世纪 50 年代后期 | 疏幼林 | 地带性森林大型树木地上部分被采伐，保留地下部分 | 错误的钢铁工业发展政策，导致砍伐树木作燃料 |
| 20 世纪 60 年代 | 退化的疏幼林和灌丛 | 不定期采伐地上部分或定期全伐地上部分 | 作为制造砖瓦的燃料和农村居民的生活燃料 |
| 20 世纪 70 年代 | 荒地 | 不定期采伐地上和地下部分 | 农村居民生活燃料需求；山区居民为获得经济利益砍伐薪柴销售给城镇居民 |
| 20 世纪 80 年代以后 | 荒地 | 森林法、环境保护法颁布，停止采伐活动，开始生态恢复实践，但也存在少量砍伐 | 为了获取生活燃料，放牧 |

### 1.5.2.2 荒地生态环境问题

1) 水土流失是荒地上的严重生态环境问题。荒地上的水土流失，在黄土高原地区一般土壤侵蚀模数超过 5000t/$km^2$，在长江流域红壤地区和西南紫色土地区可超过 2000t/$km^2$。在西南岩溶地区，尽管土壤侵蚀模数不高，但可侵蚀的土壤已基本流失殆尽，石漠化十分严重。西南石漠化和西北黄土区土壤侵蚀已成为我国最严重的生态环境问题。中国西南石漠化分布在以贵州为中心的云南、广西、四川、重庆、湖南、湖北及广东8省（自治区、直辖市）（表1-5）。20世纪末，西南石漠化面积达105 063.20km²，占出露碳酸盐岩区面积的25.06%，其中，轻度石漠化面积最大，为39 974.47km²；中度石漠化面积为39 155.97km²；重度石漠化面积为25 932.79km²。贵州、云南、广西三省（自治区）碳酸盐岩区面积为496 517.98km²，占西南喀斯特面积的65.33%；出露碳酸盐面积为282 546.49km²，占西南喀斯特地区出露碳酸盐岩面积的67.27%；贵州、云南、广西三省（自治区）石漠化面积总和为88 091.70km²，占西南石漠化总面积的83.85%，占三省（自治区）面积的17.74%，占三省（自治区）出露碳酸盐岩面积的31.17%，均远远高于其他8省（自治区、直辖市）的平均水平，而且石漠化面积每年仍在增加。例如，贵州省石漠化面积仍以933km²/a的速率递增，如果照此速度计算，在不到200年的时间内，贵州国土面积将全部石漠化。

**表1-5　西南碳酸盐岩区石漠化分布情况**

| 省（自治区、直辖市） | 贵州 | 广西 | 云南 | 四川 | 湖北 | 湖南 | 重庆 | 广东 |
|---|---|---|---|---|---|---|---|---|
| 石漠化面积/km² | 32 476.73 | 27 294.57 | 28 320.40 | 3 748.9 | 2 707.27 | 5 047.41 | 3 124.68 | 2 343.24 |
| 占国土面积/% | 18.45 | 11.87 | 7.45 | 0.78 | 1.46 | 2.38 | 3.81 | 1.32 |
| 占西南石漠化面积/% | 30.91 | 25.98 | 26.96 | 3.57 | 2.58 | 4.80 | 2.97 | 2.23 |

资料来源：童立强和丁富海，2003

2）荒地是山洪泥石流的诱发区。荒地上由于地质原因和土壤侵蚀，一般土层都比较薄，土壤紧实。降雨时，由于土壤入渗量低，易产生地表径流并向沟道汇集，极易对沟道造成侵蚀，诱发破坏性大的山洪、滑坡和泥石流。

3）荒地上植被覆盖率、生物量、生产力、生物多样性低，不利于生态环境保育。荒地上土壤侵蚀，容易诱发泥石流滑坡的一个重要原因就是植被覆盖率、生物量、生产力、生物多样性低，不能正常发挥陆地生态系统功能。低的植被覆盖，使降雨截留能力差；生物量低，不利于土壤固定；生物多样性低，不利于生态系统的植被恢复。

## 1.5.3　农田

### 1.5.3.1　农田形成和演变

农田是人类为获取粮食长期进行生产活动的平整土地，一般坡度在5°以下。农田包括水田、梯田、平地。水田是夏天专门种植水稻、秋冬种植旱作的农田，主要分布在我国南方。梯田是在坡耕地上通过平整土地的方法建造的水平农田，由于梯田依山而建，田与田间有比较大的高差。梯田在南方山区夏天主要种植水稻，秋冬种植小麦、油菜、蚕豆等作物，但夏天也有种植旱作的。在北方，梯田都以旱作为主。平地是种植旱作的平地或1°~5°坡度的缓坡地，在北方平地比较多，而在南方，平地几乎都开垦成水田。在流域中，水田一般分布在河道两侧，梯田分布在沟谷的两侧山坡上，平地介于坡耕地与水田的过渡带上，位置相对较高。

水田和梯田在我国已有2000多年的历史。水田和梯田的最大特点是在小块土地上能生产比旱作多的农产品，因而能够养育比较多的人口。由于中国历史上种植水稻比较早，食物的供给比较丰富，很早就形成了众多的人口，这对中华文明的不间断延续发挥了重要作用。

## 1.5.3.2 农田生态环境问题

### (1) 农业面源污染问题

农业面源污染是指人们在农业生产中，使用氮、磷肥、农药及其他有机或无机物以获取农业高产，畜禽养殖产生有机废弃物、有机污水，这些物质不能被农作物全部利用和降解，成为污染物，通过地表径流和地下径流渗漏，导致水体水质变劣的环境污染。农业面源污染已经是一个世界性的难题。最早注意农业面源污染问题是欧洲和北美洲国家。自20世纪50～80年代，在欧洲和北美洲，各种农用化学品的投入量高速增长，由此引发农业面源污染问题日益升级，引起环境学者和公众的广泛关注。目前，国内外普遍认为农业是导致面源污染最大的来源。特别是随着对点源污染控制的逐步加强，农业面源所占的比重不断增加。美国国家环境保护署2003年的调查结果显示，农业面源污染是美国河流和湖泊污染的第一大污染源，导致约40%的河流和湖泊水体水质不合格，是河口污染的第三大污染源，是造成地下水污染和湿地退化的主要因素。在欧洲国家，由农业面源排放的磷为地表水污染总负荷的24%～71%。

农业面源污染具有与点源污染不同的特点。一是分散性和隐蔽性。与点源污染的集中性相反，面源污染具有分散性的特征，它随流域内土地利用状况、地形地貌、水文、气候、天气等的不同而具有空间异质性和时间上的不均匀性。排放的分散性导致其地理边界和空间位置的不易识别。二是随机性和不确定性。多数面源污染问题涉及随机变量和随机影响。例如，稻田排灌水对水系的污染，常常与天气情况有关。当发生大暴雨事件时，稻田径流会大量溢出，造成污染；夏季干旱，稻田排灌水仅够水稻生长所需，则不会导致污染。三是广泛性和不易监测性。由于面源污染涉及多个污染物，在给定的区域内它们的排放是相互交叉的，加之不同的地理、气象、水文条件对污染物的迁移转化影响很大，因此很难具体监测到单个污染物的排放量（张维理等，2004）。

在水体污染严重的流域，农田、农村畜禽养殖和城乡结合部地带的生活排污是造成流域水体氮、磷富营养化的主要原因，其贡献大大超过来自城市地区的生活点源污染和工业点源污染。我国自20世纪60年代以来，由于化肥用量的增长和畜禽养殖业的发展，称之为水体污染元凶的磷素输入量在这些流域平均增加了12倍，折合为每公顷耕地平均输入量达243kg。尽管不同地区农业生产中农业面源污染物输入负荷量和构成不同，但作为面源污染物的来源，数量很大，农业面源污染已成为最难治理的环境问题（表1-6）。杨曾平和张杨珠（2006）以湖南省醴陵市的高产健康稻田土壤——河沙泥和红黄泥为供试土壤，以早稻品种'湘早籼17号'、晚稻品种'金优207'为供试作物，采用盆栽试验，研究不合理施肥条件下健康稻田土壤养分运动过程，分析了农田化肥过量施用导致水体污染的机理。他们认为，不合理施肥会促进河沙泥和红黄泥土氮素、磷素、钾素养分的渗漏损失。土壤氮素养分发生渗漏损失主要在插秧后60天以内，磷的渗漏损失主要在插秧后15天内，钾的渗漏损失主要发生在插秧后30天内。渗漏损失导致流域内水体氮磷明显增加，加剧了污染。

表 1-6  各地区农业面源构成

| 地 区 | 化肥投入密度 / （kg/hm²） | 农药投入密度 / （kg/hm²） | 畜禽粪尿排泄 密度/（kg/hm²） | 秸秆产量 / （kg/hm²） | 水土流失率 |
| --- | --- | --- | --- | --- | --- |
| 北京 | 465 | 14.68 | 7 113 | 7 409 | 0.2671 |
| 天津 | 467 | 6.71 | 12 633 | 7 170 | 0.0389 |
| 河北 | 345 | 9.19 | 11 625 | 6 246 | 0.3341 |
| 山西 | 252 | 6.01 | 3 424 | 4 836 | 0.5926 |
| 内蒙古 | 188 | 2.38 | 1 345 | 5 701 | 0.6504 |
| 辽宁 | 316 | 12.05 | 6 731 | 8 580 | 0.3414 |
| 吉林 | 279 | 5.83 | 6 340 | 9 016 | 0.1757 |
| 黑龙江 | 150 | 4.71 | 2 591 | 5 361 | 0.2107 |
| 上海 | 357 | 20.76 | 7 763 | 9 517 | 0.0000 |
| 江苏 | 446 | 13.51 | 5 641 | 8 661 | 0.0385 |
| 浙江 | 332 | 23.13 | 2 791 | 8 089 | 0.1738 |
| 安徽 | 311 | 10.34 | 8 228 | 6 096 | 0.1340 |
| 福建 | 492 | 22.59 | 3 282 | 7 443 | 0.1203 |
| 江西 | 246 | 14.34 | 5 496 | 7 658 | 0.2103 |
| 山东 | 436 | 14.49 | 17 372 | 8 755 | 0.2290 |
| 河南 | 372 | 7.55 | 20 925 | 7 509 | 0.1817 |
| 湖北 | 393 | 15.13 | 6 046 | 8 317 | 0.3273 |
| 湖南 | 263 | 14.20 | 8 328 | 8 304 | 0.1907 |
| 广东 | 425 | 18.07 | 6 308 | 7 509 | 0.0612 |
| 广西 | 310 | 8.21 | 6 826 | 6 381 | 0.0437 |
| 海南 | 479 | 23.26 | 9 130 | 5 416 | 0.0155 |
| 重庆 | 230 | 5.67 | 6 363 | 7 006 | 0.6326 |
| 四川 | 233 | 5.94 | 5 045 | 7 337 | 0.3234 |
| 贵州 | 161 | 2.03 | 8 934 | 5 622 | 0.4154 |
| 云南 | 236 | 5.05 | 4 464 | 5 342 | 0.3720 |
| 西藏 | 179 | 3.09 | 102 | 7 885 | 0.0937 |
| 陕西 | 351 | 2.35 | 3 487 | 4 793 | 0.6259 |
| 甘肃 | 204 | 5.58 | 2 285 | 4 852 | 0.6467 |
| 青海 | 147 | 3.66 | 1 216 | 5 697 | 0.2538 |
| 宁夏 | 272 | 1.45 | 3 518 | 5 796 | 0.7093 |
| 新疆 | 289 | 3.90 | 79 | 8 808 | 0.6224 |

资料来源：李海鹏和张俊飙，2009

## （2）土地退化，生产力下降

由于大量化肥使用和长期耕作缺乏轮作，农田土壤物理结构变劣，土壤肥力下降非常明显。目前很多农田已经成为"卫生田"（不使用有机肥），提高土壤肥力仅仅靠使用化肥。由于不断增长的粮食需求，增加化肥使用已经成为维持生产力的最主要手段。以西南的成渝经济区为例，该区有人口 10 302.5 万人，占西南地区人口 28.86%，面积 $2.4 \times 10^4 km^2$，占西南地区面积 3.62%，耕地总面积 $3.74 \times 10^6 hm^2$，占全国耕地面积的 3.9%，西部地区的 12.0%，粮食、水果产量分别占西南地区总产量的 40%、38%，农业经济产值占西南地区 39%。在所有耕地中，水田 $2.09 \times 10^6 hm^2$，1～2 级水稻田仅占 43.11%，而大量面积是中级或低级。土壤有机质含量 90% 以上水田都属于中低级，每千克土壤含量小于 30g，只有 16.9% 的水田土壤全氮含量达到 2g/kg，全磷含量更低，仅 0.5% 农田土壤达到 1g/kg。但是该区地表水中氮、磷含量却普遍超标，这说明农田土地退化，土壤对氮、磷等重要营养元素的储存能力不足。另外土壤板结也十分严重，耕层土壤容重大于 $1.35mg/cm^3$ 的耕地面积大，达到了 12.7%～13.8%，这与现行有机肥使用大幅减少和不合理施用化肥有密切关系（何毓蓉等，2009）。成渝地区被称为"天府之国"，上游有都江堰水利工程，灌溉条件好，是我国农业生产条件最好的地区之一，该区农田退化尚且如此，其他地区将更加严重。

## 1.5.4 林地

### 1.5.4.1 林地特征及功能

林地是网间带中对流域环境起着保护作用的系统。林地有不同的类型，包括有林地、疏幼林地、灌木林地、人工林地、经济林地等。林地与网间带中的其他地类比，具有不同的特征。①林地有高的生物量、净初级生产力、净次级生产力。根据生态学家的研究（Whittaker，1961；Lieth，1973），大部分林地有着最高的净初级生产力，与之相对应，动物利用量、净次级生产量也高（表 1-7）。很明显，由于林地净初级生产力高，为生态系统提供了能量来源，这对生态系统的结构建成和功能作用具有重要意义。②林地具有高的生物多样性。中国拥有各类针叶林、针阔混交林、落叶阔叶林、常绿阔叶林和热带林，以及它们的各种次生类型。根据《中国植被》的分类，中国有森林 210 个群系（formation）、竹林 36 个群系、灌木林与灌丛（不含半灌丛及草丛）94 个群系（吴征镒，1980）。在这些森林中，有乔木树种 2000 多种，灌木 6000 多种，包括了世界、热带、温带、泛地中海分布和中国特有的各种成分。在这些森林中，也栖息着丰富的动物，包括 6347 种脊椎动物，其中哺乳类 581 种，鸟类 1244 种，两栖类 284 种，爬行类 376 种，它们大部分栖息在森林中或林缘部分。但是，中国现有原生性森林已不多，它们主要集中在东北、西南，针叶林约占 49.8%，阔叶林约占 47.2%，其余占 3%。③森林具有涵养水源，控制土壤侵蚀，改良土壤的作用。森林形成了覆盖土壤的下垫面，雨滴在经过森林时，动能被削减，减轻了雨滴对土壤表面的侵蚀。雨水落到森林中，由于土壤疏松，水分储蓄能力强，一般小到中雨，甚至大雨都不会产生地表径流。但是在降雨过后、干旱的季节，储蓄在森林土壤中的水分会慢慢释放出来，为下游提供了水源。森林的凋落物分解增加了土壤有机质，植物分泌物对土壤母质具有促进养分释放的作用。④森林是一个碳汇，能消化温室气体，对吸收、固定和降解空气污染物具有显著作用。

表 1-7  全球不同生态系统的初级和次级生产力估算

| 生态系统类型 | 净初级生产量 / ($10^9$ t C/a) | 动物利用量 /% | 捕食动物取食量 / ($10^6$ t C/a) | 净次级生产量 / ($10^6$ t C/a) |
|---|---|---|---|---|
| 热带雨林 | 15.3 | 7 | 1 100 | 110 |
| 热带季雨林 | 5.1 | 6 | 300 | 30 |
| 温带常绿林 | 2.9 | 4 | 120 | 12 |
| 温带落叶林 | 3.8 | 5 | 190 | 19 |
| 北方针叶林 | 4.3 | 4 | 170 | 17 |
| 林业地和灌丛 | 2.2 | 5 | 110 | 11 |
| 热带稀树草原 | 4.7 | 15 | 700 | 105 |
| 温带草原 | 2.0 | 10 | 200 | 30 |
| 苔原和高山 | 0.5 | 3 | 15 | 1.5 |
| 沙漠灌丛 | 0.6 | 3 | 18 | 2.7 |
| 岩面冰面沙地 | 0.04 | 2 | 0.1 | 0.01 |
| 农田 | 4.1 | 1 | 40 | 4 |
| 沼泽地 | 2.2 | 8 | 175 | 18 |
| 湖泊河流 | 0.6 | 20 | 120 | 12 |
| 陆地总计 | 48.34 | 7 | 3 258.1 | 372.21 |
| 开阔大洋 | 18.9 | 40 | 7 600 | 1 140 |
| 海水上涌区 | 0.1 | 35 | 35 | 5 |
| 大陆架 | 4.3 | 30 | 1 300 | 195 |
| 藻床和藻礁 | 0.5 | 15 | 75 | 11 |
| 河口 | 1.1 | 15 | 165 | 25 |
| 海洋总计 | 24.9 | 37 | 9 175 | 1 376 |
| 全球合计 | 73.24 | 17 | 12 433.1 | 1 748.21 |

## 1.5.4.2  林地生态环境问题

尽管森林对人类的可持续发展具有十分重要的作用，但人类对森林的破坏一直都没有停止。在始新世之前，青藏高原尚未隆起，中国内地与印度大陆之间隔着特提斯海，我国西部与东部、北方与南方一样，都有着近乎同样的湿润气候。自上新世以来，由于青藏高原隆起，阻挡了印度洋潮湿的空气进入中国西部和北方，使中国西部和北部干旱化程度加剧，大约从新石器时代开始，森林逐渐减少。青藏高原的隆起非人力所能控制，气候干旱化导致森林退化也属自然环境变迁之列。然而，森林的过度砍伐和加速衰减则主要是人类活动的结果。

在旧石器时代，除了沙漠、草原和水域，几乎都被森林覆盖。旧石器时代的晚期，人类具有比较高明的狩猎技术（称为渔猎时代）。那时对野兽实行火攻，就会波及森林；到了新石器时代后期，人类发明农业、制陶、建筑等技术，不得不以破坏森林为代价发展农耕、建筑家园。后来，随着社会经济的发展，对森林破坏的强度越来越大。旧石器时代的森林面积至少有 $4.50 \times 10^6 \, \text{km}^2$，相当于现在国土面积的 43%。2010 年，我国森林面积为 $1.90 \times 10^6 \, \text{km}^2$，与旧石器时代面积比，大约减少了 $2.58 \times 10^6 \, \text{km}^2$。森林减少一部分是为了民族生存和发展，创造华夏文明所必须付出的代价，但是大部分是战争、不科学的政策和管理导致的，如 20 世纪 50 年代大炼钢铁铜，砍伐森林至少减少了 5% 的森林面积。目前我国森林面积的减少主要仍然是不科学的管理方式。例如，城市发展、房地产企业土地开发、农业开发、林业开发项目常常导致森林的破坏。在第三世界国家，森林减少主要是垦荒种植增加粮食供给，发展经济林如橡胶林，导致热带雨林的锐减。酸雨、病虫害的侵袭也会导致森林的破坏。生物入侵常常使森林结构发生变化，导致森林退化。

## 1.5.5　人居环境

### 1.5.5.1　人居环境的特点

人居环境是人类在流域中生活、居住的地方，是社会生产力的发展引起人的生存方式不断变化的结果。按自然、人群、社会、居住、支撑五大系统的差异，可把人居环境分为乡村和城市人居环境。乡村人居环境和城市人居环境在人口结构、产业发展、空间布局、居住环境、生活质量、环境演变等方面都具有显著差异。

**(1) 农村人居环境**

由于我国是发展中国家，城市化进程还没有完成，乡村人居环境和发达国家相比，具有显著的不同。从人居环境的主体人口结构上看，居住在乡村的人口绝对数量大，受教育程度和收入比较低。在广大的中西部，农村人口从事的产业主要是第一产业，而在发达的东部地区，从事的产业主要是第二、第三产业。农村人居环境受农业经济活动半径小的制约，以村落形式存在的均质型社区是其主要的形式。随着第二、第三产业的发展，村落型有向点线状发展的趋势。另外，地理环境也决定了人居环境的特征。在平原地区，村落比较密，而在中西部山区则较稀疏；在北方地区，由于水资源缺乏，人口密度低，村落也比较稀疏。村落在流域中一般位于比较平坦、相对较高、有水源的位置。乡村人居环境的建筑物在村落中一般比较低矮、分散，内部空旷，但这也给人们创造了容易交流的空间。由于人们的生产方式相对落后，与之对应的生活方式也具有其特点，主要表现是村落服务系统不健全，生活环境较差。

乡村人居环境的演变过程是与人类生产力的发展相联系的。在漫长的原始社会，人类最初以采集和渔猎等简单劳动为谋生手段。为了不断获取天然食物，人们逐水草而居，居住地不固定。为了便于迁徙，人类或栖身于天然洞穴，或栖身于地上陋室、树上窠巢。这些群居的原始人类以这种极简单的居住处所集中在一起即为最早的居民点。随着生产力的发展，出现了在相对固定的土地上获取生活资料的生产方式——农耕与饲养，而且形成了从事专门劳动的人群：农民、牧人、猎人和渔夫。这些专门劳动的人群工作的活动范围是不一样的，为了提高工作效率，他们就居住在最容易达到工作地点、比较安全的地方，因此形成了比较固定的定居点。可以说，农业的出现和第一次社会大分工是形成古代不同人居环境的条件。随着生产力的发展，劳动工具、劳动技能的不断改进，劳动产品出现了剩余，产生了私有制，推动了社会第二次分工——手工业、商业从农牧业中分离出来。在一个定居点上的手工业者、商人专门从事手工业和商品交换，能服务比较多的人口和辐射比较大的范围，因此城镇就发展起来，最后发展到城市。村落是城市的"胚胎"，任何村落都有可能发展成城市。

**(2) 城市人居环境**

城市人居环境在自然、人群、社会、居住、支撑五大系统上都与乡村人居环境有显著不同。我国目前正在发生快速城市化进程，与发达国家的城市人居环境也具有一定差异。从人居环境的主体人口结构上看，居住在城市的人口绝对数量虽然没有居住在农村的大，但居住集中，受教育程度和收入比较高，人口从事的产业主要是第二、第三产业。城市人群在生产和生活方式上活动半径大，因此人居环境发展了由街道、公路为联结纽带的异质型社区，如中央商务区、经济开发区、港口区、生态居住区、工业区、大学城、航空港区、铁路运输区等。随着产业分工和高速交通体系的发展，城市有向城市群发展的趋势。另外，地理环境也决定了城市人居环境的特征。在平原、三角洲地区，城市比较密，而在中西部则较稀疏；在北方地区，由于气候干旱，人口密度低，城市也比较稀疏。在平原上的城市一般空间格局是同心圆状，如北京、郑州、成都、西安、石家庄。在海边的城市常常是沿着海岸线发展，或沿着海湾发展，如大连、青岛、烟台等。在江边的城市常常沿江发展，并围绕沿江城市街区向外按同心圆发展，如武汉、上海、广州等。西部山地上的城市，常常是按地形起伏不规则发展，如贵阳、昆明、重庆等。城市人居环境的建筑一般比较高大、集中，内部空间狭窄。虽然建筑物与建筑物、人与人之间的距离很近，但封闭式的建筑结构阻碍了人与人之间的交流。由于人们的生产方式先进，与之对应的生活方式也具有其特点，主要表现是城市服务系统如交通、通信、医疗、教育比较健全。

作为人类栖息地，人居环境经历了从自然环境向人工环境、从次一级人工环境向高一级人工环境的发展演变过程，并仍将持续下去。就人居环境体系的层次结构而言，乡村和城市人居环境的演变并不能截然分开。城市人居环境的演变是在乡村人居环境的基础上进一步演变的结果，这个过程表现为散居、村、镇、城市、城市群、城市带。这个演变过程大致经历了三个阶段。第一阶段是工业革命之前的缓慢发展阶段，农业和手工业生产缓慢发展，不要求人口的大规模集结，各种人居环境的规模处于缓慢增长状态。第二阶段是工业革命到20世纪60年代的快速发展阶段，工业发展要求大量劳动力，西方国家先后进入城市化时期，城镇规模急剧扩大，而乡村规模相对缩小，形成人口从乡村→小城镇→中等城市→大城市的向心移动模式，城市环境问题十分突出。第三阶段是20世纪60年代后的平稳发展阶段，此期也可称为后城市化阶段。西方国家已完成工业化和城市化过程，开始关注和改善城市生态环境问题，已经在利用可持续发展思想指导城市的发展。作为有悠久历史的文明古国和发展中国家，我国的城市演变具有自己的鲜明特点。一是古代城市演变比西方国家早。例如，我国唐朝就已经发展了上百万人口的大城市如古都西安、洛阳，其他中小城市也比较多。二是从18世纪之后，我国城市化进程显著落后于西方国家，西方国家在这个时期开始了工业革命，发展了许多工业城市，但我国城市还处于古代手工业、商业城市的发展水平。三是新中国成立后的城市发展比较曲折，但改革开放后，城市化却迎来了一个大发展的新时期，这一时期的城市发展类似于西方的第二阶段。但是，现代可持续发展城市理念的渗透，使我国第二和第三阶段呈现合并发展的趋势。

贵州是我国欠发达地区，城市化进程到目前浓缩了三个阶段的特征。本节进一步用贵州城市化的例子说明城市化进程（李菊和王震洪，2009）。贵州城市化进程可进一步把城市化的 3 个阶段细分为 7 个不同的发展阶段。第一阶段为 1950 年前的漫长发展阶段，基本属于工业革命之前的缓慢发展阶段，城市化类似于西方产业革命之前或中国古代，城市人口规模小，90％人口生活在乡村。第二阶段为 1950～1955 年新中国成立后的发展时期，国家相对稳定，实施了优先发展工业的"一五"计划。由于贵州是南方能源丰富的大省和矿产资源的富集地，在贵州建立了一些重工业生产基地。随着"一五"计划的推进，城市化水平得到了比较大的发展，贵州城市人口由 1949 年的 110 万增加到 1955 年的 130.8 万，城市化水平从 7.12％上升到 8.25％，有两个建制市即贵阳和遵义。这个时期城市生态环境较好，森林覆盖率达 30％以上，环境容量大，环境的自净能力较强，城市中没有出现人与经济、社会、城市生态环境之间不协调的现象。第三阶段为 1956～1965 年的大起大落时期，由于"大跃进"发展工业，1958～1959 年两年内城镇非农人口猛增到的 259 多万，城市化水平从 8.25％增长到 15％左右。因为工作失误和三年自然灾害，1960 年国家作了一些政策调整，把 79 万多城镇人口下放回乡，全省城镇非农人口由最高峰的 259 万下降到 1962 年的 180 万，之后城镇人口略有恢复，到 1965 年为 218 万。在此期间的 1958 年，贵州增设安顺和都匀两市，但在 1962 年撤销，1966 年又恢复。全省有贵阳、遵义、都匀、安顺 4 个市。这个时期由于国家政策失误，大量人口涌入城市，盲目大搞炼钢炼铁，消耗了大量的能源、原材料，砍伐了大量的原始森林，环境容量急剧下降，城市生态环境问题开始出现。第四阶段为 1966～1978 年的停滞时期，由于"文化大革命"，国民经济濒临崩溃，大批干部和青年上山下乡，许多小城镇萎缩，12 年间全省城镇人口仅增加约 86 万人，城市化水平徘徊在 11％～12％。到 1978 年年底，全省只增加了六盘水 1 个城市。这个时期由于政治动乱，生产没有显著发展，人们对环境的干预作用不强，全省的生态环境在逐渐恢复。第五阶段为 1979～1986 年的恢复时期，改革开放的春风使贵州的城市化出现恢复性发展。在这期间，城市数量仅增加到 6 个，但建制镇发展较快，由 1983 年的 116 个增加到 1987 年的 316 个，增加了 200 个，年均增加 25 个。城市人口由 1979 年的 314 万增加到 1986 年 364 万，净增 50 万，年均增长 6.25 万；城市人口比重由 1979 年的 11.5％提高到 1986 年的 12.16％。第六阶段为 1987～1994 年的相对快速发展时期，城市由 1986 年的 6 个增加到 1993 年的 11 个，贵阳市的城市人口在 1993 年突破百万，建制镇数由 1986 年的 316 个增加到 1994 年的 675 个，年均增加 45 个，城市人口由 1987 年 372.8 万增加到 1994 年的 453 万、净增 80 万，年均增长 11.3 万，城市化水平由 12.16％上升到 13.40％。第七阶段为 1995 年以来的稳步发展时期，全省有 13 个城市中发展了贵阳、六盘水、遵义、安顺、毕节 5 个省辖市，建制镇达 685 个，城市非农业人口 2006 年突破 1000 万。在这一阶段，贵州城市化水平经过 40 年的发展，于 1998 年再度超过 1958 年创下的非农人口比重 15.17％的记录，2001 年达到 16.67％，比 1995 年的 13.52％提升了 3 个多百分点，每年增长超过 0.5 个百分点，到 2005 年贵州的城市化水平达到了 27％，目前超过了 30％，贵州城市化进入一个稳步发展时期。

### 1.5.5.2 人居环境生态问题

城市人居环境是人类改造和适应自然环境基础上建立的人工生态系统，是城市居民从事社会经济活动的基础，是城市形成和持续发展的必要条件。随着城市化和工业化的迅速发展，经济总量快速增长，城市基础设施大规模建设，密集的人类活动，城市生态环境有不断恶化的趋势，从而产生了一系列城市生态环境问题。

1）空气质量差，酸雨严重，有"热岛"效应危害。以贵州省为例，13个市的能源结构均以含硫量较高的煤为主，城市大气污染是煤烟型为主的复合污染，主要污染物有TSP、$SO_x$、$NO_x$、CO、CH 等，其首要污染物各城市略有不同。2005 年，41.7%的城市（5个）二氧化硫年均浓度值超过国家空气质量二级标准，其中 3 个城市超过国家三级标准。以二氧化硫为首要污染物的城市 8 个，占统计城市数的 66.7%；以颗粒物为首要污染物的城市 4 个，占统计城市数的 33.3%。贵州省空气湿度大，废气中的二氧化硫和氮氧化物易于与空气中水气混合发生氧化还原反应形成酸雨。据 2005 年贵州省的监测结果，全省 12 个城市降水 pH 范围为 4.32～6.74，年均降水 pH 小于 5.6（含5.6）的城市有 6 个，占统计城市数的 50.0%，出现酸雨的城市 10 个，占统计城市数的 83.3%。随着城市化的发展，城市人口密集，工业集中，城市覆盖物如建筑、水泥路面等各种人工建筑越来越多，导致了城市小气候环境"热岛"效应，在一定程度上影响着人们的身心健康和工作效率。

2）城市绿地率不高且布局不够合理，水土流失加剧。1950 年年初，贵州省除毕节市外，其他城市的森林覆盖率都在 30%以上。20 世纪 50 年代到 90 年代，为了发展经济，城市森林被严重破坏，2002 年贵州省城市人均公共绿地面积为 4.06$m^2$，比 1999年贵州省城市人均公共绿地 7.61$m^2$下降了 46.7%。在建城区，随着建设用地增加，12个城市森林覆盖率均呈下降趋势，植被破坏，加速了水土流失。直到最近，随着生态文明城市建设计划的实施，才使城市森林得到保护，退化生态系统得到一定程度的恢复。

3）城市水体污染严重。喀斯特地区山地丘陵多，盆地少，而喀斯特地区平整的低地几乎全部被城市占据，使得城市的水文过程受到人类的影响很大。2005 年度贵州省地表水监测的 74 个断面中，水质劣于 V 类的断面有 23 个，占总监测断面数的 31.1%。湖（库）25 个监测点中，达到规定水质类别的测点仅 3 个，占总测点数的 12%；超过规定水质类别的测点 22 个，占总测点数的 88%，总体呈现富营养化趋势。

4）噪声污染总体上不容乐观。2005 年贵州省 12 个城市进行了道路交通噪声监测，平均等效声级范围为 66.2～74.4dB（A），1 个城市为重度污染、2 个城市为轻度污染、2 个城市声环境质量较好、7 个城市声环境质量好。2005 年贵州省 12 个城市进行了城市区域环境噪声监测，平均等效声级范围为 52.4～60.0dB（A），8 个城市为轻度污染、4 个城市声环境质量较好。影响城市声环境质量的主要噪声源是交通噪声和生活噪声，分别占 28.7%和 55.9%。2005 年贵州省各功能区昼夜间噪声监测结果，1 类区（居住、文教区）14.3%的城市超过国家标准；2 类区（混合区）14.3%的城市超过国家标准；3 类区（工业区）14.3%的城市超过国家标准；4 类区（交通干线两侧）无超标城市。

# 1.6 湖泊

湖泊系统在流域中接纳网间带产生的径流和径流输送的固体物质，是陆地围绕的大型水域。根据水温、营养物质含量不同，湖泊可分为贫营养和富营养两类。贫营养湖泊水温低，营养物质含量少，富营养湖泊则相反。湖泊从贫营养转化为富营养是一个自然的过程，无论人类是否干预都会发生，但人类生产生活污水的排入则显著加快了湖泊富营养化。富营养化的最后阶段，湖泊会因沉积变为沼泽。

## 1.6.1 湖泊形态结构

湖泊的外部形态特征千差万别。大型湖泊可达数万到数十万平方公里，小型湖泊只有几公顷；有深达千余米的深湖，也有水深仅几厘米的近于干涸的湖泊。湖泊几何形态上的变化，在很大程度上取决于湖盆的起源，不同成因的湖泊其轮廓是不同的。一般河成湖、堰塞湖保留了原有河床的某些形态特征；发育在构造凹陷盆地或是火山口积水而成的湖泊，其外形略呈圆形或椭圆形；而发育在地堑谷地中的湖泊，则多呈狭长形。现代湖泊除沿袭古湖泊的某些形态特征外，还在外界条件的影响下，使湖泊形态发生了改变。例如，入湖河流所携带的泥沙，起着改造湖泊沿岸地形与填平湖底起伏的作用；风浪能使沿岸带的泥沙重新移动和沉积，使迎风岸侵蚀加剧，而背风岸沉积增多。也有因气候变化而引起湖面的收缩或扩大。沿岸带水生植物和底栖生物的滋生，不仅可引起湖泊形态改变，还会加速湖泊的消亡。新构造运动也会改变湖泊的形态，沉降型湖泊除湖水加深外，还使沿岸的港汊得到发育，湖岸的岬湾曲折交错。掀升型湖泊，湖水逐渐变浅，湖岸发育顺直。所以一个湖泊的形态发育是错综复杂的，它可以是单因素也可以是多因素作用的产物。特别是人类的活动，直接和间接地参与了湖泊形态的改造，如过去的人工填湖造田、建闸蓄水、固岸工程、滩地围垦等都可促进湖泊形态的变化。因此，现代湖泊的形态是自然与人类共同作用的结果，而不是湖泊形成初期的自然形态（王洪道，1995）。

在流域中下游的湖泊（有别于在流域上游的湖泊如火山湖），从湖泊的岸边向湖心，湖水运动能量逐渐减小，沉积物呈现从粗到细的分带现象。陆源沉积物的湖泊在河口处可形成湖缘三角形，在深湖区还可发育粗粒的浊流沉积。因此，考虑到河流注入的沉积特征，湖泊相可划分成5个亚相（程军，1991）。①湖泊三角洲。湖泊的波浪作用远比海浪小，所以湖泊三角洲一般是以河流作用为主的河控三角洲，其沉积特征与海陆过渡环境的河控三角洲相似。②滨湖。位于湖岸线附近，界于枯水期与洪水期湖岸线之间，常受湖水进退影响，波浪作用较强烈，沉积物的分选和磨圆较好。③浅湖。位于枯水期湖面以下、波基面以上的浅水地带。该地带的湖底经常淹没在水面以下。沉积物的粒度均匀，分选较好。有时滨湖和浅湖不容易分开。④深湖。位于波基面以下的深水区，其湖底基本上不受波浪影响，一般为平静的或停滞的状态。沉积物主要为黏土。⑤湖湾。在湖缘或水下局部隆起周围由于水浅而形成的沙坝、障壁沙岛等沙体，使近岸水体被阻隔而形成半封闭的湖湾。

我国的湖泊，大致以大兴安岭—阴山—贺兰山—祁连山—昆仑山—唐古拉山—冈底斯山一线为界。此线东南为外流湖区，以淡水湖为主，湖泊大多直接或间接与海洋相通，成为河流水系的组成部分，属吞吐性湖泊。此线西北为内流湖区，湖泊处于封闭或半封闭的内陆盆地之中，与海洋隔绝，自成一小流域，为盆地水系的尾闾，以咸水湖或盐湖为主。在中国的天然湖泊中，由于各种原因，还发育了一些特殊的湖泊。例如，地处"世界屋脊"青藏高原上的纳木错湖，湖面海拔 4718m，面积 1940km$^2$，是地球上海拔最高的大型湖泊；位于吐鲁番盆地中的艾丁湖，湖面在海平面以下 154m，是世界上海拔最低湖泊。中国湖泊高程悬殊之大，为世界所罕见。此外，在西藏羊八井附近，发现了一个面积达 7300m$^2$、最大水深超过 16m 的热水湖，水温变化为 46~57℃，每当晴空无云之际，巨大的气柱从湖面冉冉升起，景色十分壮观。云南丘北六郎洞内还有一个巨大的地下湖，湖水从溶洞溢出的流量达 26m$^3$/s，现已成功地用以发电，是中国第一座地下湖发电站。

云贵高原湖泊的总面积为 1077km$^2$，约占全国湖泊总面积的 1.4%，这些湖泊主要分布在云南中部和西部，以中小型淡水湖泊为主。云贵高原的湖泊含盐不高，湖深水清，冬季不结冰，并以风景秀丽闻名。区内湖泊分属金沙江、南盘江和澜沧江水系。湖泊除蕴藏着丰富的水力资源外，还兼有灌溉、供水之利。本区的湖泊多沿褶皱断裂构造方向排列，湖盆长轴与深大断裂带走向基本一致，多为构造湖。此外，碳酸盐类岩层经水的溶蚀后，对湖盆的发育也起着辅助作用。因此，位于喀斯特地貌发育地区的湖泊，湖水常靠地下暗河的补给或排泄。云贵高原地区由于近期新构造运动仍较强烈，破坏性地震能促使一些湖盆加深；岸线抬升的现象在不少湖泊也颇为明显，湖泊在近期具有西升东降的趋势。

### 1.6.2 湖泊的成因

#### 1.6.2.1 构造湖

湖泊的成因是多种多样的。由于地壳运动引起的地壳断陷、拗陷、沉陷所形成的构造盆地，经潴水而成为湖泊，通常称为构造湖。构造湖在中国的分布很广，一些大中型湖泊多属于这一类。例如，云南高原的湖泊，多受南北向断裂的影响，均呈南北向条带状分布。滇东的湖泊带，是由于地面断裂系统的强烈发育，形成了许多地堑式断陷盆地和断陷湖泊，如滇池、抚仙湖、阳宗海等。这些断陷湖泊都保留有明显的断层陡崖，附近常有涌泉或温泉出露，沿断层两侧的垂直差异运动至今未曾停息。我国青藏高原、长江中下游的大型湖泊如青海湖、色林错湖、洞庭湖都是构造湖。

#### 1.6.2.2 火山湖

由于火山喷发，喷火口积水成湖，称为火山湖；或因火山喷发的熔岩壅塞河床，抬高水位而成的湖泊，称为火山堰塞湖。火山湖在中国东北、西南、山西、台湾有分布，其中东北地区分布较多。例如，吉林省的长白山是中国典型的火山地貌区域，在玄武岩高原与台地之上突起一座雄伟秀丽的休火山，在火山锥顶部有 16 座海拔 2500m 以上的山峰环绕火山口，火山口已积水成火山湖，称为白头山天池。有史料记载以来，长白山火山曾有 3 次喷发（公元 1597 年、1668 年和 1702 年），最终形成今日如此规模巨大而雄伟的同心圆状火山锥地貌景观。第四纪火山喷发，在长白山区还形成小天池和龙岗的6个小火山湖群。在大兴安岭鄂温克旗哈尔新火山群的奥内诺尔火山顶上也有一个火山湖；德都县也分布有湖水较浅、已长满苔藓植物的五大连池火山湖群。在台湾宜兰龟山岛上也分布有两个火山口湖。云南腾冲打鹰山和山西大同昊天寺火山，山上原有火山湖，后被破坏而消失，唯腾冲大龙潭火山口尚积水成湖。

## 1.6.2.3　冰川湖

由于冰川的挖蚀作用和冰砾泥的堆积堵塞作用形成的湖泊，称为冰川湖，我国主要分布在西南、西北冰川发育的高海拔地区。我国冰川湖多为山谷冰川所形成，湖泊位于较高的海拔处。青藏高原上的冰川湖主要分布在念青唐古拉山和喜马拉雅山区，但多数是有出口的小湖，如藏南工布江达县的帕桑错，是扎拉弄巴和钟错弄巴两条古冰川汇合后挖蚀成的槽谷，经冰川终碛封闭而成为冰碛湖。它位居海拔3460m处，长13km，宽2km，深60m，面积达26km$^2$。四川甘孜的新路海，系冰蚀挖深、冰碛物阻塞河谷出口而成的冰川湖，深75m。新疆的阿尔泰山、昆仑山和天山，亦有冰川湖分布，它们大多是冰期前的构造谷地，在冰期时受冰川强烈挖蚀，形成宽坦的槽谷。冰退时，槽谷受冰碛垄阻塞形成长形湖泊，如喀纳斯湖。在冰斗上下串联或冰碛叠置地区，还发育有串珠状冰川湖。现代冰川的冰面在衰退过程中，由于冰舌的后退或消融，使冰舌部分的冰面地形趋于复杂，常形成大小不等、深浅不一的冰面湖。

## 1.6.2.4　喀斯特湖

喀斯特湖是由碳酸盐地层经流水的长期溶蚀产生洼地或漏斗，当这些洼地或漏斗底部的落水洞被堵塞后积水成湖。喀斯特湖面积不大，水较浅。中国喀斯特湖主要分布在喀斯特发育的贵州、广西、云南等省（自治区）。例如，贵州威宁的草海，原是个典型的喀斯特盆地，公元1857年（清咸丰七年）因暴雨引起山洪暴发，洪水携带大量沙石阻塞了喀斯特盆地的落水洞，经潴水后才成为一个湖泊。该湖集水面积为190km$^2$，年入湖水量0.9亿m$^3$，湖面积为29.8km$^2$，水深近2m，是大型候鸟黑颈鹤的越冬地。1973年曾凿开水洞，排干湖水，垦为农田，现已退田还湖。云南中甸的纳帕海，两岸断崖有3个水平溶洞，水位高时成为湖水的排泄水道；湖底还有许多裂隙和落水洞，每当湖水涨时，湖面常出现一些漏斗状漩涡。滇东的一些构造湖，湖底与湖周的碳酸盐类地层的喀斯特现象亦较发育，湖滨有较多的喀斯特泉和暗河出露，有的湖泊水源以喀斯特泉为主，如阳宗海东岸的黄水洞、秦已洞，滇池西岸的蝙蝠洞，均有暗河补给湖泊。

## 1.6.2.5　风成湖

沙漠地区的沙丘受定向风吹蚀成丘间洼地，当洼地低于潜水（埋藏于地表以下第一个稳定隔水层之上具有自由水面的重力水）面时被潜水汇聚而成的湖泊称为风成湖。洼地范围内的降雨降雪也对湖泊积水有一定的补给，这种湖泊多以小型时令湖的形式出现，集中分布在中国沙漠地区。中国沙漠地区有成百上千个被称为"明珠"的大小湖泊，它们中有淡水湖，也有咸水湖或盐湖。例如，毛乌素沙地分布有众多的湖泊，大小共计 170 余个，虽然大部分是苏打湖和氯化物湖，但也有淡水湖分布。腾格里沙漠内分布了众多面积很小的季节性草湖，其中由泉水补给的湖泊水质较好。乌兰布和沙漠西部为一古湖积平原，分布有盐湖，其中吉兰泰盐池是中国开采已久的著名盐湖之一。塔克拉玛干沙漠的东北，靠近塔里木河下游的一些丘间洼地，也有风成湖分布。分布在科尔沁沙地、浑善达克沙地及呼伦贝尔沙地的一些湖泊，仅湖盆中央稍有积水，周围是沼泽，水质较好，矿化度为 $1\sim3g/L$，湖周是天然牧场。只有少许湖泊因基底岩层隔水，水质较差，矿化度达 $10\sim20g/L$ 而未予利用。

### 1.6.2.6  海成湖

沿海平原洼地由于沿岸流所挟带的泥沙不断淤积，海湾被沙嘴封闭而形成的潟湖称为海成湖。中国的海成湖分布于滨海冲积平原地区，它是冲积平原与海湾沙洲封闭沿岸海湾所形成的湖泊。台湾西南岸的高雄港就是一个典型的海成潟湖，湖岸曲折，湖泊长轴沿海岸线方向延伸。地处江苏、浙江、安徽交界的太湖则是一个古潟湖，它是海湾和河流共同作用下所形成的。风景如画的杭州西湖，在数千年前还是与钱塘江相通的一个浅海海湾，以后由于海潮与河流所夹带的泥沙不断在海湾口附近沉积，使湾内海水与大海逐渐分离而接纳地表、地下径流，逐渐淡化湖水形成今日的西湖。这类湖泊在广东、山东、河北沿海也有分布，但规模较小。

### 1.6.2.7  河成湖

因河道横向摆动、泥沙堆积不均、河流被堰塞而残留的湖泊称为河成湖，这类湖泊大多分布在中国大江大河沿岸排水不良的低地。河成湖的形成与河流的演变有密切关系。一种是由于河流泥沙在泛滥平原上堆积不均匀，造成天然堤之间的洼地积水而成的湖泊，如江汉平原湖群和河北洼淀湖泊多属于这一类型；另一种是支流水系受阻，泥沙在支流河口淤塞，使河水不能排入干流而壅水成湖，如淮河南岸在 19 世纪三四十年代，因霍丘县附近受堵而形成城东、城西两湖；还有一种是河流横向摆动，在被废弃的古河道上积水而成的湖泊，如长江的黄石—九江—安庆—大通段沿江两岸的湖泊，以及东北地区嫩江、海拉尔河、乌尔逊河等沿岸星罗棋布的咸泡子，大多属于这类成因。在黄河干流以南至徐州间的运河线上，有一连串近南北向的狭长湖泊，这些湖泊沿鲁南山区西侧断层而分布，是公元 1194 年黄河南徙后，泗水下游被壅塞，水流宣泄不畅，潴水而成的一系列湖泊，如南四湖和洪泽湖等。

### 1.6.2.8  人工湖

人工修建的水库、坝塘称为人工湖。人工湖泊与同面积的天然湖泊比，一般水体比较深，湖底淤泥较少。因为没有经过长期的演化，湖相比较单一，湖泊生物多样性较低。人工湖所承担的功能一般较多，有防洪、发电、航运、养殖、旅游、生态保护、灌溉、生产生活用水等。我国小型到大型人工湖主要是 1950～1979 年之间修建的，特大型人工湖主要是 1979 年之后修建的，全国累计共有大小水库 10 万多座，库容 6000 多亿 $m^3$。

## 1.6.3　湖泊功能

### 1.6.3.1　湖泊能蓄积水量，调节河川径流

河流补给湖泊，湖泊吞吐江河，发挥着巨大的调节效应。鄱阳湖、洞庭湖、太湖、洪泽湖及巢湖，是中国东部平原五大淡水湖泊，湖泊储水量近 528 亿 m³，是长江干流年径流量的 5% 左右，为淮河年径流量的 2 倍。1954 年发生中国长江流域近百年来较大的一次洪水，该年 6 月 17 日进入鄱阳湖的最大流量为 48 580m³/s，经过鄱阳湖调蓄后，于 6 月 20 日自湖口泄入长江，最大泄水量仅为 22 400m³/s，削减洪峰流量达 26 380m³/s，洪峰出现的时间延后了三天，既减轻了下游长江无为段大堤的防洪压力，又为抗洪抢险赢得了宝贵时间。2010 年 7 月 19~20 日，长江发生特大洪水，长江三峡上游迎来了 7 万 m³/s 洪峰，但是三峡大坝仅下泄 4 万 m³/s，三峡水库调蓄了洪水 3 万 m³/s，减轻了下游防洪压力。湖泊可补充河川径流，汛期时，湖泊蓄积了一定的水量，抬高了湖泊水位，汛期一过，蓄积在湖泊内的水量，将从湖内缓缓泄出，增加了河川径流。

### 1.6.3.2　湖泊为沿湖地区提供了工农业用水

湖泊周围是发达的工农业区，人口稠密。湖泊蓄积的水量是湖泊沿岸人民生活、农业和工业的重要水源。湖南省洞庭湖滨湖地区只占全省面积的 1/17，因其水利条件好，土壤肥沃，对全省贡献很大，是湖南粮、棉、水产的重要基地，多年来粮食产量占全省产量的 1/5，棉花产量占全省产量的 2/3，水产品产量占全省产量的一半。江苏洪泽湖自兴建三河闸、二河闸及高良涧闸等水利工程以来，使淮河下游广大地区迅速改变了长期遭受洪涝威胁的局面，每年从洪泽湖经灌溉总渠输向里下河地区的灌溉水量达 70 亿~140 亿 m³，灌溉面积已扩大到 1800 万亩①，其中自流灌溉的面积就有 400 万亩。由于农田获得了充足的灌溉水源，使一些落后地区的工农业得到迅速发展。

### 1.6.3.3　湖泊能调节气候

生活在较大湖区的人们，都会感到这里的气候比较温和。这是因为在白天，湖泊和远离湖区的陆地在太阳的照射下，由于水的热容量大，太阳的辐射热被湖水储存起来，所以湖面上和附近陆地上的气温升高不多；晚上，湖水把储存的热量又慢慢地释放出来，湖区周围的气温下降缓慢。

### 1.6.3.4　湖泊蕴藏了丰富的水能资源

分布在中国高原、山区的一些湖泊，不但具有丰富的水量，而且出口有较大的水位落差，因而蕴藏了较为丰富的水力资源。水力资源的蕴藏量可用式（1-21）表示。

$$N = AQH \tag{1-21}$$

式中，$N$ 表示水流的实际功率（kW）；$Q$ 表示流量的大小（m³/s）；$H$ 表示落差或水头差（m）；$A$ 为出力系数。

---

① 1 亩≈666.7m²，后同。

中国湖泊水力资源蕴藏量比较大的湖泊有松花湖、洱海、日月潭、镜泊湖、羊卓雍错及滇池等。新中国成立前中国湖泊水力资源只有松花湖、镜泊湖、日月潭及滇池得到开发利用。云南的洱海调节库容在 26 亿 m³ 以上，湖水流出后进入西洱河峡谷，水流湍急，1988 年已完成梯级水力开发，装机容量在 20.5 万 kW 以上，接近台湾日月潭和东北镜泊湖两座水电站装机容量的总和。我国还有一些平原湖泊，低水头小型水力发电站已相继建成，促进了当地工农业生产的发展，如江苏的洪泽湖，通过治理淮河，先后建成高良涧、三河闸等小型水电站；洪湖还建成了新堤小型水电站。这些小型水电站发电能力虽然不大，但它的电能能用来提灌、排洪，发挥湖泊综合效益。

## 1.6.3.5 湖泊可发展水产养殖和种植业

中国湖泊水产资源丰富，既有鱼、虾、蟹、贝等水生动物，又有菱、莲、芡、芦等水生植物，供人们捕捞、采收、刈割后利用。湖泊中的水产资源与湖区人民生活和经济发展关系密切。中国湖泊中分布的鱼类约有 300 余种，其中经济鱼类达 60 余种。各湖区中以东部平原湖泊的经济鱼类最多，其中鲤形目鲤科主要有鲤鱼（*Cyprinus*）、鲫鱼（*Carassius*）、草鱼（*Ctenopharyngodon*）、青鱼（*Mylopharyngdon*）、鲢鱼（*Hypophthalmichehys*）、鳙鱼（*Aristichthys*）、鳊鱼（*Parabramis*）、鲌鱼（*Erythroculter*）、红鲌鱼（*Culter*）、鱲鱼（*Opsariichthys*）、鳌鱼（*Ochetobibus*）、鲴鱼（*Xenocypris*）、赤眼鳟鱼（*Spualiobarbus*）等属，此外，还有鲚鱼（*Coilia*）、银鱼（*Prolosalanx*）、鳜鱼（*Siniperca*）、乌鱼（*Mugil*）、鲶鱼（*Silurus*）、鳗鲡（*Anguilla*）、黄鳝（*Monopterus*）、黄颡鱼（*Pelteobagrus*）、松江鲈鱼（*Trachidermus*）等其他科的属。鲤鱼和鲫鱼是人们所喜爱的两种食用鱼，它们都是杂食的，东部平原一些中小型湖泊中食饵丰富，因而这两种鱼的产量高。草鱼、青鱼、鲢鱼、鳙鱼是中国的特产和传统养殖的鱼类，被称之为"四大家鱼"。它们在自然状况下于湖泊中摄食生长，而到江河中去生殖，属半洄游性鱼。中国湖泊中生长的大型水生植物包括蕨类植物和种子植物有 70 余种。湖内生长的大型水生植物，有的是可供食用的水生蔬菜，有的是工业和手工业的原料，有的可作饲草、肥料和燃料。可供食用的水生植物有菱、莲、芡、慈姑、荸荠、芋、莼菜和茭白等，它们都已有人工栽培的品种，经过长期的人工培育和选择，栽培的品种比野生的品质优良。

## 1.6.3.6 湖泊能够净化来自网间带的污水，保护流域生态平衡

湖泊中分布着各种生产者、消费者和还原者（分解者）。湖泊生物成分中的生产者包括浮游藻类、附生藻类和大型水生植物，它们能够把污水中的无机营养元素吸收利用，净化水体。微生物、藻类能分解有机污染物，使其变成简单物质，被生产者吸收。消费者包括浮游动物（如轮虫、枝角类、桡足类等）、底栖动物（如螺、蚌等）和游泳动物（如鱼、虾等），它们取食绿色植物，形成湖泊生态系统完整食物链，使生态系统维持平衡稳定状态。另外，湖泊具有比较厚的淤泥，淤泥中有各种水生动物和微生物，来自网间带的污水流入湖泊，在水压力的作用下经过淤泥，污染物被过滤和处理，使污水得到净化。湖泊中还具有丰富的物种多样性，生态学家可从中选择和培育能够处理污水的植物、动物和微生物，建设人工湿地，提高环保科技水平。

## 1.7 网间带水土流失对河网和湖泊系统的淤积作用

### 1.7.1 网间带水土流失

网间带水土流失主要来源是坡耕地和荒地。水田、梯平地、林地、人居环境系统等产生的土壤侵蚀量与坡耕地和荒地相比，所占比例很小。降雨时，坡耕地（特别是陡坡耕地）极容易产生地表径流，导致土壤侵蚀。耕作过程不科学，如顺坡耕作使耕地上形成与径流流动方向相同的犁沟，细沟侵蚀发生比横坡耕作容易，造成土壤侵蚀。坡耕地一般土壤有机质含量较低，在雨滴的作用下土壤溅蚀强烈。土壤中细颗粒物质在溅蚀作用下极容易堵塞土壤孔隙，使雨水下渗能力减弱，产生地表径流，导致土壤面蚀和沟蚀。因为坡耕地土壤比较松软，在径流作用下，容易发生分散作用，在相同降雨条件下，剥蚀的土壤与其他土地类型比，相差可达几十倍。

一般情况下，5°~8°坡耕地土壤侵蚀模数为500~2500t/（km²·a），8°~15°为2500~5000t/（km²·a），15°~25°为5000~8000t/（km²·a），25°~35°为8000~15 000t/（km²·a）。根据1996年土壤详查（国家统计公报第5号），我国用来种植农作物的耕地面积（包括休闲地、轮歇地、草田轮作地、农林复合用地、滩地和海涂等）为13 003.92万hm²（19.51亿亩），东、中、西部地区分别占总耕地的28.4%、43.2%和28.4%（表1-8）。其中，坡耕地有2113.33万hm²（3.17亿亩）、坡度大于25°的陡坡耕地607.15万hm²（0.91亿亩）（表1-9）。按平均每年侵蚀厚度为3mm、土壤容重为1.7g/cm²计算，土壤侵蚀模数为5000t/（hm²·a），土壤侵蚀总量为11亿t。

**表 1-8 我国东中西部耕地分布情况**

| 地区 | 耕地面积 | | 占全国比重/% |
| --- | --- | --- | --- |
| | 万 hm² | 万亩 | |
| 东部地区 | 3 695.59 | 55 433.83 | 28.4 |
| 中部地区 | 5 611.89 | 84 178.33 | 43.2 |
| 西部地区 | 3 696.45 | 55 446.68 | 28.4 |

**表 1-9 我国东中西部地区 25°以上的坡耕地面积**

| 地区 | 耕地面积 | | 占全国比重/% |
| --- | --- | --- | --- |
| | 万 hm² | 万亩 | |
| 东部地区 | 38.67 | 580.00 | 6.4 |
| 中部地区 | 104.00 | 1560.00 | 17.1 |
| 西部地区 | 464.00 | 6960.00 | 76.5 |

坡耕地在空间分布上也具有差异。我国丘陵山区流域坡耕地面积约占耕地面积的50%。长江中上游坡耕地面积约1.3亿亩，占全国坡耕地总面积41%，其中大于25°的坡耕地0.35亿亩；年均侵蚀量超过9亿t，占全流域侵蚀总量的40.2%。在四川省，坡耕地面积为0.50亿亩，占全省总耕地面积的54%，超过了长江中上游坡耕地面积的1/3。在云贵高原和黄土高原的大部分流域，坡耕地面积可占耕地面积的70%~90%。

金沙江流域、三峡库区和川陕交界区是我国坡耕地分布最集中的三个地区，很多小流域坡耕地面积超过了总耕地面积的 90%（王震洪，2006）。在金沙江峡谷和黄土高原地区，坡耕地土壤侵蚀模数可达 7000～15 000t/（km² · a）。

荒地上的土壤侵蚀，在黄土高原、金沙江流域河谷、云贵高原山地、四川盆地山地、西南石漠化山地、长江以南红壤区比较严重。尽管荒地上有零星草本、灌木覆盖，人类干扰主要是放牧、刈草，没有坡耕地上的干扰重，但侵蚀也比较严重。例如，利用 [137]Cs 核素示踪的方法，依据耕地质量平衡模型和非耕地剖面分布模型，对云南滇池流域呈贡不同土地利用方式下的土壤侵蚀状况进行了研究，结果表明，荒草覆盖的非耕地侵蚀模数为 2078.75～17 553.90 t/（km² · a），坡耕地为 230.94～17 784.87t/（km² · a），次生云南松林仅为 0～1990.64t/（km² · a）（刘磊，2008）。根据国家标准，侵蚀强度大部分属于中度和强度侵蚀水平。在黄土高原，土壤侵蚀基质为黄土，厚度可达 50～100m，成分为粉粒，遇水易崩解，抗冲蚀性差。典型地貌梁峁坡、沟谷坡在沟蚀作用下，侵蚀基准不断下降，导致梁峁坡、沟谷坡侵蚀比较严重。梁峁坡上部侵蚀方式主要为溅蚀、细沟侵蚀和冲沟侵蚀，下部形成陷穴和漏斗等潜蚀。沟谷坡的侵蚀受水力和重力双重作用，主要侵蚀形式有沟谷扩展、下切和沟头延伸，其中陡坡悬崖常出现滑塌、泻溜等重力侵蚀现象。侵蚀模数一般可达 10 000～25 000t/km²。

## 1.7.2 网间带泥沙对河道和水库的淤积作用

土壤侵蚀产生的输移质主要淤积沟道和河道，悬移质主要淤积湖泊和塘坝。在河道中的上游，输移质沉积占主导，而在下游悬移质沉积占主导。由于输移质颗粒大，水流搬运颗粒需要高的能量，在较陡山坡上产生的输移质遇到较平缓的地形会停顿下来。在沟道和河道中，输移质的运动与沟道和河道纵比降有很大关系，比降越大的沟道和河道，输移质被输送的距离就越远。随着沟道、河道长度增加，输移质会越来越少。悬移质在沟道中的输送与沟道、河道纵比降关系不明显，但在水流较平缓的部分悬移质沉积也较多。

在水库和湖泊中，泥沙沉积的空间分布也具有差异。在入湖口和水库的尾部，泥沙沉积较多，而在坝前和湖泊的出口则淤积较少。泥沙沉积的空间分布研究领域，亚洲水面最大的丹江口水库和非洲水面最大的阿斯旺水库是研究得比较详细的两个案例。

丹江口水库是由汉江与其支流丹江组成的并联水库，坝址在支流丹江入汉江汇水下游 0.80km 处。坝址处多年平均径流量 379 亿 m³（1930～1978 年），其中汉江库区占 87.4%，丹江库区占 12.6%，5～10 月水量占全年水量的 78.3%。坝址处多年平均悬移质输沙量 1.15 亿 t（1952～1967 年），其中汉江库区占 79%，丹江库区占 21%，5～10 月占全年输沙量的 95%。由于汉江库区上游干流的石泉（1973 年）、安康（1989 年）及支流堵河的黄龙滩（1974 年）等水库的建成，目前汉江库区来沙量已有所减少。但上述三个水库的死库容都较小，到了排沙期，三个水库今后的来沙量仍会排入汉江库区。目前丹江口水库的淤积特点如下。①总库容淤积尚少。通过 1960 年和 2003 年两次全库 157m 以下实测（1/10 000 地形资料），总淤积量为 16.18 亿 m³，占总库容 9.4%，其中，1968～2003 年淤积 14.94 亿 m³，占 8.7%。总体来看，该水库淤积较轻。根据目前流域生态环境特点，该水库预期寿命为 382 年，比黄河流域水库运行寿命（一般为

50～100 年）要长。②汉江淤积重，而丹江区淤积较轻。汉江库区实际已淤积 15.3%，汉江上游亟须治理。③干流库区淤积重，而支流淤积较轻，干流库区已淤积 11.89 亿 m³。④库的两头淤积少，而中间淤积较多。淤积主要发生在 37.3～117.1km，该段库容损失 28.5%，有的地段已损失近 50%。库中段淤积大的原因主要是该段水库宽阔，水库调水调沙时对其影响不大，而两头淤积轻是由于水库较窄，汛期调水调沙时库中泥沙被冲刷。

阿斯旺水库是埃及尼罗河上的大型水库，它为这个国家提供了 95% 以上用水需求。由于尼罗河径流的变化大，修建一座可调节性的蓄水大坝实现优化供水十分必要。从 20 世纪 60 年代初，工程就已开始施工，工程完成后形成了众所周知的纳赛尔湖，它是全球最大的人工湖泊之一，总库容 1690 亿 m³，长 500km，平均水面宽度为 13km，最大水面 6500km²。作为泥沙淤积的死库容为 31 亿 m³（阿布纳加，2004）。

尼罗河研究院和 EL-萨玛尼研究所在 1997～1999 年研究了纳赛尔湖泥沙沉淀，发现在水流入水库的地方形成三角洲，其原因是当水流进入水库尾部时，流速和输送能力降低，在非层流作用下泥沙开始沉积。这个新的水下三角洲分为顶积层和前积层两部分，顶积层主要淤积粗颗粒床沙，当然也含有一些细颗粒沙。但细颗粒物质主要在水流作用下向顶积层下游推进，沉积在前积层。三角洲顶积层向前积层的过渡段与异重流的下冲点一致，该下冲点刚好是水流从非层流到层流的变动带（图 1-8）。

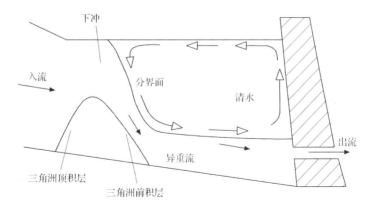

图 1-8　阿斯旺水库泥沙淤积过程示意图

下冲点的位置是移动的，并且容易受洪水变化影响。由于挟沙入库洪水和库中清水的密度不同，高密度异重流越过三角洲顶积层下冲到水库清水之下，成为潜流向大坝方向流动。如果水流泥沙含量太低不能形成异重流，那么非层流将会在整个库区发生。研究结果表明，泥沙主要淤积在 147～175km 的兴利库容里，下冲点大约在坝上游 364km 处，顶积层每年上升 0.75m，向前推进 0.5km。在 1964～2000 年，有 37 亿 m³ 的泥沙淤积在水库中，按这样的速度，淤满 310 亿 m³ 的死库容需要 310 年时间。根据研究，进入库区的泥沙每年有 1.3354 亿 t，97% 通过异重流的输送作用淤积在库区，3% 约 400 万 t 通过大坝排到下游。尼罗河流域缺乏黏土，水库中的淤泥被挖泥机清淤用来制砖，发展成了一个产业（阿布纳加，2004）。

### 1.7.3 网间带泥沙对湖泊的淤积作用

悬移质泥沙是土壤侵蚀、水流搬运过程的产物，它是湖泊淤积过程和塑造湖泊生态环境的介质。湖泊分布区的洪涝灾害、环境污染、土地沙化等环境问题都与泥沙淤积而导致湖泊生态环境异变有关。

#### 1.7.3.1 湖泊拦沙率与淤积

影响湖泊淤积的因素主要有三个方面：来水来沙条件（包括流量、含沙量和来沙级配等）、湖区地形、水位及出流情况等。如果湖泊发生冲刷，则排沙还与前期淤积物厚度、级配及密实情况有关。韩其为和沈锡琪（1984）按照非均匀悬移质不平衡输沙理论对适当简化下的壅水排沙进行了研究，得到年平均和多年平均拦沙率一般为

$$\lambda = 1 - \frac{1}{[1 + K(V/W_{in})]^2} \tag{1-22}$$

$$K = W_{in}/W_R \tag{1-23}$$

式中，$\lambda$ 为平均拦沙率；$W_{in}$ 为淤积平衡时入湖水量；$V$ 为湖泊容量；$W_R$ 为淤积平衡时的河槽容积；$K$ 为表征湖泊相对容量的指标。$K$ 值主要与来水条件、湖泊特性、运用方式，尤其是运行水位等有关。对于不同的湖泊，来水条件、湖泊特性、运行水位都不同，$K$ 自然也就不同。同样，对于同一湖泊，不同的淤积发展阶段，尤其是不同的运行条件，$K$ 也不是一定值。随着水库淤积发展，水库库容 $V$ 逐渐减小，水库特性也发生变化，水库水面比降也不断调整，$K$ 也随之调整。坝前运行水位越低，水库的水面比降越大，拦沙率也就越小，$K$ 也越小；当低于某一水位时，水库水面比降达到平衡比降，水库的拦沙率也就为 0，对应的 $K$ 也就为 0。从理论上讲，$K$ 应与水库特性、坝前运行水位等建立函数关系（秦文凯等，1998）。

根据 20 世纪 50 年代至 80 年代洞庭湖的基本水沙条件和淤积资料，$K$ 值与汛期库容 $V$ 呈现直线相关关系（图 1-9，$K = 0.1876 [V (10^8 m^3) - 1.57]$）。$K$ 值随库容 $V$ 的变化而变化，它们之间存在下列规律：湖泊淤积越多、湖泊出口水位越低，$V$ 越小，$K$ 也越小，淤积程度随之减缓。当水库淤积到一定程度，或出口水位降低至一定水位，使

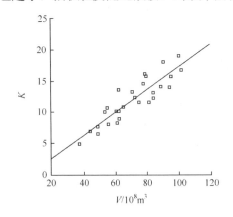

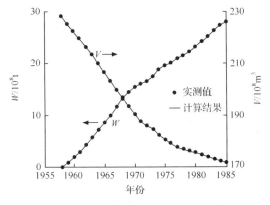

图 1-9　$K$ 值与汛期库容的相关关系　　　图 1-10　库容和泥沙量实测值及模拟值

图中 $W$ 表示累积淤积量；$V$ 表示剩余库容

得 $V$ 减小至某一数值，$K=0$，$\lambda=0$，此时水库便达到冲淤平衡。利用入湖水量、入湖水体中的含沙量、湖泊库容，按式（1-22）计算拦沙率，模拟得到各年湖中泥沙量和库容变化，对应于实测的泥沙量和库容作图（图1-10）。图1-10表明，计算值与实测值有比较好的对应关系。

### 1.7.3.2 湖泊淤积的危害

湖泊淤积有直接危害和间接危害。直接危害通常是泥沙在湖泊中的淤积，导致湖泊库容减小，防洪能力下降，河湖周围发生洪灾频率上升，造成生命财产损失，土地荒芜、沙化，湖泊变浅，通航里程缩短。间接危害主要是引起当地生态环境发生变化，影响湖泊周围居民身体健康和区域可持续发展等。笔者以洞庭湖为例，分析湖泊泥沙淤积导致的具体危害（尹树彬，2004）。

洞庭湖是我国有名的调水调沙型湖泊，生态学家通过多年研究已经基本弄清了湖泊淤积导致的各种危害，为湖泊生态环境保护提供了科学依据。根据研究，洞庭湖的悬移质泥沙来自湘、资、沅、澧四条江和长江松滋口、太平口、藕池口，经调蓄沉积后，从湖口七里山输入长江。据1951~1988年实测，进入洞庭湖的悬移质多年平均为 $1.9\times10^8$ t，其中来自长江的有 $1.4\times10^8$ t，占73.68%；来自四条江的有 $5\times10^7$ t，占26.32%。多年平均出湖泥沙 $4\times10^7$ t，占入湖沙量的25.9%。湖内年均淤积量 $1.5\times10^8$ t，占入湖沙量的78.95%。各时期的泥沙平衡状况表明，洞庭湖在近百年中，尽管入湖沙量呈减少趋势，但由于总体淤积量大于冲刷量，使洞庭湖盆一直处于淤积状态（尹树彬，2004）。

洞庭湖的淤积促进了一系列环境问题的发生和灾害链的形成。随着泥沙淤积，洞庭湖区洲滩和水生植物相继出露，一方面改变了湖面积、湖库容、湖底高程等湖泊形态参数，从而引起风浪、湖水流速、水面坡降等水动力条件的改变，使水体挟沙能力减弱，促使细粒径泥沙在湖内沉积；另一方面，已形成的各类洲滩及其生长的各类挺水植物如获、芦苇等客观上起着阻水滞沙作用，为老洲滩扩展和新洲滩的发育提供了条件。这两种促淤作用使入湖沙量减少的情况下，泥沙淤积率始终在71.66%~75.01%之间变动，使洲滩以 $0.47\times10^4$ hm²/a的速度出露，以 1.2km²/a的速度扩展，水生植物面积不断扩大，湖底高程持续抬高，湖泊库容快速萎缩。这些变化放大了泥沙致灾效应，孕育许多次一级致灾因子，触发一系列次生灾害和衍生灾害，使洞庭湖区形成了多条泥沙灾害链（图1-11）。

1）泥沙淤积-洪溃决堤-洪涝-环境污染灾害链。洞庭湖是调蓄型湖泊，在某种程度上具有河道的性质。在汛期，大量泥沙进入湖泊，使湖泊受到泥沙淤积，湖床高程不断抬高。通过围垸保护的村庄和农田则泥沙淤积中断，垸高田低的格局日益突出，堤垸抗洪能力不断削弱。在发生小洪水的情况下，就具有历史上大洪水的破坏力。在发生溃堤决口之后，垸外湖河洲滩上的钉螺疫水、悬浮物、泥沙被带入垸内，使沟渠、农田、水系全面受污染，引起生态环境破坏和疾病流行。

2）泥沙淤积-钉螺感染、鼠疫流行灾害链。由于湖泊泥沙淤积，洲滩面积不断增大，水生植物在洲滩上生长，为适宜"冬陆夏水"生活的钉螺和东方鼠的繁殖创造了条件。发生洪灾后，钉螺和东方鼠大量进入垸内，诱发血吸虫、鼠害和鼠疫。

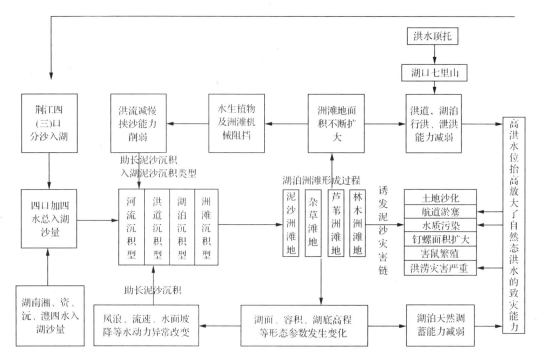

图 1-11 泥沙淤积灾害链的形成图示（尹树斌，2004）

3）泥沙淤积-洪溃决堤-土地沙化灾害链。洪涝灾害的发生，极大地推动了湖内泥沙的再分配、再迁移、再淤积，使大量泥沙汇集于湖区公路、水渠、园地、村庄，导致土地沙化荒芜（表 1-10）。

表 1-10 洞庭湖区沙化土地动态变化

| 项目 | 1949 年前 | 1949～1960 年 | 1961～1970 年 | 1971～1990 年 | 1991～1997 年 |
|---|---|---|---|---|---|
| 固定半固定沙地/hm² | 25 802 | 26 371 | 35 323 | 43 988 | 44 249 |
| 造林种草沙地/hm² | 0 | 0 | 99 | 5 312 | 8 170 |
| 合计面积/hm² | 52 419 | 49 300 | 35 422 | 26 371 | 25 802 |

# 1.8 网间带系统对河网和湖泊系统污染的影响

网间带系统的人居环境、农田、坡耕地、荒地是产生污染物的流域亚系统。人居环境主要产生生活污水、固体废弃物，农田主要产生过量的氮、磷，农作物不能完全利用的农药，坡耕地和荒地上产生土壤侵蚀。这些导致了流域河网和湖泊水体污染。网间带的林地、灌木林地是控制土壤侵蚀、保护流域生态环境的积极成分。

网间带地表径流携带的泥沙、有机质、氮、磷等水土流失产物的直接受体是河网。这些物质进入河网后，使河网水体变浑浊，水中有机物、氮、磷浓度超标，影响着河网中水生态过程。河流水体因泥沙含量增加而变浑浊，水体透光度下降，沉水植物光合作用过程受到影响，第一生产力下降，并影响到水体中溶解氧的浓度；水体变浑浊还会影响到高等水生动物在水中的呼吸过程，如通过鳃呼吸的鱼类，在浑浊的水体中鳃的生理功能会受到影响，使溶解氧的获取量减少，导致死鱼等。浑浊的水体也影响动物的觅食行为。如果水体因上游水土流失的原因，长期处于浑浊状态，沉水植物的多样性将下降，高等水生植物甚至灭绝。

网间带地表径流携带的有机物、氮、磷等污染物进入河网的水体后，使河网水体水质发生改变。有机物、氮、磷等污染物进入河流，使河流水体污染物总量增加。流量季节变化不大、生物多样性高、流速较快的河流，具有显著的自净能力，污染物对河流的影响较小。但对于流量季节性变化大、流速慢或水利工程导致河道壅水的河流，径流携带的有机质、氮、磷会导致河流富营养化，破坏河流水环境和生物多样性。

## 1.8.1 生活污水污染

水是人类生存和发展的根本条件。人类社会在工业化、城市化过程中在大量消耗淡水资源的同时，排出污水，污染河流，危害环境，造成严重后果。城市污水使河道水体发臭，景观破坏，生物多样性下降，甚至导致生物绝迹。城市污水使水资源质量严重受损，影响工农业生产。污水传播病菌虫卵常导致病虫害传播，危害人体健康。

不同城市污水水质是不同的。沿海城市和南方城市用水量大，污染物浓度较低；北方或西部城市用水量小，污染物浓度较高。工业城市污水与产业关联度很高，造纸、纺织、印染、石油工业发达的城市，有机废水量大，而采矿、冶金、无机化学工业发达的城市，无机废水量较大。表 1-11 显示了昆明市四个污水处理厂进出水质情况。对武汉三镇三个排污口一年的监测表明，COD（chemical oxygen demand）为 155.97mg/L，$BOD_5$（biological oxygen demand）为 61.52mg/L，SS（suspended solid）为 65.77mg/L，TN（total nitrogen）为 22.61mg/L，TP（total phosphrous）为 2.28mg/L。污水中主要指标的浓度明显低于昆明（张翔凌，2004）。污水中主要指标的浓度在一日中也是变化的。根据张翔凌（2004）对武汉黄孝河污水口采样分析，COD 较大值出现在20：00～0：00，较小值出现在 8：00～12：00。BOD 较大值出现在14：00～22：00，较小值出现在 6：00～14：00。SS 较大值出现在的 18：00～22：00，较小值出现在 2：00～6：00。总磷较大值出现在 14：00～18：00，较小值出现在 10：00～14：00。总氮较大值出现在 14：00～18：00，较小值出现在 10：00～14：00。一年中，在夏季月份，这些指标浓度比冬季月份要低，这主要是夏季降雨对污染物具有稀释作用。

**表 1-11　昆明四个污水处理厂进出水水质**

| 污水处理厂 | 处理量/$10^4$m³ | $BOD_5$/(mg/L) | | COD/(mg/L) | | SS/(mg/L) | | TN/(mg/L) | | TP/(mg/L) | |
|---|---|---|---|---|---|---|---|---|---|---|---|
| | | 进水 | 出水 | 进水 | 出水 | 进水 | 出水 | 进水 | 出水 | 进水 | 出水 |
| 第一 | 1909.9 | 92 | 10 | 188 | 18 | 87 | 7 | 29.1 | 15.2 | 3.4 | 0.3 |
| 第二 | 3668.6 | 91 | 10 | 154 | 19 | 37 | 8 | 29.1 | 13.5 | 3.1 | 0.5 |
| 第三 | 5305.5 | 84 | 8 | 162 | 26 | 66 | 8 | 26.2 | 12.8 | 2.8 | 1.3 |
| 第四 | 2696.1 | 106 | 6 | 198 | 23 | 79 | 6 | 28.1 | 13.4 | 3.1 | 0.5 |

关于农村生活污水问题，我国长期城乡发展不平衡，表现在污水处理方面城乡差别显著。在城市，有比较完善的收集、处理技术和设施，而且国家颁布系统的法律法规和

标准加以控制；而占全国总面积近 90％的农村，96％的村庄没有排水渠道和污水处理系统，未经处理的生活污水通过点源和非点源排放，将各类污染物带入河流（李无双等，2008）。

农村生活污水主要为牲畜养殖污水、厕所溢出污水、厨房污水、卫生间废水。农村污水有如下特点和问题：①一般不含有毒物质，含有氮、磷等营养物质；②由于粪肥没有经过高温发酵，污水中含有大量细菌、病毒和寄生虫卵；③因生活习惯、生活方式、经济水平等不同，农村生活污水流域内村与村之间差异较大，与城市污水比较，浓度波动也比较大（表 1-11，表 1-12）；④污水分布较分散，涉及范围广，随机性强，防治比较困难；⑤农村用水量标准较低，污水流量小且变化系数大；⑥污水成分复杂，但各种污染物的浓度较低，污水可生化性较强。

表 1-12　滇池湖滨地区农村污水水质情况　　　　　　　（单位：mg/L）

| 采样地点 | $COD_{Cr}$ | $BOD_5$ | SS | 凯氏氮 | 氨态氮 | TP |
|---|---|---|---|---|---|---|
| 占城镇 | 29.1 | 11.4 | 42.0 | 19.38 | 2.44 | 4.24 |
| 晋宁县城 | 26.8 | 22.9 | 104.0 | 17.12 | 12.09 | 4.21 |
| 新街乡 | 109.9 | 79.6 | 64.0 | 55.67 | 38.73 | 17.44 |
| 小梅子村 | 98.0 | 88.4 | 148.0 | 35.82 | 22.72 | 18.88 |
| 都南村 | 117.6 | 95.4 | 10.0 | 7.11 | 3.69 | 2.06 |
| 矣六村 | 231.3 | 203.6 | 1146.0 | 19.70 | 10.83 | 15.13 |
| 官渡镇 | 290.1 | 266.8 | 191.0 | 38.40 | 13.30 | 10.71 |

资料来源：刘忠翰和彭江燕，1997

关于上述城市和农村污水量、水质指标和污染物负荷变化，一般采用直接监测、间接监测和数学模型法计算。直接监测是在排污河道、沟道和排污口建设标准的监测断面如矩形堰，测定污水流量，并同步按一定时间间隔采集水样，按照国家标准测定样本中的各污染指标含量。根据采样间隔时间内的污水量和污染物浓度计算污染物输出负荷，分析这些指标的动态。这种方法的研究如本书第三章的研究。间接监测方法是在标准监测断面安装在线监测系统，通过适时连续的自动监测，获取断面水质数据。数据可通过网络输入处理终端，研究者根据需要下载或提取相关数据。在线监测系统包括水样采集单元、监测仪器单元和数据处理单元组成（郑重等，2009；吴子岳和赵婷婷，2007）。数学模型法是根据长期研究建立的数学模型计算污染物负荷的方法。

贵州省山地环境重点实验室方志青等利用数学模型法研究了红风湖、百花湖、阿哈水库城市和农村生活污水排放量，具体采用式（1-24）计算。

$$Q_n = R \times P_n \tag{1-24}$$

式中，$Q_n$ 为生活污水、TN、TP、COD 排放量；$R$ 为人均生活污水排放量；$P_n$ 为人口数。根据有关调查资料，城镇：污水排放量 120L/（人·d）；TN 5.8g/（人·d）；TP 0.44g/（人·d）；COD 60g/（人·d）。农村：污水排放量 50L/（人·d）；TN 2.6g/（人·d）；TP 0.23g/（人·d）；COD 40g/（人·d）。红枫湖、百花湖和阿哈水库是贵阳市工农业用水的水源地，在贵州省国民经济和社会发展中具非常重要的作用。其中，红枫湖位于贵州省中部，水域面积 57.2km²，库容 $6.01 \times 10^8$ m³，流域面积 1596km²，是云贵高原上最大的人工湖泊。在三个人工湖的上游，人口稠密，有大面积农田，农业生产中污染物超标的地表水、生活污水和固体废弃物，未经处理直接排入红枫湖，使湖泊水体污染物总量不断增加，富营养化加剧。尽管湖区工业污染源得到了有效治理，水体和底泥也在实施治理工程，但湖水富营养化的总体趋势并没有得到改变，湖泊汇水区也没有完整的污染物监测资料，影响了治理决策。利用数学模型法研究表明，红枫湖、百花湖流域 COD 污染负荷为 14 600t/a，其中城市生活污染源 COD 排放量占排放总量的 28.4%；农村生活污染源 COD 排放量占排放总量的 15.5%。阿哈水库 COD 污染负荷为 2500t/a，其中，城市生活污染源 COD 排放量占排放总量的 37%；农村生活污染源 COD 排放量占排放总量的 10.1%（表 1-13）。这些数据为后来的工程规划提供了基础资料。

表 1-13　两湖一库流域生活污染负荷总量

| 流域 | 人口/万人 | 污水排放量/（万 t/a） | TN/（t/a） | TP/（t/a） | COD/（t/a） |
|---|---|---|---|---|---|
| 红枫湖、百花湖 | 85.0 | 2 300 | 1 155 | 94.2 | 14 600 |
| 阿哈水库 | 14.0 | 430 | 213 | 17.1 | 2 500 |

## 1.8.2　固体废弃物污染

网间带产生的固体废弃物主要是城市固体废弃物、工业固体废弃物和农村固体废弃物。城市固体废弃物主要是纸张、塑料袋、玻璃瓶、易拉罐、废旧家电、生活有机物、电池等。这些废弃物经过四道环节的分捡，再利用价值较高的废弃物已经被回收。第一道分流环节是居民或企事业单位将有较高价值的包装废弃物直接分拣出来并出售。第二道分流环节是小区或企事业单位的垃圾箱看管人员和上门收集人员对尚具有一定回收利用价值的垃圾进行分拣后出售。第三道分流环节是拾荒者在公共场所的垃圾收集容器或垃圾收集点挑拣有一定回收价值的废品。第四道分流环节是进入环卫部门的中转和处置系统之后，有些城市还会在垃圾中转站或分拣中心组织分拣，如机械化分拣，然后把剩下的废弃物运送到垃圾填埋场（刘新宇，2010）。因此，城市固体废弃物对河网水系和湖泊不会造成严重性的污染。城市固体废弃物有一种情况会造成严重污染，即垃圾填埋系统处置不当或填埋时间长，产生恶臭有毒的渗出液污染水系和湖泊。

而工业固体废弃物和农村固体废弃物则会对河网水系和湖泊造成实质性的污染。工业固体废弃物是指在生产、经营活动中产生的所有固态、半固态和除废水以外的高浓度液态废弃物，产品的生产过程就是废弃物的产生过程。工业固体废弃物按危害状况可分为一般工业固体废弃物和危险废弃物。一般工业固体废弃物包括粉煤灰、冶炼废渣、炉渣、尾矿、工业水处理污泥、煤矸石及工业粉尘等；危险废弃物是指易燃、易爆，具腐蚀性、传染性、放射性的有毒有害废弃物，除固态废物外，半固态、液态危险废物在环境管理中通常也划入危险废物一类进行管理。不同地区，工业废弃物种类所占比例是不同的。以昆明市为例，工业固体废弃物中磷石膏占 62%，冶炼废物占 13%，磷炉渣占 9%，粉煤灰占 8%，锅炉渣占 4%，其他废物占 4%（钟明霞，2007）。每种固体废弃物的百分比和产业结构是相联系的。

工业固体废弃物对河网水系和湖泊水体的污染主要有三个途径。一是工业固体废弃物在降雨径流的作用下流入河湖，直接对水域造成污染，有些企业将工业废渣或垃圾直接倒入河流、湖泊，造成更大污染。二是通过土壤污染水体。由于工业固体废弃物占用大量土地，有毒物质渗透进入土壤，溶解于渗滤水和地下水中，地下液体水向河网和湖泊运动，造成水体污染。三是通过大气污染水体。工业废渣与垃圾在堆放过程中，被风吹到大气中，某些有机物质挥发、分解，产生有害气体，进入大气，在雨雪的作用下，进入湖泊水体，造成污染。

我国是一个农业大国，农村的固体废弃物种类繁多，数量巨大。固体废弃物数量最多的种类主要是农田秸秆、牲畜粪肥、废旧地膜、蔬菜残余物、生活垃圾、人粪便等。当前我国每年农业固体废弃物产出量大约 40 多亿 t，其中主要包括畜禽粪便 30 亿 t，农作物秸秆 7.0 亿 t，蔬菜废弃物 1 亿～1.5 亿 t，乡镇生活垃圾和人畜粪便 2.5 亿 t。对于牲畜粪肥，对环境的污染是多方面的（王英华，2011）。①对水体污染。固体废物的存放不仅占用村间土地，而且常常是在开放的场地上堆放，有毒废弃物和渗出液在径流的作用下进入河网、湖泊或通过堆放地土壤渗到地下水中，造成水系污染。最严重的情况是直接把固体废弃物倾倒入河流、湖泊、海洋，造成水体污染。②对大气的污染。固体废弃物在堆放过程中，在温度、水分的作用下，某些有机物质发生分解，产生有害气体；一些腐败的垃圾废弃物散发腥臭味，造成大气污染。③对居住环境的污染。在农村，在开放的空间堆肥、运输粪肥垃圾、没有做防护措施，导致农民生活环境被污染。牲畜和厕所建设标准低，渗出液和溢出物导致生活环境污染。

农田秸秆是农作物进行光合作用形成的副产品。秸秆科学利用能够创造价值，保护环境，但如果利用不当，会造成环境污染。一般秸秆的利用方式主要是还田、堆肥，以及用作饲料、工业原料、燃料，有少部分直接燃烧处理、发电等。各种用途所占比例分别为：工业原料占 2.9%，牲畜饲料占 30.9%，其中处理后饲喂的占 14.8%，未经处理的占 16.1%，农村生活能源占 45%，秸秆还田及其他损失占 21.2%（于爱华和卢作基，2011）。秸秆直接还田虽然其 N、P、K 还田率达 100%，但秸秆会对农业生产带来不利影响，如秸秆需要 3 年时间才能彻底腐烂分解，有机成分才可被充分利用。由于秸秆不能及时腐烂，在南方水稻区，整地时秸秆漂浮物进入河网水系，导致水体污染。田中的秸秆影响种子的发芽，造成出苗不齐。秸秆上附着的病菌和虫卵被植入土壤繁殖蔓延，造成病虫害的泛滥成灾。秸秆直接燃烧会造成空气污染，能见度下降，影响交通。在农村，生活垃圾随意倾倒非常普遍，并在径流作用下进入河网水系。农村厕所结构不合理，一方面是发酵不充分，另一方面是容易泄漏进入河网水系。

## 1.8.3 农田氮磷污染

### 1.8.3.1 降雨土壤侵蚀污染

#### (1) 侵蚀过程中污染物形态

土壤侵蚀是在降雨径流作用下土壤颗粒、有机颗粒发生移动，并改变原来土壤化学、物理性质的过程。土壤侵蚀直接导致土壤中的氮磷等水体富营养化的物质进入河网水系、湖泊，导致富营养化。径流中的磷按其形态又可分为溶解态磷和颗粒态磷。溶解态磷来自土壤、作物和肥料的释放，主要以正磷酸盐形式存在，可为藻类直接吸收利用，因而对地表水环境质量有着最直接的影响。颗粒态磷是径流中磷的主要形态，分为颗粒态无机磷（particulate inorganic phophorus，PIP）和颗粒态有机磷（particulate organic phophorus，POP），其中 PIP 以矿物相形式吸附在颗粒表面或结合在矿物晶格（如磷矿物）中，POP 是结合在细胞等生命体和有机碎屑分子中的形态。在径流中的氮有结合态和溶解态的形式，结合态形式是氮以物理、化学过程结合在土壤颗粒、有机物中，溶解态形式以硝态氮、氨态氮存在。农田土壤中的磷在径流剥蚀土壤时，会以土壤颗粒的形式随径流流失，也发生在土壤颗粒上的淋溶过程，但除了一些有机物、过量施肥的土壤或地下水位较高的砂质土壤外，多数情况下淋溶水中的磷浓度很低，通过土壤颗粒随径流流失是土壤中的磷进入水体的主要途径。但对于氮流失主要以溶解态的硝态氮为主，亚硝态氮次之，氨态氮仅占很小比例。这主要是因为氨态氮主要经过挥发进入大气；硝态氮几乎不被土壤所吸收，通过淋溶损失成为主要途径；亚硝态氮是硝化和反硝化的中间产物，生成物主要是硝酸盐、氮气和氨。

**(2) 侵蚀过程中污染物运移**

土壤侵蚀过程包括雨滴溅蚀、径流剥蚀和沟谷侵蚀等过程（张兴昌和邵明安，2000）。这些过程都导致氮磷元素运移，使土壤中氮磷损失，构成污染。雨滴溅蚀包括 4 个过程：①雨滴打击土壤使干燥土粒溅起；②土粒逐渐被水分饱和；③在击溅的同时，土壤团粒和土体被粉碎和分散；④随降雨的继续，地表出现泥浆，细颗粒出现移动或下渗，阻塞孔隙，促进地表径流的产生，雨滴打击使泥浆溅散。在这 4 个过程中，土壤水中的氮磷以溶解态形式向雨水中释放，吸附于土粒中的溶解态形式也同时进行扩散、淋溶，结合在土粒中的有机态氮、有机态磷、矿物态磷随不同粒径的溅蚀而分离于土体，发生位移。溅蚀过程是土壤氮磷流失起始阶段。使土壤颗粒分离土体并发生位移是溅蚀的主要过程，描述氮磷运移可以利用土壤颗粒溅蚀模型计算，得到氮磷溅蚀量。对于降雨导致土壤湿润，吸附于土粒中的溶解态形式发生扩散、淋溶过程，当降雨小于土壤入渗率时，溶质淋溶到一定深度即沉积，但当降雨大于饱和入渗率时，溶质淋溶可达土壤深层并随渗滤水流失，污染地下水。关于溶质淋溶损失过程一般采用基于质量守恒定理建立起来的对流-弥散方程描述（魏新平等，1998）。

当降雨强度超过土壤下渗速率时，产生径流并逐渐汇集，形成地表径流冲刷与沟蚀。径流在坡面形成、汇集和传递，一方面与表层土壤发生作用，发生浸提和冲洗，土壤氮磷溶解态形式因径流浸提向径流扩散，土壤颗粒表面吸附的 $NH_4^+$-N 因径流的冲洗作用而解吸；另一方面，随着径流的形成，径流沿坡面冲刷，一些土壤颗粒被径流携带流下坡面，与土壤颗粒结合的有机态氮、PIP 和 POP 因侵蚀而流失。在土壤氮磷与径流的相互作用过程中，土壤抗冲性和抗蚀性的强弱决定土壤氮磷流失的多寡。刘秉正和吴发启（1996）指出，水流在坡面的流动方式有层流、紊流、涡流、横向环流和螺旋流等，这些方式是径流与土壤作用的不同表现形式。它们对侵蚀作用的贡献程度不一，坡面侵蚀主要是由层流和紊流引起。土壤与径流的相互作用结果加剧了土壤氮磷随径流或随泥沙流失。土壤与径流的作用、土壤氮磷与径流-泥沙的相互关系是一些复杂的过程，从现有文献资料来看，为了揭示和描述土壤氮磷与径流的相互作用机理，科学家们建立了土壤氮素与径流的相互作用三类模型：一是土壤氮磷与径流相互作用深度模型；二是土壤氮磷在径流中释放和传输模型；三是基于现有土壤侵蚀模型，结合土壤氮素在土壤中转换规律，建立土壤氮素在坡面流失行为模型。

我国学者王全九（1998）基于相互作用深度概念和有效混合层内溶质质量平衡原理建立了土壤溶质与径流相互作用混合模型［式（1-25）］，该模型很好地描述了土壤氮素与径流的相互作用。

$$c(t) = c_0 \exp \frac{-it}{h_{\text{mix}}(\theta_s + \rho_s k_d)} \tag{1-25}$$

式中，$c(t)$ 为径流中溶质浓度（mg/g）；$c_0$ 为土壤初始浓度（mg/g）；$i$ 为雨强（cm/min）；$t$ 为时间（min）；$\theta_s$ 为土壤饱和含水量（g/g）；$\rho_s$ 为土壤容重（g/cm³）；$k_d$ 为吸附系数；$h_{\text{mix}}$ 为混合深度（mg/g）。

由于 $it$ 为累计降水量，故根据 $c(t)$ 与 $it$ 的相关分析可计算 $h_{\text{mix}}$，则式（1-25）可转化为式（1-26）

$$h_{\text{mix}} = \frac{1}{b(\theta_s + \rho_s k_d)} \tag{1-26}$$

式中，$b = (\ln c(t) - \ln c_0)/I(t)$。$I(t) = it$。

根据此模型，王全九（1998）利用人工模拟降雨研究了不同降雨强度、不同降雨动能条件下的土壤溶质与径流的有效混合深度，发现随降雨强度、降雨动能的增大，有效混合深度也在逐渐增加。在土壤饱和水流下，该模型具有较好的精度，但在土壤非饱和水流下，模型的适用性受到了限制。在此模型的基础上，建立了非饱和溶质径流迁移不完全模型。不完全模型认为土壤溶质在降雨过程中与雨水不完全混合，假定土壤溶质的浓度为 $c(t)$，则径流溶质浓度为 $ac(t)$，透过混合层向下层迁移水的溶质浓度为 $bc(t)$，$a$、$b$ 为相互对立的参数。该模型的最大优点是将径流与雨水入渗的作用分别加以考虑。根据有效混合深度内的质量平衡原理，可求得径流溶质浓度变化过程［式（1-27）］：

$$bc(t) = c_0 \exp \left[ \frac{bi - (b-a)ft}{h_{\text{mix}}(\theta_s + \rho_s k_d)} \right] \tag{1-27}$$

式中，$f$ 为土壤入渗速率；$a$、$b$ 为模型参数。

从式（1-27）中可以看出，不完全混合模型比混合模型更合理。

土壤氮磷释放模型多半是经验模型，具有代表性的模型有：美国农业部农业研究局开发的 AGNPS（agricultural non-point source）模型、CREAMS（chemicals runoff and erosion from agricultural management systems）模型；美国弗吉尼亚州立大学开发的 ANSWERS（areal non-point source watershed environment response simulation）模型（孙金华等，2009）；Bruce 等（1975）建立的土壤氮素传输模型；Bauley 等（1974）建立的养分传输概念模型；Frere 等（1975）建立的 ACTMO 模型（agricultural chemical transport model）；Ahuja 等（1982）建立的土壤养分在径流中扩散和传输模型；Wallach等（1988a）在总结前人研究成果基础上，提出了土壤溶液养分向地表径流传输扩散模型。这些模型均能很好地反映土壤养分释放和流失，但这些模型仅考虑了土壤表层某一薄层养分与降雨和径流的相互作用，而没有涉及土壤、作物等其他因子的影响。除这些模型外，Wallach 等（1988b）建立了较为完善的改进型经验模型。

土壤氮素在坡面流失行为模型是在土壤侵蚀模型上发展起来的，基于土壤侵蚀特征和养分在径流中传递规律，从土壤水分入渗、径流和降雨特征等方面来研究土壤氮素流失规律（张兴昌和邵明安，2000）。例如，非点源污染模型（non-point source model，

NPSM），该模型由三个相互独立子模型组成，即污染物累积模型、污染物产生模型和污染物在径流过程中与土壤相互作用模型。在 NPSM 模型的基础上，科学家还建立了适合农业土壤养分径流流失（agricultural runoff management，ARM）模型，该模型不仅能从侵蚀角度模拟降雨侵蚀过程，而且能模拟养分在径流作用下迁移、扩散、释放过程。ARM 模型由 5 个相互联系的子模型构成，即水分模型、泥沙产生模型、养分吸收和迁移模型、土壤退化模型和养分传输模型。

在具体的研究工作中，科学家分析了不同氮运移途径所占比例及原因。在农田系统中，氮素的作物利用率仅为 20%～35%，大部分通过挥发、径流、地下渗漏等途径流失而未能被作物利用（Ahuja，1982；Owens，1994），其中，5%～10% 以氨的形态挥发到大气中，随降雨、地表径流和地下渗漏进入水体的氮素有 20%～25%。由于氮素径流流失是导致水环境污染方式之一，人们开始注意施肥对土壤无机氮和有机氮流失的影响。美国对连续 5 年的小麦田排水中氮素的流失观察结果表明，每公顷施用 48.8kg、96.96kg、144kg 氮时，在生长旺季排水中的氮素含量分别是不施肥的 4.8 倍、9.6 倍、12.7 倍（司有斌等，2000）。地表水硝态氮污染中，农田化肥氮素贡献率高达 50% 以上。例如，在玉米地，径流中平均浓度为 1.5mg/kg，年平均流失量为 168kg/hm²。Kilmer 等（1974）在 35°、40° 两种坡度耕地上进行施肥实验，3 年研究期内，当氮素年用量达到 112kg/hm² 时，径流中硝态氮浓度超过了 10mg/kg。通常情况下，氮素流失与降水量呈正相关。美国堪萨斯州研究表明，在 1～1.5 年内硝铵可被淋溶到 3.5m 深处，224kg/hm² 氮肥使用量中，有 98kg/hm² 流失。但也有人认为，径流中硝态氮浓度偏高与施肥方式和季节有关。然而，从各方面研究结果看，氮素流失受多种因素的影响，降雨强度、灌溉方式、土壤质地、耕作方式、氮素化肥种类、施肥量、作物种类、种植方式、土壤理化性质等对氮素流失都有影响。

**（3）不同土地利用类型对污染的贡献**

湖泊、水库一般在流域的中下游，上游水土流失过程能十分容易地携带丰富的泥沙、有机物、氮、磷进入湖泊和水库。被降雨溅蚀、径流剥蚀并流入湖泊、水库的泥沙，颗粒较小，有机质、氮、磷含量高，富集量是侵蚀地土壤颗粒的几倍。例如，在滇池流域的捞鱼河，流失土壤氮的富集达到 2.3 倍，磷的富集达到 1.3 倍，菜园地流失的泥沙含氮在 1.5% 左右。网间带上所有亚系统在降雨径流作用下都会发生径流输送颗粒物质和从颗粒溶解氮磷的过程。林地、城市居民区可输送的物质少，地表径流中氮磷含量较低，但农村居民区、菜园地、坡耕地、荒地、果园、一些土壤侵蚀较重的人工林地、疏幼林地等，径流中氮磷含量高，向河网和湖泊输送总量大。因此，不同土地类型上挟带的氮、磷对湖泊、水库的污染是不一样的。表 1-14 是滇池流域网间带上不同区域对湖泊的污染贡献。

曹志洪等（2005）研究不同土地利用类型对面源的贡献也得出类似的结果。在太湖流域的研究表明，单位面积上径流迁移的土壤磷素是桑园≫菜园≥大田麦季＞大田稻季。稻麦轮作田每年向水体排放的磷量为 0.84kg/hm²，占当年磷肥用量的 2.5%，而菜园地 5 个月内土壤磷素流失量就达 0.6kg/hm²，桑园在 4 个月内高达 1.1kg/hm²。在不同土地利用上径流形成机制是不同的，稻田产生了降雨溢出的"机会径流"，菜园地等旱地是"开放径流"，而桑园等则是"强化径流"，不同产流机制决定径流的次数、流量

**表 1-14 滇池流域不同区域面源污染贡献率及特征**

| 区域 | 面积/km² | 各区域面积所占比例% | 区域范围及特征 | 污染物输入特征 | 污染物输入特征所占比例/% |
|---|---|---|---|---|---|
| 湖滨区 | 约 440 | 15 | 从湖滨到冲积平原的尾部，属水稻种植区 | 面源污染物在暴雨期以散流方式弥漫进入滇池水体 | 15～20 |
| 台地区 | 约 1110 | 38 | 水库群以下到湖滨区，有台地、坡耕地、果园、残次林地，有的区域深入到滇池岸边 | 暴雨期，面源污染物由散流进入支流，再汇入河流干流，集中向滇池输送 | 80～90 |
| 山地区 | 约 1370 | 47 | 流域分水岭至水库集中分布区；农田较少，人口密度低，植被覆盖度高，地表径流被水库拦蓄，下泄量小 | 暴雨期面源大都被水库拦蓄，少量营养盐从灌溉回归水和水库水中下泄滇池 | 2～4 |

资料来源：杨树华，1998

和强度，并导致不同的磷素迁移量。太湖流域水稻土磷素向水体排放的警戒值（break point）为有效磷（P）25～30mg/kg，目前该地区水稻土平均的土壤有效磷水平为 12～15mg/kg，因此磷素面源污染威胁不严重。相反，在城镇郊区、桑园和蔬菜基地周边，应建立类似湿地系统的"稻田圈"防治磷面源污染。研究结果还表明，自然状态下灌溉稻田每年比旱地要多固氮 27kg/hm²。不同类型稻田在水循环中可吸纳氮素（N）2～20kg/hm²，是氮素的汇。平原稻麦轮作田氮素的径流流失量平均小于当年施氮量的 5%，对苏南太湖地区面源污染的相对贡献率仅为 7.5%，不是该区氮素面源污染的主要土地利用类型（曹志洪等，2006）。

### 1.8.3.2 水稻种植氮磷释放污染

由于水稻种植中施肥及水对土壤的浸泡，大量氮磷进入水体，但是作物不能完全吸收水体中的氮磷。在较大的降雨条件下，稻田水位容易上升，并产生稻田径流，使水体中的氮磷进入河网水系，导致污染。根据上海的研究表明，在 6 月大量施肥后稻田水面氮磷含量最高，但降雨后，稻田径流中氮磷浓度被稀释。由于降雨导致田块无法蓄住所有径流，几次随机性的大雨导致径流中氮磷流失占整个水稻生长季节的 1/3～1/2，而侧渗流失仅占氮磷流失的 3% 和 12%（邱多生等，2009）。这表明水稻施肥期与降雨高频期的重叠加剧了面源对水环境的污染，所以降雨时期应成为施肥的主要控制阶段。氮流失主要以水溶性氨态氮为主，硝态氮流失量小，磷流失以颗粒态磷为主。因此，控制氮素流失要针对水溶性氨态氮，磷则需针对颗粒态磷。在目前常规种植下，太湖东岸的黄泥土水稻产区水稻单季氮磷的面源污染分别达 38.8kg/hm² 和 0.95kg/hm²。氮磷的流失在水稻季节主要呈现降雨事件型的流失规律。不施肥可减少 53% 的氮流失和 34% 的磷流失，而产量仅下降 20% 左右，其环境学意义远大于农业上的意义。

利用稻田原状土制成土柱，测定不同层次柱中氨态氮、硝态氮、总磷淋失，发现施肥后及 60 天内，表层水和下层水体中氨态氮、硝态氮、总磷呈不断下降趋势。在土柱表层，氨态氮、总磷浓度远远高于土柱下层，而且施肥后就出现峰值，硝态氮峰值出现有一个滞后期。在土柱下层流失量最大的是硝态氮，氨态氮、总磷的流失很少（颜廷梅等，2008）。这些结果说明在降雨条件下，氨态氮、总磷是稻田表面径流流失的主要形式，硝态氮是渗漏流失的主要形式。但是模拟实验和实际田间实验存在径流排出量差异的问题。田间实验土壤深层径流渗透比较少，因为下层水对上层水的阻力大，而土柱实验下层水有出口可直接排出，下层水对上层水的阻力小，排出量大，氮流失也就大。

**（1）土壤氮释放**

在稻田水体和土壤中，结合态的氮是有机氮，吸附在土壤颗粒上的氮主要是氨态氮，溶解态的氮主要是硝态氮。有机氮通过矿化作用释放出氮是土壤氮素的主要来源。土壤有机氮的矿化作用是一个复杂的生物化学过程，它受许多因子的影响，包括土壤氮素、有机质含量、土壤交换态氨态氮含量、温度、湿度等（白红军等，2005）。一般情况下，土壤中氮的矿化势与土壤总氮含量之间呈极显著相关关系，有机氮矿化率随土壤剖面深度的加深而降低。土壤水分状况和温度通过影响微生物区系和活性，显著影响着有机氮的矿化和生物固定。吸附在土壤颗粒上的氨态氮和溶解在溶液中的硝态氮可以被植物直接吸收利用。氨态氮还会通过阳离子交换作用从土壤颗粒上释放。在稻田中高浓度的氨态氮和硝态氮，通过稻田径流和渗透，向河网水系和湖泊迁移，导致富营养化。硝态氮还进入并污染地下水。氨态氮和硝态氮的迁移转化过程，从氨态氮变成硝态氮是在有氧条件下的硝化作用，而从硝态氮变成 $N_2O$ 或 $N_2$ 是嫌气条件下的反硝化作用。其转化过程包括了一系列的生物酶促反应，因此转化率高低与温度、酸度、底物浓度、土壤含水量、土壤氧气浓度等有关。氨态氮和硝态氮的迁移转化可用式（1-28）和式（1-29）描述（王超，1997）。

$$\frac{\partial \theta C}{\partial t} + \rho \frac{\partial S}{\partial t} = \frac{\partial}{\partial Z}\left(\theta D \frac{\partial C}{\partial C \partial Z}\right) - \frac{\partial}{\partial Z}(vC) + \phi_1 \tag{1-28}$$

$$\frac{\partial \theta Z}{\partial t} = \frac{\partial}{\partial Z}\left(\theta D \frac{\partial Y}{\partial Z}\right) - \frac{\partial}{\partial Z}(vY) + \phi_2 \tag{1-29}$$

式中，$C$、$Y$ 分别表示土壤水溶液中氨态氮和硝态氮的浓度；$\theta$ 为土壤含水率；$D$ 为弥散系数；$v$ 为土壤孔隙水流速，$\phi_1$、$\phi_2$ 分别表示单位体积中氨态氮和硝态氮的转化率；$Z$ 为向下的土壤深度；$t$ 为时间；$S$ 为单位体积土壤中氨态氮的固相浓度；$\rho$ 为密度。

**（2）土壤磷释放**

土壤中的磷有固定态、吸附态和溶解态形式。固定态是以不溶解的无机和有机化合物形态存在。吸附态是被带电荷的土壤胶体吸附的形态，而溶解态是以溶液形式存在的正磷酸盐。土壤中磷释放是存在于土壤中固定态和吸附态的磷变成溶解态磷的过程。存在于土壤固相和液相中的磷，在一定条件下会发生转化，发生水土界面的迁移过程。这个迁移过程既可发生在完全淹水的水作农田，也可发生在旱地降雨径流剥蚀土壤的过程中。磷在土壤固、液相之间的转化，可以用 Langmiur 等温式来表征，且根据该方程能够得到某些反映土壤固磷能力的参数，如土壤最大吸磷量（$Q_m$）、土壤磷吸持指数 SI（sorption index），评价土壤释放磷并导致径流和水土污染的风险。

$$\frac{c}{q} = \frac{1}{kQ_m} + \frac{c}{kQ_m} \tag{1-30}$$

式中，$q$ 为土壤吸磷量；$c$ 为平衡溶液中磷的浓度；$k$ 为吸附能有关的常数。在实验室测定中，可以在一定重量的土壤样品中，加入磷含量呈梯度变化的 0.01mol/L CaCl$_2$ 溶液，在震荡条件下使土壤吸附磷或释放磷，然后测定平衡溶液中的磷浓度，计算土壤吸磷量，绘制随平衡溶液磷浓度变化的等温磷吸附曲线，根据实验结果和 Langmiur 方程确定最大吸磷量 $Q_m$、土壤磷吸持指数（SI）、易解吸磷（readily desorped phosphorus，RDP）、磷零吸持平衡浓度（equilibrium phosphorus concentration at zero sorption，EPC$_0$）等参数，以表征水土界面磷迁移能力（高超等，2001）。

根据研究，影响磷释放的因素主要有土壤磷含量、最大吸磷量（$Q_m$）、土壤磷吸持指数（SI）、易解吸磷（RDP）、磷零吸持平衡浓度（EPC$_0$）、活性铁、铝、有机质的含量等指标。土壤有效磷含量越高，土壤向水体释放的磷量就越大。最大吸磷量（$Q_m$）、土壤磷吸持指数（SI）、磷零吸持平衡浓度（EPC$_0$）越高，磷释放的风险越低。随着土壤易解吸磷（RDP）增加，磷释放风险越大。随着活性铁、铝浓度的减少，土壤向水体释放的磷量增加。旱地土壤向水体释放的磷量与磷肥施用量密切相关，在高磷水平的黄黏泥土上施用 150～900kg/hm$^2$ 的磷肥（P$_2$O$_5$），其渗透水中活性磷含量达 0.020～0.137mg/L。旱地土壤磷向水体的释放存在时间变异，且受植物生长过程、环境因子的明显影响（高超等，2001）。

### 1.8.3.3 农药农膜污染

**（1）农药污染**

农药使用不科学，品种搭配不合理，大量施用高毒农药导致在作物中残留，通过各种渠道汇流到水体中，会引起水体污染。在农田使用农药，一般除 30%～40% 被作物吸收外，大部分进入了水体、土壤及农产品中。土壤、水体和大量农产品受到污染，导致了农田生态平衡失调，病虫害越治越严重，形成恶性循环。但从经济效益考虑，世界谷物产量每年因虫害损失 14%，病害损失 10%，草害损失 11%，而使用农药则可挽回 15%～30% 的产量损失，每投放一元农药可得到数十元的直接经济效益。因此，农药使用是把"双刃剑"。为了利用农药对病虫草害控制的有效性，降低农药污染的负面作用，对农药的土壤污染常常采用微生物修复土壤的方法。这种方法是利用微生物能够降解进入土壤中的农药，达到净化环境的目的。这些能降解的微生物包括细菌、真菌、放线菌、藻类等。它们从长期施用农药的土壤中筛选或通过土壤定向培养实验筛选，也可通过诱变育种方式生产工程菌株（尤民生和刘新，2004）。农药的土壤污染也可通过植物修复技术即利用植物能忍耐和超量积累环境中污染物，利用植物的生长来清除环境中污染物的方法。植物修复农药污染环境的机理包括植物提取、植物降解、植物稳定（植物在与土壤的共同作用下，将有机物固定并降低其生物活性，以减少其对生物与环境的危害）、植物挥发（利用植物的吸取、积累后，向体外挥发而减少土壤有机污染物）、根际作用（利用植物根际圈微生物及根释放的各种酶的降解作用来转化有机污染物，降低或彻底消除其生物毒性，从而修复有机污染土壤）（朱雅兰，2010）。

**（2）农膜污染**

随着节约化农业的发展，农膜使用不断增加，对土地的污染也在不断加剧。农用地膜属高分子有机化学聚合物，在土壤中不易降解，即使降解也会产生有害物质，逐年积累，污染土壤生态环境，同时大量的农膜在土壤中积累，改变土壤理化性状，导致作物减产。具体地，当土壤中含废农膜过多时，破坏耕作层土壤结构，使土壤孔隙减少，降低了土壤通气性和透水性，影响了水分和营养物质在土壤中的传输，使微生物和土壤动物的活力受到抑制，同时也阻碍了农作物种子发芽、出苗和根系生长，造成作物减产。影响最大的是大于 16cm² 的水平状残膜。中国农业科学院土肥所曾做过试验，残膜只有在 4cm² 以下时才不会对作物生长形成威胁，而一般普通农膜在大田中无法降解成如此小的碎片。试验统计结果表明：连续使用农膜 2 年以上的麦田，每亩残留农膜达6.9kg，小麦减产 9％；连续使用 5 年的麦田，每亩残留农膜达 25kg，小麦减产 26％。据估计，仅湖南省每年因残留农膜污染耕地而造成的经济损失约达 8600 万元。另外，残膜被风刮到树上、电线杆上和河里，产生视觉污染；抛弃在牧草或水体中的农膜被牲畜或其他生物食入则会因为难以消化而储于胃中，轻者患消化系统疾病，重者会导致死亡。残膜给田间耕作也带来了麻烦，如缠绕犁头，妨碍耕作。因此，国内外专家称日益扩大的废旧农膜污染为"白色污染"（徐玉宏，2003）。对于农膜污染，农膜覆盖技术已经在农业生产中取得了巨大成功，不可能通过减少农膜覆盖面积来减少农膜使用量以减轻农膜污染。但是可通过增加农膜的重复使用率，相对减少农膜的用量，减轻农膜污染，如推广"一膜两用"、"一膜多用"、早揭膜、旧膜的重复利用等。第二，严格实施回收管理。对于破废农膜污染，目前还没有切实可行的防治技术，只能通过经济手段和加强管理，促进对破废农膜的回收。日本作为使用农膜最早的国家，其"白色污染"并不严重，重要的一点是日本法律明确规定，不管使用何种农膜，农作物收割之后，不允许土壤中含有残存农膜，否则将被罚款。因此，制定综合治理农膜对土壤环境污染的方案，并建立相应的政策和法规是重要的。第三，开发和应用可降解农膜。可研究和推广光降解、生物降解、水溶性降解型农膜。经济合理型、纤维网型、有机肥料型、生化型、化学高分子型纸质地膜也是环境友好型农膜。纸质农膜具有一定的耐水性、耐腐蚀性和透气性，既能保持水分、集中水分，又能预防病虫害，被生物分解后变成肥料，可被作物吸收，在控制地温、防止高温、抑制杂草、通气性、肥田等方面都优于塑料地膜。而且，纸质地膜可以利用造纸厂的边角废料和废纸生产，能变废为宝，提高资源利用率。

# 1.9 河流和湖泊系统水体富营养化的形成机理

水体富营养化是来自于网间带富含磷和氮的径流，排入各种水体，导致藻类大量繁殖，形成"水华"，从而导致水体溶解氧大量消耗，水体动植物多样性锐减，水质下降，严重影响湖泊使用价值，甚至造成湖泊最终消亡。富营养化过程是自养性生物（浮游藻类）在水体中建立优势的过程，它包含着一系列生物化学和物理变化，与水体物理化学性状、气象条件、湖泊形态和底质等众多因素有关（饶群和芮孝芳，2001）。早在 20 世纪 60 年代，国际经济合作与发展组织（Organization for Economic Co-operation and Development，OECD）对水质富营养化开展了一系列的研究工作，最后普遍认为磷、氮等营养物质的输入和富集是水体发生富营养化的最主要原因。自然界中的磷主要来源于磷酸盐矿、地层中天然磷酸盐沉积物。由于人类活动如采矿、土地开发，结合态的磷被释放进入土壤和土壤水中，在径流的输送下到达水体。可溶态的磷会从土壤和地表径流进入食物链，形成有机态磷，在地表径流作用下，也会进入水体，最终使水体中的磷浓度增大。水体中磷浓度变化会通过藻类生物量表现出来。当水体中供给的磷总量减少时，藻类生长率下降；当连续不断地增加磷的供给时藻类便迅速地大量增殖，导致水体富营养化。与磷不同，自然界中的氮主要储藏在大气。大气圈中丰富的氮为固氮植物和藻类提供了丰富的氮源。由于水体中有一些藻类具有固氮能力，能够把大气中的氮转化为能被水生植物吸收和利用的硝酸盐类，因而使得藻类能获得充足的氮素营养。此外，由于合成氨工业的发展及氮素化肥在农田中的使用，作物不能吸收的部分，大量被排入水体，增加了富营养化生物繁殖的氮源。

对于水体的营养状态，根据水体中所含营养物质的浓度，以及生物学、物理学和化学指标，人为地划分为贫营养、中营养、富营养三种状态。贫营养表示水体中植物性营养物质浓度最低的一种状态。贫营养水体生物生产力低，水体清澈透明，溶解氧含量比较高。富营养水体则具有很高的氮、磷浓度及生物生产力，水体透明度、溶解氧含量一般比较低，水体底层甚至缺氧。中营养则是指介于贫营养和富营养状态之间的过渡状态。富营养化判别标准很多，通常所使用的理化指标主要有湖水营养物质浓度、藻类所含叶绿素 a 的量、湖水透明度以及溶解氧等。目前较常用的标准有沃伦威德负荷量标准、捷尔吉森判别标准等。虽然判别标准很多，评价指标各不相同，但是有一点是相同的，那就是富营养状态湖泊水体的磷浓度标准为 0.02mg/L，这是目前国际上通行的标准。

## 1.9.1 磷、氮与藻类增长

丹麦著名生态学家 Jørgensen（何淑英等，2008）指出，浮游藻类的增长是富营养化的关键过程。根据 OECD 研究的结果，80％的湖泊富营养化受磷元素的制约，只有约10％的湖泊与氮元素有关，余下10％的湖泊与其他因素有关。磷的吸收和藻类增长率之间的关系，通常根据 Michalis-Menten 营养物质吸收公式［式（1-31）］加以描述。

$$\frac{\mathrm{d}m}{\mathrm{d}t} = km \tag{1-31}$$

式中，$m$ 为藻类浓度；$k$ 为特定藻类生长速率，其值根据下式计算。

$$k = \frac{p}{p + k_s} \tag{1-32}$$

式中，$p$ 为磷浓度；$k_s$ 为磷半饱和常数。

由式（1-31）和后边的式（1-33）可以描述，当水中磷浓度增加时，$k$ 值升高，藻类的增长速率上升，促使水体迅速向富营养化方向发展。根据大量的研究表明，藻类的增长过程常常表现为对数关系，其关系也直接可用下式描述

$$\mu = \frac{\ln(x_2/x_1)}{t_2 - t_1} \tag{1-33}$$

式中，$\mu$ 为某时间间隔内的增长速率；$x_1$、$x_2$ 为某时间间隔开始和结束时藻类现存量；$t_1$、$t_2$ 为某时间间隔开始和结束的时间。

在其他因素不变的条件下，藻类增长过程存在着饱和磷、氮浓度下的最大生长速率，其值可用 Monod 方程式［式（1-34）］求得

$$\frac{1}{\mu} = \frac{Ks}{\mu_{max}} \frac{1}{c} + \frac{1}{\mu_{max}} \qquad (1\text{-}34)$$

式中，$\mu$ 为藻类增长速率；$\mu_{max}$ 为在饱和磷或氮浓度下的最大增长速率；$Ks$ 为半饱和常数，在数值上等于 $\mu_{max}/2$ 时的磷或氮浓度；$c$ 为磷或氮浓度。$Ks$、$\mu_{max}$ 通过最小二乘法求得。最大增长速率为限制性磷或氮浓度趋于无穷大时藻类的生长速率。$Ks$ 通常用来衡量生物对营养物质的亲和性，其值越小，亲和性越好，表示很小的营养物浓度就使种群增长率达到 $\mu_{max}/2$。

对全球分布、我国大部分富营养化水体中发生频率和数量占优势的铜绿微囊藻的研究表明，在总磷和总氮初始浓度梯度变化，其他生态条件如 pH、光照条件和初始藻类密度相同的条件下，铜绿微囊藻增长过程呈现缓慢期、指数期和衰退期的变化，并表现为对数增长关系（图 1-12）。铜绿微囊藻总磷和总氮的 $\mu_{max}$ 分别为 1.098mg/L 和 1.199mg/L，$Ks$ 分别为 0.013mg/L 和 0.1mg/L。以总磷为限制营养物时，半饱和常数远小于以总氮为限制营养物浓度的半饱和常数，因此，铜绿微囊藻对总磷比对总氮有更好的亲和性，即总磷浓度的增加更容易促进铜绿微囊藻的生长（郑朔芳等，2005）。

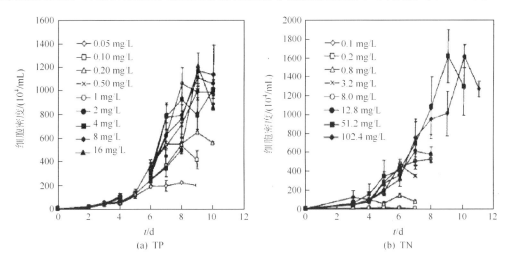

图 1-12　铜绿微囊藻增长过程曲线

## 1.9.2　氮、磷比值与藻类增长

在研究氮、磷浓度与水质富营养化的过程中，大量事实还表明，藻类对各类营养物质的需求不尽相同，而环境则会优先选择与之相适应的特征藻种，形成适者生存的群落。水体氮磷营养供应及其比率对浮游藻类的种群结构有重要的决定作用。早年对海洋浮游植物的研究已经开始注意营养比率对浮游植物生长的影响。氮磷比率直接影响藻类生长、细胞组成及其对营养的摄取能力。水体中的氮和磷的比率大小受诸多因素影响。国内外众多研究者收集许多湖泊的总氮和总磷数据，经统计发现氮磷比率变化范围相当广泛。日本湖泊学家板本研究显示，当湖水的总氮和总磷浓度比值在 10：1～25：1 的范围时，藻类生长与氮、磷浓度存在直线相关关系。Pick（1989）报道，氮磷质量比从 10 降低到 5，藻类总生物量随之减少。John 和 Flynn（2000）发现，亚历山大藻

（*Alexandrium fundyense*）的生长情况在不同氮磷浓度配比下有很大差异。Zohary 等（1996）也发现，增加总氮对总磷比率后，铜绿微囊藻（*Microcystis aeruginosa*）数量减少了。Stockner 和 Shortreed（1988）报道，试验中氮磷浓度比值从 15 提高到 25，试验水体中的鱼腥藻会逐渐向聚球藻演化。一般来说，藻类健康生长及生理平衡所需的氮磷比率（原子比）为 16∶1，但不同种类藻细胞的元素组成存在着差异（Klausmeier et al.，2004；Lafrancois et al.，2004；Ho et al.，2003）。我国学者对铜绿微囊藻的研究表明，由于铜绿微囊藻对氮磷吸收率不同，氮磷比对铜绿微囊藻生长的影响并不确定在一个固定的数值上，也不能用该比例来确定一个特定水环境中影响铜绿微囊藻增长的限制性因素，而应结合氮磷比进行综合考察，确定限制性因素。因为藻类对磷的亲和性比氮大，在磷含量很低时，铜绿微囊藻要求的最适氮磷比较低，但随着磷浓度的上升，要求较高的氮磷比才能满足蓝藻生长的氮浓度需要。

### 1.9.3　湖泊热分层及其他因子对富营养化的影响

在温带气候地区的湖泊，水温由于受季节变化的影响而引起湖水分层和对流，对水体富营养化有着不可忽视的影响。由于热分层效应，使得湖泊水体的表层水在夏季光照充足，温度较高。若这时供给水体的营养物质充分，藻类光合作用便随之加强，增长迅速。因此，在夏季，富营养化湖泊经常发生"水华"现象。同时，水体的底层往往处于缺氧状态，很容易加速底泥磷的释放，从而导致底层湖水磷浓度的增高。到了秋季，气温降低，表层水密度增大下沉，温度稍高的底层水上涌，底层内源性磷对流到了湖表层，提高了湖表层水中的磷浓度，为第二年藻类的繁殖提供了充足的营养物质，使得湖泊继续保持富营养状态。图 1-13 是湖泊不同深度理化参数变化的例子。在图中，水体 pH 随深度变化不显著，但溶解氧、叶绿素 a 变化很明显。溶解氧在表层水约等于 9mg/L，但到 25m 水深时仅 1mg/L。叶绿素 a 变化更大，表层水为 11mg/m³，但 20m 水深时，含量还不到 1.5mg/m³。测得的 $\delta^{15}NO_3^-$ 浓度在 0～8m 深度和 20m 深度处波动比较大，呈现先下降后增加的趋势，但 $NO_3^-$ 一直到 20m 深度浓度才变得相对较低。

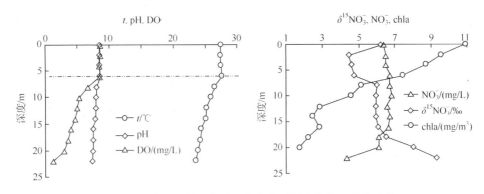

图 1-13　贵州红枫湖后五剖面湖泊理化参数随深度变化（肖化云等，2002）

在湖泊水体中，pH、溶解氧和碳的平衡是维持湖泊生态系统良性循环的保障。例如长江中下游的湖泊 pH 已从过去 6.8～8.3 上升到 6.9～8.9。pH 的上升有利于水华藻类的生长，而藻类大量繁殖又进一步提高湖水的 pH，进而又为水华藻类如微囊藻的疯长提供了适宜的生长环境。根据湖水中光合作用产氧和污染物氧化降解的耗氧过程可知，水体溶解氧下降有利于蓝藻的生长，而对其他藻类生长不利。$CO_2$在水中溶解度随水温升高而降低，当湖水氮磷对藻类增长已达到饱和情况下，碳也有可能成为限制因子，此时增加$CO_2$有利于水华藻类的增长（何淑英等，2008）。

# 1.10 讨论

关于流域形态、结构，流域中沟道、河道发育规律、特征、演变、伦理学，网间带中坡耕地和荒地形成、农田氮磷释放，荒地、林地、人居环境的生态问题，湖泊形态、结构和富营养化问题，网间带对河网、湖泊的影响等问题的讨论表明，流域是与水生态过程联系在一起的。流域形态、结构影响着水生态过程，水生态过程又造就了流域。但是，在不同流域，地形、地貌、岩性、土壤、植被、海拔、人类活动等均不同，人们对流域的形态、结构、功能方面的了解还很少。例如，黄土高原、云贵高原、长江中下游地区流域，在地形、地貌、岩性、土壤、植被、海拔、人类活动等的不同条件下，河网、网间带、湖泊形态、结构和功能的特征我们目前还缺乏了解。其中，功能包括了这些不同流域的生物量、生产力、生物多样性、水土流失、面源污染物产生、输出等。

河网、网间带和湖泊是流域的三个结构成分。用生态学源-汇理论分析流域，网间带是"源"，因为对于营养物质和水资源来说，网间带是产生地，而湖泊则为积累营养物质和水资源的"汇"。河网是联系"源"和"汇"之间的纽带，是控制"源"-"汇"之间物质输送的"控制器"。一个处于平衡状态的流域生态系统，从网间带到湖泊之间的物质输送的"率"是稳定的，不会导致湖泊发生快速的环境变化。然而，目前的流域环境问题是，作为"源"的网间带由于人类不合理的生产和生活方式，产生了过量的污染物向作为"汇"的湖泊输送，导致了湖泊发生显著的环境变化。从"源"的网间带向"汇"的湖泊输送污染物，一些物质还来自于流域外，如流域内农田使用化肥、农药，导致这些污染物向湖泊输送。在作为"源"的网间带，生态学家已经开展了大量关于污染物产生机制和控制技术的研究，在作为"汇"的湖泊，也开展了大量关于营养物质过多，导致水体环境变化的机制和恢复技术的研究，但作为控制器的河网，在控制物质输送、输送中处理污染物的研究相对较少。

河网是污染物质的输送通道。大多数自然河网由于水力作用，形成了比较固定的结构，如比较陡峭的山区河道中的阶梯-深塘系统，比较平缓山区河道中的急流-沙滩-深塘系统，河道中生物多样性较高。这些结构在污染物输送过程中具有明显的挂淤、沉淀、吸收、转化、曝气、氧化、分解、还原的作用。但是，流域中的人工河道常常显示结构单调、基质硬化、生物多样性低、污染物处理能力差。如何向自然河道学习，建设具有高效污染物处理能力的人工河道，是未来研究的一个科学问题。即使是自然河道，其生态功能主要是物质输送的通道，水质净化功能仍然是次要功能。如何使河道水质净化功能提升到更高层次，如达到河道输送功能水平同样也是流域生态学要解决的问题。是否可以从网间带、湖泊和河网之间的关系考虑，实现河道沼泽化、湿地化、森林化，提高污染物处理能力等需要进一步研究。大量研究表明，网间带中坡耕地、农村人居环境、农田、园地是面源污染物的主要来源，目前的治理方式是对这些土地利用类型分别治理，通过这些土地利用类型排出的污染物集中通过沟道排入河道和湖泊水体。在广大的西部地区，在一个流域中，面源污染物产生比较高的这些土地利用类型，在整个流域中的面积一般不超过50%，径流量也不高，是否可以不利用高成本的处理方式，从流域尺度改变结构，使来自于这些土地利用类型的高污染径流在农业生产中得到充分利用，如通过高埂稻田湿地系统削减总量，再排出流域出口，这也是值得研究的问题。

生态学从分子到全球尺度，发展了一系列中间地带的生态学，如个体生态学、种群生态学、群落生态学、生态系统生态学、景观生态学。这些生态学常常是分割的，他们之间基本没有理论的联系和支持。生态学家并没有建立以个体水平生态过程分析为基础，在一定客观尺度上，能够整体描述种群、群落、生态系统、景观，甚至全球尺度生态学的理论体系。流域作为一个生态系统，研究网间带、河网和湖泊之间的关系，使生态系统变得有客观的物质界限。网间带、河网和湖泊之间的关系通过水生态过程联系在一起。它们之间的水生态过程包括了大部分生态系统物质循环的重要环节，并与能量流动和信息传递联系起来。因此，流域有可能作为生态系统具有客观物质界限的、能够研究各种生态系统过程的平台，并从一个个体在流域中的存在并发挥生态系统功能开始，研究种群、群落、生态系统、景观在流域中的建成过程和功能变化，形成一个融会贯通的整体生态学架构。网间带、河网和湖泊之间的水生态过程关系可成为个体、种群、群落、生态系统、景观构建和相互作用下功能表现的评价方法。因此，在流域尺度上，可以研究个体建成种群、种群建成群落、群落建成生态系统过程中的生态系统功能表现及小尺度格局与过程对大尺度格局与过程的影响。

（本章执笔人：王震洪）

# 参 考 文 献

阿布纳加 B. 2004. 阿斯旺水库清淤. 水利水电快报,25:11-13

白红军,欧阳华,邓伟,等. 2005. 湿地氮素过程研究进展. 生态学报,25:326-333

曹志洪,林先贵,杨林章,等. 2005. 论"稻田圈"在保护城乡生态环境中的功能 I. 稻田土壤磷素径流迁移流失特征. 土壤学报,42(5):799-804

曹志洪,林先贵,杨林章,等. 2006. 论"稻田圈"在保护城乡生态环境中的功能 II. 稻田土壤氮素养分的累积、迁移及其生态环境意义. 土壤学报,43:255-265

陈永宗. 1984. 黄河中游黄土丘陵区的沟谷类型. 地理科学,4(4):321-327

承继成,江美球. 1986. 流域地貌数学模型. 北京:科学出版社

程军. 1991. 湖泊环境的粒度特征探讨. 川煤地勘,9:56-59

邓红兵,王庆礼,蔡庆华. 1998. 流域生态学新科学、新思想、新途径. 应用生态学报,9(4):443-449

冯仁国,王黎明,杨艳风,等. 2001. 三峡库区坡耕地退耕与粮食安全的空间分异. 山地学报,19(4):306-311

甘华军. 2010. 基于SWAT模型的红枫湖流域数字水文过程模拟研究. 贵阳:贵州大学硕士学位论文

高超,张桃林,吴蔚东. 2001. 农田土壤中的磷向水体释放的风险评价. 环境科学学报,21(3):344-348

韩其为,沈锡琪. 1984. 水库的锥体淤积及库容淤积过程和壅水排沙关系. 泥沙研究,2:33-51

何淑英,徐亚同,胡宗泰,等. 2008. 湖泊富营养化产生机理及治理技术研究进展. 上海化工,33(2):1-5

何毓蓉,徐祥明,吴晓军. 2009. 成渝经济区的耕地土壤质量特点及保护对策. 地理科学,29:375-380

侯全亮,李肖强. 2007. 论河流健康生命. 石家庄:河北教育出版社

侯全亮,李肖强. 2005-09-28. 河流空前危机与河流伦理构建. http://www.yellowriver.gov.cn/lib/zhlc3/2005-09-28/jj_174522121180.html[2011-12-31]

黄文典,王兆印.2007.长江中下游的河床纵剖面演变分析及预测.清华大学学报(自然科学版),47(12):2131-2134

李海鹏,张俊飚.2009.中国面源污染的区域分异研究.中国农业资源与区划,30(2):8-12

李菊,王震洪.2009.贵州省城市化过程中的城市生态环境问题.贵州科学,27(2):90-96

李山,卫树藩,严孝达.2002.新疆平原区多沙河流演变规律及引水枢纽设计.泥沙研究,6:8-14

李无双,王洪阳,潘叔君.2008.农村分散式生活污水现状与处理技术进展.天津农业科学,14:75-77

刘秉正,吴发启.1996.土壤侵蚀.西安:陕西人民出版社

刘磊.2008.云南呈贡地区土壤侵蚀的$^{137}$Cs示踪研究.南京:南京师范大学硕士学位论文

刘新宇.2010.中国城市固体废弃物收运处置调查与思考.环境经济,82:16-24

刘照光,潘开文.2001.长江上游陡坡地退耕的难点与对策.长江流域资源与环境,10(5):427-431

刘忠翰,彭江燕.1997.滇池流域农业区排水水质状况的初步研究.云南环境科学,16:6-9

陆中臣,贾绍凤,黄克新,等.1991.流域地貌系统.大连:大连出版社

吕娜.2010.山区弯曲分叉型河道演变特征试验研究.重庆:重庆交通大学硕士学位论文

罗来兴,祁延年.1955.陕北无定河清涧河黄土区域的侵蚀地形与侵蚀量.地理学报,21(1):35-44

彭俊.2011.黄河水沙变化过程及其三角洲沉积环境演变.上海:华东师范大学博士学位论文

钱宁.1965.冲积河流稳定性指标的商榷.北京:科学出版社

钱正英,陈家琦.2009-06-06.人类活动河流演变 我国河流状况和问题.网易水利,http://info.ep.hc360.com/2009/06/15102559832.shtml[2011-12-31]

秦文凯,府人寿,王崇浩,等.1998.三峡建坝前后洞庭湖的淤积.清华大学学报(自然科学版),38:84-87

邱多生,沈生元,柳敏,等.2009.水稻生长期氮磷流失形态研究.上海农业科技,2:21-23

饶群,芮孝芳.2001.富营养化机理及数学模拟研究进展.水文,21(2):15-24

尚宗波,高琼.2001.流域生态学——生态学研究的一个新领域.生态学报,21(3):469-473

司有斌,王慎强,陈怀满.2000.农田氮磷的流失与水体富营养化.土壤,32(4):188-193

孙金华,朱乾德,颜志俊,等.2009.AGNPS系列模型研究与应用综述.水科学进展,20(6):876-884

童立强,丁富海.2003.西南岩溶石山地区石漠化遥感调查研究.国土资源研究,4:36-45

王超.1997.氮类污染物在土壤中迁移转化规律研究.水科学进展,8:176-182

王洪道.1995.中国的湖泊/中国自然地理知识丛书.北京:商务印书馆

王欧,方炎.2004.农业面源污染的综合防治及补充经济制的建立.农业面源污染与综合防治,11:18-19

王全九.1998.降雨-地表径流-土壤溶质相互作用深度.土壤侵蚀与水土保持学报,4(2):41-46

王英华.2011.农村固体废弃物处理现状分析.贸易经济,2:169

王兆印,程东升,何易平,等.2006.西南山区河流阶梯-深潭系统的生态学作用.地球科学进展,21(4):409-416

王震洪.2006.黔滇交界区坡耕地分区治理模式及效益评价.山地农业生物学报,25(1):23-29

魏国良,崔保山,董世魁,等.2008.水电开发对河流生态系统服务功能的影响——以澜沧江漫湾水电站开发为例.环境科学学报,28(2):235-242

魏新平,王文焰,王全九,等.1998.溶质运移理论的研究现状和发展趋势.灌溉排水,17(4):58-63

吴刚,蔡庆华.1998.流域生态学研究内容的整体表述.生态学报,18(6):575-581

吴征镒.1980.中国植被.北京:科学出版社

吴子岳,赵婷婷.2007.水质在线监测系统及检测方法.渔业现代化,34:28-29

肖化云,刘丛强,李思亮,等.2002.强水动力湖泊夏季分层期氮的生物地球化学循环初步研究:以贵州红枫湖南胡为例.地球化学,31(6):571-576

徐江,王兆印.2003.山区河流阶梯-深潭的发育及其稳定河床的作用.泥沙研究,5:21-27

徐玉宏.2003.我国浓膜污染现状和防治对策.环境科学动态,2:9-10

颜廷梅,杨林章,单艳红.2008.稻田土壤养分的迁移规律及其环境风险.土壤学报,6(45):1189-1193

燕惠民,陈欣欣,谭济才.2004.新时期农业环境监督管理探讨.农业环境与发展,21(1):36-38

杨曾平,张杨珠.2006.高产稻田土壤肥力特征及其退化研究.长沙:湖南农业大学硕士学位论文

杨树华.1998.滇池流域的景观格局与面源污染控制.昆明:云南科学技术出版社

叶青超,陆中臣,杨玉芬,等.1990.黄河下游河流地貌.北京:科学出版社

尹树彬.2004.论洞庭湖区泥沙淤积灾害与泥沙淤积灾害链.湖南师范大学自然科学学报,27(2):89-93

尤民生,刘新.2004.农药污染的生物降解与生物修复.生态学杂志,23(1):73-77

于爱华,卢作基.2011.秸秆梯级利用方法、效益及政策建议.绿色科技,11:108-110

余国安,黄河清,王兆印,等.2011.山区河流阶梯-深潭研究应用进展.地理科学进展,30(1):42-48

张维理,武淑霞,戴宏杰,等.2004.I.21世纪初中国农业面源污染的形式估计.中国农业科学,37(7):1008-1017

张翔凌.2004.武汉城市污水水质特征分析.武汉:武汉理工大学硕士学位论文

张兴昌,邵明安.2000.坡地土壤氮素与降雨、径流的相互作用机理及模型.地理科学进展,19:128-135

郑朔芳,杨苏文,金相灿.2005.铜绿微囊藻生长的营养动力学.环境科学,26(2):152-156

郑重,吴国炎,许江炬.2009.基于CDMA网络的污水流量适时监控系统.城镇供水,3:63

钟明霞.2007.昆明市固体废弃物特征及控制对策.环境科学导刊,26:45-48

朱起茂.1982.黄河下游河床演变与河口淤积延伸.地理研究,1(4):17-25

朱雅兰.2010.土壤农药污染植物修复研究进展.安徽农业科技,38(14):7490-7492

Ahuja L R. 1983. The extent and nature of rainfall-soil interaction in the release of soluble chemicals to runoff. Journal of Environmental Quality, 12:30-40

Ahuja L R. 1982. Release of a soluble chemical from soil to runoff. Trans. ASAE,25: 948-953

Bauley G W, Swank R R, Nicholson H P. 1974. Predicting pesticide runoff from agricultural lands: A concep tualmodel. Journal of Environmental Quality, 3: 95-102

Bertanlanfy L. 1950. An outline of general system theory. British Journal for the Philosophy of Science, 1: 134-165

Bruce R R, Harper L A, Leonard R A, et al. 1975. A model fo r runoff of pesticide from up land watersheds. Journal of Environmental Quality, 4: 541-664

Chorley R J, Malm D G, Pogorzelski H A. 1957. New standard for estimating basin shape. American Journal of Science, 255: 138-141

Frere M H, Pnstad C A, Holtan H N. 1975. ACTMO, an agricultural chemical transport model. ARS- H - 3, Agriculture Researche Model, U. S. Department of Agriculture, Washington, D. C.

Ho T Y, Quigg A, Finkel Z V, et al. 2003. The elemental composition of some marine phytoplankton. Journal of Phycology, 39(6): 114-1159

Horton R E. 1945. Erosional development of streams and drainage basins:hydrological approach to quantitative morphology. Geological Society of American Bulletin, 56(3):275-370

Horton R E. 1932. Drainage basin characteristics. Transaction of American Geophysical Union, 13: 350-361

John E H, Flynn K J. 2000. Growth dymanics and toxicity of *Alexandrium fandyense*: The effect of changing N : P supply ratios on internal toxin and nutrient levels. European Journal of Phycology, 35: 11-23

Kilmer V J, Gilliam J W, Lutz J F, et al. 1974. Nutrient losses from fertilized grassed watersheds in western North Carolina. Journal of Environmental Quality, 3:214-219

Klausmeier C A, Litchman E, Daufresne T, et al. 2004. Optimal nitrogen to phosphorus stoichiometry of phytoplankton. Nature, 429: 171-174

Lafrancois B M, Nydick K R, Johnson B M, et al. 2004. Cumulative effects of nutrients and pH on the plankton of two mountain lakes. Canadian Journal of Fish Aquatic Science, 61: 1153-1165

Lieth H. 1973. Primary production: terrestrial ecosystems. Human Ecology, 1: 303-332

Morisawa H E. 1962. Quantitative geomorphology of some watersheds in the Appalachion Plateau. Bulletin of The Geological Society of America,73(9):1025-1046

Owens L B. 1994. Impacts of soil N management on the quality of surface and subsurface water. In: Lal R, Stewart B A. Advances in Soil Sciences:Soil Processes and Water Quality. Boca Raton, FL:CRC Press Inc. 137-162

Pick F R. 1989. Species specific phytoplankton responses to nutrient enrichment in limnetic enclosures. Arch Hydrobiol Beih Ergeb Limnol, 32: 177-187

Stockner J G, Shortreed K S. 1988. Response of Anabaena and Synechococcus to manipulation of nitrogen: phosphorus ratios in a lake fertilization experiment. Limnol Oceanogr, 33: 1348-1361

Wallach R. 1988a. Modeling the losses of soil-applied chemicals in runoff: Lateral irrigation versus precipitation. Soil Science Society American Journal, 52: 605-612

Wallach R. 1988b. Transfer of chemical from solution to surface runoff: A diffusion based soil model. Soil Science Society American Journal, 52: 612-618

Whittaker R H. 1961. Estimation of net primary production of forest and shrub communities. Ecology, 42:177-180

Zohary T, Pais-Madeira A M, Robarts R, et al. 1996. Interannual phytoplankton dynamics of a hypertrophic African lake. Arch Hydrobiol, 136: 105-126

# 第二章 流域内网间带不同土地利用类型地表和土壤中面源污染物输出特征

**摘　要**　流域不同土地利用类型径流中氮、磷流失已成为水体污染的主要来源，研究其流失特征及影响因子可以为污染物控制提供理论依据。本研究以代表性的、封闭的云贵高原地区大冲流域作为研究对象，在野外选择不同土地利用类型，通过自然降雨、模拟降雨、径流槽模拟地表径流、原状土柱模拟淋溶过程条件下氮磷输出负荷研究，揭示不同土地利用类型氮磷面源污染物输出特征。在自然降雨条件下，菜园地产生了单位面积最高的氮磷污染物输出负荷，其次是坡耕地、梯平地，杉木林、疏幼林、混交林、水稻田单位面积氮磷污染物输出负荷较低，而且通过渗滤水输出的氮磷污染物负荷高于地表径流。不同土地利用类型对整个流域的氮磷污染物输出负荷贡献率，随着面积变化，贡献率也发生变化。林地和坡耕地在干旱年份对流域地表径流或水资源具有更大贡献率。根据《地表水环境质量标准（GB3838—2002）》，杉木林、混交林、疏幼林地表径流和土壤渗滤水中总氮浓度超过了Ⅴ类水质，氨态氮浓度超过了Ⅲ类水质，总磷属于Ⅱ类水质，硝态氮在集中式生活饮用水地表水源地补充项目标准限值以内。根据《国家农田灌溉水质标准》，坡耕地、梯平地、菜园地、水稻田地表水和渗滤水中总氮和总磷没有超过规定限值。模拟降雨和径流槽模拟地表径流条件下，疏幼林和混交林具有削减模拟降雨氮素的作用，菜园地、杉木林、坡耕地输出的氮磷浓度比较高。通过土壤渗滤水对土壤中不同形态氮磷的淋溶过程，菜园地呈现均匀下降而且淋溶浓度最高，坡耕地和梯平地呈现快速下降，淋溶浓度开始很高，之后呈现稳定变化。杉木林、疏幼林、混交林淋溶过程呈现一种低浓度稳定变化的特征。土壤水分物理性质、土壤营养元素含量、土壤物理性质和植被结构影响着不同土地利用类型氮磷污染物输出负荷，其中无定型铁、土壤容重、土壤物理性黏粒、土壤自然含水量、土壤孔隙度、土壤氮磷钾含量、土壤有机质、植物多样性是主要的因子。不同土地利用类型土壤理化因子和植被结构不同，导致了氮磷污染物输出的差异。径流槽模拟地表径流可以在多重复条件下模拟网间带不同土地利用类型地表径流过程，分析地表径流产生特征，探讨自然降雨条件下氮磷污染物输出负荷的机制。

**关键词**　大冲流域；不同土地利用类型；地表径流；总氮流失；总磷流失；原状土柱；氮素淋溶；模拟降雨；径流槽

## 2.1　研究意义

流域网间带包括有林地、坡耕地、水稻田、菜园地、梯平地、荒地、居民用地等土地利用类型，其中坡耕地、水稻田、菜园地、居民用地是面源污染物的主要来源。但是在不同地区，由于自然条件、土地利用方式、生产力水平不同，不仅这些土地利用类型在流域内所占比例不同，发生在每个土地利用类型上的水生态过程也存在显著差异。例如，不同地区流域内林地面积和类型是不同的，降水是流域水生态过程的一部分，而由不同物种组成的林地对降水截留、动能削减是不同的，并进一步影响着土壤侵蚀强度和流域面源污染物输出（蒋有绪，1996；王震洪等，2006；王震洪，2011）。又如，不同地区流域内坡耕地占流域面积的比例是不同的，而且耕作水平、耕作方式、农作物种类的差异也影响着土壤的性质，进一步影响到坡耕地上地表径流、土壤渗滤水、土壤侵蚀强度、面源污染物输出等水生态过程。水稻田作为人工创造的湿地系统，初级生产力高，能吸收大量的营养物质，同时人类对水稻田的生产管理也不同于其他土地利用类型，水稻田土壤-水分相互作用、水分渗透、污染物产生和输出等水生态过程具有明显的特殊性。

要治理流域农业农村面源污染，必须首先认识在不同土地利用类型截留降水、地表径流产生、径流渗透、污染物输出等水生态过程变化，揭示水生态过程机制，才能有效调控水生态过程，实现流域面源污染物的控制。特别是水稻田这种生产力高、施肥量大、氮磷吸收量大、地处流域较低处的土地利用类型，更值得深入研究，在了解它的水生态过程机制后，充分利用生产力高、吸收污染物多的优势，减轻流域面源污染负荷。目前，尽管国内外已经开展了许多关于不同土地利用类型面源污染产生和输出特征的研究，但是由于地域上的差异，许多地区仍然缺乏相应的资料。特别是在云贵高原，除了滇池流域有相应的研究外，其他地区并没有系统的研究资料。

因此，本研究选择贵阳市"两湖"（红枫湖、百花湖）汇水区的大冲流域，以流域内网间带坡耕地、梯平地、杉木林、疏幼林、混交林、水稻田为研究材料，通过自然降雨、模拟降雨、径流槽模拟地表径流、原状土柱模拟淋溶条件下地表径流和土壤渗滤水中氮磷输出的观测，揭示不同土地利用类型氮磷污染物输出负荷。"两湖"是云贵高原喀斯特地区典型淡水湖泊，也是贵州省会城市贵阳工农业用水的来源，目前水体污染及富营养化问题日益突出。但是，在云贵高原喀斯特地区并没有不同土地利用类型面源污染物输出特征等水生态过程的系统研究工作，有必要选择"两湖一库"汇水区代表性流域，通过不同土地利用类型地表径流、土壤渗滤水观测，认识主要污染物产生、输出特征，为该类型区和"两湖"农业农村面源污染治理提供理论依据，丰富云贵高原地区典型流域生态系统水生态过程的研究工作。

## 2.2 国内外研究现状

在土壤-作物系统中，氮素仅有 20%～35% 被作物直接利用，大部分被土壤吸附，之后逐渐被作物吸收利用，有 5%～10% 挥发到大气中（张壮志等，2008）。随降水径流和渗漏排出农田的氮素中有 20%～25% 是当季施用的氮素化肥（王超，1997）。就地表水硝态氮的污染而言，化肥占了 50% 以上（隋红建和杨帮杰，1996）。据估计，全世界每年有 300 万～400 万 t 磷从土壤迁移到水体中（刘怀旭，1987），美国每年由农业面源污染进入水体的磷达 4.5 万 t 左右（彭近新，1988）。美国环保局 2003 年的调查结果显示，农业面源污染成为美国河流和湖泊污染的主要污染源，导致约 40% 的河流和湖泊水质不合格，是河口污染的第三大污染源，是造成地下水污染和湿地退化的主要因素

（彭近新，1988）。在欧洲，农业面源污染同样是造成水体污染的首要来源，也是造成地表水中磷富集最主要的原因，由农业面源排放的磷为地表水污染总负荷的 24%～71%（Vighi and Chiaudani，1987；European Environment Agency，2003）。

在我国，农业生产中往往靠施用过量的化肥来获得高产和丰收，其施肥量远远超过农作物的需要量，也超过国外的平均水平，农业面源污染已成为水体污染物质的主要来源。例如，太湖和淮河流域，农田排水中的氮、磷已成为该地区水体富营养化的主要原因（王海芹和万晓红，2006）。1995 年，进入巢湖的污染负荷中，69.54%的总氮和51.71%的总磷来自于面源污染。在进入滇池外海的总氮和总磷负荷中，农业面源污染分别占 53%和 42%。但是，由于农业面源污染具有排放分散、隐蔽、排污随机、不确定、不易监测等特点，当累加效应发生突变时，整个生态环境将随之突发"病变"，造成土壤、水体及空气污染（陈吉宁等，2004；赵永秀等，2007）。

不同的土地利用类型是人类不同土地利用方式或生产生活方式对生态系统施加干扰的表现。不同的土地利用方式可以直接向水体增加或减少人类活动所制造的有毒有害物质，也可以加速或减少土壤中原有物质向水体的输送。土壤是环境要素的重要组成部分，是农作物的直接营养来源，它处于自然环境的中心位置，不同土地利用类型的变化不仅可以改变土地覆被状况，如地表植被覆盖和构成、影响植物凋落物和残余量，而且不同土地利用类型的变化还能改变土壤管理措施，导致土壤性质变化，如土层厚度、土壤孔隙度、土壤营养元素组成、土壤胶体氮、磷吸附量、土壤酸度等发生变化，从而影响土壤渗滤水与土壤交体作用过程中氮、磷、COD 进入水体（Dalal，1986；Mcalister et al.，1998；Turner and Meyer，1991；Tumer and Hayarth，2000；Haworson et al.，2000；Islam and Weil，2000；Braimoh and Viek，2004）。人类的土地利用与管理在很大程度上决定着土壤质量变化的程度和方向，合理的土地利用可以改善土壤结构，提高土壤质量；不合理的土地利用会增加土壤侵蚀，导致土壤质量下降（Lal et al.，1999；路鹏等，2005）。因此，普遍认为，对不同土地利用类型地表径流和土壤渗滤水主要污染物的研究可以揭示农业面源污染物产生过程和机制，从而为保护水资源、改善目前湖泊水质恶化的问题提供理论依据（陈吉宁等，2004；赵永秀等，2007）。

国内学者在不同区域，如青藏高原草甸区（王根绪等，2002）、西南岩溶区（蒋勇军等，2005）、新疆天山绿洲区（罗格平等，2005）、黄土高原区（王军等，2002）、华北平原区（胡克林等，2006）、广西红壤低山区（王小利等，2006）和喀斯特峰丛洼地（张伟等，2006）等地区分析研究了不同土地利用对土壤性质的影响。吴文斌（2007）等研究不同区域（山西省寿阳县和四川省丹棱县）土壤性质的差异性以及土地利用对土壤性质影响的区域差异性。Iijima 等（2004）、Islam 和 Weil（2000）分别在印度尼西亚和孟加拉国进行了类似研究。郭旭东等（1999，2001）以河北省遵化县为例，运用地统计学，结合 GIS 研究了 20 年内河北省遵化县的土地利用变化与土壤养分变化的相互关系和作用机制，结果表明退耕还林还草不仅改变了土地覆被，而且提高了土壤养分含量。蒋勇军等（2005）以云南省泸西县小江典型岩溶农业流域为研究单元，分析了流域1982～2003 年土地利用的变化及定点对比分析不同土地利用变化下土壤性质的变化，结果表明：小江流域 1982～2003 年 610.12km² 的土地利用发生了变化，变化类型由耕地转变为石漠化土地后，土壤有机质、全氮、全磷、碱解氮、速效磷含量大幅度降低，土壤 pH 明显升高。这些研究表明，土地利用对土壤性质具有重要影响。

土地利用对土壤性质的影响，必定会反映在降雨时土壤氮磷输出等水生态过程上。不同的土地利用氮磷的源因素（氮磷投入量）和迁移因素（水文条件）的影响，会使氮磷输出呈现空间的变异性。例如，Peng 等（2011）研究发现不同水分和氮肥管理的水稻田氮磷流失特征具有显著的差别，从施肥和田间管理上能削减稻田氮磷流失；胡雪峰等（2001）对上海市郊中小河流氮磷污染的调查表明，养殖场附近的河流，氨氮和磷有突发性的暴增现象；吕唤春等（2004）对千岛湖流域不同土地利用类型氮和磷流失的研究表明，红薯地和园地等有人工耕种的坡耕地氮磷流失浓度最大，草地和林地等受人工影响小的土地利用类型氮磷流失浓度相对较低，坡度高的林地降雨径流中氮磷流失浓度大于缓坡林地。Sonzogni 等（1980）的研究结果表明，农业用地和城市用地地表径流中总固体悬浮物、总磷、总氮的浓度是林地和未利用地相应污染物的 $10 \sim 100$ 倍；Corbett等（1997）的研究表明，美国南卡罗莱纳州城市流域的年均径流量比森林流域年均径流量高出 14.85%。城市非透水性地面的增加以及大量地下排水管道系统的出现，加速了暴雨径流的形成，大大缩短了污染物随径流进入受纳水体的时间，对农业流域河道滞留的污染物具有输送作用，恶化了河流、湖泊等水环境质量（Booth and Jackson，1997）。

由于人类不合理地使用土地，造成各种土地利用类型土壤受到不同程度的污染，各种污染物随渗滤水进入地下，会引起地下水污染物含量超标。在土壤渗滤水的研究上，Dosskey 和 Berthsch（1997）曾对不同森林类型和不同气候带土壤渗滤水中的溶解有机碳进行研究；Gundersen 等（2006）曾系统研究了温带森林氮淋溶损失与氮沉降、森林管理的关系；杨承栋等（1988）对卧龙自然保护区渗滤水、张万儒（1991）对山地森林土壤渗滤液化学组成及生物活动强度、程伯容和张金（1991）对长白山北坡针叶林土壤淋洗液及土壤性质、祝松鹤等（2006）对湖滨湿地土壤渗滤液氮磷分布规律及影响因素、俞元春等（2006）对杉木林土壤渗滤水溶解有机碳含量与迁移、高志勤和罗汝英（1994）对宁镇丘陵区森林土壤渗滤水的性状和毛竹林渗滤水养分的淋溶特征进行了研究；王彦辉（1999）在室内用德国 Soiling 地区挪威云杉林严重酸化的未扰动土柱，研究了非干旱条件下温度升高对渗滤水化学组成的影响。

## 2.3 本研究关注的科学问题

尽管氮、磷流失问题早在 20 世纪初就受到关注，尤其是最近 30 年来，随着对水环境污染问题的日益突出，人们开展了氮磷流失特征、理论、模型、有效性及影响因素等方面的大量研究工作（Warrington 1905；Wild and Cameron，1980；Nielson et al.，1982；Sharpley et al.，1994；冯绍元和郑耀泉，1996；吕殿青等，1996；王家玉等，1996；Daniel et al.，1998；范丙全等，1998；Carpenter et al.，1998；Gundersen et al.，2006；Peng et al.，2011）。但这些研究主要集中在干旱的灌区、多雨的平原地区、半干旱地区和南方丘陵地区（张兴昌和邵明安，2000；李世清和李生秀，2000；张玉珍，2007），而对水田与旱地共存的农业流域如云贵高原地区研究很少。云贵高原地处中国第一大河和第三大河的上游，产生的面源污染物对上、中、下游的水系构成了严重污染（王震洪，2011）。科学家在这个区域的滇池、洱海、抚仙湖等流域曾开展过地表径流氮磷流失的一些研究工作，但地表径流氮磷流失结合土壤渗滤水的面源污染研究仍很缺乏。

在网间带，降雨溅失、地表径流作用产生污染物主要包括两个过程，一个是水对不同土地利用类型土壤表面的作用，另一个是进入土壤的渗滤水产生土壤表层下的淋溶作用。降雨和地表径流对土壤侵蚀的作用，国内外研究都比较多，一般是利用径流小区技术在自然降雨、模拟降雨、农田正常生产下不同土地利用类型地表径流侵蚀及污染物产生特征，如测定不同污染物从表面径流中输出的浓度、总量、随时间变化的输出动态，调查土壤性质、植被状况，分析地表径流污染物输出特征等。这些研究为评估不同地区各种土地利用类型在降雨侵蚀作用下面源污染物输出特征，了解面源污染物形成机理，设计有针对性的治理措施提供了依据。但是，"两湖"汇水区作为云贵高原重点流域，不同土地利用类型在降雨作用下产生面源污染物的特征并没有系统研究，开展面源污染治理工程所需要的基础资料基本是一个空白。"两湖"汇水区岩溶发育，地形破碎，人类活动和长江中下游、四川盆地、云贵高原的滇池流域具有显著差异，污染物流失特征具有自己的特点和规律，课题组选择了大冲典型流域，通过自然降雨、模拟降雨和模拟径流过程对这些问题进行了研究，以丰富云贵高原典型陆地生态系统的相关理论。

对于土壤渗滤水或壤中流，国内主要集中在森林土壤渗滤水的研究上，对其他土地利用类型的土壤渗滤水研究较少。在具体研究上，虽然对土壤渗滤水的化学组成等方面进行了一些研究，但对水量及面源污染物输出负荷研究较少，而土地利用类型-土壤-土壤渗滤水是一个递进影响的关系，要了解一个流域或区域土壤渗滤水输送污染物的量及影响因素，必须对每种土地利用类型一定时间内土壤渗滤水量、污染物浓度及土壤性质进行分别研究，最后累计得出总输出，分析渗滤水浓度、输出量与土壤性质的关系。本研究以土地利用类型-土壤-地表径流-土壤渗滤水作为一个整体，在不改变现有管理水平和农药、化肥用量的前提下，分别在自然降雨、模拟降雨、模拟径流、原状土柱淋溶模拟条件下，测定不同土地利用类型地表径流、土壤渗滤水、污染物负荷，了解污染物输出过程，分析影响污染物释放的土壤性质，揭示云贵高原岩溶地区典型流域氮磷污染物输出特征。

# 2.4　自然降雨下不同土地利用类型面源污染物产生特征

## 2.4.1　材料和方法

### 2.4.1.1　实验流域概况

实验流域属红枫湖镇（东经 $105°55'\sim106°30'$，北纬 $26°07'\sim26°39'$），距贵阳市中心约 26km，流域面积为 $1.247km^2$，平均海拔 1250m。红枫湖由中、南、北、后四湖组成，大冲流域在中湖上游。流域地处亚热带季风气候区，年平均气温 14℃，多年平均降水量 1193mm，降水主要集中在 6~9 月。降水量随着大气温度回升而逐渐增加，雨日和夜雨多，蒸发量小，湿度大，平均相对湿度为 79%，平均风速为 2.1m/s，平均日照时数为 1079.5 h。

大冲村地势平缓，以平地、丘陵和湖泊为主，同时也分布有少量的洼地、沟谷等地貌类型。流域地带性植物群落为亚热带常绿阔叶林，但目前优势植被是该地带类型破坏后经过演替发展起来的次生常绿阔叶林、针叶林，主要树种为女贞（*Ligustrum lucidum*）、白栎（*Quercus fabri*）、野蔷薇（*Rosa multiflora*），杉木（*Cunninghamia lanceolata*）、光皮桦（*Betula luminifera*）、檫木（*Sassafras tsumu*）、马尾松（*Pinus massoniana*）、油茶（*Camellia oleifera*）、榛（*Corylus heterophylla*）、泡桐（*Paulownia tomentosa*）等。作为典型研究，大冲流域具有下列特点：①流域土地利用、植被、农业生产等在"两湖"汇水区具有典型性，能代表当地的农业生产和社会经济发展水平；②流域内具有混交林地、疏幼林、坡耕地、水稻田、菜园地、居民用地、水域等红枫湖汇水区的典型土地利用类型；③流域是闭合的，没有径流的其他出口，在进行流域内不同土地利用类型面源污染负荷研究时，也能方便地评估整个流域污染物输出负荷；④附近有水文、气象等监测站，使监测数据可以校核。大冲流域辖区内有居民100余户，人口620余人，村民人均年纯收入约为5500元，村民经济收入主要来源于种养殖业及农家乐服务业。

### 2.4.1.2　实验地选择

利用大冲村1∶50 000的地形图，确定梯平地、菜园地、混交林、杉木林、疏幼林和坡耕地6种主要的土地利用类型，并勾绘出每种土地利用类型的所有图斑。在每种类型图斑范围内，进一步以5°为一个坡度级细分斑块。具体测定：利用等高线确定斑块下部边沿和上部边沿的高程，获得多个斑块高差和水平距离，用正切三角函数计算斑块坡度，然后进一步测定这些斑块面积，用式（2-1）计算出各种土地利用类型的加权平均坡度（阴晓路等，2012）。其中菜园地、梯平地为平地，其他4种土地利用类型均有不同程度的坡度（表2-1）。

$$\text{WASD}_i = \sum \text{SD}_{ij} \times P_{ij} \tag{2-1}$$

式中，$\text{WASD}_i$为第$i$种土地利用类型面积加权平均坡度；$\text{SD}_{ij}$和$P_{ij}$分别为第$i$种土地利用类型中第$j$个斑块的坡度和该斑块占此种土地利用类型面积的百分比。

表2-1　大冲流域不同土地利用类型加权平均坡度、面积及其所占比例

| 土地利用类型 | 平均坡度 | 面积/hm² | 比例/% |
| --- | --- | --- | --- |
| 菜园地 | 无坡度 | 23.2 | 19.2 |
| 坡耕地 | 14.03° | 6.3 | 4.4 |
| 水稻田 | 无坡度 | 25.1 | 10.7 |
| 梯平地 | 无坡度 | 12.5 | 10.3 |
| 疏幼林 | 15.36° | 10.1 | 7.1 |
| 杉木林 | 14.03° | 3.8 | 3.1 |
| 混交林 | 16.73° | 28 | 23.2 |
| 其他土地* |  | 124.7 | 32.7 |

＊其他土地主要是湖泊、居民点、公路、河道

### 2.4.1.3  径流小区布设

径流小区布设采用非固定式径流收集技术。考察某类型土地中具有平均坡度的图斑，在代表性地段建立三个径流小区。代表性地段的代表性除坡度是平均坡度值外，如果是林地，植被生长情况须处于该类型林木的中等生长水平（通过植被调查评估），并且受人类干扰处于这类型林地的中等水平；如果是坡耕地、水田、菜园地，农业生产水平在红枫湖汇水区具有典型性。建立径流小区的具体步骤为：①在选中的代表性地段，根据坡度，折算并用皮尺量测水平长 8m、宽 1.2m 的长方形区域；②在确定的小区周围，用薄刀划出 10cm 深的沟槽，放入宽 20cm 的长条厚塑料，压实沟槽外的土壤，形成无缝的塑料隔离带；③在小区下游边界处，用长条塑料布铺设一浅沟，收集来自小区的地表径流，并在离小区径流收集沟 50cm 处开挖直径 50cm、深 50cm 的坑，摆放一只有盖的径流收集桶在坑中，用塑料管把径流收集沟和桶连接起来，使降雨时沟中径流能流入桶中（图 2-1）。整个小区布设过程应尽量少干扰小区及周围的植被、土壤。另外，在流域内的野外实验室房顶安装 HOBO-RG3 型自记雨量计，对试验期间的雨量进行监测。

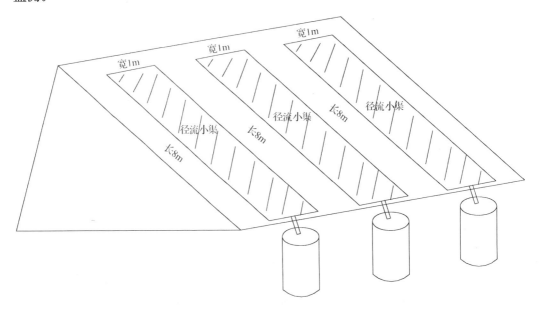

图 2-1  径流小区布置图

### 2.4.1.4  土壤渗滤水收集装置布设

对于表 2-1 中土地利用类型，根据渗滤水持续产生和间歇产生的特点，采用不同的收集方法。在持续产生渗滤水的菜园地和水稻田，布设渗滤水收集装置时，分别垂直埋设 9 根直径为 11cm 的 PVC 排水管，分 3 组排列，距管底 10cm 处均匀钻孔，外包 100目纱布，以防止土壤颗粒进入堵塞小孔。在埋设时，控制每组 3 根管底深度，使其分别能采集到离土表 50cm、100cm 和 150cm 深处的土壤渗滤水［图 2-2（a）］。在间歇性产生渗滤水的梯平地、杉木林、坡耕地、疏幼林和混交林，利用径流小区下游边界收集地表径流的洞穴,在表土层（A层）与心土层（B层）交界处横向开挖高 15cm、宽 20cm 和深 30cm 的孔道,放入顶面（面积为 0.0306m²）带小孔并盖有细密纱布的塑料桶,用土壤把放入桶后出现的四周孔隙塞满铺平,以收集降雨时从地表渗入土壤中的渗滤水 [图 2-2 (b)]。由于坡耕地、杉木林、疏幼林和混交林都具有地表径流收集小区,收集测定土壤渗滤水的同时也收集到地表径流。

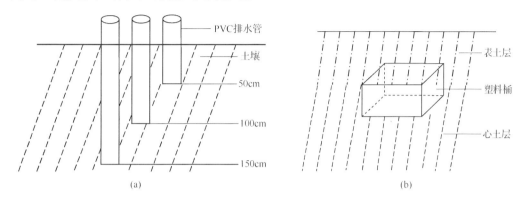

图 2-2  渗滤水收集装置

## 2.4.1.5  土壤样品的采集与理化指标的测定

在每种土地利用类型渗滤水收集点旁,随机设置 5 个土壤采样点,取 5 点混合土壤样品 2kg,其中 1kg 立即风干,另外 1kg 于 4℃储存,去除根、石子和有机物残体,测定土壤颗粒组成、pH、自然含水量、饱和含水量、比重、容重、孔隙度、全氮、水解氮、硝态氮、全磷、速效磷、有机质和磷的吸收系数等指标。其测定方法为:土壤颗粒组成以比重法测定;pH 以电位法测定;自然含水量和饱和含水量以烘干法测定;土壤比重以比重瓶法测定;容重以环刀法测定;全氮以凯氏蒸馏法测定;水解氮以碱解扩散法测定;硝态氮以紫外分光光度法测定;全磷、速效磷以钼锑抗比色法测定;有机质以重铬酸钾氧化-容量法测定（杜森和高祥照,2006;鲁如坤,2000）。其测定结果见表 2-2 和表 2-3。

**表 2-2  供试土壤颗粒组成**（卡庆斯基简易分类制）　　　　　（单位:%）

| 土地利用类型 | <0.001mm | 0.001~0.005mm | 0.005~0.01mm | 0.01~0.05mm | 0.05~0.25mm | >0.25mm |
|---|---|---|---|---|---|---|
| 菜园地 | 22.8 | 24.0 | 12.0 | 14.0 | 23.6 | 3.6 |
| 坡耕地 | 20.8 | 30.0 | 8.0 | 20.0 | 12.2 | 9.0 |
| 梯平地 | 46.8 | 24.0 | 12.0 | 14.0 | 2.5 | 0.7 |
| 水稻田 | 38.8 | 22.0 | 12.0 | 14.0 | 10.7 | 2.5 |
| 疏幼林 | 32.8 | 24.0 | 10.0 | 18.0 | 12.1 | 3.1 |
| 杉木林 | 30.8 | 24.0 | 18.0 | 18.0 | 4.2 | 5.0 |
| 混交林 | 28.8 | 18.0 | 10.0 | 12.0 | 12.0 | 19.2 |

**表 2-3  供试土壤主要理化性质**

| 理化性质 | 土地利用类型 | | | | | | |
|---|---|---|---|---|---|---|---|
| | 菜园地 | 坡耕地 | 梯平地 | 水稻田 | 疏幼林 | 杉木林 | 混交林 |
| 自然含水量/% | 27.3±0.30 | 15.6±0.30 | 12.5±0.30 | 34.0±0.10 | 12.8±0.20 | 19.1±0.20 | 22.2±0.30 |
| 饱和含水量/% | 43.7±0.20 | 52.5±0.30 | 63.5±1.00 | 62.0±0.10 | 30.4±1.00 | 33.7±0.20 | 49.6±0.50 |
| 容重/(g/cm³) | 1.19±0.01 | 1.11±0.03 | 1.23±0.03 | 0.98±0.01 | 1.57±0.01 | 1.49±0.01 | 1.16±0.01 |
| 比重/(g/cm³) | 2.52±0.01 | 2.63±0.02 | 2.68±0.01 | 2.49±0.01 | 2.63±0.02 | 2.54±0.01 | 2.60±0.02 |
| 孔隙度/% | 52.72±0.21 | 57.72±0.82 | 54.18±0.95 | 60.69±0.25 | 40.33±0.08 | 41.38±0.16 | 55.44±0.05 |
| 物理性黏粒/% | 58.8±0.50 | 58.8±0.70 | 82.8±0.20 | 72.8±0.10 | 66.8±0.20 | 54.8±0.30 | 56.8±0.40 |
| pH | 5.99±0.10 | 5.96±0.10 | 5.34±0.10 | 5.57±0.10 | 5.25±0.10 | 5.75±0.10 | 4.56±0.10 |
| 无定形铁/(mg/kg) | 6.40±0.40 | 4.86±0.45 | 14.41±0.56 | 14.63±0.23 | 8.01±0.43 | 10.37±0.76 | 6.07±0.60 |
| 水溶性盐/(g/kg) | 5.5±0.30 | 1.4±0.20 | 3.0±0.20 | 4.3±0.20 | 0.8±0.10 | 1.5±0.10 | 3.0±0.30 |
| 钠离子/(g/kg) | 0.04±0.001 | 0.02±0.001 | 0.02±0.001 | 0.04±0.001 | 0.02±0.001 | 0.02±0.001 | 0.02±0.001 |
| 全钾/(g/kg) | 15.8±0.40 | 17.8±0.50 | 39.9±0.20 | 29.5±0.10 | 29.7±0.20 | 22.2±0.20 | 29.5±0.50 |
| 速效钾/(mg/kg) | 190±6 | 139±2 | 218±4 | 183±3 | 83±1 | 78±1 | 93±1 |
| 有机质/(g/kg) | 43.2±0.60 | 29.3±0.10 | 31.1±0.20 | 102.7±0.10 | 30.5±0.10 | 77.6±1.00 | 42.6±0.10 |
| 全氮/(g/kg) | 2.65±0.02 | 1.66±0.03 | 2.15±0.03 | 3.31±0.04 | 1.56±0.01 | 2.60±0.05 | 1.88±0.02 |
| 水解氮/(mg/kg) | 295±2 | 92±1 | 239±1 | 506±1 | 104±1 | 167±1 | 125±2 |
| 硝态氮/(mg/kg) | 20±1 | 10±1 | 18±1 | 1±0 | 1±0 | 5±1 | 3±0 |
| 全磷/(g/kg) | 0.67±0.01 | 0.60±0.03 | 0.93±0.01 | 0.73±0.01 | 0.23±0.02 | 0.49±0.02 | 0.35±0.05 |
| 速效磷/(mg/kg) | 7.5±0.30 | 7.5±0.10 | 9.0±0.10 | 9.0±0.10 | 6.6±0.10 | 9.4±0.10 | 3.3±0.10 |
| 磷的吸收系数/(mg/100g) | 836±12 | 851±16 | 511±10 | 254±8 | 855±17 | 1242±21 | 1598±24 |

## 2.4.1.6  土壤入渗率测定

利用环刀法测定坡耕地、梯平地、疏幼林、杉木林、混交林土壤渗透速率。首先将地表初步整平，注意不破坏土壤的自然状态；然后将环刀垂直地表打入土壤，深度为10cm。用烧杯向金属圆筒内加定量的水，自开始往圆筒中加水时刻起计时，至圆筒内无水时计时结束，待上次加水渗透完时，继续往圆筒内加同体积的水并开始计时。当试验进行到连续4次渗透等体积的水所需时间相同时，认定为达到土壤稳定渗透速率，并按式（2-2）计算入渗率（中国科学院南京土壤研究所土壤研究室，1978）。

$$v = (Q_n \times 10)/(t_n \times S) \qquad (2-2)$$

式中，$v$ 为土壤入渗速率（mm/min）；$Q_n$ 为每次注水量（mL）；$t_n$ 为渗透定量的水所需时间（min）；$S$ 为环刀横截面积（cm²）。

在淹水的稻田以及地下水位和灌溉频率高的菜园地，土壤渗透速率根据不同埋深的3根直径为PVC排水管中水位计算［图 2-2（a）］。当1.5m深的PVC管安装好后，由于水压力，渗滤水会通过管壁的小孔流入PVC管中，使管中水位上升，上升到一定程度后保持稳定。导致PVC管水位上升的压力为PVC管外垂直水压力、侧向的水平水压力和1.5m深管底向上的水压力。但是平缓浅土层侧向水平水压力很小，可忽略；地下水位远低于1.5m，向上的水压力可视为零，PVC管中水位上升主要是稻田的垂直水压力造成的。因此，渗滤水稳定入渗率根据达西定律计算式（2-3）。

$$Q = KA\Delta h/L \tag{2-3}$$

式中，$Q$ 为渗滤水稳定入渗率（cm³/s）；$A$ 为 PVC 管断面积；$K$ 为渗透系数（cm/s）；$\Delta h$ 为 1m 和 1.5m 深 PVC 管的水位差（cm）；$L$ 为渗滤水从 1m PVC 管底渗透到 1.5m 深管底经过的距离，即 50cm。渗滤水稳定入渗率 $Q$ 可根据 PVC 管底面积换算成单位 mm/min。通过计算，得出各种土地利用类型的土壤稳定入渗率见表 2-4。

表 2-4　不同土地利用类型土壤入渗速度

| 土地利用类型 | 稳定入渗速度/（mm/min） | 稳定入渗速度/（cm³/min） |
| --- | --- | --- |
| 坡耕地 | 12.63 | 99.15 |
| 梯平地 | 11.15 | 87.53 |
| 杉木林 | 0.90 | 7.07 |
| 疏幼林 | 0.73 | 5.73 |
| 混交林 | 8.74 | 68.61 |
| 菜园地 | 1.95 | 18.52 |
| 水稻田 | 0.002 | 0.02 |

### 2.4.1.7　水样的采集和分析

对于地表径流，在每次降雨产流后，测量每个桶中水深计算体积，采集 500mL 径流带回实验室，并将径流收集桶中剩余水量倒掉，将桶冲洗干净，继续放回原处，以备下次径流收集。水稻田水样采集自 2011 年 6 月 13 日水稻移栽开始，一直到 8 月 21 日田面无水为止，田面水和渗滤水同时采集。首次施肥后的第 2、第 4、第 6、第 8、第 10 天采样，6 月 21 日过后每 10 天采集一次，直到田面和 PVC 管中无水为止。田面水和 PVC 管中水每次采集 350mL。菜园地水样的采集自 2011 年 6 月 13 日到 8 月 22 日每周一次，采集排水沟水和 PVC 管中水 350mL。在每次采集渗滤水时，先将 PVC 排水管中原有水抽干，当管中水位上升到一定高度后，再用特制取样器从管中采集水样。

由于坡耕地、梯平地、疏幼林、杉木林和混交林渗滤水要在比较大的降雨条件下才会发生，而比较大的降雨一般发生在 6～9 月，因此，这 5 种土地利用类型土壤渗滤水样采集时间安排在雨季的 5～10 月进行，每月集中收集一次。在测定塑料桶中渗滤水体积后，采集渗滤水样 350mL。

收集的地表径流、稻田地表水、菜园地表水和渗滤水装入塑料瓶，带回实验室储于 4℃ 并及时进行分析，具体分析方法是：总氮以碱性过硫酸钾消解紫外分光光度法（GB11894—89）测定；硝态氮以紫外分光光度法（HJ/T346—2009）测定；氨态氮以纳氏试剂光度法（HJ535—2009）测定；总磷以过硫酸钾消解钼酸铵分光光度法（GB11893—89）测定；可溶性磷以钼酸铵分光光度法测定。由于 2011 年贵州省遭遇罕见干旱，坡耕地、梯平地、疏幼林、杉木林地和混交林地上只有在 5 月、6 月、9 月和 10 月收到土壤渗滤水。

### 2.4.1.8　数据分析

利用径流小区产生的地表径流体积、径流中污染物浓度以及不同土地利用类型面积计算出不同土地利用类型的单位面积径流、污染物输出负荷、流域总径流量、流域污染物总负荷、不同土地利用类型在流域中的地表径流和污染物贡献率。具体计算如下：

不同土地利用类型单位面积地表径流量（L/m²或mm）＝径流小区产流量（L）/径流小区的面积（m²）；

不同土地利用类型地表径流量（m³）＝不同土地利用类型单位面积径流量（L/m²）×各土地利用类型面积；

不同土地利用类型单位面积污染物负荷（kg/hm²）＝不同土地利用类型单位面积地表径流量（L/m²）×地表径流中污染物浓度（mg/L）/100；

不同土地利用类型污染物总负荷（kg）＝不同土地利用类型单位面积污染物负荷（kg/hm²）×土地面积（hm²）；

不同土地利用类型地表径流贡献率（％）＝不同土地利用类型地表径流量（m³）×100 /流域地表径流总量（m³）；

不同土地利用类型污染物贡献率（％）＝不同土地利用类型污染物负荷（kg）×100 /流域污染物输出总负荷（kg）。

不同土地利用类型地表径流中污染物浓度与土壤理化性质指标的关系采用 SPSS 软件进行相关分析，并对土壤理化指标进行聚类分析，找出影响地表径流中污染物浓度的重要指标和指标群。土壤渗滤水中氮磷浓度与土壤理化性质指标的关系采用因子分析法，确定影响的主要因子。

在坡耕地、梯平地、疏幼林、杉木林地和混交林地这 5 种旱地，采用单位面积负荷法来估算一年内不同土地利用类型渗滤水中主要污染物负荷，即某一土地利用类型一年的污染物负荷总量为该土地利用类型全年产生负荷的总和。公式如下

$$L = \sum_{i=1}^{n} C_i A \tag{2-4}$$

式中，$L$ 为污染物输出负荷；$C_i$ 为第 $i$ 次收集到的单位面积某土地利用类型渗滤水中污染物浓度；$A$ 为该种土地利用类型面积；$n$ 为收集渗滤水的次数。

## 2.4.2 不同土地类型地表径流和氮磷污染物输出

2010 年流域全年降雨量为 1157.1mm，汛期 4～9 月降雨总量 979.6mm，占年降雨量的 84.66％，非汛期降雨量为 177.5mm，占全年降雨量的 15.34％。2011 年贵州省遭遇罕见干旱，截至 2011 年 10 月 31 日，流域 10 个月共降雨 607.2mm，相比于去年同期减少了 43.47％。汛期 4～9 月降雨量仅为 444.4mm，相比于去年的 979.6mm 汛期降雨量减少了 54.63％。详细的月、日、次降雨特征参看第三章。

### 2.4.2.1 地表径流

2010 年共收集到大雨径流 14 次（有 1 次大雨因干扰没有收集到径流），而 2011 年遇到干旱，全年仅收集到 6 次（1 次为中雨地表径流），相较于 2010 年有大幅度减少。地表径流产生具有下列特点：①中雨以下的降雨过程一般不产生径流，即使产生，径流量也很少；②每年开始的 1～2 场大雨，由于土壤比较干燥，没有地表径流；③大雨集中在 6～7 月，9～10 月也有大雨，产流量与降雨量有明显的同步性；④2010 年和 2011

年各次降雨单位面积平均产流量，坡耕地、疏幼林、混交林、杉木林分别是222.3 L/m²，96.4 L/m²；200.8 L/m²，88.5 L/m²；131.0 L/m²，51.7 L/m²；177.5 L/m²，78.0 L/m²（表2-5）；⑤4种土地利用类型的产流量大小顺序为：坡耕地＞疏幼林＞混交林＞杉木林（表2-6）。

表2-5　2010年和2011年不同土地利用类型地表径流量

| 降雨日期<br>（年.月.日） | 降雨量<br>/mm | 混交林<br>/（L/m²或mm） | 杉木林<br>/（L/m²或mm） | 疏幼林<br>/（L/m²或mm） | 坡耕地<br>/（L/m²或mm） |
|---|---|---|---|---|---|
| 2010.4.7 | 34.2 | — | — | — | — |
| 2010.5.12 | 31.4 | — | — | — | — |
| 2010.6.3 | 49.2 | 15.1 | 10.3 | 16.0 | 16.8 |
| 2010.6.11 | 39.2 | 13.7 | 9.5 | 14.7 | 16.0 |
| 2010.6.14 | 28.8 | 10.3 | 8.7 | 11.4 | 13.8 |
| 2010.6.20 | 31.9 | 12.0 | 9.1 | 13.2 | 15.0 |
| 2010.7.12 | 68.8 | 24.0 | 14.8 | 25.3 | 28.8 |
| 2010.7.19 | 58.2 | 22.2 | 13.7 | 23.5 | 26.6 |
| 2010.7.25 | 56.8 | 22.0 | 13.9 | 22.5 | 26.7 |
| 2010.8.2 | 37.8 | 14.1 | 11.0 | 15.1 | 15.9 |
| 2010.9.18 | 34.3 | 13.6 | 9.1 | 14.8 | 14.9 |
| 2010.9.27 | 38.3 | 15.0 | 10.4 | 16.2 | 16.8 |
| 2010.10.6 | 39.5 | 15.3 | 12.2 | 16.6 | 17.0 |
| 2010.10.18 | 27.5 | 10.2 | 8.3 | 11.5 | 14.0 |
| 全年合计 | 575.9 | 177.5 | 131 | 200.8 | 222.3 |
| 2011.4.21 | 28.4 | — | — | — | — |
| 2011.5.5 | 34.9 | 12.8 | 9.2 | 14.1 | 14.9 |
| 2011.6.3 | 36.5 | 13.6 | 10.5 | 14.7 | 15.0 |
| 2011.6.13 | 32.1 | 11.8 | 9.8 | 12.3 | 13.6 |
| 2011.6.27 | 25.9 | 11.0 | 9.7 | 11.8 | 13.8 |
| 2011.10.1 | 95.7 | 28.8 | 12.5 | 35.6 | 39.1 |
| 全年合计 | 253.5 | 78.0 | 51.7 | 85.0 | 96.4 |

表2-6　2010年与2012年不同土地利用类型年产流量及贡献率　（单位：m³）

| 年份 | | 混交林 | 杉木林 | 疏幼林 | 坡耕地 | 总计 |
|---|---|---|---|---|---|---|
| 2010 | | $5.25 \times 10^4$ | $4.92 \times 10^3$ | $2.21 \times 10^4$ | $1.40 \times 10^4$ | $9.35 \times 10^4$ |
| 2011 | | $2.29 \times 10^4$ | $1.97 \times 10^3$ | $9.72 \times 10^3$ | $6.07 \times 10^3$ | $4.06 \times 10^4$ |
| 流域出口径<br>流量/m³ | | 2010年：$4.14 \times 10^5$<br>2011年：$1.47 \times 10^5$ | | | | |
| 贡献率/% | 2010 | 12.68 | 1.19 | 5.34 | 3.38 | 22.59 |
| | 2011 | 15.58 | 1.34 | 6.61 | 4.13 | 27.66 |

　　地表径流的监测只是在4种具有坡度的土地利用类型中进行，而大冲流域除这4种土地利用类型外，还包括菜园地、水稻田、梯平地及居民区等。我们利用这4种类型的

年产流量与流域出口径流量（第三章）作对比，得到 4 种土地利用类型对整个流域径流量的贡献（表 2-6）。结果表明，尽管混交林单位面积产流量最少，但所占面积占整个流域 23.2%，产生的地表径流贡献最大。疏幼林、坡耕地虽然单位面积地表径流产流量大，但面积仅为混交林的 1/3 和 1/6，地表径流对整个流域径流输出的贡献较小。另外，降雨正常年（2010 年）4 种土地利用类型地表径流量对流域径流输出的贡献较小，而干旱的 2011 年对整个流域径流输出贡献则较大。这说明在正常年份，这 4 种土地利用类型对水资源具有储蓄功能，而在干旱年份，它们对流域水资源又具有增加补给的作用。

## 2.4.2.2 径流中污染物浓度

图 2-3 显示了 2011 年收集到的 5 次产流降雨径流中总氮、硝态氮、氨态氮、总磷浓度。4 种土地利用类型地表径流中总氮、硝态氮浓度，坡耕地最高，但总氮没有超过《农田水环境质量标准》规定的 30mg/L。疏幼林、杉木林、混交林地表径流中总氮、硝态氮浓度差异不十分显著。径流中总氮浓度除杉木林的 32.1mm 降雨外，其他所有降雨径流中总氮浓度都超过了《地表水环境质量标准 3838—2002》规定的 V 类水质（主要适用于农业用水区及一般景观要求水域）要求。而所有利用类型地表径流中，硝态氮浓度都没有超过集中式生活饮用水地表水源地补充项目标准限值 10mg/L。

4 种土地利用类型地表径流中氨态氮浓度差异不十分明显，但除最大降雨 95mm 的测定值外，坡耕地地表径流中氨态氮浓度都比其他 3 种土地利用类型地表径流中的氨态氮浓度低。对照《地表水环境质量标准 3838—2002》，径流中氨态氮浓度在 III～IV 类水质之间，主要适用于集中式生活饮用水地表水源地二级保护区、鱼虾类越冬场、洄游通道、水产养殖区等渔业水域及游泳区，或者适用于一般工业用水区及人体非直接接触的娱乐用水区。对于 3 种林地径流中总磷浓度，4 种土地利用类型之间存在一定差异，林地主要属于 III 类水质，而坡耕地属于 IV 类水质，表明总磷污染并不严重。

总氮、硝态氮、氨态氮、总磷浓度随着降雨量的变化，总磷与降雨量的关系较为紧密。

## 2.4.2.3 不同土地利用类型地表径流氮磷输出

### (1) 总氮

4 种土地利用类型单位面积径流中总氮输出差异明显。单位面积土地上输出最高的是坡耕地，其次为疏幼林，杉木林和混交林最低。坡耕地每年输出总氮为 21.25kg/hm²，远高于其他土地利用类型。疏幼林总氮的输出也较高，为 10.50kg/hm²。杉木林和混交林单位面积输出比较低，两者相加也只有 7.10kg/hm²，仅占坡耕地的 33.42%。由于坡耕地单位面积输出浓度最高，面积也较大，总氮的总输出也最高。尽管混交林输出浓度最低，但在流域中面积最大，总氮输出是最高的。杉木林单位面积输出浓度最小，面积也最小，因此总输出最小（图 2-4）。

### (2) 总磷

4 种土地利用类型地表径流中单位面积总磷输出相差不是很明显，坡耕地略高于其他 3 种土地利用类型。单位面积总磷输出最高的是坡耕地，最低的是杉木林，二者相差

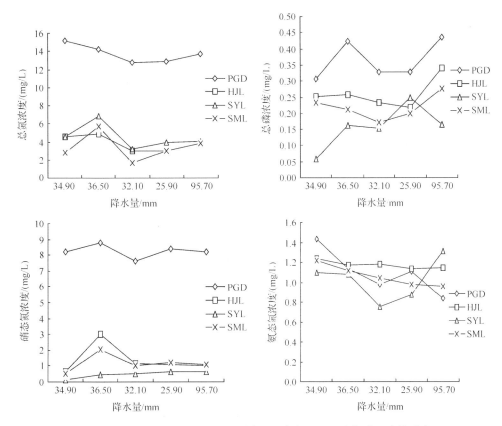

**图 2-3　不同土地利用类型在不同降雨量条件下径流中氮磷污染物浓度**

PGD，坡耕地；HJL，混交林；SYL，疏幼林；SML，杉木林。在 $x$ 轴上降雨对应的
每个点的值是 3 个小区地表径流水样中总氮、硝态氮、氨态氮、总磷浓度测定值的平均

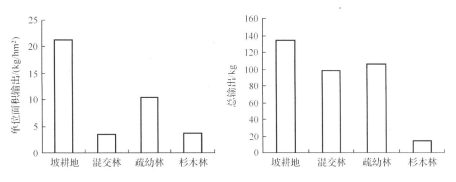

**图 2-4　不同土地利用类型单位面积总氮输出和总输出**

仅 0.18kg。但是，不同土地利用类型间的总磷的总输出却差异很大。混交林土地面积
最大，输出最多，而杉木林土地面积最小，输出最少。其他两种土地利用类型面积处于
中等，输出处于中间水平。因此，总磷的输出主要决定于在流域中土地面积的差异
（图 2-5）。

**（3）硝态氮**

　　4 种土地利用类型单位面积地表径流中硝态氮输出，坡耕地与混交林、疏幼林、杉

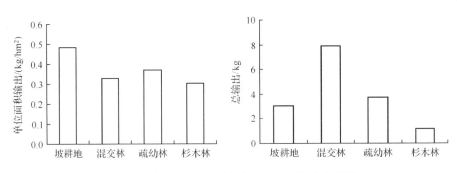

图 2-5 不同土地利用类型单位面积总磷输出和总输出

木林之间差异非常大，而后边 3 种土地利用类型间差异则很小。单位面积地表径流中硝态氮输出，坡耕地是其他 3 种类型的 6 倍以上。然而，整个流域内各个土地利用类型间硝态氮的总输出却差异显著。输出最多是坡耕地，其次是混交林地，杉木林输出最少。由于流域内不同土地利用类型面积的差异，使单位面积地表径流中硝态氮输出没有明显差异的混交林、疏幼林、杉木林硝态氮的总输出发生了差异（图 2-6）。

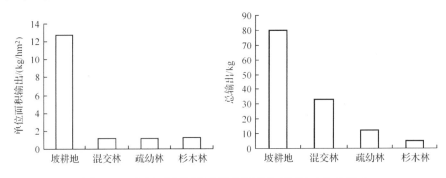

图 2-6 不同土地利用类型单位面积硝态氮输出和总输出

### (4) 氨态氮

4 种土地利用类型单位面积地表径流氨态氮输出和总输出都具有差异。与总氮、总磷、硝态氮输出不同，地表径流中单位面积氨态氮输出最多的是疏幼林，其次是坡耕地，然后是杉木林与混交林，最高与最低输出之间差异不是特别大。4 种土地利用类型地表径流氨态氮总输出最高的是疏幼林，其次是混交林，之后是坡耕地和杉木林（图 2-7）。

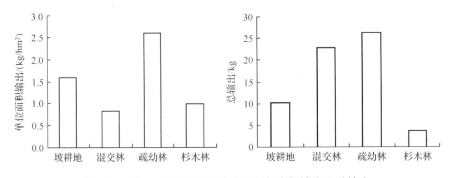

图 2-7 不同土地利用类型单位面积氨态氮输出和总输出

## 2.4.2.4 不同土地利用类型氮磷输出贡献率

利用混交林、疏幼林、杉木林、坡耕地实测的总氮和总磷数据，与2011年流域出口总氮、总磷输出数据（第三章）相减，得到流域其他土地利用类型总氮、总磷输出数据，并计算得到不同土地利用类型总氮和总磷输出在整个流域输出中的贡献率（表2-7）。从表2-7中可以看出，其他土地利用类型对总氮的贡献率达到了80.23%，对总磷的贡献达到50.62%。直接观测的4种土地利用类型总氮贡献最高的是坡耕地，其次是疏幼林，然后是混交林，杉木林的贡献最小。而对于总磷，贡献率最高的是混交林，其次是疏幼林，然后是坡耕地，杉木林贡献最小。

表2-7 不同土地利用类型总氮、总磷输出在整个流域输出中的贡献

| 土地利用类型 | 总氮 | | 总磷 | |
|---|---|---|---|---|
| | 负荷/kg | 贡献率/% | 负荷/kg | 贡献率/% |
| 坡耕地 | 133.86 | 7.50 | 3.04 | 9.20 |
| 混交林 | 97.80 | 5.50 | 7.91 | 24.04 |
| 疏幼林 | 106.03 | 6.00 | 3.75 | 11.40 |
| 杉木林 | 13.71 | 0.77 | 1.56 | 4.74 |
| 其他土地* | 1426.04 | 80.23 | 16.67 | 50.62 |
| 合计 | 1777.44 | 100.00 | 32.93 | 100.00 |

＊其他土地包括农田、菜园地、居民点等

## 2.4.2.5 地表径流中总氮磷浓度与土壤理化性质关系

利用2011年不同土地利用类型降雨径流中总氮磷浓度与土壤理化性质指标进行多元线性相关分析及聚类分析得到相关系数和聚类图，见表2-8和图2-8。从表2-8中可以看出，大部分土壤理化性质与地表径流中氮磷浓度相关性比较高，表明土壤理化性质影

表2-8 不同土地利用类型土壤理化性质指标与径流中总氮磷浓度的相关系数

| 土壤性质指标 | 自然含水量 | 饱和含水量 | 容重 | 比重 | 孔隙度 | 物理性黏粒 | 无定形铁 |
|---|---|---|---|---|---|---|---|
| 总氮浓度 | −0.30 | 0.62 | −0.64 | 0.42 | 0.66 | 0.02 | −0.74 |
| 总磷浓度 | 0.52 | 0.62 | −0.66 | −0.42 | 0.60 | −0.72 | −0.34 |

| 土壤性质指标 | 水溶性盐总量 | 钠离子 | pH | 有机质 | 全氮 | 水解氮 | 氨态氮 |
|---|---|---|---|---|---|---|---|
| 总氮浓度 | −0.17 | −0.30 | 0.39 | −0.55 | 0.49 | 0.66 | 0.21 |
| 总磷浓度 | 0.36 | −0.38 | 0.08 | 0.23 | 0.28 | 0.17 | 0.12 |

| 土壤性质指标 | 硝态氮 | 全磷 | 有效磷 | 全钾 | 速效钾 | 磷的吸收系数 |
|---|---|---|---|---|---|---|
| 总氮浓度 | 0.77 | 0.53 | 0.02 | −0.63 | 0.97 | −0.47 |
| 总磷浓度 | 0.64 | 0.60 | −0.02 | −0.54 | 0.45 | 0.33 |

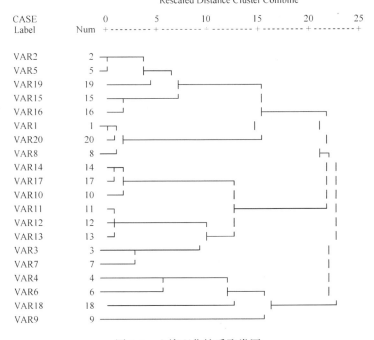

图 2-8　土壤理化性质聚类图

VAR1，自然含水量；VAR2，饱和含水量；VAR3，容重；VAR4，比重；VAR5，孔隙度；
VAR6，物理性黏粒；VZR7，无定型铁；VAR8，水溶性盐总量；VAR9，钠离子；VAR10，pH；
VAR11，有机质；VAR12，全氮；VAR13，水解氮；VAR14，氨态氮；VAR15，硝态氮；
VAR16，全氮；VAR17，有效磷；VAR18，全钾；VAR19，速效钾；VAR20，磷吸收系数

响着地表径流中氮磷浓度。其中，速效钾、硝态氮、无定型铁、水解氮、孔隙度、容重、饱和含水量与总氮浓度有比较大的相关。对于总磷，其与物理性黏粒、容重、总磷含量、硝态氮、孔隙度、饱和含水量之间具有高的相关性。聚类分析图可以把影响总氮磷输出浓度的土壤性质指标分成三个大的类别，即土壤营养物质、土壤水分物理性质、土壤物理性质，但大类之间也存在交叉。对于土壤营养物质浓度如总氮或总磷浓度高，直接可导致径流中输出浓度较高。对于水分物理性质，通过地表径流过程对氮磷输出浓度产生影响。对于土壤物理性质，通过土壤胶体物质对氮磷的吸附影响氮磷输出浓度。

## 2.4.3　不同土地类型地土壤渗滤水和氮磷污染物输出

### 2.4.3.1　土壤渗滤水

由于 2010 年实验设备被偷盗，没有收集到渗滤水。2011 年加强管理后，在雨季的 5 月、6 月、9 月和 10 月收集到了渗滤水（表 2-9）。但是 7～8 月、1～4 月、11～12 月降雨量小于 50mm，也没有收集到渗滤水。当降雨量超过大约 50mm 时，这些土地利用类型才产生土壤渗滤水。

表 2-9 2011 年不同土地利用类型土壤渗滤水量

表 2-9  2011 年不同土地利用类型土壤渗滤水量

| 土地利用类型 | 渗滤水量/（L/m² 或 mm） | | | | | 占全年降雨量比例/% |
| --- | --- | --- | --- | --- | --- | --- |
| | 2011.5.31 | 2011.6.30 | 2011.9.30 | 2011.10.31 | 合计 | |
| 坡耕地 | 71.90 | 85.29 | 57.19 | 82.03 | 296.41 | 43.05 |
| 梯平地 | 67.97 | 78.43 | 48.04 | 72.88 | 267.32 | 38.82 |
| 疏幼林 | 42.81 | 58.82 | 26.14 | 47.39 | 175.16 | 25.44 |
| 杉木林 | 48.69 | 68.63 | 33.17 | 61.76 | 212.25 | 30.82 |
| 混交林 | 65.69 | 75.82 | 41.50 | 71.24 | 254.25 | 36.92 |

## 2.4.3.2  土壤渗滤水氮磷浓度变化

### （1）氮

田面水和渗滤水中总氮、硝态氮浓度表现出一致的变化趋势，即在施肥初期，田面水和渗滤水中总氮浓度随着肥料的水解而逐渐增大，到 6 月 19 日达到最大值，而后随着水稻的生长，浓度逐渐下降（图 2-9）。这是由于初期渗滤水中总氮和硝态氮主要来源于土壤本身，肥料中的氮素主要聚集在土壤表层，随着水分的渗透作用，氮才进入到土壤深层。在整个水稻生长期间，总氮和硝态氮浓度变化表现为：田面水＞50cm 土壤渗滤水＞100cm 土壤渗滤水＞150cm 土壤渗滤水。水稻田面水和渗滤水中总氮浓度为 1.302～13.763mg/L，硝态氮浓度为 0.817～11.064mg/L，硝态氮是渗滤水的主要形态。对于菜园地，总氮和硝态氮浓度随着蔬菜栽植过程是不断变化的。6 月 13 日到 6 月 27 日为前一季绿叶蔬菜（菜心）的生长期，排水沟水和渗滤水中总氮、硝态氮浓度呈下降趋势。6 月 27 日蔬菜收割后到 7 月 11 日播种前（即菜园地休闲期），由于蔬菜收获后减少了氮素吸收，土壤中氮素淋失增加，使排水沟水和渗滤水中总氮浓度大幅升高。到 7 月 11 日，又一季蔬菜播种后，随着蔬菜生长对氮素的吸收，排水沟水和渗滤水中氮浓度逐渐下降。总氮和硝态氮浓度也随着深度的加深，浓度不断降低，表现为排水沟＞50cm 土壤渗滤水＞100cm 土壤渗滤水＞150cm 土壤渗滤水。菜园地排水沟水和渗滤水的总氮浓度为 5.511～16.076mg/L，硝态氮浓度为 3.186～9.375mg/L 之间。

在整个水稻生育期，田面水和渗滤水中氨态氮浓度为 0.701～6.896mg/L。田面水、100cm 土壤渗滤水、150cm 土壤渗滤水中氨态氮浓度在施肥后呈下降趋势，50cm 土壤渗滤水氨态氮浓度先增加后下降，田面水氨态氮浓度则下降非常迅速。在菜园地的蔬菜生长期，排水沟水和渗滤水中氨态氮浓度都处于较低水平，其浓度为 0.220～1.286mg/L。随着时间的推移，菜园地地表水和不同深度土壤渗滤水中氨态氮浓度与总氮、硝态氮的变化过程相似。

对于杉木林、疏幼林、混交林、梯平地、坡耕地 5 种土地利用类型，土壤渗滤水中总氮、硝态氮、氨态氮浓度最高的是坡耕地，其次是梯平地，疏幼林、杉木林和混交林比较接近（图 2-10）。因为 5～10 月正是作物和林木的生长旺季，需要吸收大量的氮素，所以土壤渗滤水中 3 种氮形态浓度都呈下降趋势。

### （2）磷

实验结果表明，在整个水稻生育期，田面水和渗滤水中总磷浓度为 0.003～

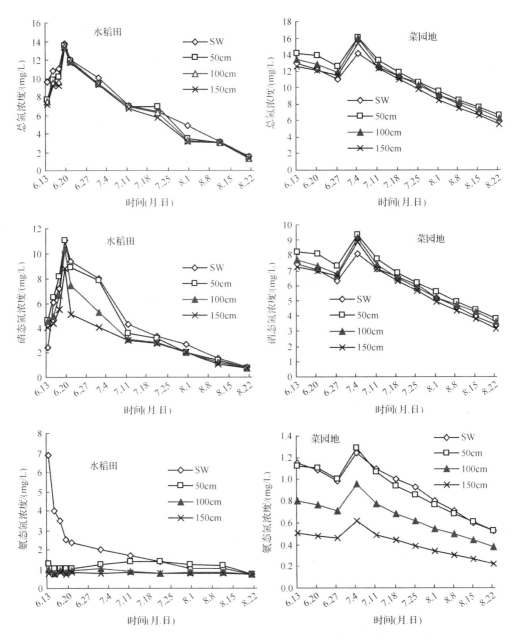

图 2-9　水稻田和菜园地田面水及渗滤水氮浓度变化（SW 代表田面水）

0.311mg/L（图 2-11）。在水稻移栽初期，由于施用磷肥作基肥，随着肥料的水解，田面水总磷浓度有增大的趋势，而后随着水稻返青成活，开始对磷素进行吸收，田面水的总磷浓度逐渐下降。由于磷的移动性很小，不易从土壤表层淋溶下移，所以随着土层深度加大，总磷浓度不断下降，表现为田面水＞50cm 土壤渗滤水＞100cm 土壤渗滤水＞150cm 土壤渗滤水。菜园地排水沟水和渗滤水的总磷浓度为 0.024～0.129mg/L。6 月13 日到 7 月 11 日排水沟水和渗滤水中总磷浓度呈下降趋势。7 月 11 日播种的同时施用磷肥，在之后的 15 天内，蔬菜处于种子萌发和幼苗阶段，根系不发达，对磷素的吸收

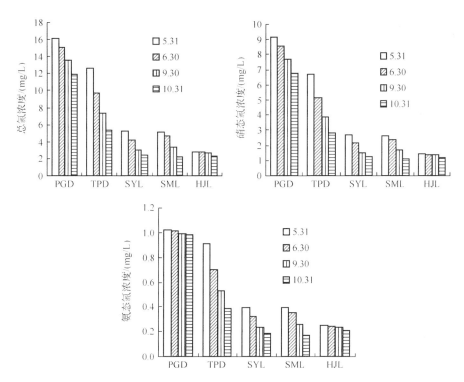

图 2-10　不同土地利用类型土壤渗滤水中氮浓度变化

PGD，坡耕地；TPD，梯平地；SYL，疏幼林；SML，杉木林；HJL，混交林

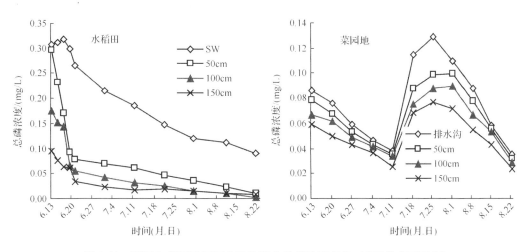

图 2-11　稻田和菜园地田面水及渗滤水总磷浓度变化（SW 代表田面水）

不强，排水沟水和渗滤水中总磷浓度呈升高趋势。随着蔬菜吸收磷素能力的增强，排水沟水和渗滤水的总磷浓度逐渐下降。随着土层深度的加大，渗滤水中总磷浓度也不断降低，表现为田面水>50cm>100cm>150cm。

坡耕地、梯平地、疏幼林、杉木林和混交林土壤渗滤水中总磷浓度分别为 0.019～0.047mg/L、0.063～0.150mg/L、0.019～0.158mg/L、0.040～0.215mg/L、0.003～0.008mg/L（图 2-12）。与土壤渗滤水中总氮、硝态氮、氨态氮浓度不同，杉木林、梯平地和疏幼林土壤渗滤水具有高的总磷浓度，坡耕地、混交林则较低。5～10月，每一种土地利用类型土壤渗滤水中总磷浓度呈下降趋势。

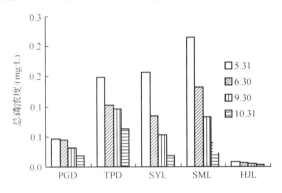

图 2-12　不同土地利用类型渗滤水总磷浓度变化

### 2.4.3.3　不同土地利用类型土壤渗滤水中氮磷输出负荷

通过计算，大冲流域7种土地利用类型渗滤水中氮磷污染物负荷见表2-10。从表中可以看出，单位面积负荷，菜园地最高，然后是坡耕地、梯平地、水稻田，3种林地输出负荷比较低。不同土地利用类型渗滤水中氮磷污染物输出总负荷，仍然是菜园地最高，坡耕地、梯平地、水稻田处于中等负荷，林地输出比较低。但是，水稻田输出总负荷排在了第2位，超过了坡耕地、梯平地。混交林虽然单位面积输出负荷比较低，但由于面积大，3种氮形态输出显著高于疏幼林和杉木林总负荷。水稻田是按水稻生产中淹水到无田面水共75天，每天24h持续输出，计算1.5m深土层渗滤水污染物输出负荷，而其他土地利用类型污染物输出是间歇性的，只有在降雨和菜园地浇灌时才有氮磷输出。其中，菜园地由于施肥强度大、一年种植多季、浇灌频繁、渗滤水中氮磷含量高，单位面积输出负荷很高，总负荷很大，是需要特别加强面源污染物管理的类型。研究表明，单位面积水稻田渗滤水氮磷输出负荷与其他土地利用类型相比并不很高，只是在流域中面积比较大导致输出总负荷较高。

表 2-10　不同土地利用类型土壤渗滤水中氮磷污染物负荷

| 污染物指标 | 坡耕地 | 梯平地 | 疏幼林 | 杉木林 | 混交林 | 水稻田 | 菜园地 |
|---|---|---|---|---|---|---|---|
| | 单位面积负荷 | | | | | | |
| 总氮/（kg/hm²） | 41.85 | 23.66 | 6.67 | 8.24 | 6.76 | 15.61 | 113.6 |
| 硝态氮/（kg/hm²） | 23.85 | 12.54 | 3.4 | 4.2 | 3.45 | 8.10 | 65.37 |
| 氨态氮/（kg/hm²） | 2.97 | 1.7 | 0.51 | 0.62 | 0.59 | 1.66 | 10.05 |
| 总磷/（kg/hm²） | 0.11 | 0.27 | 0.14 | 0.25 | 0.01 | 0.08 | 0.83 |
| | 总负荷 | | | | | | |
| 总氮/kg | 221.81 | 295.75 | 33.35 | 31.31 | 189.28 | 391.81 | 2635.52 |
| 硝态氮/kg | 126.41 | 156.75 | 17.00 | 15.96 | 96.60 | 203.31 | 1516.58 |
| 氨态氮/kg | 15.74 | 21.25 | 2.55 | 2.36 | 16.52 | 41.67 | 233.16 |
| 总磷/kg | 0.58 | 3.38 | 0.70 | 0.95 | 0.28 | 2.01 | 19.26 |

经过对大冲流域7种土地利用类型一年渗滤水中氮磷污染物负荷计算，最后累计得出整个流域一年通过渗滤水输出的总负荷是：总氮，3798.83kg；硝态氮，2132.61kg；氨态氮，333.24kg；总磷，27.15kg。

## 2.5 模拟降雨下不同土地利用类型地表径流和土壤渗滤水氮磷污染物产生特征

### 2.5.1 模拟降雨装置

早在20世纪30年代，就有人使用喷壶作为雨滴发生器进行模拟降雨试验，这是最简单的人工模拟降雨器。随后，水土保持工作者曾使用一些结构简单的喷管作为降雨器，研究1.5m×0.85m、3.2m×0.99m，2.44m×1.22m小区径流。到了40年代末至50年代初，随着对天然降雨特征研究更加深入，人工模拟降雨装置的研制受到了重视，不同类型的降雨装置被研制出来。在国内，从50年代后期起，就开始引进和研制模拟降雨装置，并将人工模拟降雨的方法用于径流和土壤侵蚀的研究。较早进行这项研究的有黄河水利委员会水利科学研究所和中国科学院水利部水土保持研究所。

本试验所用的人工模拟降雨装置是针对大冲流域水土流失特点专门设计的。由于大冲流域多种土地利用类型都为坡地，一般类型的降雨装置较为繁重，很难在山坡上进行试验，故将传统类型的人工模拟降雨装置按其原理缩小，保留支架、喷头、电机、加水桶等，研究出降雨覆盖面积为1m²的装置。

该装置的工作流程如图2-13所示，喷雨器由7根长短为0.5~1m的活动排管并接

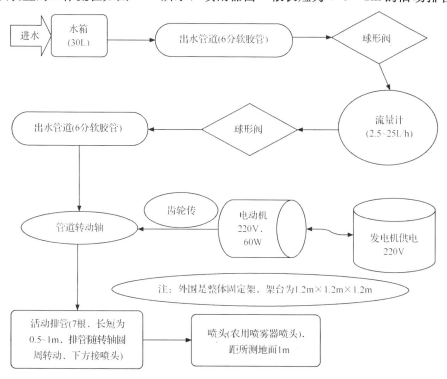

图2-13　人工模拟降雨装置工作流程图

有塑料喷头组成，雨强由浮子流量计控制。其工作原理是将水桶加满水，悬挂于高处（至少高于喷头4m以上），利用重力势能转化为动能，使到达喷头的水保有一定的初始速度，利用电机带动喷头旋转，使喷头处的水滴不规则落下，保证降雨的随机性。为了调节雨强，在接水桶与喷头之间安装有流量计，通过调节流量计指针高低，控制进入喷头水量来调节雨强。流量计的调节范围为2.5～25 L/h，属旋钮式。流量计的构造具有抗压功能，根据压力变化来确认读数，压力发生变化，读数就发生变化。在研制过程中，通过雨量筒测定试验，获得了流量计读数与降雨强度之间的关系式，利用该关系式，可以确定模拟降雨强度（图2-14）。

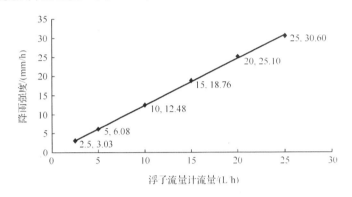

图2-14　降雨强度与浮子流量计流量的关系

## 2.5.2　试验设计

径流小区布设采用非固定式径流收集技术。2011年5月，在进行自然降雨条件下地表径流观测的坡耕地、疏幼林、杉木林地和混交林地小区旁，以及代表性的菜园地和梯平地上，确定1m²（水平面积）小区，在小区周围，用薄刀划出10cm深的沟槽，放入宽20cm的长条厚塑料，压实沟槽外的土壤，形成无缝的塑料隔离带。在小区下游边界处，用长条塑料布铺设一浅沟，用来收集小区的地表径流，并能将径流导入收集桶中。紧接小区下游边界处，开挖直径50cm、深50cm的坑。在坑中土壤A层（表土层）与B层（心土层）交界处，横向开挖高15cm、宽20cm、深30cm的孔道，放入顶面（面积为0.0306m²）带小孔并盖有细密纱布的塑料桶。该桶刚好在1m²小区下，能够收集到模拟降雨穿过表层土壤的渗滤水，布设过程类似于图2-1和图2-2（b）。整个布设过程应尽量少干扰小区及周围植被、土壤。

将模拟降雨装置垂直架设在小区上方，将水箱置于高处并注满水，通过调节浮子流量计的压力大小，使雨强达到试验要求。接通电源使转动轴带动喷头圆盘旋转，水流经转动轴到达喷头形成降雨。雨强设置为6.08mm/h、18.76mm/h和30.6mm/h，每种雨强设置3次重复。降雨历时2h后，停雨1h，收集地表径流和渗滤水，测量体积，并分别取600mL装入塑料桶，带回实验室，保存在4℃下，测定水样的总氮、硝态氮、氨态氮和总磷含量。总氮用GB11894—89《碱性过硫酸钾消解紫外分光光度法》测定，硝态氮用HJ/T346—2009《紫外分光光度法》测定，氨态氮用HJ535—2009《纳氏试剂光度法》测定，总磷用GB11893—89《过硫酸钾消解钼酸铵分光光度法》测定。

## 2.5.3 不同土地利用类型地表径流中氮磷污染物输出

### 2.5.3.1 地表径流

试验过程中发现在6.08mm/h、18.76mm/h和30.6mm/h三种降雨强度下，混交林地和坡耕地都未能收集到地表径流，但同时都收集到大量渗滤水。究其原因，尽管杉木林与疏幼林有较高的生物量，但土壤比较紧实，容易产生地表径流。而混交林有较厚的腐质层，土壤比较松软，渗透性大。坡耕地经常耕作，土壤疏松，渗透性也很高。在降雨强度为6.08mm/h时，疏幼林地无地表径流产生，但其他两个降雨强度下，疏幼林单位时间径流量明显高于杉木林。相应地，随着降雨强度增大，地表径流量是增加的，疏幼林地表径流总量也高于杉木林（表2-11）。

**表2-11 不同土地利用类型地表径流量**

| 土地类型 | 雨强/（mm/h） | 地表径流/［mL/（min·m²）］ | 地表径流总量/（mL/m²） |
| --- | --- | --- | --- |
| 杉木林 | 6.08 | 7.53 | 920±13.22 |
| | 18.76 | 12.53 | 1003±53.28 |
| | 30.60 | 18.41 | 1082±43.13 |
| 疏幼林 | 6.08 | 0.00 | 0.00±0.00 |
| | 18.76 | 12.57 | 988±26.35 |
| | 30.60 | 23.64 | 1256±84.28 |

### 2.5.3.2 总氮

杉木林地表径流中总氮浓度明显高于疏幼林，而且两种土地利用类型在不同降雨强度下地表径流中总氮浓度都超过了《地面水环境质量标准》（GB 3838—2002）中Ⅴ类水2.0mg/L标准（表2-12）。从模拟降雨用水看，总氮浓度就明显超标。而模拟降雨用水全部为大冲流域饮用水，由此说明大冲流域氮污染也十分严峻。从地表径流中总氮浓度与模拟降雨用水总氮浓度差值可以看出，疏幼林为负值，说明雨水流过土壤表面过程

**表2-12 不同土地利用类型地表径流中总氮浓度比较**

| 土地利用类型 | 降雨强度/（mm/h） | 地表径流中总氮浓度/（mg/L） | 降雨用水中总氮浓度/（mg/L） | 差值*/（mg/L） | 径流中总氮输出总量/mg |
| --- | --- | --- | --- | --- | --- |
| 杉木林 | 6.08* | 7.68 | | 0.31 | 7.07 |
| | 18.76 | 7.90 | 7.37 | 0.52 | 7.92 |
| | 30.60 | 8.53 | | 1.16 | 9.23 |
| 疏幼林 | 6.08* | 0.00 | | 0.00 | 0.00 |
| | 18.76 | 4.25 | 5.71 | −1.46 | 4.20 |
| | 30.60 | 5.60 | | −0.11 | 7.04 |

*差值 = 地表径流中某污染物浓度-模拟降雨用水中该污染物浓度，下同

中，总氮得到削减，疏幼林具有净化作用，而杉木林地表则增加了径流中氮的输出。从径流中输出的总量来看，杉木林在不同降雨强度下明显高于疏幼林，且在降雨强度为18.76mm/h时最高，而之后降雨强度增大，总量减少，这是由于土壤表层中的氮素会随着雨水的不断冲刷而逐渐减少。

### 2.5.3.3 氨态氮

在降雨强度为6.08mm/h时，杉木林径流中氨氮的浓度为1.99mg/L，根据《地面水环境质量标准》（GB 3838—2002）为Ⅴ类水，适用于农业用水及一般景观用水。地表径流中氨态氮浓度与降雨用水中浓度的差值为0.62，说明在雨水冲刷过程中，增加了氨氮的输出（表2-13）。在降雨强度为18.76mm/h和30.60mm/h时，杉木林地表径流中氨氮浓度超出了《地面水环境质量标准》规定的Ⅴ类水的2.0mg/L标准，为劣Ⅴ类水。而疏幼林地表径流中的氨氮虽然也较高，但是与降雨用水中总氮浓度相比后差值显示为负值，这说明在径流经过疏幼林土壤表层后，氨氮含量被削减，污染减轻。从氨态氮的总量来看，两种土地利用类型随着降雨强度增大输出量增大。由于人工模拟降雨不同时日进行，疏幼林试验时取水点模拟降雨用水氨态氮浓度较高，地表径流中氨态氮浓度疏幼林也高于杉木林。

**表 2-13 不同土地利用类型地表径流中氨态氮浓度比较**

| 土地利用类型 | 降雨强度 / （mm/h） | 地表径流中氨态氮浓度/（mg/L） | 降雨用水中氨态氮浓度/（mg/L） | 差值 /（mg/L） | 地表径流中氨态氮输出总量/mg |
|---|---|---|---|---|---|
| 杉木林 | 6.08 | 1.99 | | 0.62 | 1.83 |
| | 18.76 | 2.13 | 1.37 | 0.76 | 2.14 |
| | 30.60 | 2.29 | | 0.92 | 2.47 |
| 疏幼林 | 6.08 | 0.00 | | 0.00 | 0.00 |
| | 18.76 | 2.20 | 3.51 | −1.31 | 2.18 |
| | 30.60 | 2.91 | | −0.59 | 3.66 |

### 2.5.3.4 硝态氮

杉木林和疏幼林地表径流中硝态氮浓度与降雨用水中硝态氮浓度的差值都为负值，说明两种土地利用类型对降雨用水中的硝态氮都有净化的作用。根据《地面水环境质量标准》（GB 3838—83），杉木林径流中硝态氮的浓度全部高于2.0mg/L，为劣Ⅴ类水（表2-14）。尽管疏幼林模拟降雨用水中硝态氮浓度较低，但林地仍然削减了降雨中的硝态氮，但是由于杉木林模拟降雨中硝态氮浓度较高，杉木林削减的硝态氮要多。从硝态氮输出的总量看，疏幼林和杉木林都随着降雨量和径流量的增大而增大，削减能力下降。

### 2.5.3.5 总磷

径流中的总磷浓度随着降雨强度的增大而升高。当雨强为6.08mm/h时，径流中总磷浓度0.07<0.1mg/L，根据《地面水环境质量标准》（GB 3838—83），符合Ⅱ类水

质标准。而在降雨强度 18.76mm/L 和 30.60mm/L 时，径流中总磷浓度均在 0.1～0.2 之间，符合Ⅲ类水质标准（表 2-15）。地表径流中总磷浓度与降雨用水中总磷浓度的差值，疏幼林与杉木林基本一致，全部为正值，说明经过降雨作用，总磷为纯输出。从输出的总磷量看，疏幼林略高，但在疏幼林模拟降雨用水的总磷浓度稍高。

表 2-14 不同土地利用类型地表径流中硝态氮浓度比较

| 土地利用类型 | 降雨强度 /（mm/h） | 地表径流中硝态氮浓度/（mg/L） | 降雨用水中硝态氮浓度/（mg/L） | 差值 /（mg/L） | 地表径流中硝态输出总量/mg |
|---|---|---|---|---|---|
| 杉木林 | 6.08 | 2.67 | | −1.26 | 2.46 |
| | 18.76 | 2.54 | 3.93 | −1.39 | 2.55 |
| | 30.60 | 2.79 | | −1.14 | 3.02 |
| 疏幼林 | 0.00 | 0.00 | | 0.00 | 0.00 |
| | 18.76 | 0.68 | 1.02 | −0.34 | 0.68 |
| | 30.60 | 0.77 | | −0.26 | 0.96 |

表 2-15 不同土地利用类型地表径流中总磷浓度比较

| 土地利用类型 | 降雨强度 /（mm/h） | 地表径流中总磷浓度/（mg/L） | 降雨用水中总磷浓度/（mg/L） | 差值 /（mg/L） | 地表径流中总磷输出总量/mg |
|---|---|---|---|---|---|
| 杉木林 | 6.08 | 0.07 | | 0.04 | 0.07 |
| | 18.76 | 0.11 | 0.03 | 0.05 | 0.08 |
| | 30.60 | 0.13 | | 0.09 | 0.13 |
| 疏幼林 | 0.00 | 0.00 | | 0.00 | 0.00 |
| | 18.76 | 0.09 | 0.04 | 0.05 | 0.11 |
| | 30.60 | 0.12 | | 0.08 | 0.17 |

## 2.5.3.6 COD

杉木林地表径流中 COD 浓度随着降雨强度的增大而增大，而疏幼林地表径流中 COD 浓度随着降雨强度的增大没有多大变化。根据《地面水环境质量标准》（GB 3838—83），径流水质符合国标中规定的Ⅱ类水质标准（表 2-16）。从地表径流中 COD

表 2-16 不同土地利用类型地表径流中 COD 浓度

| 土地利用类型 | 降雨强度 /（mm/h） | 地表径流中 COD 浓度/（mg/L） | 降雨用水中 COD 浓度/（mg/L） | 差值 /（mg/L） | 地表径流中 COD 输出总量/mg |
|---|---|---|---|---|---|
| 杉木林 | 6.08 | 8.00 | | 4.00 | 7.36 |
| | 18.76 | 10.67 | 4.00 | 6.70 | 10.70 |
| | 30.60 | 12.00 | | 8.00 | 12.98 |
| 疏幼林 | 0.00 | 0.00 | | 0.00 | 0.00 |
| | 18.76 | 9.33 | 4.00 | 5.33 | 9.22 |
| | 30.60 | 9.33 | | 5.33 | 11.73 |

浓度与降雨用水中 COD 浓度的差值来看，全部表现为正值，说明不同土地利用类型降雨作用造成了 COD 的输出。从 COD 的输出总量来看，两种土地利用类型相比，杉木林的 COD 输出较多。随着降雨强度增大，两种土地利用类型 COD 输出都有增加的趋势。

### 2.5.4　不同土地利用类型土壤渗滤水中污染物输出

在 6 种典型的土地利用类型上进行模拟降雨，只在菜园地、坡耕地和混交林收集到土壤渗滤水，而在梯平地、杉木林和疏幼林没有收集到。由表 2-2 和表 2-3 可知，杉木林和疏幼林表层土壤孔隙度小，土壤紧实，土壤入渗速率低，大部分降雨形成地表径流。梯平地表层土壤疏松，孔隙度大，土壤入渗速率高，但长期犁种下形成了较厚的犁底层，使雨水只能在疏松的表层土壤上横向移动，无法向下渗滤，使土壤表层的水分积累较多。

由表 2-17 可知，在不同降雨条件（18.76mm/h 和 30.60mm/h）下，同一土地利用类型渗滤污染物浓度差异不大。但与模拟降雨用水相比，菜园地和坡耕地土壤渗滤水氨态氮浓度有所下降，总氮、硝态氮和总磷浓度有所上升；混交林土壤渗滤水总氮、氨态氮和总磷浓度有所下降，硝态氮浓度有所上升。

表 2-17　不同土地利用类型土壤渗滤水体积及主要污染物浓度

| 土地利用类型 | 雨强 / (mm/h) | 体积/mL | 总氮 / (mg/L) | 硝态氮 / (mg/L) | 氨态氮 / (mg/L) | 总磷 / (mg/L) |
|---|---|---|---|---|---|---|
| 菜园地 | 模拟降雨用水 | — | 6.18 | 3.61 | 1.14 | 0.01 |
| | 18.76 | 804 | 6.38 | 4.39 | 0.68 | 0.22 |
| | 30.60 | 924 | 7.59 | 4.56 | 0.75 | 0.36 |
| 坡耕地 | 模拟降雨用水 | — | 10.46 | 6.80 | 1.10 | 0.06 |
| | 18.76 | 1488 | 13.80 | 10.60 | 1.00 | 0.08 |
| | 30.60 | 1584 | 14.22 | 10.75 | 1.08 | 0.09 |
| 混交林 | 模拟降雨用水 | — | 7.33 | 3.96 | 2.53 | 0.11 |
| | 18.76 | 816 | 6.74 | 4.67 | 1.26 | 0.05 |
| | 30.60 | 912 | 6.85 | 4.83 | 1.20 | 0.08 |

过去的研究表明，硝态氮带负电荷，在土壤中不易被胶体吸附，移动性强（金克林等，2009）。大多数研究证实，硝态氮是氮素淋溶的主要形态（姚建武等，1999；王家玉等，1996；夏天翔等，2008；金克林等，2009）。另外，氮肥用量也显著影响硝态氮淋溶的下移数量，对硝态氮淋溶起决定性作用（范丙全等，1998）。我们的研究结果显示，硝态氮在渗滤水中的浓度比模拟降雨用水中浓度高，这可能与硝态氮的这一化学性质有关。我们认为，三种土地利用类型在模拟降雨条件下，土壤表层中硝态氮遇水溶解，随雨水向下淋溶，土壤对其吸附较少，从而使土壤渗滤水中的硝态氮浓度较雨水高。然而，三种土地利用类型土壤渗滤水氨态氮浓度则比模拟降雨用水浓度低。氨态氮在土壤中移动性差，易被土壤胶体吸附和矿物晶穴固定，且在一定条件下会发生硝化作用转变为硝态氮，因此其淋溶流失通常不如硝态氮强（孙志高等，2009；郭大应等，

2000；鲁如坤，2000）。本研究中三种土地利用类型土壤渗滤水氨态氮浓度都有不同程度下降，可以用这个理论来解释。

在菜园地和坡耕地，土壤渗滤水总氮浓度则较模拟降雨用水总氮浓度高，而混交林地则较模拟降雨用水总氮浓度低。这可能是混交林地表层覆盖了较多的枯枝落叶，有一薄的腐质层，对氮有一定的过滤和吸附作用。菜园地和坡耕地渗滤水总磷浓度比模拟用水总磷浓度高，这与土壤中有较高的磷素积累，模拟降雨用水总磷浓度较低，造成磷素淋溶损失较多有关。混交林土壤渗滤水中总磷浓度则比模拟降雨用水浓度低，这与模拟降雨用水总磷浓度高，土壤对磷有较多的吸附有关。混交林地土壤不施磷肥，土壤表层有较多的有机物，这增强了土壤对磷的吸附、固定能力。

## 2.6 模拟地表径流冲刷下不同土地利用类型氮磷污染物产生特征

流域内污染物流失的研究方法有很多，如前述自然降雨条件下的观测、野外模拟降雨试验等。但野外模拟试验只监测到两种土地类型，不足以代表整个大冲流域的污染物流失状况，这里我们利用一种径流槽模拟地表冲刷试验来探讨不同土地类型中主要污染物流失的规律特征。

### 2.6.1 研究方法

针对大冲流域 6 种典型土地利用类型——疏幼林、杉木林、坡耕地、菜园地、混交林和梯平地，设计径流槽，对这些土地利用类型地表进行地表径流模拟冲刷试验。径流槽（图 2-15）用 3mm 厚的铁板制作，长 50cm、宽 15cm、高 10cm，上下无底面，槽的一端距离底面 5cm 处有一突出的径流收集管，另一端上部有伸出的接水槽。当人工浇灌模拟地表径流时，水可加入接水槽并流入径流槽，模拟地表径流冲刷。经过径流槽的径流由径流收集管流入采样瓶中。

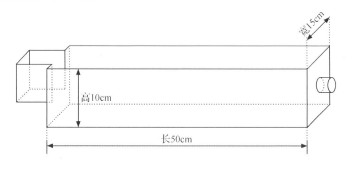

图 2-15　径流槽结构图

实验时，首先将径流槽均匀地打入土中 3～5cm 处，使径流槽底端的径流收集管与土壤表面平行，保持径流槽形状不变以及径流槽中的植被、土壤不被扰动。径流槽所围成的区域作为模拟冲刷的试验小区。将采样瓶套在径流收集管出口处，用量筒量取 50mL 水，在 10s 内匀速加到接水槽中，模拟径流对表层土壤的冲刷，等水分完全渗入和流出小区后，把水样放在 2℃条件下保存待测。接着再量取 100mL 水，在同样时间内加入径流槽中，用另外的采样瓶收集地表径流。此后每次增加 50mL 加水量，使模拟地表径流冲刷成一个梯度，直至小区产生的地表径流达到 500mL，实验结束。收集到的地表径流用来测定总氮、总磷、氨态氮、硝态氮及可溶性磷，测定方法同 2.3.7 节的叙述。实验设置 3 个重复，实验时间为 2011 年 9 月。测定结果用来计算不同土地利用类型污染物输出量，其计算方法见式（2-5）。

$$\overline{OP} = \frac{1}{n} \sum_{i=1}^{n} (S_i - BV) \tag{2-5}$$

式中，$\overline{OP}$ 为某种土地利用类型某一污染物输出量；$n$ 为重复次数；$S_i$ 为第 $i$ 次试验收集到的地表径流中该污染物浓度；BV 为加入到径流槽中的模拟径流用水污染物浓度。

### 2.6.2 不同土地利用类型地表产流特征

由表 2-2 和表 2-3 可知，6 种土地利用类型由于土壤理化性质不同，地表产流特征是不同的。图 2-16、图 2-17 描述了不同土地利用类型开始产流时的加水量、加水次数和径流总量。开始产流时的加水量越小，表明产流速度越快。从图中可以看出，产流速度按大小排序为：疏幼林＞混交林＞菜园地＞坡耕地＞梯平地＞杉木林。疏幼林、混交林和菜园地产流较快，这是由于疏幼林土壤孔隙较小，混交林坡度相对较大，菜园地虽然坡度平缓，但经常浇灌，土壤含水量高，渗透率低，产流速度快。坡耕地和梯平地产流速度慢是由于土壤孔隙度大，土壤含水量较低。杉木林产流最慢是由于土壤黏性大，

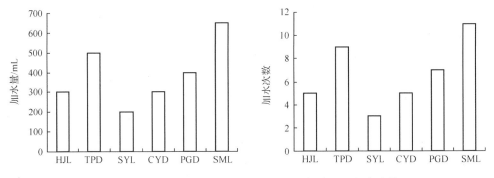

图 2-16  不同土地利用类型开始产流时的加水量和加水次数

HJL，混交林；TPD，梯平地；SYL，疏幼林；CYD，菜园地；PGD，坡耕地；SML，杉木林

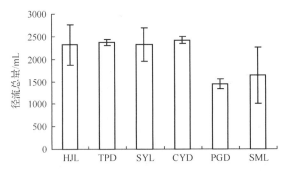

图 2-17  不同土地利用类型的产流总量

大冲流域长期干旱使地表出现裂缝，径流槽中一部分水随地缝溢散。不同土地利用类型开始产流时的加水次数和开始产流时的加水量是对应的，即疏幼林＞混交林＞菜园地＞坡耕地＞梯平地＞杉木林。产生径流的总量，疏幼林、混交林、菜园地、梯平地相差不大，坡耕地与杉木林则产生径流量较少。

### 2.6.3 不同土地利用类型氮磷污染物输出

#### 2.6.3.1 总氮

地表径流总氮输出主要包括溶解态和悬浮颗粒态氮的水相迁移及侵蚀泥沙粗颗粒态氮的径流沉积物相迁移。6 种土地利用类型的地表径流中总氮浓度的变化具有相似的变化规律，即随着不断加水冲刷，总氮浓度不断下降，总氮输出的平均浓度为－1.0～4.9mg/L。坡耕、混交林和杉木林在加水冲刷过程中，径流中总氮浓度较高。这三种土地利用类型在模拟径流冲刷用水总氮浓度较高的条件下，还输出比较高的总氮，主要是由于径流作用导致悬浮颗粒态氮和泥沙粗颗粒态氮的损失较高，土壤对总氮的吸附能力差。梯平地在很高的模拟径流用水总氮浓度条件下总氮的输出浓度却很低，这与梯平地上输出很少的悬浮颗粒态氮和泥沙粗颗粒态氮有关。梯平地在局域尺度上是平地，尽管在径流槽尺度坡度不为零，但模拟径流流动相当缓慢，对土壤的冲刷相当轻微，径流携带的悬浮颗粒和泥沙粗颗粒很少，径流水不浑浊，径流中的氮素主要是溶解态氮。菜园地径流中总氮浓度相对较低与坡度小、冲刷不强烈有关。疏幼林地表比较紧实，在总氮浓度低的模拟地表径流冲刷下，总氮输出浓度成了负值（图 2-18）。

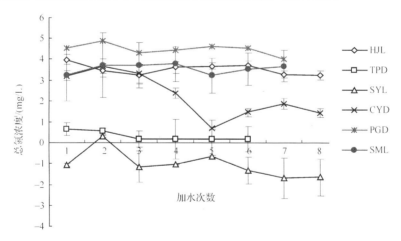

图 2-18  不同土地利用类型总氮浓度的动态变化

模拟径流用水总氮浓度分别为：HJL, 8.47mg/L；TPD, 13.58mg/L；SYL, 4.99mg/L；
CYD, 13.40mg/L；PGD, 8.01mg/L；SML, 8.01mg/L

从输出的总氮量看，由于土地利用类型土壤吸附氮素差异、径流冲刷出的氮素形态的差异、土壤理化性质的差异、模拟径流用水总氮浓度的差异，导致不同土地利用类型输出的总氮是不同的。不同土地类型径流中总氮的输出总量和总氮浓度是对应的，坡耕地、混交林、杉木林输出比较多，菜园地、梯平地输出相对较少，疏幼林输出为负值（图 2-19）。

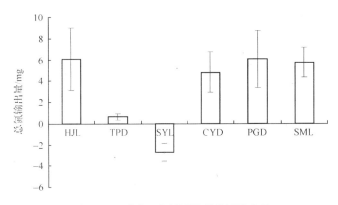

图 2-19　不同土地利用类型总氮输出量

### 2.6.3.2　氨态氮

　　土壤中的氨态氮是易溶于水、易挥发、易被土壤吸附的氮形态。在模拟径流作用下土壤中的氨态氮很容易进入水体随径流输出。6种土地利用类型中，混交林、坡耕地、杉木林具有较高的氨态氮输出，其中，混交林模拟径流用水中的氨态氮浓度较低，但输出浓度却很高，说明径流对这种林地土壤氨态氮的溶解输出非常明显，这可能是混交林积累了比较多的氨态氮。坡耕地、杉木林模拟径流用水中的氨态氮浓度较高，但径流中输出的氨态氮却没有混交林高，表明这两种土壤具有较高氨态氮吸附能力。菜园地和梯平地模拟径流用水中的氨态氮浓度不是很高，径流中输出的氨态氮浓度处于中等水平。而杉木林模拟径流用水中氨氮浓度在比较高的情况下，径流中氨态氮浓度却为负值，说明这种土地利用类型土壤具有很强的吸附氨态氮的能力。根据土壤性质测定，该种土壤氮含量比较低，土壤紧实，径流对土壤中氮素的溶解相对困难。从总体看，6种土地利用类型径流中，氨态氮浓度随着冲刷次数的增加，浓度呈下降趋势，输出的浓度为－1～2mg/L（图2-20）。

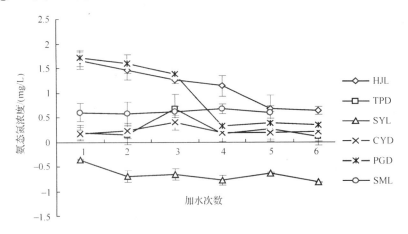

图 2-20　不同土地利用类型氨态氮浓度的变化

模拟径流用水氨态氮浓度分别为：HJL, 0.43mg/L；TPD, 0.25mg/L；SYL, 1.30mg/L；
PGD, 1.44mg/L；SML, 0.84mg/L；CYD, 0.53mg/L

氨态氮的输出总量和输出浓度动态是对应的，混交林最高，其次为杉木林，梯平地、菜园地和坡耕地的输出量接近，疏幼林仍表现出负输出（图2-21）

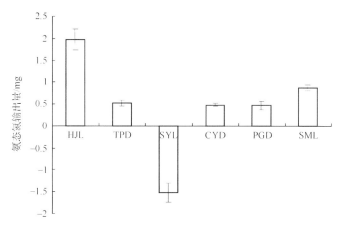

图2-21　不同土地利用类型氨态氮输出量

## 2.6.3.3　硝态氮

土壤中的硝态氮也是易溶于水，但容易淋溶损失，在模拟径流作用下土壤中的硝态氮也很容易随径流输出。6种土地利用类型中，混交林、杉木林、菜园地具有较高的硝态氮输出，其中，混交林模拟径流用水中的硝态氮浓度较低，但输出浓度却很高，说明径流对这种林地土壤硝态氮的溶解输出非常明显，这可能是因为混交林积累了比较多的硝态氮。菜园地、杉木林模拟径流用水中的硝态氮浓度较高，但径流中输出的硝态氮却没有混交林高，表明这两种土壤具有较高硝态氮吸附能力。坡耕地和梯平地模拟径流用水中的硝态氮浓度处于中等水平，径流中硝态氮浓度不是很高，模拟径流的硝态氮输入和输出接近于平衡。而杉木林模拟径流用水中硝态氮浓度在比较高的情况下，硝态氮浓度却为负值，说明这种土地利用类型土壤具有较强的吸附硝态氮的能力。6种土地利用类型径流中硝态氮浓度随着冲刷次数的增加，浓度呈下降趋势，输出浓度为$-0.5\sim$3mg/L（图2-22）。

硝态氮的输出总量和输出浓度动态是对应的，混交林最高，其次为杉木林，然后是菜园地，梯平地、坡耕地比较低，疏幼林仍表现出负输出（图2-23）

## 2.6.3.4　总磷

总磷的形态主要是颗粒态磷和溶解态磷。不同土地利用类型土壤在模拟径流冲刷下，径流中总磷浓度变化除疏幼林和梯平地外，呈下降趋势。这可能是因为疏幼林模拟径流对土壤的冲刷，在第一次实验时可能对颗粒态磷具有较高的携带作用，之后，由于颗粒态磷减少，在土壤紧实的条件下径流对磷的溶解缓慢，径流中的总磷浓度下降。随着径流对土壤的湿润和溶解，径流中溶解态磷增多，浓度上升。梯平地由于坡度小，模拟径流冲刷轻微，径流中颗粒态磷含量低。而在实验后期，由于土壤的不断湿润，溶解态磷增加，使径流中浓度上升。在6种土地利用类型中，菜园地模拟径流中具有最高的总磷浓度，其他土地利用类型模拟径流中总磷浓度都比较低。菜园地模拟径流用水中总

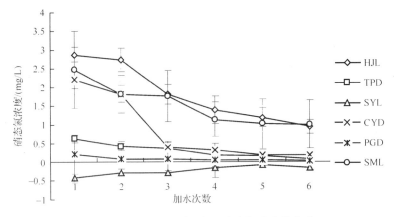

图 2-22　不同土地利用类型硝态氮浓度的变化

模拟径流用水硝态氮浓度分别为：HJL，0.90mg/L；TPD，1.76mg/L；SYL，2.55mg/L；
PGD，0.89mg/L；SML，5.36mg/L；CYD，5.00mg/L

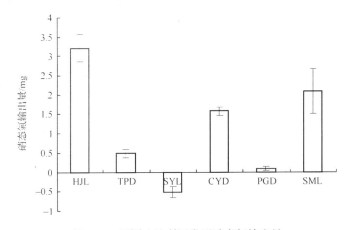

图 2-23　不同土地利用类型硝态氮输出量

磷浓度比较低，但输出的径流中浓度却特别高，这说明这种土地利用类型土壤具有很高的磷输出，这可能与菜园地频繁使用磷肥有关。坡耕地和杉木林模拟径流用水总磷浓度很高，径流中输出的总磷浓度也较高（图 2-24）。

从模拟径流输出的总磷量看，菜园地输出最多，超出其他土地利用类型的 8～10 倍，而其他各土地利用类型之间则差异不大（图 2-25）。

## 2.6.3.5　可溶性磷

不同土地利用类型模拟径流中可溶性磷的浓度随着实验的进行，除了混交林是先上升后下降外，都呈下降的变化趋势。菜园地模拟径流用水中可溶性磷浓度虽然比较低，但输出径流中可溶性磷浓度远高于其他土地利用类型，原因是菜园地由于长期使用化肥，土壤表层磷素富集，经过模拟径流的冲刷，径流中携带的磷浓度很高。坡耕地、杉木林模拟径流中可溶性磷浓度较高，但输出径流中却比较低，说明这两种土地类型土壤对磷有较高的吸附能力（图 2-26）。

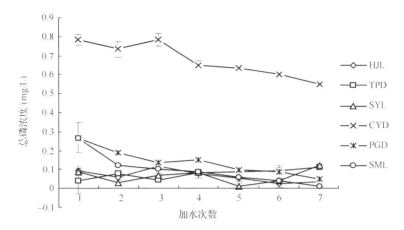

图 2-24　不同土地利用类型总磷浓度变化

模拟径流用水总磷浓度分别为：HJL，0.04mg/L；TPD，0.05mg/L；SYL，0.01mg/L；
PGD，0.19mg/L；SML，0.19mg/L；CYD，0.05mg/L

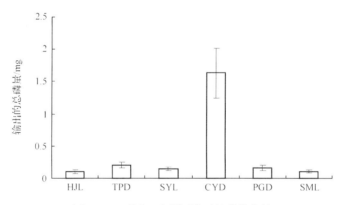

图 2-25　不同土地利用类型总磷输出量

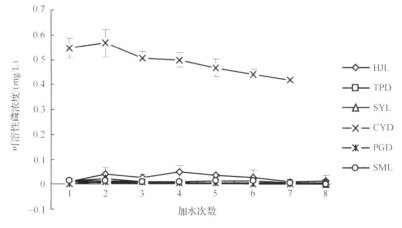

图 2-26　不同土地利用类型可溶性磷浓度的变化

模拟径流用水可溶性磷浓度分别为：HJL，0.002mg/L；TPD，0.012mg/L；SYL，0.003mg/L；
PGD，0.022mg/L；SML，0.017mg/L；CYD，0.007mg/L

从输出的可溶性磷总量看，菜园地输出的可溶性磷最高，而其他几种类型之间的差异不明显。根据输出径流中总磷和可溶性磷的测定结果，可溶性磷和总磷的比值，即DP/TP，混交林为 0.58，梯平地为 0.05，疏幼林为 0.28，菜园地为 0.71，坡耕地为0.03，杉木林为 0.06，说明菜园地中 70% 的磷素是以溶解态磷形式流失，而混交林中可溶性磷与颗粒态磷的流失量相当，疏幼林、梯平地、坡耕地以及杉木林流失的可溶性磷的比例相对较少，即这 4 种土地利用类型径流中流失的磷更多的是以颗粒态的形式输出（图 2-27）。

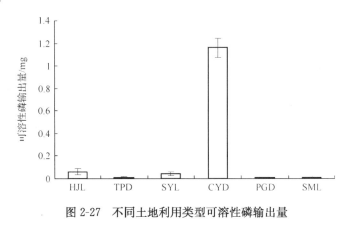

图 2-27 不同土地利用类型可溶性磷输出量

# 2.7 模拟土壤渗滤水淋溶作用下氮磷污染物输出特征

## 2.7.1 材料与方法

2011 年 9 月，在大冲流域的菜园地、坡耕地、梯平地、水稻田、疏幼林、杉木林和混交林等 7 种土地利用类型上，选取具有代表性的试验地段，将直径（内）为 10cm、高 25cm 的不锈钢管小心打入土中 20cm，取出原状土柱，保证原状土结构不松动。将土柱底部削平后用细密的尼龙布盖好，带回实验室，在钢管内未被土壤填满的小池内用细砂覆盖（细砂直径为 1~2mm，预先用浓度为 2.0mol/L 的稀硫酸浸泡过夜之后取出晾干），然后将土柱置于架子上，在柱的底部安装淋溶液收集装置（图 2-28）。接着加100mL 蒸馏水于柱顶的圆形小池内，使土柱湿润，再缓慢加入 1055mL 蒸馏水（相当于模拟大暴雨降雨量 134.4mm，该模拟取值是大冲流域多年最大暴雨变幅 100~150mm 的平均值），收集从柱底流出的全部淋溶液于 4℃下保存。间隔 2h 后再加1055mL 蒸馏水进行第二次淋溶和淋溶液的收集，以后各次淋溶按相同步骤进行，共淋溶 6 次。在每种土地利用类型上设置 3 个重复的淋溶实验。收集到的淋溶液用来测定总氮、硝态氮、氨态氮和总磷，测定方法同 2.3.7 节。

## 2.7.2 总氮淋溶

土壤淋溶液中总氮浓度随着淋溶次数的增加而降低并趋于稳定。在相同淋溶条件下，不同土地利用类型土壤总氮的淋溶过程不同，菜园地土壤总氮淋溶水平远远高于其他土地利用类型，因为蔬菜种植周期短，施入氮肥量大；而且菜园地土壤较为湿润，淋

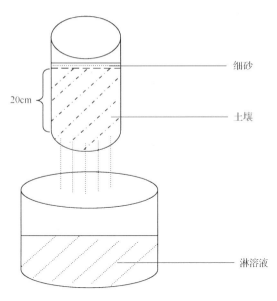

图 2-28　淋溶试验装置

溶后土壤理化性质改变不大，总氮的淋溶浓度呈现出匀速下降的趋势。对于坡耕地和梯平地，第一次淋溶浓度很大，在第二次淋溶时，总氮淋溶浓度下降比较大，并达到相对稳定状态。这是因为土壤干燥疏松，加水入土柱后，土壤很快崩解，氮素淋溶迅速。水稻田处于长期淹水状态，土壤总氮的淋溶已经达到相对稳定状态，所以从第一次淋溶到第六次淋溶，总氮淋溶变化趋势保持相对稳定。而疏幼林、杉木林地和混交林地多年不施肥，且土壤比较紧实，总氮的淋溶水平也不高，而且比较稳定（图 2-29）。

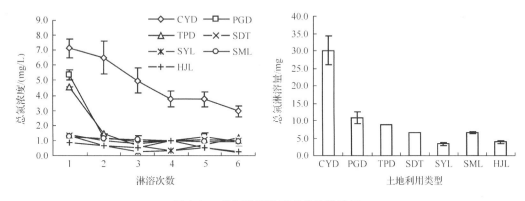

图 2-29　总氮淋溶浓度变化和淋溶量

CYD，菜园地；PGD，坡耕地；TPD，梯平地；SDT，水稻田；SYL，疏幼林；
SML，杉木林；HJL，混交林。下同

　　7 种土地利用类型土壤经过 6 次淋溶后，除菜园地外，总氮淋溶量都也比较低（图 2-29）。土壤总氮淋溶总量大小顺序为：菜园地＞坡耕地＞梯平地＞水稻田＞杉木林＞混交林＞疏幼林。菜园地总氮的淋溶量远高于其他土地利用类型，是坡耕地的 2.77 倍，梯地的 3.43 倍，水稻田的 4.61 倍，疏幼林的 8.83 倍，杉木林地的 4.61 倍，混交林地的 7.69 倍。试验结果还表明，7 种土地利用类型土壤总氮淋溶量的变异系数为：菜园地为 13.7％，坡耕地为 16.3％，梯平地为 0.3％，水稻田为 0.1％，疏幼林为 12.2％，杉木林为 3.9％，混交林为 13.1％，其大小顺序为：坡耕地＞菜园地＞混交林地＞疏幼林＞杉木林地＞梯平地＞水稻田，说明水稻田土壤总氮淋溶空间差异性最小，坡耕地最大。

### 2.7.3 硝态氮淋溶

硝态氮难以被土壤胶体吸附，是土壤氮素转化、迁移中最活跃的氮素形态。不同土壤淋溶液与总氮淋溶十分相似。淋溶液中硝态氮浓度随着淋溶次数的增加而下降，并且趋于稳定。菜园地土壤硝态氮的淋溶呈现出匀速下降趋势。坡耕地和梯平地第一次淋溶浓度比较大，但第二次淋溶浓度就降低到很低的水平，并基本保持稳定。水稻田疏幼林、杉木林和混交林从第一次淋溶到第六次淋溶，不同次之间的硝态氮浓度差异不大（图 2-30）。

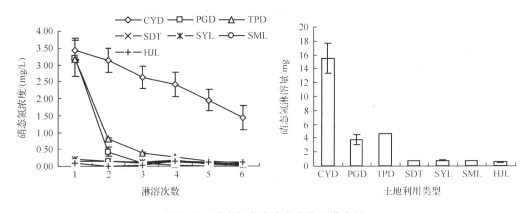

图 2-30　硝态氮淋溶浓度变化和淋溶量

7 种土地利用类型土壤硝态氮淋溶总量大小顺序为：菜园地＞梯平地＞坡耕地＞疏幼林＞水稻田＞杉木林地＞混交林地。菜园地硝态氮的淋溶量远高于其他土地利用类型，是坡耕地的 4.16 倍，梯平地的 3.38 倍，水稻田的 22.40 倍，疏幼林的 20.65 倍，杉木林的 23.31 倍，混交林的 29.50 倍。7 种土地利用类型土壤硝态氮淋溶总量的变异系数大小为：菜园地，14.2％，坡耕地，20.0％，梯平地，0.6％，水稻田，0.4％，疏幼林，7.3％，杉木林，1.0％，混交林，12.1％，其大小顺序为：坡耕地＞菜园地＞混交林地＞疏幼林＞杉木林地＞梯平地＞水稻田，水稻田的空间差异性最小，坡耕地较大（图 2-30）。

### 2.7.4 氨态氮淋溶

氨态氮在土壤中的移动性差，各种土地利用类型土壤淋溶液中氨态氮的含量都很低。氨态氮的淋溶过程在不同土地利用类型土壤间差异不明显，总的特征也是随着淋溶次数的增加，淋溶液中氨态氮浓度不断下降，最后也趋于稳定。但是，氨态氮的淋溶过程和总氮、硝态氮相比具有显著的不同（图 2-31）。

7 种土地利用类型土壤氨态氮淋溶量的大小顺序为：菜园地＞杉木林地＞疏幼林＞梯平地＞水稻田＞混交林地＞坡耕地，淋溶量都不大（图 2-31）。其中，淋溶量最大的是菜园地，是坡耕地的 1.91 倍，梯平地的 1.55 倍，水稻田的 1.54 倍，疏幼林的 1.36

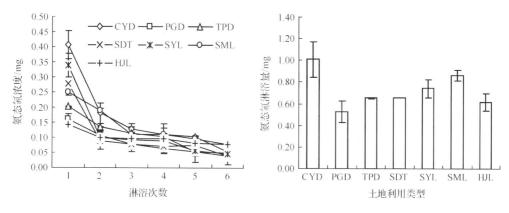

图 2-31　氨态氮淋溶浓度变化和淋溶量

倍,杉木林的 1.17 倍,混交林的 1.64 倍。7 种土地利用类型土壤氨态氮淋溶总量的变异系数分别为:菜园地,16.0%;坡耕地,19.0%;梯平地,0.5%;水稻田,0.2%;疏幼林,11.7%;杉木林,5.2%;混交林,13.0%。它们的大小顺序为:坡耕地>菜园地>混交林地>疏幼林>杉木林地>梯平地>水稻田,水稻田的空间差异性较小,坡耕地最大。

## 2.7.5　总磷淋溶

磷素与土壤颗粒之间吸附作用一般比较强,各种土地利用类型土壤淋溶液中总磷含量都很低。各次淋溶后,除混交林和疏幼林土壤淋溶液中总磷淋溶浓度一直保持稳定外,其他 6 种土地利用类型土壤淋溶液中总磷浓度随着淋溶次数的增加而下降,并趋于稳定,淋溶过程和氨态氮的淋溶非常相似。但是,在相同淋溶条件下,不同土地利用类型土壤总磷的淋溶过程不同。杉木林地的淋溶浓度呈现匀速下降的趋势。梯平地、菜园地和坡耕地第一次淋溶总磷浓度比较大,在第二次淋溶时,总磷浓度下降比较大,随后的淋溶浓度比较稳定。水稻田、疏幼林和混交林地土壤的磷素淋溶水平比较低,而且变化不大(图 2-32)。

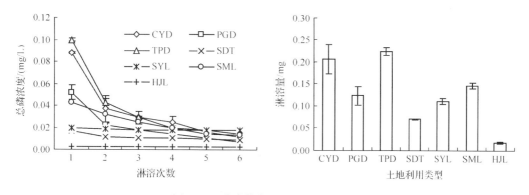

图 2-32　总磷淋溶浓度变化和淋溶量

7 种土地利用类型土壤总磷淋溶量大小顺序为:梯平地>菜园地>杉木林地>坡耕地>疏幼林>水稻田>混交林地,淋溶量最大的是梯平地,分别是菜园地、坡耕地、水

稻田、疏幼林、杉木林、混交林的 1.08 倍、1.81 倍、3.20 倍、2.02 倍、1.52 倍、
12.44 倍。7 种土地利用类型土壤总磷淋溶量的变异系数为：菜园地，15.9％；坡耕地，
16.9％；梯平地，4.0％；水稻田；1.4％；疏幼林，6.3％；杉木林，4.1％；混交林，
11.1％。其大小顺序是：坡耕地＞菜园地＞混交林地＞疏幼林＞杉木林地＞梯平地＞水
稻田。水稻田的空间差异性最小，坡耕地最大。

## 2.7.6　土壤中主要污染物淋溶输出与土壤性质的关系分析

土壤的氮磷淋溶与土壤的理化性质密切相关，由于不同性质的土壤对氮磷的吸附和
解吸能力是不相同的，因而在相同的氮磷淋溶水平下土壤向水体释放的氮磷量出现差
异。为了了解土壤性质对不同土地利用类型土壤氮磷淋失的影响，我们分析各因素之间
的关系：利用主成分分析法对土壤理化性质数据进行处理，选择累计贡献率达85％的
前4个因子进行分析。结果表明，$F_1$因子的高载荷主要对应水解氮、速效钾、钠离子、
全氮、全磷、水溶性盐、磷的吸收系数、自然含水量、容重、饱和含水量、孔隙度和有
机质，容重和磷的吸收系数的负载荷表示容重和磷的吸收系数越小，土壤氮磷淋溶越容
易；$F_2$因子主要是比重、物理性黏粒和全钾组成，说明比重、物理性黏粒和全钾在很
大程度上决定了土壤氮素的淋溶量；$F_3$因子对应的无定形铁在一定程度上也决定了土
壤氮素的淋溶量；$F_4$可能与 pH、速效磷和硝态氮有一定的关系（表 2-18）。

表 2-18　主成分分析

| 变量 | 主成分 | | | | 变量负荷 |
| --- | --- | --- | --- | --- | --- |
| | $F_1$ | $F_2$ | $F_3$ | $F_4$ | |
| 水解氮 | 0.944 | −0.162 | 0.217 | −0.130 | 0.991 |
| 全氮 | 0.841 | −0.400 | 0.289 | 0.006 | 0.975 |
| 速效钾 | 0.818 | 0.447 | −0.277 | 0.180 | 0.989 |
| 钠离子 | 0.803 | −0.449 | −0.118 | 0.061 | 0.929 |
| 全磷 | 0.793 | 0.462 | −0.131 | 0.256 | 0.962 |
| 水溶性盐 | 0.779 | −0.210 | −0.373 | −0.091 | 0.894 |
| 磷的吸收系数 | −0.735 | −0.351 | −0.243 | −0.242 | 0.884 |
| 自然含水量 | 0.711 | −0.637 | −0.066 | −0.283 | 0.998 |
| 容重 | −0.710 | −0.010 | 0.521 | 0.350 | 0.947 |
| 饱和含水量 | 0.705 | 0.492 | −0.270 | −0.329 | 0.959 |
| 孔隙度 | 0.654 | 0.143 | −0.552 | −0.368 | 0.942 |
| 有机质 | 0.581 | −0.525 | 0.525 | −0.199 | 0.964 |
| 比重 | −0.522 | 0.839 | −0.142 | 0.000 | 0.998 |
| 物理性黏粒 | 0.483 | 0.774 | 0.313 | −0.100 | 0.970 |
| 全钾 | 0.085 | 0.719 | 0.433 | −0.497 | 0.979 |
| 无定形铁 | 0.621 | 0.371 | 0.662 | −0.110 | 0.987 |
| pH | 0.356 | −0.212 | −0.067 | 0.861 | 0.958 |
| 速效磷 | 0.522 | 0.140 | 0.495 | 0.636 | 0.971 |
| 硝态氮 | 0.296 | 0.367 | −0.531 | 0.568 | 0.909 |
| 主成分负荷 | 7.808 | 4.543 | 2.543 | 1.971 | 16.865 |

从变量对应于主成分的负荷可以得出，除水溶性盐和磷的吸收系数外，其他土壤理化性质对氮磷淋失均有较大影响。按影响淋失因子负荷的大小排序，即自然含水量、比重、水解氮、速效钾、无定形铁、全钾、全氮、速效磷和物理性黏粒等是重要因子。自然含水量高的土壤，黏性比较大，遇水后，土壤颗粒不容易崩解，土壤颗粒中的氮磷与水接触的机会可能较少，进入水体中的量则相对少，如混交林地土壤的全氮与全磷含量并不比坡耕地高，但含水量却比坡耕地高，因此，坡耕地的淋溶量较大。菜园地尽管含水量比坡耕地高，但其太高的全氮和水解氮含量，使土壤高含水量的黏性作用已不如其高含氮量对淋溶的影响大，因此，氮的淋溶量比坡耕地高。同理，梯平地与坡耕地相比，土壤含水量低，但土壤全氮、水解氮含量高，则氮淋溶量比较大。比重和无定形铁的含量高，淋溶量小，可能与土壤的分散性有关。比重和无定形铁含量高的土壤较紧实，氮素在土壤颗粒中不容易被水溶解，所以淋溶量比较低，如混交林、疏幼林和水稻田等。物理性黏粒含量决定了土壤的透水性，影响土壤肥力，含量高的土壤保肥性能强，能够较多地固定氮磷元素；反之，则不能固定化肥中的氮磷元素，如菜园地和坡耕地容易导致氮磷的淋溶损失。速效磷是植物利用最直接有效的磷，也是最容易随水淋溶损失的，因此速效磷高的土壤磷的淋溶损失量也相对较高，如梯平地和杉木林地等。土壤钾含量与其他作用较大的因子，如比重、氮含量等可能具有共线性，因此，使其也具有较大的负荷值。

## 2.8　讨论

### 2.8.1　不同土地利用类型地表径流中氮磷污染物输出变化

在自然降雨条件下，坡耕地、杉木林、疏幼林、混交林径流量随降水量变化明显。在有坡度的 4 种土地利用类型中，单位面积产流量最多的为坡耕地，其次是疏幼林，然后是混交林，最后是杉木林；通过径流槽模拟地表径流过程表明，在无坡度的菜园地和梯平地，菜园地的产流能力高于梯平地。根据 2010 年监测到整个大冲流域出口总径流量为 $4.14 \times 10^5 \mathrm{m}^3$，其中混交林的贡献率为 12.68%，杉木林贡献率是 1.12%，疏幼林贡献率是 5.01%，坡耕地贡献率是 3.17%；2011 年流域出口总径流量为 $1.46 \times 10^5 \mathrm{m}^3$，与上一年相比下降了 64.73%，其中混交林的贡献率变为 19.83%，杉木林贡献率为 1.35%，疏幼林贡献率为 6.66%，坡耕地贡献率为 4.16%。2011 年遭遇严重干旱天气，降水量减少，径流量也随之下降，上述 4 种土地利用类型贡献率均有不同程度的提高。也就是说，其余土地利用类型水稻田、菜园地、梯平地、居住地、水域等，对整个流域出口水资源贡献率处于下降的趋势。由此看出，在干旱的年份，混交林、杉木林、疏幼林、坡耕地对流域水资源的可持续性具有积极的意义，特别是混交林对流域水资源的持续性的贡献最大。

在面源污染负荷方面，不同土地利用类型单位面积径流输出总氮量由高到低依次为：坡耕地＞疏幼林＞杉木林＞混交林；单位面积径流输出总磷量由高到低的顺序是：坡耕地＞疏幼林＞混交林＞杉木林；全年总氮输出总负荷，坡耕地为 133.86kg，疏幼林为 106.03kg，混交林为 97.80kg，杉木林为 13.71kg，对于整个流域总氮输出负荷的贡献率，坡耕地（7.5%）＞疏幼林（6%）＞混交林（5.5%）＞杉木林（0.77%）；全年总磷输出总负荷，混交林为 7.91kg，疏幼林为 3.75kg，坡耕地为 3.04kg，杉木林为 1.56kg，对于流域总磷输出负荷的贡献率，混交林（24.04%）＞疏幼林（11.4%）＞坡耕地（9.27%）＞杉木林（4.74%）。从流域尺度上看，混交林和坡耕地在整个流域中总磷输出负荷贡献较大和较小是因为混交林在流域中面积大，坡耕地面积较小。

过去的研究表明，不同的土地利用类型由于是人类不同土地利用方式或生产生活方式对生态系统施加影响的产物，它们可以改变土层厚度、土壤营养元素组成和污染物的积累量，使土壤胶体的物理化学性质如土壤孔隙度、土壤胶体氮、磷吸附量、土壤酸度等发生变化，加速或减少污染物向水体的输送（陈吉宁等，2004；赵永秀等，2007）。国内学者在青藏高原（王根绪等，2002）、西南岩溶区（蒋勇军等，2005）、新疆天山绿洲区（罗格平等，2005）、黄土高原区（王军等，2002）、华北平原区（胡克林等，2006）、广西红壤低山区（王小利等，2006）等地区分析研究了不同土地利用类型对土壤性质的影响。在云贵高原地区也有学者研究不同土地利用现状对土壤性质的影响，如喀斯特峰丛洼地土壤养分空间分异特征及其影响因子（张伟等，2006）；蒋勇军等（2005）以典型岩溶农业流域为研究单元，定点对比不同土地利用变化下土壤性质如土壤有机质、全氮、全磷、碱解氮、速效磷、土壤 pH 等土壤性质的变化。我们的研究不仅分析了不同土地利用类型的土壤性质变化，而且进一步观测了地表径流、径流中的污染物质浓度、单位面积输出负荷、流域尺度不同土地利用类型输出总负荷、贡献率。这些研究结果在典型流域尺度，使土地利用类型-土壤物理化学性质-径流输出-氮磷污染物输出负荷联系起来，为云贵高原地区面源污染研究提供了典型资料。

许多研究显示土地利用类型的源因素对面源污染的输出负荷影响很大，一般林地面源污染输出负荷比较小。例如，养殖场附近的河流，氮磷输出负荷很大（胡雪峰等，2001）；菜园地等有人工耕种的耕地氮磷流失浓度最大，草地和林地氮磷流失浓度相对较低（吕唤春等，2004）；农业用地和城市用地地表径流中总固体悬浮物、总磷、总氮的浓度一般是林地的 10～100 倍（Sonzogni et al.，1980）。但是在我们的研究中，林地地表径流中氮磷输出浓度与耕地相比没有那么低，总氮、硝态氮输出浓度，耕地一般只高于林地 2～4 倍，总磷输出浓度差异不是很大，氨态氮输出浓度甚至比耕地还高。可能的原因是贵州不同土地利用类型地表径流和土壤水中氮的背景值偏高。另外，在中到大雨时，由于林地具有比较高的蓄水能力，地表径流量与其他土地类型比相对小，径流中氮磷浓度有所上升。因此，水文因素对面源污染物产生了影响。

## 2.8.2 不同土地利用类型地表径流中氮磷污染物输出变化的机制

在自然降雨、模拟降雨、模拟地表径流条件下，坡耕地、杉木林、混交林、疏幼林、菜园地、梯平地 6 种土地利用类型，按照《地表水环境质量标准（GB3838—2002）》，总氮都超过了Ⅴ类水质标准，氨态氮大部分属于Ⅲ和Ⅳ类水质标准，硝态氮都没有超过集中式生活饮用水地表水源地补充项目标准限值，总磷除菜园地外，其他土地利用类型都属于Ⅱ类水质标准。按照《国家农田灌溉水质标准》，坡耕地、菜园地、梯平地表径流中氮磷浓度都没有超过水质标准要求。总体来说，6 种土地利用类型混交林、疏幼林、杉木林、坡耕地、梯平地以及菜园地地表径流都有不同程度的氮污染，而磷污染表现并不明显。

根据分析,土壤理化性质显著影响着地表径流中污染物浓度。土壤理化性质可通过土壤中不同形态氮磷含量、土壤水分物理性质和土壤物理性质对径流中氮磷输出浓度构成影响。土壤中不同形态氮磷含量是影响径流中氮磷输出的源因素,是直接影响。土壤中氮磷含量超标,如过量施肥、长期施肥导致土壤氮磷积累等将使不同降水条件下地表径流中的氮磷浓度明显上升。土壤水分物理性质是影响径流中氮磷输出浓度的土壤水文过程迁移因素。土壤物理性质是径流中不同形态氮磷与土壤胶体之间物理和化学吸附过程的作用因素。这里值得注意的是,土壤中无定形铁的浓度、土壤容重与地表径流中氮磷浓度均表现为负相关。土壤容重大,土壤比较紧实,地表径流对土壤颗粒的冲刷溶解能力相对弱,径流中氮磷含量就不高。土壤无定型铁含量高,有利于对氮磷元素的吸附。在模拟降雨和模拟地表径流条件下,疏幼林地表径流中不同形态氮浓度比较低,甚至是负值也说明了这一点。根据植被调查和分析,在物种丰富的混交林,由于乔木灌木数量较多,种类比较丰富,其产生的枯枝落叶层较厚,腐殖质多,所以土壤中总氮含量较为丰富,径流中氨态氮浓度高。同时,在降雨时这些植物可以产生降雨截留,影响地表径流的产生;杉木林草本植物丰富,基本覆盖整个地表,能直接抑制地表径流的产生。

在自然降雨条件下观测4种土地利用类型地表径流氮磷输出负荷的同时,通过人工模拟降雨和径流槽模拟径流过程作为自然降雨过程的补充,并进一步解释自然降雨的面源污染物输出。研究发现,自然降雨条件下坡耕地地表径流都比杉木林、疏幼林、混交林高(表2-5),输出的氮磷浓度也高,而在模拟降雨和径流槽模拟地表径流条件下,模拟降雨系统产生的人工降雨下落比较低,径流槽模拟地表径流直接在地表进行,这样,3种林地没有了林冠和地被层的截留和储蓄降雨作用,杉木林、疏幼林地表径流量比坡耕地还多,这凸显了林冠层和地被层在影响面源污染物迁移的水文因素的作用。在同时没有林冠层和地被层的情况下,杉木林、疏幼林、混交林、坡耕地、菜园地、梯平地径流产生量的决定因素就只有土壤性质和坡度。菜园地是平地,同时土壤也比较疏松,模拟降雨就没有产生地表径流,而产生了大量渗滤水(表2-17)。混交林和坡耕地坡度相似(表2-1),土壤比较疏松,模拟降雨也没有产生地表径流,但渗滤水比较多,土壤氮磷含量较高,渗滤水中的氮磷浓度也比较高。因此,植被覆盖、土壤物理化学性质决定了不同土地利用类型地表径流、渗滤水量及污染物输出负荷。

不同土地利用类型面源污染物的输出不外乎两个途径,即地表径流输出和土壤渗滤水输出。但是在自然降雨条件下同时研究地表径流和土壤渗滤水面源污染物输出负荷,一次降雨过程渗滤水收集的量很少,几次合并观测间隔时间又长,对于快速准确同时研究地表径流和土壤渗滤水及污染物输出负荷不十分方便。因此,我们发明了径流槽模拟地表径流冲刷过程。利用径流槽研究地表径流可以多次加水观测径流过程和面源污染物输出负荷,并计算渗滤水量,评价稳定入渗条件下的径流率,可以加入含有不同氮磷浓度的模拟用水,观测和分析面源污染物输出负荷,评价不同土地利用类型对污染物的吸附能力,数据可以用来对自然降雨的面源污染物输出负荷进行解释,同时可以对实验过程严格控制并设置重复,是对环刀法测定稳定入渗率这一水文参数的补充。通过研究发现,菜园地、坡耕地模拟地表径流中氮磷输出浓度很高,而其他类型相对较低,其中疏幼林模拟径流中输出的氮是负值,表明疏幼林土壤对模拟径流用水中的氮具有高的吸附作用，使模拟用水得到净化。菜园地上加入总氮含量高的模拟径流用水时，输出地表径流中总氮浓度很高，加入总氮含量低的模拟径流用水时，输出的地表径流中总氮浓度也不低，表明菜园地是一种氮污染严重、输出负荷高的土地利用类型。而疏幼林则相反，不管加入高还是低浓度氮的径流模拟用水，地表径流输出的氮素都很低，表明这是一种氮污染轻、输出负荷低的土地利用类型。这些结果和自然降雨的研究结果是对应的，并从小尺度上解释了自然降雨条件下面源污染物输出机制。

## 2.8.3 不同土地利用类型土壤渗滤水中氮磷污染物负荷变化

过去的研究工作表明，我国对土壤渗滤水的研究主要集中在森林土壤、湖泊湿地上，如在渗滤水养分关系的研究中，发现渗滤水中的有机养分与某些无机养分之间数量上存在着一定的正相关，特别是碳和氮含量之间的相关性密切（杨承栋等，1988）；不同林型下土壤渗滤水的 pH 变化不同（程伯容和张金，1991）；湖滨芦苇湿地土壤渗滤水中总氮、硝态氮和总磷含量随深度的增加而降低，而氨态氮含量随深度增加而升高，且与总有机碳、氧化还原电位、根系生物量及硝化菌数量密切相关（祝松鹤等，2006）；渗滤水中的溶解有机碳含量（迁移量）和渗滤水中的有机质、全氮等含量（迁移量）显著相关（俞元春等，2006）；每年通过土壤渗滤水向下淋失的养分数量相当于凋落物所归还养分量的 1%～10%（高志勤和罗汝英，1994）。张万儒（1991）研究表明，森林土壤渗滤水中化学元素含量在生长季节变化很明显，但它们的年变化不明显。这些研究的一个显著特点是特别关注不同区域典型森林生态系统水化学研究，了解森林类型、土壤类型、水文过程与各种化学元素输出的关系。本研究主要关注氮磷等作为污染物在不同土地利用类型上的渗滤特征。从自然降雨和模拟降雨渗滤水研究表明，渗滤水中总氮、硝态氮、氨态氮、总磷浓度随着农作物和林木生长，浓度逐渐降低，这在一定程度上减少了营养物质流失，减轻了面源污染；随土壤深度的加深，污染物浓度也降低，这些结果与森林水化学的研究结果相似。

在研究中我们发现，水稻田的田面水和渗滤水中氮磷浓度表现出一致的变化趋势，即在施肥初期，田面水和水稻田渗滤水中氮磷浓度随着肥料的水解而逐渐增大，并达到最大值，而后随着水稻的生长，浓度逐渐下降。水稻田和菜园地是云贵高原地区农业流域两种典型土地利用类型，它们一般分布在流域比较平缓的河岸两侧，地下水位较高，在农田管理中施肥量都比较大，作物需肥量也比较大，渗滤水中污染物浓度变化对作物生长过程比较敏感。但是，由于水稻田和菜园地一个是水作，一个是旱作，导致渗滤水中污染物浓度和输出量的测定结果的空间变异性不一致。水稻田长期淹水，土壤环境变得比较均一，测定结果的空间变异性比较小，而菜园地生产过程导致土壤环境的空间变异性是比较明显的。同样，人类生产中扰动明显的坡耕地渗滤水的测定结果空间变异性也很高，而人类干扰少的混交林、疏幼林、杉木林测定结果的空间变异性相对要小。另外，在整个水稻和蔬菜的生长期，总氮、硝态氮、氨态氮和总磷浓度变化表现为：田面水>50cm 土壤渗滤水>100cm 土壤渗滤水>150cm 土壤渗滤水，即随深度的增加而递减。其中，硝态氮浓度与过去的研究结果不同。在太湖的研究表明，在稻田，1m 下渗滤水硝态氮浓度高于 0.25～0.50m 的 2～6 倍（马立珊和钱敏仁，1987）。在郑州，小麦－玉米田中不同施氮量及等氮条件下不同品种氮肥，均表现出随施氮量的增加以及时间的延长，0～40cm 土层硝态氮各季累计值呈下降趋势，40～60cm 土层硝态氮浓度呈上升的趋势，淋洗到 1m 土层以下的硝态氮淋失量随施氮量的提高而增加（赵竟英等，1996）。

研究结果表明，不同土地利用类型单位面积土壤渗滤水中总氮、硝态氮、氨态氮、总磷负荷，菜园地最大，其次是坡耕地，然后是几种林地和水稻田。菜园地是其他土地类型的几倍到几十倍。这些结果一方面说明在控制渗滤水输出面源污染时，要特别注意菜园地、坡耕地和梯平地的治理，抓住治理的重点；另一方面说明不同土地利用类型蕴涵着一系列自然的和人类生态过程对土壤的影响，导致相同的降雨或淋溶条件下，污染物淋溶负荷的差异。土地利用类型是综合反映人类活动对自然环境影响的产物，土地利用类型不同，意味着施肥量、土壤性质、灌溉、耕作等的差异，导致淋溶负荷的差异。本研究中，菜园地是以收获蔬菜为主的土地利用类型，面积小但产出大，施肥量也大。坡耕地和梯平地，人类活动频繁，施肥水平也高，因此面源污染负荷大。而林地没有施肥和耕作等人类活动，因此面源污染负荷较小。但是，由于林地积累了较多的有机物，有机物的分解作用会使氨态氮输出负荷较高。对于磷素的淋溶输出，不同土地利用类型土壤渗滤水中总磷的含量都较低，这可能是因为即使是大、中雨事件发生，渗滤水中磷形态主要是溶解性磷。

## 2.8.4 不同土地利用类型土壤渗滤水氮磷污染物输出机制

从微观的角度，不同利用方式下农田土壤水土界面磷的迁移能力有较大的差别。水稻土在淹水还原条件下比旱作下固磷能力有了较大幅度的提高，土壤中磷向渗滤水中的释放量总体上较淹水前减少，这是因为在还原条件下形成的无定形 $Fe^{3+}$-$Fe^{2+}$ 混合氢氧化物具有巨大的表面积和很强的吸持能力，增强了对磷的固定（高超等，2001a，2001b）。在本研究中，影响渗滤水磷输出的主成分分析表明，土壤无定形铁具有较高的因子负荷，说明无定型铁在 7 种土地利用类型土壤磷的输出负荷上，也具有显著的效应。另外，从主成分分析得出，土壤自然含水量、比重、水解氮、速效钾、无定形铁、全钾、全氮、速效磷和物理性黏粒等是影响氮和磷输出的重要因子。这些因子主要通过影响水分渗透如土壤含水量和土壤比重，影响土壤胶体对氮磷的吸附如无定形铁、物理性黏粒，影响土壤氮磷输出潜力如土壤氮磷含量等。因此，土壤的氮磷淋溶输出与土壤的理化性质密切相关。由于不同性质的土壤决定着土壤的透水性和保肥能力，对氮磷的吸附和解吸能力也不相同，因而在相同的氮磷淋溶水平下，不同性质土壤向水体释放的氮磷量出现差异。水是可溶态氮和磷向下迁移的载体，只有饱和水流才能引起氮磷的淋溶，随着降水量和灌溉量的增加，土壤氮磷的淋失量才会显著增加。但是，土壤中氮磷含量的高低是关键因素，因为如果土壤中氮磷含量低，其他因子对淋溶过程的作用将减小。而土壤中氮磷含量主要与不同土地利用类型及施肥有关，因此微观的影响因子是与宏观的人类活动相联系的，控制农业面源污染关键是调节人类活动，使农田管理向有利于减弱微观因子对氮磷污染物输出负荷的方向发展。

土柱淋溶过程研究方面，在相同淋溶条件下，不同土地利用类型土壤渗滤水中总氮与硝态氮浓度不同，但动态变化趋势一致。菜园地的总氮与硝态氮淋溶量呈现匀速下降趋势；坡耕地和梯平地在第一次淋溶后，总氮与硝态氮的淋溶量比较大，第二次淋溶后，其淋溶量达到相对稳定状态；水稻田、疏幼林、杉木林和混交林的总氮与硝态氮淋溶变化趋势相对稳定。各种土地利用类型土壤的氨态氮淋溶量都很低，且淋溶过程变化趋势一致，除第一次淋溶后淋溶量较大外，其余几次的淋溶量均较少。各种土地利用类型土壤淋溶液中总磷的含量都很低，在第六次淋溶后仍有一定量磷素淋溶出土柱。从淋溶过程分析可以看出，影响淋溶特征的因子仍然是土壤中氮磷含量、土壤含水量、土壤比重等。土壤中氮磷含量高、含水量高的菜园地，土壤中有比较多的可淋溶物质，同时土壤含水量较高，土壤黏性较大，淋溶过程表现均匀下降，而含水量低的坡耕地、梯平地，土壤黏性比较低，水的溶解使土壤结构快速崩解，淋溶过程迅速。因此，从淋溶实验可以看出农田土壤氮磷输出的一些特征。

农田氮磷的淋溶损失既导致土壤营养元素损失，土地生产力下降，又会使水环境污染加剧（冯绍元和郑耀泉，1996）。随着水环境污染问题日益突出，我国在氮磷淋溶问题上也开展了大量的研究。例如，硝态氮的淋溶损失与土壤深度呈指数曲线关系，与施氮量呈线性关系，淋溶深度随降水量和灌溉量的增加而增大，不同施氮方式对硝态氮的淋溶和在土壤中的积累都有明显的影响（吕殿青等，1996）；氮肥的用量和品种对氮素淋溶有明显影响（王家玉等，1996；范丙全等，1998）。张兴昌和邵明安（2000）曾对土壤氮素与降水、径流相互作用过程及机理进行研究，并对相互作用模型进行了探讨；李世清和李生秀（2000）研究了半干旱地区农田生态系统中硝态氮能否淋溶，淋溶的数量有多少，与降水量、施肥量、肥料品种、土层深度、休闲等的关系；张玉珍（2007）对水田与旱地共存的南方丘陵地区农田氮素渗漏特征进行了研究。在磷素的淋溶方面，目前多集中在磷素淋溶的形态、影响因素等方面。Tunney 等（1997）研究表明，磷肥的施用量超过一定的数量，如当土壤有效磷质量分数超过 60mg/kg 时，磷素的淋溶有呈线性增加的趋势；司友斌等（2000）曾研究了农田磷素流失对水体富营养化的贡献、农田磷素流失途径及其影响因素；张志剑等（2001）对水稻土-水系统中磷素行为及其环境影响进行了研究；吕家珑等（2003）对土壤磷淋溶状况及其 Olsen 磷"突变点"进行了研究；夏天翔等（2008）曾对典型土壤磷进行了淋溶模拟研究，这些研究主要集中在半干旱地区、南方丘陵地区。而我们的研究通过 7 种典型土地利用类型在自然降雨、模拟降雨和土柱模拟实验条件下氮磷输出负荷、输出过程、影响淋溶的土壤因子，探讨土壤渗滤水中的污染物输出特征，为云贵高原两江上游地区农业农村氮磷污染控制提供了基础资料。

总之，本研究的目的是选取"两湖"汇水区具有一定典型性的大冲流域进行不同土地利用类型主要污染物的输出负荷研究，揭示土壤渗滤水污染物输出特征，为云贵高原地区典型流域水体污染治理提供理论依据。通过研究，结合国内外农业面源污染治理成功经验，对农业农村面源污染综合治理的启示如下：①要进行"源"防治。从污染源头控制和减少 N、P 流失。要通过调整产业结构、改善施肥措施和养殖业的饲养管理方式控制 N、P 排放量，减轻面源污染负荷。要根据气象条件、产量目标、作物生长、非点源污染控制目标等因素，制定政府和农民都能接受的、成本低廉的最佳农田管理措施，并在水源保护区推行生态补偿制度。积极推广人畜排泄物以及农业固体废弃物资源化，推广"猪/牛-沼-田"、"小型沼气"、新型堆沤肥系统，全面启动农村垃圾集中收集、转运与处置工程，推行"组保洁、村收集、镇（乡）集中、区处理"的城乡生活垃圾一体化模式；②要进行"汇"防治。着重于接纳径流的沟道、河道和湖湾对污染物的去除和削减，如加强生态沟河道建设，实现污染物的过程控制。沿湖泊200m范围内建设人工湿地，形成污染物过滤和消减带。

（本章执笔人：许昌敏，张梦娇，王震洪）

## 参 考 文 献

陈吉宁,李广贺,王洪涛.2004.滇池流域面源污染控制技术研究.中国水利,9:47-50

程伯容,张金.1991.长白山北坡针叶林下土壤淋洗液及土壤性质的初步研究.土壤学报,28(4):372-381

杜森,高祥照.2006.土壤分析技术规范.第二版.北京:中国农业出版社

范丙全,胡春芳,平建立.1998.灌溉施肥对壤质潮土硝态氮淋溶的影响.植物营养与肥料学报,4(1):16-21

冯绍元,郑耀泉.1996.农田氮素的转化与损失及其对水环境的影响.农业环境保护,15(6):277-279

高超,张桃林,吴蔚东.2001a.不同利用方式下农田土壤对磷的吸持与解吸特征.环境科学,22(4):67-72

高超,张桃林,吴蔚东.2001b.农田土壤中的磷向水体释放的风险评价.环境科学学报.2001,21(3):344-348

高志勤,罗汝英.1994.宁镇丘陵区森林土壤渗滤水的性状.南京林业大学学报,18(2):7-12

郭大应,谢成春,熊清瑞,等.2000.喷灌条件下土壤中的氮素分布研究.灌溉排水,19(2):16-17

郭旭东,陈利顶,傅伯杰.1999.土地利用/土地覆被变化对区域生态环境的影响.环境科学进展,7(6):66-75

郭旭东,傅伯杰.2001.低山丘陵区土地利用方式对土壤质量的影响.地理学报,56(4):447-455

胡克林,余艳,张凤荣,等.2006.北京郊区土壤有机质含量的时空变异及其影响因素.中国农业科学,39(4):764-771

胡雪峰,许世远,陈振楼,等.2001.上海市郊中小河流氮磷污染特征.环境科学,22(6):67-71

蒋勇军,袁道先,章程,等.2005.典型岩溶农业区土地利用变化对土壤性质的影响.地理学报,60(5):751-760

蒋有绪.1996.世界森林生态系统结构与功能研究简述:中国森林生态系统结构与功能规律研究.北京:中国林业出版社

金克林,马宗仁,连家伟.2009.模拟条件下高尔夫球场土壤氮磷淋溶规律及其对水质的潜在影响.草业科学,26(12):146-151

李世清,李生秀.2000.半干旱地区农田生态系统中硝态氮的淋失.应用生态学报,11(2):240-242

刘怀旭.1987.土壤肥料.合肥:安徽科学出版社

鲁如坤.2000.土壤农业化学分析方法.北京:中国农业科技出版社

路鹏,彭佩钦,宋变兰,等.2005.洞庭湖平原区土壤全磷含量地统计学和GIS分析.中国农业科学,38(6):1204-1212

吕殿青,杨学云,张航,等.1996.陕西塿土中硝态氮运移特点及影响因素.植物营养与肥料学报,2(4):289-296

吕唤春,薛生国,方志发,等.2004.千岛湖流域不同土地利用方式对氮和磷流失的影响.中国地质,31(增刊):112-118

吕家珑,Fortune S,Brookes P C.2003.土壤磷淋溶状况及其Olsen磷"突变点"研究.农业环境科学学报,22(2):142-146

罗格平,许文强,陈曦.2005.天山北坡绿洲不同土地利用对土壤特性的影响.地理学报,60(5):779-790

马立珊,钱敏仁.1987.太湖流域水环境硝态氮和亚硝态氮污染的研究.环境科学,8(2):60-65

南京土壤研究所土壤研究室.1978.土壤理化分析.上海:上海科学技术出版社

彭近新.1988.水质富营养化与防治.北京:中国环境科学出版社

司友斌,王慎强,陈怀满.2000.农田氮、磷的流失与水体富营养化.土壤,32(4):188-193

隋红建,杨帮杰.1996.入渗条件下土壤中磷离子迁移的数值模拟.环境科学学报,16(3):302-307

孙志高,刘景双,陈小兵.2009.三江平原典型小叶章湿地土壤中硝态氮和铵态氮的空间分布格局.水土保持通报,29(3):66-72

王超.1997.磷肥污染物在非饱和土壤中迁移特性研究.南京大学学报(自然科学版),33(增刊):253-255

王根绪,程国栋,沈永平,等.2002.土地覆盖变化对高山草甸土壤特性的影响.科学通报,47(23):1771-1777

王海芹,万晓红.2006.农业面源污染的立体防控.农业环境与发展,3:69-72

王家玉,王胜佳,陈义,等.1996.稻田土壤中氮素淋失的研究.土壤学报,33(1):28-35

王军,傅伯杰,邱扬,等.2002.黄土高原小流域土壤养分的空间异质性.生态学报,22(8):1173-1178

王小利,苏以荣,黄道友,等.2006.土地利用对亚热带红壤低山区土壤有机碳和微生物碳的影响.中国农业科学,39
(4):750-757

王彦辉.1999.温度升高对酸化森林土壤渗滤水化学组成的影响.林业科学,35(5):12-16

王震洪,吴学灿,李英楠.2006.滇池流域荒台地植被恢复工程控制面源污染生态机理.环境科学,27(1):37-42

王震洪.2011.云贵高原典型陆地生态系统研究.(一)典型森林、灌丛群落格局维持与过程.北京:科学出版社

吴文斌,杨鹏,唐华俊,等.2007.土地利用对土壤性质影响的区域差异研究.中国农业科学,40(8):1697-1702

夏天翔,李文朝,冯慕华.2008.抚仙湖流域砾质土有机及常规肥料淋溶模拟研究.土壤,40(4):596-601

杨承栋,张万儒,许本彤.1988.卧龙自然保护区渗滤水的初步研.林业科学,24(2):478-482

姚建武,艾绍,周修冲,等.1999.热带亚热带多雨湿润区旱地土壤氮肥淋溶损失模拟研究.土壤与环境,8(4):
314-315

阴晓路,许昌敏,张梦娇,等.2012.贵州红枫湖大冲小流域农业面源污染负荷特征研究.长江流域资源与环境,21
(3):349-354

俞元春,何晟,Wang G G,等.2006.杉木林土壤渗滤水溶解有机碳含量与迁移.林业科学,42(1):122-125

张万儒.1991.山地森林土壤渗滤液化学组成及生物活动强度的研究.林业科学,27(3):261-266

张伟,陈洪松,王克林,等.2006.喀斯特丛洼地土壤养分空间分异特征及其影响因子.中国农业科学,39(9):
1828-1835

张兴昌,邵明安.2000.坡地土壤氮素与降雨、径流相互作用机理及模型.地理科学进展,19(2):128-135

张玉珍.2007.南方丘陵地区农田氮素渗漏特征研究.福建师范大学学报,23(2):89-94

张志剑,朱荫湄,王珂.2001.水稻田-水系统中磷素行为及其环境影响研究.应用生态学报,12(2):229-232

张壮志,孙磊,常维山.2008.水体富营养化中的氮素污染及生物防治技术研究现状.山西农业科学,36(6):13-15

赵竟英,宝德俊,张鸿程.1996.潮土硝态氮移动规律及对环境的影响.农业环境保护,15(4):166-169

赵永秀,刘世海,张暄.2007.农业面源污染及防治对策.内蒙古环境科学,19(1):9-12

祝松鹤,杨红军,申哲民,等.2006.湖滨湿地土壤渗滤液 N、P 分布规律及影响因素的探讨.农业环境科学学报,25
(4):1045-1049

Booth D B, Jackson C R. 1997. Urbanization of aquatic system-Degradation thresholds, storm water detention and the
limits of mitigation. Journal of American Water Resources Association, 22(5):1-19

Braimoh A K, Viek P L G. 2004. The impact of land-cover change on soil properties in northern Ghana. Land Degra-
dation & Development, 15:65-74

Carpenter S R, Caraco N F, Corrll D L, et al. 1998. Nonpoint source pollution of surface waters with nitrogen and
phorophors. Ecological Appliation, 8(3):559-568

Corbett C W, Wahl M, Porter D E, et al. 1997. Non-point source run off modeling: A comparison of a forested water
shed and an urban water shed on the South Carolina coast. Journal of Experimental Marine Biology and Ecology,
213:133-149

Dalal R C. 1986. Long-term trends in fertility of soils under continuous cultivation and cereal cropping in Southern
Queensland:II. Total organic carbon and its rate of loss from the soil profile. Soil Research, 24:281-292

Daniel T C, Sharpley A N, Lemunyon J L. 1998. Agricultural phosphorus and eutrophication: A symposium over-
view. Journal of Environ Quality, 27:251 257

Dosskey M G, Berthsch P M. 1997. Transport of dissolved organic matter through a sandy forest soil. Soil Science So-
ciety of America Journal, 61:920-927

European Environment Agency. 2000-12-31. Europe's water quality generally improving but agriculture stills the
main challenge. http://www.eea.enropa.eu/, pp. 11-17[2011-12-31]

Gundersen P, Schimidt K I, Rasmussen K R. 2006. Leaching of nitrogen from temperate forests II effects of air pollu-
tion and forest management. Enviromental Review, 14(1):1-57

Halvorson A D, Reule C A, Anderson R L. 2000. Evaluation of management practices for converting grassland back to cropland. Journal of Soil Water Conservation, 55: 57-62

Iijima M, Lumbanraja J, Yuliadi E, et al. 2004. Soil chemical properties of an Indonesian red acid soil as affected by land use and crop management. Soil and Ttillage Research, 76: 115-124

Islam K R, Weil R R. 2000. Land use effects on soil quality in a tropical forest ecosystem of Bangladesh. Agriculture. Ecosystem and Environment, 79:9-16

Lal R, Mokma D, Lowery B. 1999. Relation between soil quality and erosion. *In*: Rattan Lal. Soil Quality and Soil Erosion. Washington D C: CRC Press

Mcalister J J, Smith B J, Sanchez B. 1998. Forest clearance: Impact of land use change on fertility status of soils from the Sao Francisco area of Niteroi Brazil. Land Degradation & Development, 9:42-440

Nielson D R, Biggar J W, Wierenga R J. 1982. Nitrogen transport processes in soils. *In*: Stevenson F J. Nitrogen in Agriculture Soils. Madison: American Soceity of Agronomy, Crop Science Socity of America, Soil Science Socity of America. 423-448

Peng S Z, Yang S H, Xu J Z, et al. 2011. Nitrogen and phorosphorus leaching losses from paddy fields with different water and nitrogen managements. Paddy and Water Environment, 9:333-342

Sharpley A N, Chapra S C, Wedepohl R, et al. 1994. Managing agricultural phosphorus for protection of surface waters: Issues and options. Journal of Environmental Quality, 23: 437-451

Sonzogni W C, Chesters G, Coote D R, et al. 1980. Pollution from land runoff. Environment Science and Technology, 14(2): 148-153

Tunney H, Carton O T, Brookes P C, et al. 1997. Phosphorus loss from soil to water. Wallinford UK: CAB international

Turner B L, Hayarth P M. 2000. Phosphorus forms and concentrations in leachate under four grassland soil types. Soil Science Society of America Journal, 64: 1090-1099

Turner B L, Meyer W B. 1991. Land use and land cover in global environmental change: conside-rations for study. International Social Science, 130: 669-679

Vighi M, Chiaudani G. 1987. Eutrophication in Europe, the role of agricultural activities. *In*: Hodgson E. Reviews of Environmental Toxicology. Amsterdam: Elsevier

Wild A, Cameron K C. 1980. Leaching of nitrate through soils and environmental considerations with special reference to recent word in UK. Vienna: IAEA, 280-306.

# 第三章 流域出口面源污染物输出动态及负荷分析

**摘 要** 为揭示红枫湖汇水区小流域农业农村面源污染物氮、磷、COD 输出的一般规律，以典型农业小流域——大冲小流域为研究对象，自 2010 年 1 月 1 日至 2011 年 10 月 31 日，对流域降水、流域出口的径流、总氮（TN）、总磷（TP）、$COD_{Cr}$ 浓度进行了长期序列同步监测，并结合流域内不同土地利用类型产污负荷分析，得出如下结论。①流域 2010 年全年降水量为 1157.1mm，雨水集中在 4～10 月，这 7 个月降水量占到了全年总量的 91.82%。2011 年贵州省遭遇罕见干旱，截至 10 月 31 日，流域 10 个月降水量仅为 607.2mm，相比去年前 10 个月降水量减少了 43.47%。②流域径流量随降雨量的变化而明显变化，降水量多时径流量较大，无降水时径流量随之减少，径流量与降水量之间存在着极强的相关关系（$R=0.932$，$N=10$，$P<0.01$）；由于贵州夜雨多以及白天蒸发量大的影响，晚上径流量会高于其他几个时间点，傍晚蔬菜种植基地的喷灌作业会增加流域径流量，导致流域入湖径流在 20：00 时会高于 17：00。③2010 年流域 TN 输出平均浓度为 6.15mg/L，全部 1085 个样品中，96% 的样品 TN 浓度超过《地表水环境质量标准（GB3838—2002）》中规定的 V 类水质标准，2011 年由于雨量偏少的缘故，TN 平均浓度要高于 2010 年，为 12.12mg/L，全部 438 个样品 TN 浓度均超过《标准》中规定的 V 类水质标准，说明流域氮素污染十分严重。2010 年流域 TP 浓度范围为 0.00～1.57mg/L，平均为 0.20mg/L，全部样品中，有 95.7% 的样品 TP 浓度低于《标准》中规定的 Ⅲ 类水质标准，84.7% 低于 Ⅱ 类标准；2011 年有 90.48% 的样品 TP 浓度低于《标准》中规定的 Ⅲ 类水质标准，75.24% 低于 Ⅱ 类标准，表明磷不是流域的主要污染物。2010 年 $COD_{Cr}$ 的浓度范围为 0.00～160.00mg/L，平均为 26.29mg/L，全部样品中，约 20.0% 的样品浓度超过《标准》中规定的 V 类水质标准，65.4% 超过 Ⅲ 类标准；2011 年 $COD_{Cr}$ 的浓度范围为 12.00～140.00mg/L，平均为 44.55mg/L，全部样品中，有 95.24% 超过《标准》中规定的 Ⅲ 类标准，表明有机物污染也不容忽视。④对流域入湖径流中 TN、TP、$COD_{Cr}$ 的浓度在不同时段分析表明，这三个面源污染物指标浓度在一天内 8 个时间点的变化不明显；⑤2010 年小流域径流量为 $4.14 \times 10^5 \, m^3$，TN、TP、$COD_{Cr}$ 的入湖总量分别为 2546.7kg、85.6kg、10 883.2kg。在降水丰富、进行作物栽培和管理的 6～10 月，TN、TP、$COD_{Cr}$ 的入湖负荷明显高于其他月份，分别占到各自总量的 94.8%、73.3%、94.3%。2011 年流域入湖径流总量为 $1.46 \times 10^5 \, m^3$，TN、TP、$COD_{Cr}$ 的入湖总量分别为 1781.0kg、32.9kg、6546.7kg。6 月、10 月降水多，入湖径流量、TN、TP、$COD_{Cr}$ 负荷分别占到了 2011 年监测总量的 86.42%、83.78%、80.56%、81.95%。⑥2010 年流域入湖污染负荷量与径流量、降水量间存在着极强的相关关系，相关方程可用于云贵高原岩溶地区相似小流域的面源污染预测工作；坡耕地、疏幼林、混交林三种土地利用类型产生的 TN、TP、$COD_{Cr}$ 污染负荷量分别为流域 2010 年污染总负荷的 13.38%、13.28%、13.54%，其余污染则主要由蔬菜、水稻种植、居民生活污水及农村固体废弃物造成。⑦将大冲小

流域与其他农业小流域面源污染负荷比较分析结果表明，不同气候、不同地形地貌、不同土地利用等都会影响面源污染负荷，因此，治理农业面源污染，应针对不同流域采取相应的工程治理措施。

**关键词** 农业面源污染；降雨径流；流失特征；影响因素；相关分析

# 3.1 研究意义

在云贵高原地区，尽管农业农村面源污染物监测已经开展得比较多，如在一些国家、地方的科研项目和污水治理工程实施中，已涉及滇池、洱海、抚仙湖、阳宗海、万·峰湖面源污染监测及形成机理分析，但在流域尺度上，高频度监测产生于网间带并通过流域出口输出的面源污染物研究仍很缺乏。面源污染物从网间带不同类型土地如人居环境系统、坡耕地、农田、荒山荒坡、林地产生，通过沟道、河道向湖泊或流域外输送。在监测掌握流域出口面源污染物输出动态和负荷的基础上，结合网间带不同类型土地面源污染物产生特征，可以分析面源污染物在流域水生态过程中的输出特征，为流域尺度上开展治理提供依据。具体地，可对比网间带面源污染物产生浓度、负荷与出口污染物浓度、负荷，了解污染物在网间带产生到污染物输出在时间和空间上的差异等。

贵阳市"两湖一库"（红枫湖、百花湖、阿哈水库）是云贵高原重要的淡水湖泊，是贵州省会城市贵阳工农业用水的来源，目前水体污染及富营养化问题日益突出，已成为贵阳市最严重的生态环境问题之一。"两湖一库"水污染直接威胁到贵阳市及周边县市的生产生活用水安全，并制约着贵阳市社会经济的可持续发展。大量研究表明，湖泊水体污染和富营养化与汇水区内农业面源污染直接相关，农田高氮磷排灌水、农村居民生活污水、禽畜养殖、坡耕地土壤侵蚀等都对流域水系造成不同程度污染。但在"两湖一库"汇水区，并没有流域尺度上实际观测的研究资料，已有的资料主要是通过模型计算和统计分析得到的。为了准确掌握"两湖一库"农业农村面源污染物产生动态和负荷，有必要对"两湖一库"典型小流域水环境的监测研究，探明农业面源污染物的时空变化规律，为农业农村面源污染治理提供依据。

# 3.2 国内外研究现状

## 3.2.1 国外研究现状

20 世纪 60 年代，人们在治理湖泊和海湾水体富营养化时，发现流域内的点源污染得到有效控制后，湖泊、海湾等的水质并没有得到有效改善，并有进一步恶化趋势。经研究表明，这是由于湖泊、海湾汇水区农业农村面源污染造成的，这引起了社会的广泛关注。尤其是农药、化肥的大量使用，使地表径流的水质不断恶化，生态系统遭到破坏。从此，人们开始研究农业面源污染对水质、水体富营养化、水生生物多样性的影响，分析农业面源污染的时空特征、迁移路径、预测污染负荷等。最初，依据统计分析方法，建立统计模型，预测农业面源污染负荷与土地利用、径流量之间的关系。其中最著名的是径流曲线方程（McCuen，1982）和美国水土保持局的通用土壤流失方程

(Universal Soil Losses Assessment，USLA)（Tiwari et al.，2000）。

20 世纪 70 年代中期是农业面源污染研究快速发展的时期。研究者们对农业面源污染的物理、化学过程进行了深入研究，开发了农业流域径流、农药、化肥输移的相关模型，如 PRZM（pesticide root zone model）（Carsel et al.，1984）、CREAMS（Knisel，1980）；城市暴雨管理模型，如 SWMM（storm water management model）（Zagiloul and AbuKief，2001）、STORM（storage treatment overflow runoff model）（USACE-HEC，1977），改善对面源污染的预报。在深入研究农业面源污染问题的基础上，1972 年美国《清洁水法》（Clean Water Act）首次将农业面源污染写入国家法规，提出了著名的"最大日负荷量计划"。《联邦水污染控制法》大力倡导以土地利用方式合理化为基础的"最佳管理措施"以控制农业面源污染。

20 世纪 80 年代，研究的重点转向农业面源污染的管理和控制，相继建立了 EPIC（erosion/productivity impact calculator）（Chung et al.，1999）、AGNPS（agricultural non-point pollution source）（Young，1999）、CNSP（CNSP pasture model）（McCaskill and Blair，1990）、ANSWERS（areal nonpoint source watershed environment response simulation）（Beasley，1982）、SWRRBWQ（simulator for water resource in rural basins-water quality）（Williams et al.，1985）和 GLEAMS（groundwater loading effects of agricultural management system）（余进样和刘娅菲，2009）等监测与评估模型，农业面源污染的控制与管理措施得到广泛研究与实施。1989 年欧盟委员会第一次在官方文件中明确提出面源污染的问题，指出水质问题是由农田与城市硝酸盐排放引起的。美国的《安全饮用水法》（修订版）、《食品安全法》、《联邦环境杀虫剂控制法》、《农业发展法》、《联邦土地政策及管理法》都有明确针对农业面源污染的相关条款和规定（Shortle and Abler，2001）。

进入 20 世纪 90 年代，农业面源污染物迁移和转化研究、流域尺度的面源污染负荷估算、农业面源管理模型和农业面源污染风险评估成为这一时期模型研究的最新突破点（Srinivasan and Engel，1994）。研究工作将农业面源污染监测评估与"3S"技术相结合，以 Arcview 或 ArcGIS 等为操作平台，推出了 WEPP（water erosion predict program）（Flanagan and Nearing，1995）、MIK-SHE（system hydrologic European）（Singh，1995）、BASINS（better assessment science integrating point and non-point sources）（Lahlou et al.，1996）、AnnAGNPS（annualized agricultural non-point source）（Grunwald and Norton，1999）、SWAT（soil and water assessment tool）（Neitsch et al.，2001）等模拟软件，开展大流域尺度的农业面源污染预测预报。在政策上，欧盟出台了《欧盟硝酸盐法令》，德国开始实施《德国肥料条例》，法国在硝酸盐污染区实施平衡施肥技术，制定肥料禁用时间，丹麦制定了不同土壤和不同耕作方式下的氮肥最大施用量规程（Geerten，1998）。

## 3.2.2　国内研究现状

我国的农业面源污染研究始于 20 世纪 80 年代的湖泊、水库富营养化调查和河流水质规划研究，先后在天津于桥、滇池、太湖、鄱阳湖、巢湖、镜泊湖、西湖、三峡库区等湖泊，以及沱江内江段、晋江流域、北江浈水流域、淮河淮南段、黄河兰州段、渭河宝鸡段、辽河铁岭段进行了探索性的研究，积累了一些研究资料（董亮，2001）。后来，在多个领域开展了研究工作，这些领域主要包括面源污染影响因素、人类生产方式对面源污染的影响、污染特征及危害、预测模型和评价方法、治理技术方面。

### 3.2.2.1 面源污染影响因素

在面源污染影响因素方面，大量研究表明，气象因子是面源污染发生发展的前提条件。降水量、蒸发量、平均气温、风力和太阳辐射量对水文过程、作物生长和养分降解、转化等都具有重要影响（Merrington et al.，2002）。农业面源污染发生伴随流域暴雨过程产生，降水产生的径流和泥沙为氮、磷等化学元素的迁移提供动力和载体。丰水年污染物负荷较大，枯水年污染物负荷相对较小，污染物负荷主要集中在年内的暴雨期。径流越大，污染物负荷量越高；在径流量相同的情况下，潜在的污染物含量越高，造成的面源污染越严重（杨艳霞，2009）。地貌是地域分异的重要标志和主导因素，地形决定水力、风力、重力等外营力的分配，其中坡度、坡长影响污染物分离和搬运的过程及其速度。土壤的物理属性和化学组成直接决定土壤的抗冲、抗蚀能力，同时是氮、磷等化学元素循环的主要环境。土壤的物理属性如土壤种类、土壤质地、土壤层数、组成物质及比例、土壤母质、有效层厚度、土壤密度、有效含水量、土壤饱和容量，以及土壤 TN、TP、COD 含量，影响着土壤剖面中水气状态和面源污染物向水体中的释放特征。植被覆盖度增加地表糙率，植物根系又起到固结土壤的作用，这直接影响到污染物对下游水体的贡献率。研究表明，当植被覆盖度＞75％时，不论降水量大小，地表的侵蚀量极其微弱，侵蚀量不及裸地的 1％；植被覆盖度＜10％时，土壤侵蚀量会大幅度增加，氮和磷面源污染物将通过径流大量释放。

### 3.2.2.2 人类生产生活方式对面源污染的影响

在人类生产生活方式方面，研究结果表明，为提高粮食产量，从 20 世纪 90 年代以来，我国农业生产上的化肥农药使用量快速增长，并呈逐年增加趋势。2007 年，我国化肥总用量为 5107.8 万 t，占世界化肥总用量的 1/3，单位面积施用量超过世界平均水平 3 倍多（丁锁和臧宏伟，2009）。很明显，许多施肥是不合理使用，施肥量高但利用率低的情况普遍存在。未被利用的氮、磷一部分被土壤吸附，一部分通过地表径流、地下淋溶进入水体，对流域水系造成污染。

农药同样存在着过度施用的问题。由于农药本身不易被微生物分解，且其对酸和热稳定，不易挥发、难溶于水，在环境中残留时间很长，尤其在黏土和含有机质的土壤中容易残留。每年农业生产中都需要使用农药，进入土壤中的农药残留及衍生物含量不断累积，严重污染了土壤环境（张红宇，2006）。2007 年，我国农药使用量为 162.28 万 t，平均施用量高达 13.33kg/hm²。土壤中残留的农药会被灌溉水、降雨径流冲刷到江河等受纳水体，造成水体污染（张维理等，2004；赵永秀等，2007）。

在农村，发展畜禽养殖必然要产生大量的粪便和废水。粪便和废水中含有大量的氮、磷、有机物，合理利用条件下它是一种宝贵的资源，但处置不合理，它们则变成一个严重的污染源，并危及牲畜本身和人体健康。一些牲畜养殖场仅进行单一的养殖，没有和种植业形成联系，粪便没有出路，长期堆放，任其日晒雨淋，污染了周围水环境。

在养殖场，清洗、消毒等所产生的污水量很大，这些污水中含有大量的有机物、消毒剂、病原微生物和寄生虫卵等，冲洗水排出场外，若未经处理直接流入河流、湖泊、水塘，会导致水质严重下降（张宏华，2003）。

农村污水含有较多的碳水化合物、蛋白质、脂类、木质素等有机物。这些物质以悬浮或者溶解状态存在于污水中，一般农村都很少建设污水处理系统，通过流经自然沟渠、池塘、村间空地，作一定程度的处理，但是这种自然处理效率比较低。目前人们对排放分散、随机的村落污水缺乏足够重视，一方面主要是缺乏资金，因为建设农村污水处理系统需要比较大的投资和维护费用；另一方面，污水是向下游排放，引起下游河道、湖泊污染，一般对排放者没有严重影响，对于环保意识和道德观念淡薄的群体来说，不会主动投资建设处理系统。因此，农村污水排放和污染是一个十分严重的问题。

在广大的农村，水土流失也是一个面源污染的主要来源。全国水土流失面积3.67×$10^6$km²，占国土面积的38.2%，其中水力侵蚀面积占49%。每年我国流失的土壤达5.0×$10^9$t，每流失1t土壤中，含氮2.55kg、磷1.53kg、钾5.42kg（全为民和严力蛟，2002）。这些营养物质都进入水系，导致水体污染或改变水体物理化学性质，使水生生态系统正常功能丧失。造成水土流失的主要原因有两个：一是坡耕地面积大，缺乏有效的水土保持措施控制侵蚀；二是各种建设工程破坏自然植被、地貌，导致了新的水土流失；三是全球环境变化下，山洪、泥石流、滑坡发生频繁，导致沟谷侵蚀模数增加，污染水体。水土流失使生态环境恶化，土地生产力下降，江河、湖库淤塞，直接威胁城市和乡村的人民生命财产安全（张建锋等，2008）。

### 3.2.2.3 农业面源污染特征及危害方面

《美国清洁水法修正案》定义非点源（面源）污染为"污染物以广域的、分散的、微量的形式进入地表及地下水体"。与点源污染相比，面源污染的时空范围更广，不确定性更大，成分、过程更复杂，因而增加了研究、治理和管理政策制定的难度。总的来说，小流域面源污染具有污染发生时间的随机性、发生方式的间歇性、机理过程的复杂性、排放途径及排放量的不确定性、污染负荷时空变异性，以及监测、模拟与控制困难等特点（王晓燕，2003）。

农业面源污染来源广泛，污染风险大，对区域农业生产、水资源环境、水生生物栖息地等均有严重影响。在2004年中国环境与发展国际合作委员会年会上，中外专家、学者一致认为，中国的农药与化肥用量已到极限，并已成为水环境污染的"元凶"，已到了非治不可的地步。农业面源污染对农业生态环境的危害可以概括为：生态影响、经济影响和社会影响（李海鹏，2007）。生态影响主要包括水体富营养化、水体酸化、产生温室气体、大气污染、土壤污染及流失等；经济影响则包括由于水体和土壤污染造成对种植业、畜牧业和渔业的经济损失，体现为各类作物产量下降、品质降低，渔业大幅减产等方面。面源污染的社会影响主要体现在饮用水水质恶化，由于土壤污染导致食品安全问题，使人类健康和动植物生存受到威胁。

具体地，在导致水环境水体的富营养化方面，化肥、农药大量流失，畜禽粪便未经谨慎处理直接排放，进入水体后会引起地表水的富营养化，使水体中好氧分解变为厌氧分解，水质变臭，危及鱼类和其他水生生物的生存。不仅如此，氮、磷等营养物质还会阻碍水生生物的呼吸和觅食，破坏水生生物的生存空间，甚至引起水生生物的猝死，导致局部生态系统的失调，同时还可以下渗危害地下水源。

氮、磷、农药、重金属等有机或无机污染物，以及盐类、病原菌等，通过地表径流和地下水渗漏，最后造成水环境污染，会使很多地表水或地下水源含有的各种污染物含量超标，水质下降，导致饮用水中的亚硝酸盐浓度上升，引起高铁血红蛋白症，对人体健康危害极大。当前，我国面源污染呈现由局部到整体、由城市到农村的发展态势；地下水污染由点到面、由浅层到深层；有的城市饮用水水源污染加重，甚至在一些农村饮用水存在苦咸或含有高氟、高砷及血吸虫病原体等问题，对人民群众的身体健康构成严重威胁。另外，农药、除草剂及其降解产物不断进入水体，在生态系统的各个单元不断富集，对水生生物群落产生毒性，水体功能下降，影响水体生态系统平衡。这些污染物质对水环境最直接的毒害便是引起水体生物的急性中毒，如有机磷、有机氯农药；毒性物质在水环境食物链中通过富集作用，危及人类健康和安全；而家畜粪便中常常包含有大量细菌，尤其是大肠杆菌，随着径流进入水体，会形成大面积的面源污染，并会造成疾病的蔓延与传播。

### 3.2.2.4　面源污染预测评价方法

面源污染的预测评价方法经过长期研究，已经形成体系。有在对面源污染物调查和研究基础上进行简单计算的方法，如平衡法、追加计算法、概率统计法，有流域或区域尺度对面源污染进行总量、发生空间预测和机制分析的复杂模型模拟法。平衡法是建立在已知一定流域污染负荷量的基础上，在获得的数据中减去点源污染的负荷和水体与陆地表面的大气沉积物，计算所得的负荷被看做是农业面源污染负荷量的最小估计值。我国早期滇池、太湖和鄱阳湖等湖泊的水体富营养化中农业面源污染贡献率的估算和评价就采用此方法（郭怀成和孙延枫，2002）。追加计算法把整个流域划分成多个特定区域（如森林、草地、果园、农田等），在这些区域内任何一种营养元素负荷量被看做是流域其他社会生态或物理-地理参数的函数，总负荷量是所有污染物的负荷总和（余进祥和刘娅菲，2009）。概率统计法是在单元流域内，通过统计分析农业生产中化学投入品的使用量与流域受纳水体中污染物负荷的相关性，建立函数关系，从而估算区域农业面源污染的贡献率和负荷。

模型模拟法根据模型的应用尺度分为农田间尺度模型和流域尺度模型两大类。农田尺度模型虽然未考虑气候条件、农田、土地利用、土壤质地、水土管理措施等空间变异性，但对于一定的气候、土地利用和土壤质地条件下的农业面源污染监测及评估，农田尺度模型能够准确地描述和评价不同农业管理措施条件对土壤侵蚀、污染物转化、迁移过程的影响效果。尤其是以 GIS 为基础研究大尺度分布式参数模型。具有代表性的模型有 CREAMS、GLEAMS、LEACHM（leaching estimation and chemistry model）、RZWQM（the root zone water quality model）、EPIC、NLEAP（nitrogen leaching and economic analysis package）（Shaffer et al.，1991）、MANNER（manure nitrogen evaluation routine）（Chambers et al.，1999）等。随着计算机技术的快速发展和"3S"技术在流域研究中的广泛应用，以 Arcview、Arcinfor 等 GIS 为平台面向事件的分布式参数流域模型被开发出来。模型将流域内的土地利用、水文、土壤等离散化为相对一致的网格来解决空间变异性，增加了资料预处理、后处理和可视化等功能，使农业面源污染模型更逼近环境过程的真实性。应用较广的模型有 AGNPS 及其改进版 AnnAGNPS、SWAT、BASINS 和 MIK-SHE 等。

在农业面源污染预测模型研究方面，我国也有了一定的发展，如陈西平等（1992）根据径流小区试验建立了降水量与污染物输出量的相关性，并研究了涪陵地区 5 种污染物的各次降雨冲刷预测方程；徐向阳和刘俊（1999）定量分析了农田降水、产流、下渗、排水、蒸散发、灌溉之间的关系，建立了一个模拟农业排水和产沙的氨氮流失数学模型；李怀恩和沈晋（1996）研究了面源污染的"宏观"模型，以面源污染物的迁移转化机理为基础，从宏观角度和较大尺寸上直接研究野外实际流域的非点源污染的发生过程与特点，建立次暴雨非点源污染负荷的数学模型，该模型包括了降雨径流模型和污染物的产生与迁移模型。此外，王昕皓（1985）提出了非点源污染负荷计算的单元坡面模型法。但是在农业面源污染模型研究领域，我国研究的主流是引进国外先进的模型软件，应用到不同区域、流域的面源污染预测工作中。其中应用最多的软件是 AGNPS 和 SWAT 两种非点源预测模型。这两种模型应用一般都是建立在小区试验，大区域收集土壤、植被、气象、水文、水质监测、地形、管理措施等相关数据基础上，运用 GIS 进行数据处理，导入具体的预测模型，对面源污染物进行预测预报。一些国内的研究工作，在 GIS 平台上进行改进和再开发，但是由于受多方面因素影响，没有得到广泛推广，仅限于一些大型的专门研究和流域应用。

### 3.2.2.5 面源污染治理技术

从世界范围来看，农业面源污染已成为水环境的一大污染源或首要污染源。汇水区农业面源污染控制技术是解决流域水污染问题的关键所在。农业面源污染控制从宏观上已具有的共识是：从整个农业生态系统或流域出发，综合治理，从根本上达到治理的目的。解决面源污染的根本途径之一是采用生态工程技术。总体而言，用于控制农业面源污染的生态工程技术可分为源头污染控制和径流污染控制两大类。用于源头污染控制的生态工程技术有平衡施肥技术、村落污水生态处理技术、固体废弃物资源化处理技术、山地水土保持技术等。平衡施肥技术采用先进的识别方法，确定植物生长发育需要的营养元素量，设计施肥量，使施肥既能满足农作物的需要，同时对环境不构成污染。这一技术被国内外广泛应用于农田养分管理中，并与计算机技术交叉，不断完善和发展。

村落污水处理技术主要是污水收集、生态床、湿地、土壤渗滤处理技术等。这些技术仍然在不断完善。固体废弃物处理技术主要包括堆沤肥技术、固体废弃物复混肥生产技术、固体废弃物汽化技术等。水土保持技术是针对坡面土壤侵蚀，导致径流水中泥沙和氮、磷增多，采用生物、工程和栽培管理，控制土壤侵蚀的技术。坡改梯、植物篱、水土保持林、保土耕作和栽培是常常利用的措施，目前国内外发展了生物覆盖和秸秆覆盖的农业技术。这些技术在农业流域中的组合对源头污染物控制具有根本的削减作用。

在径流污染控制方面，污染沟渠、河流的生态修复技术是利用河流中生物和河流的理化特征，如流速、溶解氧等来恢复河流生态，方法包括河道生态床、人工增氧、底泥疏浚、修建净水湖、河流水生植物修复等，都具有明显去除氮、磷的效果。在严重污染的地段下方，建造截留污染物和使污染物循环利用的设施，可削减污染物负荷。天然或人工水塘，可使悬浮物得到沉降、降解。利用农田-沟渠、水塘独特的生态系统可改变养分的运移形态及途径，从而达到减少污染物输出的目的。水塘沉积物具有强的磷吸附容量，自然水塘湿地系统能够显著降低进入地表水体中的氮源负荷。欧美国家在径流污染控制上的主要生态方法是利用天然低洼地进行筑坝或人工开挖修建暴雨滞留池，对污染物超标的径流进行处理。特别是近年来，湿地在进行农业面源污染的控制处理方面得到广泛的应用。

利用缓冲带进行面源污染控制也是一种被广泛推崇的径流过程中的污染控制方法。目前正在实验开发的系统有美国的植被过滤带（vegetated filter trip）、新西兰的水边休闲地（retirement of riparian zone）、英国的缓冲区（buffer zone）、中国的多水塘和匈牙利的 Kis-Palaton 工程。已有的研究表明，磷的产生量与缓冲带的大小、流域内湿地面积比重、河流的连续性状况和河流的弯曲度密切相关。污染径流与接纳水体间的植被缓冲带、水塘、荒地等对氮、磷、泥沙的截留、沉积、输移的作用很强。因此，这些措施或设施的建设能显著消减污染水体中的氮磷，使湖泊富营养化水平明显得到控制。

## 3.3 本研究关注的问题

为了有效控制农业面源污染对湖库水体的污染，就必须采取有效的治理技术，但治理的前提是要弄清流域内面源污染物的产生机理，在网间带中有哪些土地利用类型会产生较大的污染，哪些不合理的种植、施肥方式会产生污染，禽畜养殖以及农村居民生活对流域水系污染的贡献有多大等。这些都需在治理实施前进行综合评估，以便在治理中找准侧重点。

农业面源污染具有污染排放的分散性、发生时间的随机性、发生方式的间歇性、排放途径及排放量的不确定性特点，但其总体上是以流域为单位，在水流的作用下，从村落、农田、坡耕地产生，通过沟道、河道进入接纳水体，导致湖库水体污染，富营养化加剧。"两湖一库"汇水区是由有限个小流域构成，因此本研究选择"两湖一库"汇水区内农业生产方式、土地利用类型、人口分布等在整个流域都非常典型的封闭小流域——大冲流域为研究对象，对流域降水量、径流量、总氮、总磷、COD 浓度值进行同步监测。通过监测，计算小流域面源污染物入湖负荷，评估这类型流域面源产生风险的大小，找出流域面源污染物的时空变化特征及导致的原因，结合流域中网间带其他土地利用类型面源污染物输出负荷的资料，确定网间带产生污染物最多的土地利用类型，不合理的种植、施肥方式，以及禽畜养殖以及农村居民生活对流域水系污染的贡献，把资料外推到整个汇水区，服务于污染治理。同时，对流域的降雨—径流—污染负荷进行相关分析，建立经验方程，用于红枫湖汇水区农业小流域的面源污染负荷预测。

## 3.4 流域概况及研究方法

### 3.4.1 典型流域选择

"两湖一库"周边工业点源已经得到有效治理，水体和底泥也在实施相应的治理工程，但是湖泊水质仍然没有根本改善。大量研究表明（陶春，2010；成能汪等，2004；张从，2001），工业污染被有效治理后，一般湖泊污染主要来自农业面源。通过推测认为导致"两湖一库"水质污染和富营养化的主要原因是农业面源污染，可是在"两湖一库"汇水区没有典型流域面源污染物输出的数据资料。而且"两湖一库"的主要湖泊——红枫湖，是一个放射状湖泊，由几十条河流直接注入湖泊，在监测面源污染物时，不可能在短期内对注入的每个流域湖泊污染物负荷进行监测，因此有必要选择一条能代表"两湖一库"汇水区的流域，开展观测研究，使研究结果能够代表多条流域，在评估整个汇水区面源污染时，能够外推。调查表明，"两湖一库"汇水区农业面源污染源主要是农田高氮磷排灌水、农村居民生活污水、禽畜养殖粪便污染、坡耕地水土流失等，所以典型小流域的选取应具有污染物的多源性。在典型小流域选取上主要考虑的因素有：①所选取的典型小流域在地形、地貌、土地利用、植被、农业生产等方面在"两湖一库"汇水区具有典型性，能代表当地的一般情况；②流域是闭合的，没有径流的其他出口，既便于准确评估其污染负荷，又利于各项治理技术实施后对实际效果量化评估；③典型小流域所在地理位置交通便利，便于进行野外作业；④附近有水文、气象等监测站，保证基础数据可以校核。在大量外业调查的基础上，综合以上条件，最终选取红枫湖汇水区内闭合的大冲小流域为研究的典型流域。

### 3.4.2 流域概况

大冲小流域位于贵州省清镇市西部，属红枫湖镇（东经 $105°55'\sim106°30'$，北纬 $26°07'\sim26°39'$）管辖，距贵阳市中心约 26km，流域面积为 $1.247km^2$（图 3-1）。红枫湖由中、南、北、后四湖组成，大冲小流域汇入中湖（图 3-1）。大冲小流域地处亚热带季风气候区，冬无严寒，夏无酷暑，年平均气温 14℃，年降水量 $1091.8\sim1414.0mm$，冬春少雨，降水量随着大气温度回升而逐渐增加，雨热同期，有利于农作物和林木生长。雨日多，多夜雨，蒸发量小，湿度大。平均相对湿度为 79%，平均风速为2.1m/s，平均日照时数为 1079.5h。

大冲小流域地势平缓，以平地、丘陵为主，同时也分布有少量的沟谷、洼地等类型。平地、丘陵主要被黄土覆盖，沟谷、洼地等主要是碳酸盐地层，岩溶发育不强烈。流域内以碳酸盐岩为成土母质的石灰土和黄壤分布广泛。黄壤是主要的旱作土壤，石灰土主要分布在岩溶丘陵，另外，丘陵之间农田有水稻土分布。流域地带性顶级植物群落为亚热带常绿阔叶林，但已被破坏，代之是通过次生演替发展起来的常绿阔叶次生林。在黄壤地带，人工落叶阔叶林也长势较好。区域内主要树种有马尾松、华山松、杉、麻栎、榛子、水竹、朴树等；经济树种有樱桃、板栗、桃等；农田植被有水稻、油菜、玉米、蔬菜等。

大冲小流域辖区内有居民 100 余户，人口 620 余人，村民人均纯收入约为 5500 元，

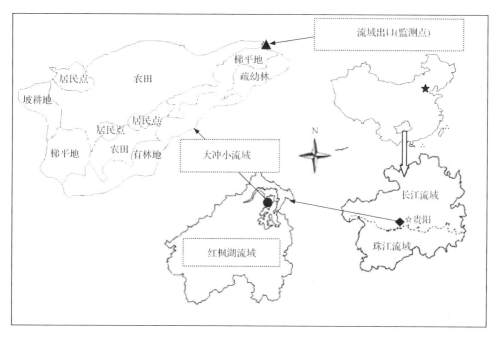

图 3-1 研究区域地理位置

村民经济收入主要来源于种养殖业及农家乐服务业。大冲小流域交通便利，毗邻"贵-黄"高速公路，近年来不断调整农业产业结构，社会经济取得了长足发展。流域内种植着水稻、蔬菜、玉米、果树等，这些作物的种植都对流域水系造成了不同程度的污染。以水稻为例，经调查，在水稻生产中每亩施用农家肥 600kg，复合肥 50kg，尿素 20kg。由于漫灌和降雨的作用，稻田内高浓度的有机污染物会随径流进入湖泊。流域内果树、玉米多种植于旱坡地，由于没有采取水土保持措施，在降雨形成坡面径流时，养分极易随径流流失。

大冲小流域农村生活污水都是未经处理通过沟道排入红枫湖，生活污水包括厨房洗涤用水、日常洗漱用水、洗衣用水、厕所冲洗用水等，在生活污水中含有纤维素、淀粉、糖类、脂肪、蛋白质等有机类物质以及无机盐类。经采样分析，生活污水中 TN、TP、$COD_{cr}$ 含量分别为 13.84～50.11mg/L、3.20～5.10mg/L、35.7～207.0mg/L。生活污水一部分用于沤肥，其余则随沟道进入小流域后排入湖泊，对湖泊造成一定程度的污染。流域内农村大部分农户都养猪、养牛，每家猪圈中猪食水、尿液、粪便、垫圈材料堆沤过程中会产生渗滤液，渗滤液没有经过处理直接进入生活污水沟道，使沟道中废水污染物含量呈几何级数增加。经采样分析，含养殖粪便的污水中 TN、TP、$COD_{cr}$ 含量分别为 45.10～72.62mg/L、4.50～18.50mg/L、220.0～850.0mg/L。另外，牛粪的收集率较低，圈中仅有一半左右，其余则散落于田间和路上，散落于田间和路上的粪便也会在降雨时随径流进入流域，对流域水系造成污染；作物秸秆、厨余废物等对流域水系也造成了一定程度的污染。因为流域地处国家饮用水源一级保护区，辖区内无工厂、规模化养殖场等点源污染排放，污染均为农业面源污染所致，所以该流域是"两湖一库"汇水区内农业面源污染比较严重、污染方式较为典型的农业小流域，对该流域的污染评估和治理对整个"两湖一库"汇水区的农业面源污染防治具有重要意义。

### 3.4.3 研究内容

在典型流域出口,对降雨、入湖径流、入湖污染物浓度进行长期同步监测。具体方法为:①选取 TN、TP、$COD_{Cr}$ 为流域入湖水质评价指标,根据流域入湖 TN、TP、$COD_{Cr}$ 浓度监测数据,分析面源污染物变化规律及导致的原因;②结合径流计算小流域污染物入湖负荷,根据入湖负荷的时空变化规律确定流域污染物的来源及原因,提出流域农业面源污染治理的建议和对策,负荷计算也为整个项目实施治理技术后的实际效果量化评估提供依据;③对降雨—径流—污染负荷进行相关分析,得出经验方程。经验方程可用于"两湖一库"汇水区其他相似农业小流域的面源污染负荷预测,丰富云贵高原岩溶地区同类型小流域的农业面源污染研究工作。其技术路线如图 3-2 所示。

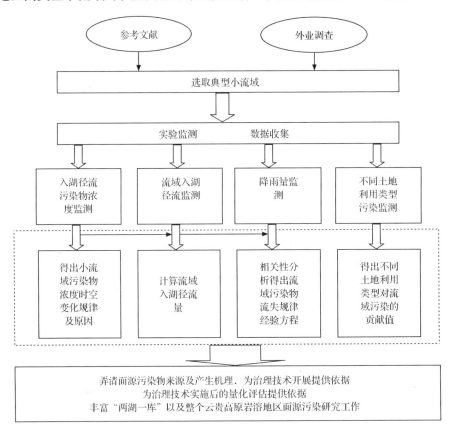

图 3-2 研究的技术路线图

### 3.4.4 流域降雨径流观测

在小流域出口处修建矩形监测堰,堰宽 1.0m,堰壁和底面平整光滑,确保水的流态稳定(监测堰示意图如图 3-3 所示)。

在监测断面安装从美国进口的 Onset HOBO 自记水位计监测水位。此型号水位计内置压力式水位传感器,利用其压力电阻效应,将承受的液压转化成电信号,后经内置

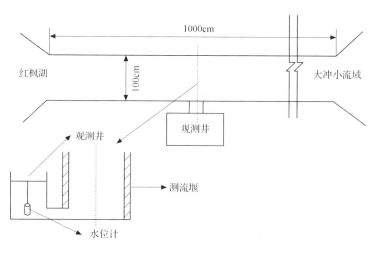

图 3-3　监测堰示意图

数据处理器转换并记录。该型号水位计特点是：①无需通气管和干燥剂；②钛合金外壳抗腐蚀能力更强；③采用非常耐用的陶瓷压力传感器；④防水、防雷击设计；⑤低功耗，附带软件提供全面的数据分析、报告功能。仪器组成为压力传感记录仪、光学数据下载接口及软件。水位测量范围：0～9m；压力范围：0～207kPa；测量精度为±2.1cm，误差<0.1%；全量程数据采集容量为64kb，可存储21 700个水位数据。其工作界面如图3-4所示。

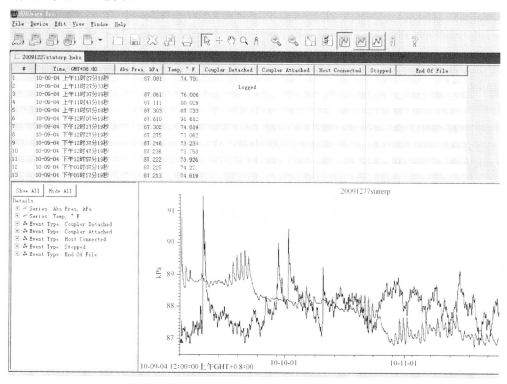

图 3-4　水位计工作界面图

因为仪器被安置在测井的底部，水位高低变化，对仪器的压力也随之变化。仪器把这种压力响应按可设置的时间间隔记录下来，需要数据时，通过专用软件导入电脑。本实验设置水位计采集间隔为 10min，所以每隔 10min 水位计将记录水下气压值一次，数据输出后，再根据地面补偿气压作相应校准，根据式（3-1）计算水位值，把水位值代入式（3-2）计算流量。

$$\Delta P = \rho g \Delta h \tag{3-1}$$

式中，$\Delta P$ 为压力变化值；$\Delta h$ 为水位变化值；$\rho$ 为水的密度（$1 \times 10^3 \text{kg/m}^3$）；$g$ 为重力加速度（$9.8\text{m/s}^2$）。

$$Q = 0.018Bh^{3/2} \tag{3-2}$$

式中，$Q$ 为过堰流量（L/s）；$B$ 为堰槛宽（cm）；$h$ 为过堰水深（cm）。

另外，在流域内的野外实验室房顶安装 HOBO-RG3 型自记雨量计，对实验期间的降水量进行监测，定期将自记雨量计数据导出存入电脑。

### 3.4.5　入湖径流污染物浓度监测

为了采集到的样品能在国标规定的时间范围内进行测定，项目组在距监测点约 1000m 处建立了 30m² 的野外实验室，配备了紫外可见分光光度计、电子天平、高压灭菌消毒锅、自动双重纯水蒸馏器、烘箱、冰箱等必需的设备，具备及时测定样品污染物浓度的条件。

监测从 2010 年 1 月 1 日开始，除因干旱等原因导致流域出口沟道断流没有监测外，沟道中有水都采样监测。每天从早 8 点到晚 8 点每隔 3h 到监测断面处人工采集水样 500mL，然后置于冰箱中 2℃ 条件下保存，每天计采水样 5 个。每月 15 号、30 号增加晚上采样 3 次，间隔采样时间也为 3h。在采样后 48h 内，按国家标准对样品总氮、总磷进行测定，将每天的样品混合取一定体积水样测定 $COD_{Cr}$ 值。总氮（TN）测定采用碱性过硫酸钾消解紫外分光光度法，总磷（TP）测定用过硫酸钾消解钼酸铵分光光度法，$COD_{Cr}$ 用重铬酸钾法测定（国家环境保护总局，2002）。

### 3.4.6　数据分析

根据流域降水量、径流量、流域入湖口处的水样中总氮（TN）、总磷（TP）、$COD_{Cr}$ 浓度值等同步监测数据，利用 SPSS、Excel 等统计分析软件对每个污染指标在一年中的变化规律进行分析；然后采用区段法，即以流域出水口处各监测时段内的水质、水量同步监测为依据，并假定每时段内的水质、水量不变，用监测时段内的污染物浓度乘径流量来计算各时段内的污染物输出量（张荣保等，2005）；利用 SPSS 软件对降雨—径流—污染负荷进行回归分析。

## 3.5　监测期间小流域出口面源污染物浓度动态变化

### 3.5.1　小流域降水特征

#### 3.5.1.1　2010 年降水特征

月降水：对 2010 年流域降水量观测数据分析表明，2010 年流域全年降水量为

1157.1mm，汛期 4～9 月总降水量 979.6mm，占年降水量的 84.66%，非汛期降水量为 177.5mm，占全年降水量的 15.34%。2010 年各月降水量如图 3-5 所示。从图中可以看出，月降水量小于 50mm 的为 1 月、2 月、3 月和 12 月，在 50～100mm 范围的为 4 月、5 月、8 月、10 月和 11 月，100～200mm 范围的为 9 月，大于 200mm 为 6 月和 7 月（图 3-5）。

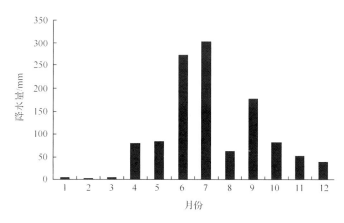

图 3-5  2010 年小流域不同月份降水量

次降水：次降水量是衡量每次降水量多少的指标。若降水过程中，降水间歇时间在 6h 以上，或连续 6h 降水量不足 1.2mm，则视为 2 次降水，否则为 1 次降水（谢云等，2001）。对小流域 2010 年降水数据统计，流域全年共降水 154 次，降水总量为 1157.1mm，其中降水量小于 10mm 有 117 次，10～25mm 有 22 次，25～50mm 有 8 次，50～100mm 有 7 次（表 3-1）。

表 3-1  2010 年次降水分级统计

| 分级/mm | <10 | 10～25 | 25～50 | 50～100 | >100 | 合计 |
|---|---|---|---|---|---|---|
| 次数 | 117 | 22 | 8 | 7 | 0 | 154 |
| 降水量/mm | 219.9 | 316.5 | 243.2 | 377.5 | 0 | 1157.1 |

日降水：日降水量是指 24h 内的降水量。降水日数是指日降水量大于或等于 0.1mm 的天数。一日降水中可能有一次或几次，而一次降水过程中可能跨过一日或数日。根据全年观测资料统计，全年共降水日数为 170 日，日降水量<10mm 有 128 日；10～25mm 有 25 日；25～50mm 有 13 日；50～100mm 有 4 日。其中日降水量最少为 0.1mm，最多为 68.8mm。2010 年各月日平均降水量以 7 月最大，达 10.1mm；其次是 6 月；2 月最小，仅为 0.11mm。各月日平均降水量见表 3-2。

表 3-2  2010 年各月日平均降水量

| 月份 | 1 | 2 | 3 | 4 | 5 | 6 | 7 | 8 | 9 | 10 | 11 | 12 |
|---|---|---|---|---|---|---|---|---|---|---|---|---|
| 降水量/mm | 0.12 | 0.11 | 0.16 | 2.67 | 2.78 | 9.09 | 10.10 | 2.09 | 5.92 | 2.76 | 1.75 | 1.29 |

### 3.5.1.2  2011 年降水特征分析

月降水：2011 年贵州省遭遇罕见干旱，流域全年共降水 688.6mm，相比于去年同期减少了 40.5%。汛期 4～9 月降水量仅为 444.4mm，相比于去年的汛期降水量 979.6mm 减少了 54.63%。2011 年 1～12 月各月降水量如图 3-6 所示。从图中可以看出，2011 年月降水量小于 50mm 的为 1 月、2 月、3 月、4 月、7 月、8 月和 12 月，50～100mm 的为 9 月、12 月，100～200mm 的是 5 月、6 月和 10 月。其中降水量最多的为 6 月，达 160.2mm；10 月次之，为 127.8mm；降水最少的为 2 月，仅 5.6mm。2011 年月降水量分布明显和 2010 年月降水量分布有显著差异。

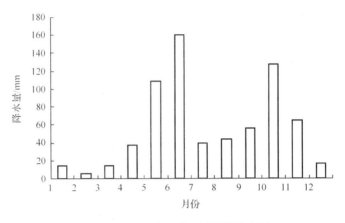

图 3-6　2011 年小流域不同月份降水量

次降水：对 2011 年次降水进行统计，流域降水 116 次，总降水量为 688.6mm，其中降水量小于 10mm 有 103 次，10～25mm 有 8 次，25～50mm 有 2 次，50～100mm 有 3 次。有关数据见表 3-3。

表 3-3　2011 年次降水分级统计

| 分级/mm | <10 | 10～25 | 25～50 | 50～100 | >100 | 合计 |
|---|---|---|---|---|---|---|
| 次数 | 103 | 8 | 2 | 3 | 0 | 116 |
| 降水量/mm | 165.2 | 78.8 | 109.4 | 253.8 | 0 | 688.6 |

日降水：根据 2011 年观测资料统计，1～12 月降水日数为 140 日，日降水量＜10mm 有 136 日；10～25mm 的有 9 日；25～50mm 的有 3 日；50～100mm 的有 2 日。其中日降水量最少的为 0.1mm，最多的为 84.4mm。2011 年各月日平均降水量以 6 月最大，为 5.34mm，其次是 10 月；2 月最小，降水量仅为 0.20mm（表 3-4）。

表 3-4　2011 年各月日平均降水量

| 月份 | 1 | 2 | 3 | 4 | 5 | 6 | 7 | 8 | 9 | 10 | 11 | 12 |
|---|---|---|---|---|---|---|---|---|---|---|---|---|
| 降水量/mm | 0.47 | 0.20 | 0.48 | 1.23 | 3.52 | 5.34 | 1.26 | 1.40 | 1.85 | 4.12 | 2.17 | 0.53 |

### 3.5.2　监测期间小流域入湖径流、污染物浓度次动态变化

#### 3.5.2.1　2010 年次动态变化分析

由于流域断流等原因，2010 年实际有效监测天数为 211 天，共有径流量、径流中

TN、TP 浓度值分别为 1085 个（径流中 $COD_{Cr}$ 浓度监测值 211 个，由于监测值是一天中 5 次水样混合测定值，次动态变化也是日动态变化，因此在日动态变化中分析），其次动态变化如图 3-7 所示。

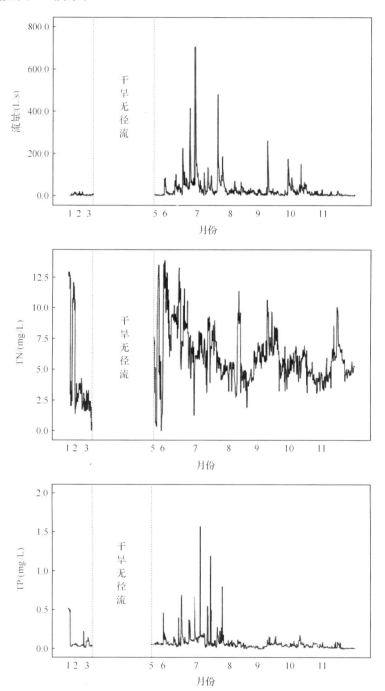

图 3-7　2010 年小流域入湖径流、污染物浓度指标次动态变化图

图 3-7 表明，径流在监测期内变化明显。6 月、7 月降水量多时径流量大，最高时

达 705.88L/s，无降雨时径流量随之减少，最低时为 0.19L/s。径流中污染物浓度在整个监测期内变化也比较大。TN 浓度变化范围为 0.06～12.89mg/L，平均为6.15mg/L。全部 1085 个样品中，96％的样品 TN 浓度超过《地表水环境质量标准（GB3838—2002）》（以下简称《标准》）中规定的Ⅴ类水质标准，说明该流域水体受氮素污染已十分严重。TP 浓度变化范围为 0.00～1.57mg/L，平均为 0.20mg/L。全部样品中，有 95.7％的样品 TP 浓度低于《标准》中规定的Ⅲ类水质标准，84.7％低于Ⅱ类标准，表明磷不是流域的主要污染物。

从图 3-7 中还可以看出，流域入湖径流次变化与径流中 TN 浓度变化不同步，而TP 浓度则与径流量次动态变化基本同步。用 TN、TP 浓度与采样时的径流量作相关分析得出表 3-5 的结论。表 3-5 说明，流域入湖径流中 TN 浓度高低与径流量大小间没有明显的关联；TP 浓度则与径流量间呈显著相关，即当径流流量大时 TP 浓度也相对较高。我们认为这是由磷的流失方式决定的，因为根据杨育红和阎百兴（2010）的研究，吸附态的磷占磷流失总负荷的 84％，而暴雨径流中含有高浓度吸附态的磷。在本流域张梦娇（2012）的研究结果也表明，吸附态颗粒磷在地表径流总磷输出中占有高的贡献。我们在流域出口无降雨采样测定 TP 时，水样是澄清的，测定的 TP 是原样品不过滤而直接测定的值，浓度比较低。当降雨径流量变大时，流域出口径流较浑浊一些。很明显，径流中含有泥沙和有机颗粒物质。测定时没有过滤直接消煮水样测定总磷，水样中的泥沙、有机颗粒物质中的磷和溶解态的磷一起都被测定了，因此，TP 浓度比较高，径流量与总磷浓度呈明显正相关。而氮的流失以 $NO_3^-$ 为主，$NO_2^-$ 次之，$NH_4^+$ 占很小比例，水溶性氮占流失总量比例极大（张福珠等，1984）。当降雨径流增大时，泥沙和有机质颗粒也进入径流中，被取样消煮测定，但是从泥沙和有机颗粒上消煮溶出的氮不多，反而降雨径流量增多时，可能对地表水中的溶解态氮具有"稀释"作用，导致TN 浓度与径流量变化不同步。

**表 3-5　流域入湖径流量和径流中 TN、TP 浓度的相关性**

| 统计量 | 总氮含量/（mg/L） | 总磷含量/（mg/L） |
| --- | --- | --- |
| 皮尔森相关系数 | 0.039 | 0.418** |
| 显著性水平 | 0.197 | 0.000 |
| 样本数 | 1085 | 1085 |

** 表示在置信水平为 0.01 时差异显著

### 3.5.2.2　2011 年次动态变化分析

2011 年由于罕见干旱，到 10 月 31 日，流域实际有效观测天数为 84 天，共有径流量、径流中 TN、TP 浓度监测值分别为 438 个，其动态变化如图 3-8 所示。

2011 年降水量严重偏少，小流域径流量也随之偏小，径流量仅在几场大雨时出现峰值，之后便降低到较低水平。径流出现四次峰值时的降水量分别为 73.4mm、48.4mm、84.4mm、95.2mm。在 5～10 月，径流最大值为 788.8L/s，最低为 0.18L/s。2011 年 5～10 月小流域 TN 浓度变化范围为 2.47～18.79mg/L，平均为 12.12mg/L。全部 438 个样品 TN 浓度均超过《标准》中规定的Ⅴ类水质标准。TP 浓

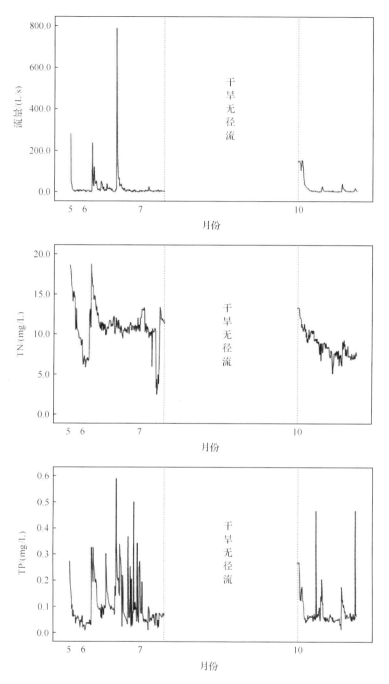

图3-8  2011年5～10月小流域入湖径流、径流中污染物浓度指标次动态变化

度变化范围为 0.01～0.59mg/L，平均为 0.22mg/L。全部样品中，有 90.48% 的样品
TP 浓度低于《标准》中规定的 III 类水质标准，75.24% 低于 II 类标准（图3-8）。与
2010 年监测结果一样，流域受氮素污染严重，磷则不是流域的主要污染物。

2011 年 5 月 22 日一场大雨之前，流域近一个月没有降雨，累积了大量的面源污染
物。此次降雨导致径流中 TN、TP 浓度开始都比较高。TN 浓度在此次降雨后逐渐下

降，到第二场大雨时又达一个峰值，随后便趋于平稳。历经了8月、9月的干旱无径流，流域内面源污染物又大量累积，直至9月30日开始出现强降雨，TN浓度值又达一峰值，随后逐渐降低。TP浓度从5月22日开始很高，随后逐渐下降，除了几次降雨导致径流变大又出现峰值外，还有很多"突变点"（6~7月），即其浓度变化与径流量间没有同步变化，与2010年研究结果不符。这是因为2011年流量总体偏小，径流中TP浓度又偏低，流域内稻田、菜园地灌溉过程中多余水补充，导致了这些"突变"。对于TN，由于沟道径流和灌溉过程中多余水中浓度差异不大，所以没有这种突变性的变化。

### 3.5.3 监测期间小流域入湖径流、污染物浓度日动态变化

#### 3.5.3.1 2010年日动态变化

监测实验系每天8：00、11：00、14：00、17：00、20：00采样5次，每月15日、30日增加晚上2：00、5：00、23：00采样3次，将每天采集样品的TN、TP、COD$_{Cr}$浓度平均以及径流监测值日平均后得出监测期间小流域入湖径流、污染物浓度日动态变化，如图3-9所示。

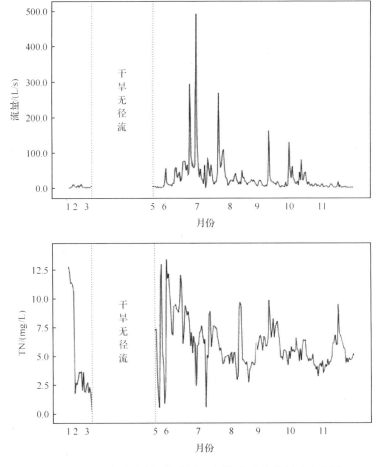

图3-9 2010年小流域入湖径流、污染物浓度指标日变化图

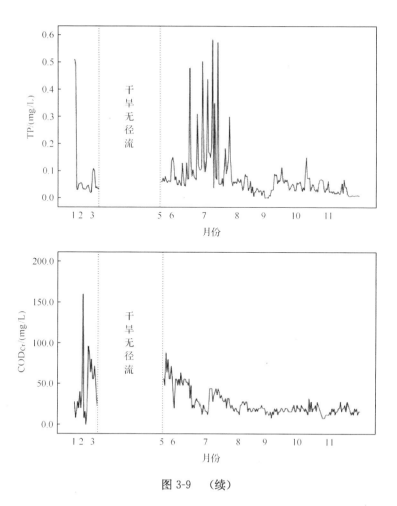

图 3-9 （续）

结合 2010 年小流域降雨数据分析，从图 3-9 可见，6 月、7 月降水量大时流域入湖径流量就高，其他几个月降水量少时径流量就低，所以降水量是小流域径流大小的决定性因素。从图中还发现，5 月和 10 月降水量相当的情况下，10 月入湖径流量却明显高于 5 月，这是因为 5 月是水稻需水量大的阶段，流域沟道内水被拦截灌溉，而 10 月是水稻收获期，排水晒田导致了流域入湖径流的增加。

从 TN、TP、COD$_{Cr}$日均值变化图 3-9 可以看出，6 月、7 月日均值普遍高于其他月份，这是因为 6 月、7 月降水量大，产生了大量地表径流，地表径流冲刷流域内生活污水累积的污染物、禽畜粪便进入沟道，农田径流也进入沟道，导致入湖污染浓度的升高。TP 在 6 月、7 月浓度较高还有一个原因是 6 月、7 月降大雨次数较多，2010 年共降大雨 14 场，其中 6 月、7 月就有 9 场，大雨会导致径流中颗粒物质升高，使径流中总磷浓度上升。COD$_{Cr}$值是反映流域有机物污染程度的综合指标之一，监测期间流域 COD$_{Cr}$浓度变化范围为 0.00～160.00mg/L，平均为 26.29mg/L。全部样品中，有约 20.0％的样品浓度超过《标准》中规定的 V 类水质标准，65.4％超过Ⅲ类标准，表明该流域有机物污染也不容忽视（图 3-9）

### 3.5.3.2 2011年日动态变化

由图3-10可见，2011年5～10月入湖径流日变化与其次变化图一致。由于严重干旱，小流域径流仅在几场大雨时出现峰值，之后便降低到较低水平。TN含量日变化也同其次变化规律一致，在5月开始监测时出现峰值，随后逐渐降低，在第二次降大雨再次出现峰值后便趋于平稳。历经8月、9月的干旱断流，在9月30日出现强降雨开始监测时TN含量又比较高，之后便逐渐降低。TP含量变化与其次变化规律也基本一致，在此不再赘述。$COD_{Cr}$的浓度变化范围为12.00～140.00mg/L，平均为44.55mg/L（图3-10）。全部样品中，有95.24%超过《标准》中规定的Ⅲ类标准。

$COD_{Cr}$含量变化趋势与TN含量变化大致相同，不同的是$COD_{Cr}$含量在10月中旬时普遍偏高，这是因为这段时间系油菜种植前耕田施肥期，道路、田间洒落了很多农家肥，在降雨径流作用下便进入流域，导致$COD_{Cr}$含量偏高。

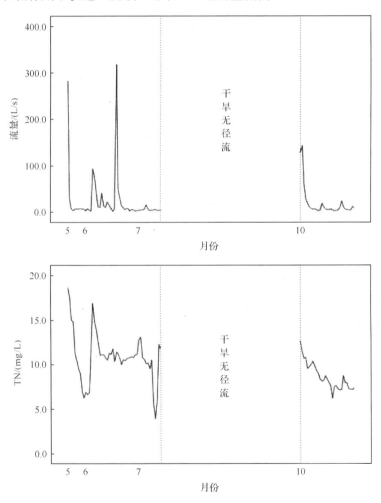

图3-10 2011年小流域入湖径流、污染物浓度指标日变化图

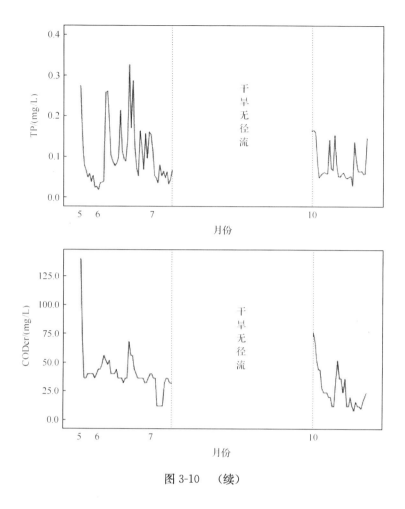

图 3-10 （续）

### 3.5.4 监测期间小流域入湖径流、污染物浓度月变化

#### 3.5.4.1 2010 年月变化

由径流量月变化（图 3-11）可以看出，由于降水量大的缘故，6 月、7 月入湖径流月平均值明显高于其他几个月，其值分别为 67.99L/s、49.86L/s，其他几个月由于降雨量少，径流量不高；径流量最少的 3 月仅为 3.60L/s。与径流的次变化、日变化图一致，5 月由于水稻种植灌溉，入湖径流也要低于与之降雨量相当的 10 月。由 TN 月均变化图可看出，6 月由于降水量大，且之前降水量偏少，大量面源污染物累积于流域，该月 TN 含量明显高于其他几个月，为 8.51mg/L。而 5 月、7 月、8 月、9 月、10 月、11 月的 TN 含量月均值变化不大。1 月、2 月、3 月 TN 含量月均值则明显低于以上几个月，主要原因还是降水量少，流域中积累的面源污染物没有被径流携带到流域出口。还有一个重要原因是这几个月基本没有农业生产活动，流域产生的污染较少。TP 含量的月均值与次、日变化一致，雨量多、降大雨次数多时其值便高，其他时间则变化不大。最高为 7 月，最低为 11 月，其值分别为 0.15mg/L、0.02mg/L。$COD_{Cr}$ 月均值则是 5 月最高，为 63.2mg/L，这是因为水稻种植前大量农家肥从猪、牛圈运往田间，道

路、田间会洒落很多，遇到降雨便冲刷进入沟道。从 6 月开始，COD<sub>Cr</sub>浓度便逐渐降低并趋于稳定。1 月、2 月、3 月 COD$_{Cr}$月均值要高于其他几个月，这可能是因为径流量小，稀释作用弱，以及农村生活排放油污比较多的缘故。

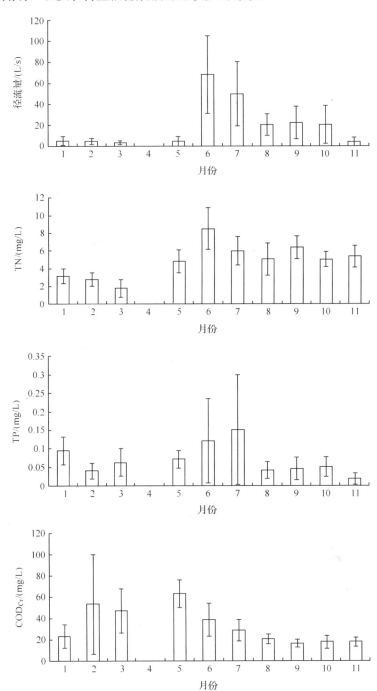

图 3-11　2010 年流域入湖径流、污染物浓度指标月变化

## 3.5.4.2　2011年月变化

由 2011 年径流量月变化（图 3-12）可以看出，由于降水量大的缘故，6 月入湖径

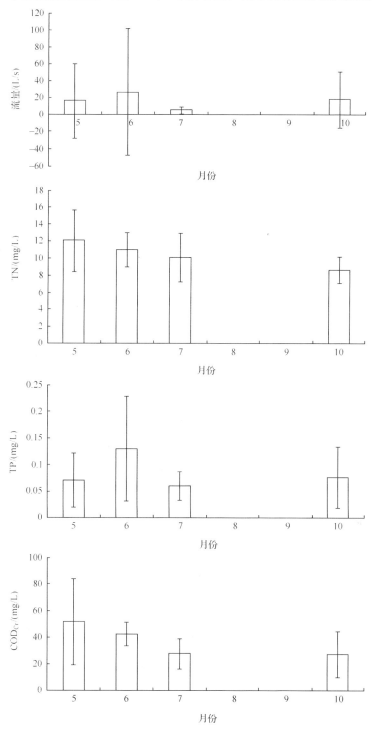

图 3-12　2011 年流域入湖径流、污染物浓度指标月变化

流月平均值要高于其他几个月,其值为 27.03L/s,7 月最小仅为 5.65L/s。径流月变化在其平均值附近变化幅度较大,这是因为长期的干旱少雨,流域长期保持在较低水位甚至出现断流,遇到强降雨出现时会在短时间内出现"洪峰",之后又会在较短时间内回到原来较低水位,所以其变化幅度较大。TN 含量呈逐渐降低趋势,5 月开始监测时由于之前大量面源污染物的累积,所以其 TN 月均值会偏高,之后由于径流"稀释-冲刷"共同作用的结果,TN 含量呈平稳下降趋势。由于 6 月、10 月降大雨导致大量泥沙、有机颗粒物质进入流域,所以这两个月的 TP 含量相对比较高。$COD_{Cr}$ 月变化与 TN 基本一致,不同的是 10 月与 7 月含量相当,不呈逐渐降低趋势,这是由于油菜种植时大量散落于道路、田间的农家肥在降雨径流作用下进入流域所致。

### 3.5.5 监测期间小流域入湖径流、污染物浓度年变化

将 2011 年小流域径流、污染物浓度与 2010 年相比较,结果如表 3-6 所示。由表可见,2011 年 TN、TP、$COD_{Cr}$ 浓度平均值均要高于 2010 年,经分析原因有以下三点:①在 2011 年 5 月 22 日监测实验开始前流域已有近一个多月没有降雨,而此时正是水稻、蔬菜种植施肥期,导致流域内积累了大量的面源污染物,当有较强降雨出现时,这些面源污染物便被冲刷随径流进入湖泊;②2011 年 8 月、9 月降雨严重偏少,又造成了大量污染物累积在村落、农田、沟道、排水渠等,遇较强降雨冲刷时,浓度就会比较高;③2011 年前 10 个月降水量与 2010 年同期比减少了 43.47%,对流域面源污染物输送起关键作用的大雨次数也比同期减少了 9 场,径流稀释作用减弱,所以 TN、TP、$COD_{Cr}$ 浓度比 2010 年要偏高。

表 3-6  2010 年和 2011 年 TN、TP、$COD_{Cr}$ 浓度平均值

| 年份 | 入湖径流量/$m^3$ | TN/ (mg/L) | TP/ (mg/L) | $COD_{Cr}$/ (mg/L) |
|------|----------------|-----------|-----------|-------------------|
| 2010 | $4.14 \times 10^5$ | 6.15 | 0.20 | 26.29 |
| 2011 | $1.47 \times 10^5$ | 12.12 | 0.22 | 44.55 |

### 3.5.6 小流域入湖径流、污染物浓度分时间点分析

监测实验系每天 8:00、11:00、14:00、17:00、20:00 从流域入湖口处采集样品后进行数据分析,在每月 15 日、30 日增加晚上采样 3 次。对 2010 年每天各个采样时刻流域入湖径流、径流中面源污染物浓度进行分析,结果如表 3-7 所示。

表 3-7  2010 年小流域入湖径流、污染物浓度分时段分析统计表

| 时间 | 样本数 | 流量平均/ (L/s) | TN 平均浓度/ (mg/L) | TP 平均浓度/ (mg/L) |
|------|-------|----------------|--------------------|--------------------|
| 2:00 | 13 | 34.62±135.45 | 5.61±3.14 | 0.094±0.115 |
| 5:00 | 13 | 40.05±57.85 | 5.65±3.03 | 0.111±0.170 |
| 8:00 | 211 | 27.56±546.53 | 5.73±2.56 | 0.072±0.100 |
| 11:00 | 211 | 21.62±452.66 | 5.85±2.45 | 0.066±0.087 |
| 14:00 | 210 | 14.47±237.24 | 5.82±2.49 | 0.079±0.155 |
| 17:00 | 208 | 9.03±70.91 | 5.91±2.33 | 0.072±0.082 |
| 20:00 | 206 | 10.74±37.03 | 5.96±2.41 | 0.072±0.095 |
| 23:00 | 13 | 45.25±117.86 | 5.83±3.14 | 0.073±0.055 |

注:由于 $COD_{Cr}$ 值是将每天 5 个不同时段的样品混合后取一定体积进行测定,故不作以上分析

由表 3-7 可见，流域 2：00、5：00、8：00、23：00 时流量要高于其他几个时间点。统计流域 2010 年降雨数据发现，有 85％以上降雨出现在 20：00 至次日 8：00 之间，所以晚上流量会较高。其次，白天蒸发量较大也是一个重要的影响因素。另外，20：00 流量比 17：00 又要偏高，这是因为流域内有规模化蔬菜种植基地 300 余亩，每天下午（一般为 17：00～20：00）会进行喷灌作业，菜园地产生的径流会随排水沟道进入湖泊，因此测得的流量要大。然而，与之前设想的由于白天人为干扰等因素会导致流域入湖径流中 TN、TP 浓度变化较为明显的结论不同，表中结果显示流域入湖径流中 TN 浓度在各个时间点的变化并不大；TP 在夜晚相对较高。究其原因仍然是与污染物的形态有关。TP 浓度值在 2：00、5：00 时偏高，是因为夜雨多，产生径流大，携带了较多的颗粒物质所致。而径流中溶解态的 TN 含量高低则与降雨径流量大小关系不是很密切有关。

## 3.5.7 小流域入湖径流、污染物浓度分布频率统计

### 3.5.7.1 次变化频率统计

从图 3-13 可以看出，TN 浓度值出现的频率基本呈正态分布，而径流量、TP 浓度值则是较低值出现的频率高，接近于 F 分布。因为研究的流域小，在遇到强降雨时径流会很快出现峰值，短时内形成洪峰，随后洪峰又快速消减，恢复到原来的水位，大径流事件的频率低，而小径流事件的频率高，所以径流分布频率中较低值具有高的频率。TP 浓度值分布频率与径流分布频率基本一致，也是较低值所占频率高，这再次验证了 TP 浓度与径流大小关系密切的结论。TN 浓度值呈正态分布，表明大多数浓度值出现的频率处于中等水平，和高径流量、高 TP 浓度值出现在低频率区不一致。这个结果进一步验证了之前关于氮流失不会太依赖于径流大小的结论。2011 年每次监测值分布频率图 3-14 表现出的规律和 2010 年的规律基本相似。

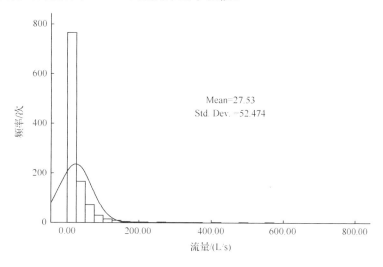

图 3-13　2010 年小流域入湖径流、污染物浓度每次监测值指标分布频率

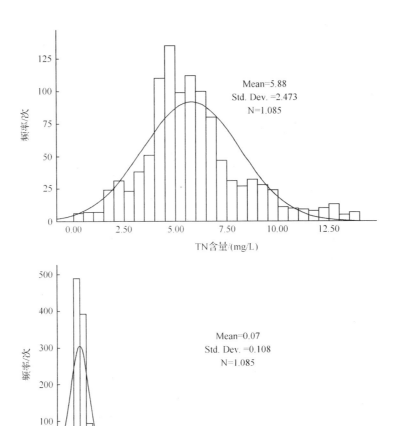

图 3-13 （续）

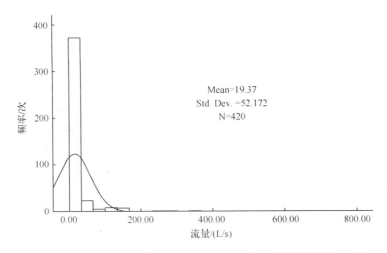

图 3-14　2011 年小流域入湖径流、污染物浓度每次监测值指标分布频率

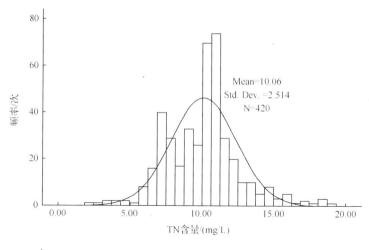

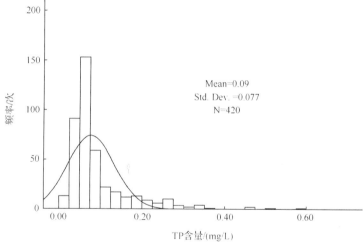

图 3-14　（续）

## 3.5.7.2　日变化频率统计

由图 3-15、图 3-16 可见，小流域入湖径流、TN 和 TP 浓度日监测均值分布频率与次监测值分布频率规律基本一致。$COD_{Cr}$ 分布频率介于正态分布和 F 分布之间，比平均值稍小的监测值频率较高。这一结果说明 $COD_{Cr}$ 在一定程度上受降雨径流的影响，其尽管没有 TP 受降雨径流的影响那么大，但也不像 TN 那样影响很小。在 2010 年和 2011年的两个 $COD_{Cr}$ 监测值分布频率图中出现少数较高值，笔者认为是由于水稻栽插季有农家肥散落于田间道路被径流冲刷进入沟道，以及稻田整地多余灌溉水排入沟道所致。

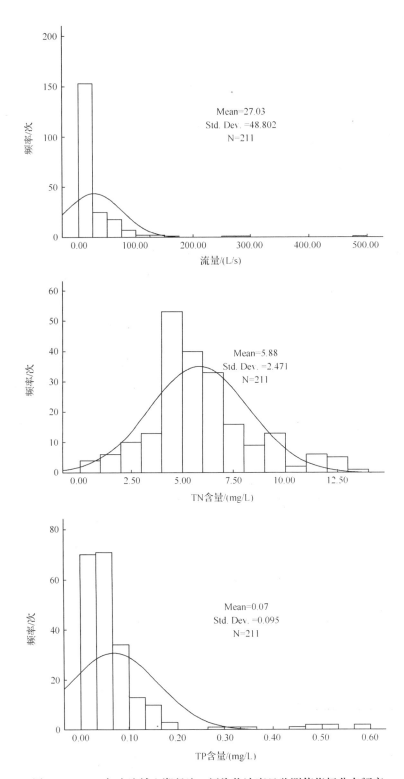

图 3-15　2010 年小流域入湖径流、污染物浓度日监测值指标分布频率

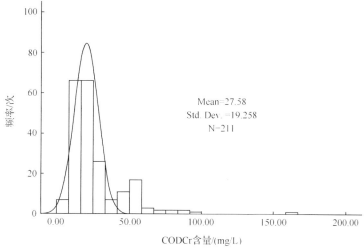

图 3-15 （续）

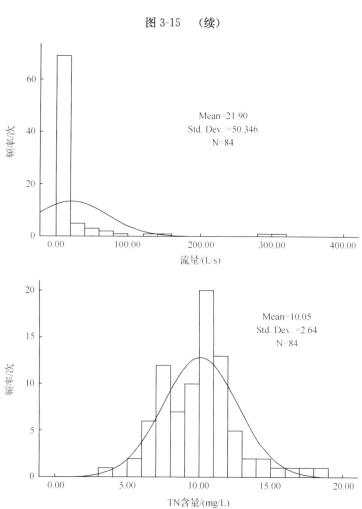

图 3-16 2011 年小流域入湖径流、污染物浓度日监测值指标分布频率

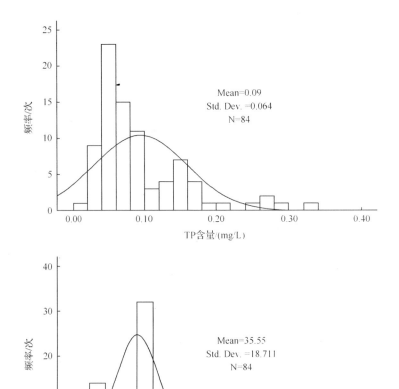

图 3-16　（续）

# 3.6　小流域入湖径流量、污染物入湖负荷分析

从以上关于径流、污染物浓度动态变化的分析可以看到，流域的径流、污染物浓度随时间变化的幅度都很大，分析中还了解了降雨产生的径流量与 TN、TP 和 $COD_{Cr}$ 值的关系。这里采用区段法进行分析研究，掌握流域中面源污染物入湖负荷，即以流域出水口处各监测时刻的污染物浓度、径流量为依据，并假定每时刻污染物浓度和径流量能代表时刻之间的水质、水量变化，用污染物浓度乘时刻之间时段内的径流量来计算污染物输出量。

## 3.6.1　2010 年入湖负荷分析

经计算，2010 年有同步监测数据的 1～11 月（12 月没有径流）小流域径流量为 $4.14 \times 10^5 \, \mathrm{m}^3$，TN、TP、$COD_{Cr}$ 的入湖总量分别为 2546.7kg、85.6kg、10 883.2kg（图 3-17）。在降雨丰富、进行作物栽培和管理的 6～10 月，TN、TP、$COD_{Cr}$ 的含量都

明显高于其他月份，分别占到了各自总量的 94.8%、73.3%、94.3%。其余几个月份由于降水量小，农业生产为旱作，污染物主要来源于流域内背景值高的泉水、居民生活污水和菜园灌溉多余水，但数量都不大。通过调查发现，生活污水产量相对较少，原因是污水收集沟道长，产生的污水多停留在沟道中或渗入地下，只有降雨时这些积累的污水才被降雨径流输出，所以这几个月的污染物入湖负荷都不高。因此，对降雨径流导致的污染采取相应控制措施对该流域面源污染防控有着决定性的意义。对比 5 月和 8 月的降水量、径流量、污染负荷量发现，尽管 5 月降水量比 8 月还偏高，但其径流量、污染负荷量却明显低于 8 月，其原因主要是 5 月系水稻栽插期，需要大量的水，流域内水被拦截灌溉，这与动态变化分析结果一致。对比 9 月、10 月降水量、径流量以及污染负荷可以看到，10 月降水量为 9 月的一半左右，但其径流量、TN、$COD_{Cr}$ 入湖总量却与九月相差不大，TP 入湖量甚至还要高出，这是因为 10 月系水稻收获期，稻田排水晒田导致了大量的面源污染物进入湖泊，再次表明稻田种植中施肥过多会对流域水系造成较大的污染。

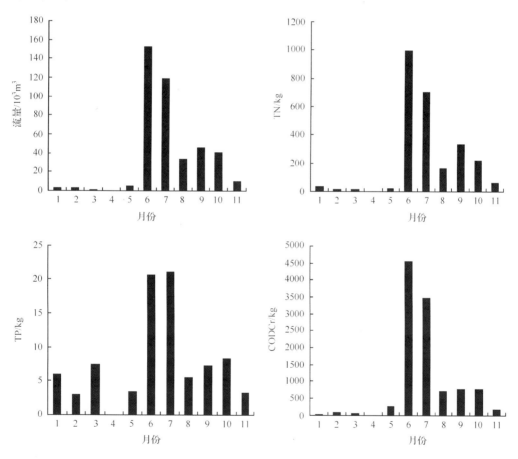

图 3-17　2010 年大冲小流域不同月份径流量、污染物入湖负荷

## 3.6.2　2011 年入湖负荷分析

经计算，2011 年流域入湖径流总量为 146 938.5 m³，TN、TP、$COD_{Cr}$ 的入湖总量

分别为 1781.0kg、32.9kg、6546.7kg。6 月、10 月降雨多时径流量、污染物入湖负荷都比较高，径流量大的 6 月、10 月入湖流量、TN、TP、$COD_{Cr}$ 负荷分别占到了 2011年监测总量的 86.42％、83.78％、80.56％、81.95％（图 3-18）。

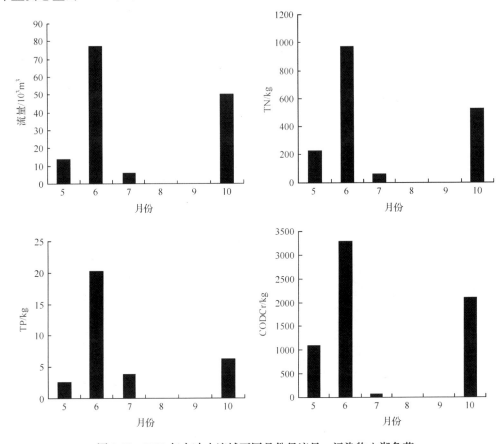

图 3-18　2011 年大冲小流域不同月份径流量、污染物入湖负荷

### 3.6.3　小流域 2010 年和 2011 年污染物负荷比较分析

2011 年受贵州省罕见干旱影响，小流域沟道长期处于断流状态，1～10 月有同步监测数据的天数仅为 84 天，而且根据贵州省多年气象资料分析，11 月、12 月出现较大降雨的可能性不大，所以 2011 年监测研究于 10 月 31 日结束，并认为 84 天的实际监测数据可以代表 2011 年全年小流域的农业面源污染物输出情况。

2011 年流域内土地利用格局、施肥情况、人口数量、牲畜养殖数量等与 2010 年相比并无明显变化，即流域的产污潜力在两年间是相同的。但从表 3-8 中可以看到，2011年面源污染物输出负荷却明显减少。造成 2011 年污染物入湖负荷比去年低的主要原因是径流量的减少，导致对流域内污染物的输送作用减弱。其中，TP 输出负荷减少比例要远远高于 TN、$COD_{Cr}$。主要原因是 2011 年降大雨次数比 2010 年少，2010 年 25mm以上降雨共有 15 次，累计雨量达 620.7mm；而 2011 年 25mm 以上降雨仅为 6 次，累计雨量也仅为 363.2mm。由于磷的流失方式主要是颗粒形式，2011 年 TP 入湖负荷远远低于 2010 年，而 TN、$COD_{Cr}$ 流失则没有 TP 对降雨径流的依赖性强，所以减少比例要相对小一些。

表 3-8　2011 年小流域各项指标与 2010 年比较表

| 年份 | 降水量/mm | 径流量/m³ | TN/kg | TP/kg | COD$_{Cr}$/kg |
|---|---|---|---|---|---|
| 2010 | 1 157.1 | $4.14 \times 10^5$ | 2 546.7 | 85.6 | 10 883.2 |
| 2011 | 607.2 | $1.46 \times 10^5$ | 1 781.0 | 32.9 | 6 546.7 |
| 同比减少/% | 47.52 | 64.73 | 30.06 | 61.57 | 39.85 |

### 3.6.4　小流域入湖径流量与面源污染负荷相关分析

用采样间隔期（白天间隔为 3h，晚上间隔为 12h）内累积的污染负荷量与相应时间内的径流累积量进行相关分析表明，发现相关性极强。其结果见式（3-3）、式（3-4）和式（3-5）。

$$M_{TN} = 4.67Q + 176.35 \qquad (R = 0.882, N = 1085, P < 0.01) \qquad (3-3)$$

$$M_{TP} = 0.36Q - 90.47 \qquad (R = 0.824, N = 1085, P < 0.01) \qquad (3-4)$$

$$M_{COD} = 25.88Q + 1327.42 \qquad (R = 0.957, N = 215, P < 0.01) \qquad (3-5)$$

式中，$M$ 为采样间隔期内面源污染物入湖负荷（g）；$Q$ 为相应时间内入湖径流量（m³）。从这些分析结果看出，COD$_{Cr}$ 与径流的关系最密切，其次是 TN 和 TP。将监测期内流域月入湖污染负荷与月降水量进行相关分析，其回归方程和统计量见式（3-6）、式（3-7）和式（3-8）。

$$M_{TN} = 2.836R - 39.78 \qquad (R = 0.927, N = 10, P < 0.01) \qquad (3-6)$$

$$M_{TP} = 0.054R + 3.01 \qquad (R = 0.879, N = 10, P < 0.01) \qquad (3-7)$$

$$M_{COD} = 13.042R - 265.86 \qquad (R = 0.909, N = 10, P < 0.01) \qquad (3-8)$$

式中，$M$ 为面源污染物月入湖负荷（g）；$R$ 为监测期内月降水量（mm）。从以上分析结果可以看出，最终降水量是面源污染物入湖负荷的驱动因素，TN 入湖负荷与降水量最为密切，其次是 COD$_{Cr}$ 和 TP。从这些分析和前面的污染物浓度动态分析可以看出，径流中污染物浓度和污染物负荷与降雨、径流量的关系是不一样的。径流中 TP、COD$_{Cr}$浓度、负荷与降雨、径流量关系密切，但 TN 则以负荷量与降雨、径流量关系密切。本研究是在流域尺度上，分析径流量与污染负荷的关系。虽然在无降雨时，流域出口也存在入湖径流，并进行实验监测，但由于无降雨时径流量小，面源污染负荷并不高。对监测期内月降水量与流域月径流量进行相关分析也证明了这一点（$R = 0.932$，$N = 10$，$P < 0.01$）。只有当降雨产生地表径流时，大量面源污染物才会进入流域沟道。

### 3.6.5　流域不同土地利用类型污染负荷分析

张梦娇（2012）在研究大冲流域中，对每种土地利用类型以 5° 为一个坡度级划分斑块，然后测定这些斑块面积，计算每种土地利用类型的平均坡度。平均坡度由王震洪建立的式（3-9）计算（阴晓路等，2012）。

$$WASD_i = \sum_{j=1}^{n} SD_{ij} \times P_{ij} \qquad (3-9)$$

式中，$WASD_i$ 为第 $i$ 种土地利用类型面积权平均坡度；$SD_{ij}$ 和 $P_{ij}$ 分别为第 $i$ 种土地利

用类型中第 $j$ 个斑块的坡度和该斑块占此种土地利用类型面积的百分比。

在每种土地利用类型中，选择符合这一坡度的典型地段，布设 3 个 8.0m×1.2m 径流小区，对天然降雨条件下地表径流量和径流中的 TN、TP、$COD_{Cr}$ 浓度进行监测，计算污染物输出负荷，所获数据假设代表了这种土地利用类型的平均污染物输出贡献。通过径流小区共监测混交林、疏幼林、坡耕地三种利用类型的污染物负荷，同时在稻田、菜园地、居民点排水渠中定期采集水样进上述指标的分析。

2010 年在监测期内共有大雨 14 场，分别出现在：5 月 31 日；6 月 16 日、17 日、23 日、28 日；7 月 7 日、10 日、20 日、21 日；8 月 16 日；9 月 7 日、10 日、29 日；11 月 15 日，降水量分别为 34.2mm；31.4mm、49.2mm、39.2mm、28.8mm；31.9mm、68.8mm、58.2mm、56.8mm；37.8mm；34.3mm、38.3mm、39.5mm；27.5mm。坡耕地、混交林、疏幼林在降大雨时均有不同程度的径流产生，根据多次采样分析结果，其径流系数年平均值分别为 37.30%、9.06%、27.19%。将每次降雨的单位面积污染负荷累加，得到坡耕地、混交林、疏幼林在监测期内的单位面积污染物输出负荷及总负荷见表 3-9。

表 3-9  坡耕地、混交林、疏幼林面源污染输出负荷

| 土地利用类型 | 面积 /km² | 占流域土地面积比例/% | 单位面积输出负荷 / [mg/(m²·a)] | | | 该类型输出总负荷 /kg | | |
|---|---|---|---|---|---|---|---|---|
| | | | TN | TP | $COD_{Cr}$ | TN | TP | $COD_{Cr}$ |
| 坡耕地 | 0.063 | 5.2 | 2234 | 46.20 | 6264 | 140.6 | 2.91 | 394.2 |
| 混交林 | 0.248 | 20.5 | 326 | 18.32 | 1851 | 80.8 | 4.54 | 458.8 |
| 疏幼林 | 0.110 | 9.1 | 1084 | 35.55 | 5638 | 119.4 | 3.92 | 621.0 |

以上三种土地利用类型所产生的 TN、TP、$COD_{Cr}$ 污染负荷输出量分别为流域 2010 年污染总负荷输出的 13.38%、13.28%、13.54%（表 3-10），其余污染则主要由蔬菜、水稻种植、居民生活污水及一家一户的禽畜养殖造成。由于蔬菜、水稻种植比较分散。居民点处污水排放也不集中，所以难以对其入湖径流量进行量化。定期采样分析结果表明，稻田、菜园地排水沟中 TN、TP、$COD_{Cr}$ 含量分别为 0.84～10.32mg/L、0.07～0.18mg/L、20.50～68.00mg/L；2.16～7.54mg/L、0.01～0.04mg/L、4.50～22.40mg/L。而蔬菜、水稻种植面积占流域总面积的 39.8%，所以对流域污染贡献极大。居民点产生的不含禽畜粪便污水 TN、TP、$COD_{Cr}$ 含量分别为 13.84～50.11mg/L、3.20～5.10mg/L、35.7～207.0mg/L，含禽畜粪便的污水中含量达 45.10～72.62mg/L、4.50～18.50mg/L、220.0～850.0mg/L，也是造成流域污染不容忽视的一个方面。

表 3-10  坡耕地、混交林、疏幼林面源污染负荷输出占流域总输出负荷比

| 土地利用类型 | TN | | TP | | $COD_{Cr}$ | |
|---|---|---|---|---|---|---|
| | 负荷/kg | 比例/% | 负荷/kg | 比例/% | 负荷/kg | 比例/% |
| 坡耕地 | 140.6 | 5.52 | 2.91 | 3.40 | 394.2 | 3.62 |
| 混交林 | 80.8 | 3.17 | 4.54 | 5.30 | 458.8 | 4.21 |
| 疏幼林 | 119.4 | 4.69 | 3.92 | 4.58 | 621.0 | 5.71 |

由表 3-9 和表 3-10 还可见，坡耕地占流域面积比例要远远低于混交林和疏幼林，但其 TN 贡献值却要高于混交林和疏幼林，其单位面积 TP、$COD_{Cr}$输出负荷也要高于另两种土地利用类型，所以流域内坡耕地水土流失造成的污染不容忽视。而疏幼林由于尚在发育期，其水土保持和水源涵养功能未健全，污染负荷也比混交林高。

## 3.7　讨　论

自 2010 年 1 月 1 日起对贵阳市"两湖一库"汇水区大冲小流域面源污染负荷进行了两年的序列同步监测。在监测研究过程中，在典型小流域——红枫湖大冲小流域的选取上，综合考虑了小流域地形地貌、土地利用、植被、农业生产、人口分布等在"两湖一库"汇水区的代表性，为获得小流域监测数据外推奠定了基础。在农业面源污染监测指标的选择上，结合国内外对小流域农业面源污染的研究评价方法，并考虑"两湖一库"汇水区和课题组的实际情况，选择 TN、TP、$COD_{Cr}$作为评价指标，以便较为全面地反映该地区农业面源污染状况。在实际的监测中，每天 5 个时段、月中和月末增加晚上 3 个时段的采样分析，连续监测两年，包括了雨季、非雨季，研究工作完整地反映了面源污染指标在次、日、月和年间的动态变化。监测的两年时间内又适逢一个丰水年、一个枯水年，数据更具有典型性和代表性。通过连续的监测研究，基本揭示了云贵高原典型小流域农业面源污染物输出负荷特征、面源污染负荷来源及与降雨径流的关系。研究工作为高原湖泊治理技术的试验研究和治理效果对比提供了数据资料，丰富了云贵高原农业小流域面源污染的研究工作。

由研究期间的数据计算得出大冲小流域总氮、磷日均单位排放负荷分别为 5.77 kg/（$km^2$·d）、0.19kg/（$km^2$·d），将该流域与其他一些以农业或者林业用地为主的小流域的污染排放负荷进行比较，如三峡库区澄江流域与本研究流域在气候条件、降雨特征等方面有相似之处，其氮、磷日均单位排放负荷分别为 3.71kg/（$km^2$·d）、0.11kg/（$km^2$·d）（袁珍丽和木志坚，2010），较本研究数据偏小，其原因是：一方面，该流域属于贵州优质高效的农业区，人口稠密，农业生产活动频繁，生产生活污水也没有被处理，这和三峡库区澄江流域一样，是加剧污染的主要原因；另一方面，本研究地处喀斯特地区，地表水和地下水中氮的背景值较高，如本流域支流中有一股不间断、总氮含量高达 8.50mg/L 的地下水进入，增加了流域污染负荷。而在太湖河网地区，流域与本研究流域在地形、气候、土壤等都有明显差异，农业面源氮素日排放负荷高达 12.20kg/（$km^2$·d），达到了本流域的几倍（李恒鹏等，2004）。以旱地为主的华北两个农业小流域氮素日排放负荷则很低，为 0.04kg/（$km^2$·d）、0.29kg/（$km^2$·d）（陆海明等，2008）。这些研究显示，在不同流域其面源污染物负荷输出是不同的，这种不同是由于地区差异、地形、土地利用方式、降雨条件等因素等决定的。

研究工作表明，流域面源污染物在降雨径流的作用下，水稻田、蔬菜种植园地、流域内农村居民区等利用现状整体与林地、疏幼林地和坡耕地相比，产生了比较多的面源污染物。在云贵高原小流域，由于坡度大、人类耕作经常干扰、植被覆盖率低，坡耕地水土流失严重，是流域网间带中最脆弱的生态系统之一。在有些流域，尽管坡耕地面积远远小于混交林和疏幼林，但其总氮负荷却要高出很多（王克勤等，2009）。本研究中，坡耕地面积在流域中仅占 5.2%，但面源污染物负荷输出却要高于占流域面积比例大的混交林和疏幼林，所以应当采取切实可行的水土保持措施来遏制坡耕地水土流失。对于蔬菜、水稻种植，经调查，该地区农户在水稻生产中每亩施用农家肥 600kg，复合肥 50kg，尿素 20kg。据中国科学院南京土壤所研究结果，农田中化肥氮的去向初步估计为作物吸收 35%、氨挥发 11%、表观硝化-反硝化 34%（其中 $N_2O$ 排放率为 1.0%）、淋洗损失 2%、径流损失 5%、未知部分 13%（朱兆良，2008）。有机肥的当季利用率可达 50%～60%，30%～40% 残留于土壤，仅有 10% 随径流损失（宇万太等，2005）。复合肥中 N：P：K=15%：15%：15%（李萍萍等，1995），复合肥中氮肥和磷肥流失量分别占当年施肥量的 11% 和 1.28%（张焕朝等，2004）。如此算来，平均每亩稻田流失 TN 6.11kg、TP 0.36kg，其中有很大一部分是通过降雨、漫灌产生的农田径流进入小流域后排入湖泊。前述关于小流域入湖负荷分析中也得出稻田收获期排水晒田会导致大量面源污染物进入湖泊，所以流域内稻田的大量不合理施肥对流域水系污染严重。本研究对菜园地排水沟中 TN、TP、$COD_{Cr}$ 的定期采样分析结果表明，其浓度分别为 2.16～7.54mg/L、0.01～0.04mg/L、4.50～22.40mg/L，而且之前关于径流分时段分析结果也显示菜园地喷灌作业会增加流域径流量，导致菜园地中污染负荷的输出，所以蔬菜种植也对流域水系造成污染也是严重的，因此，菜园地和水稻田的面源污染控制措施也显得很重要。

流域所属范围内有人口约 620 人，参考第五章研究结果，该流域一年因居民生活产生的 TN、TP、$COD_{Cr}$ 总量分别为 1131.5kg、99.5kg、3711.3kg。随机采样分析结果也表明，居民生活污水的 TN、TP、$COD_{Cr}$ 含量分别为 13.8～50.1mg/L、3.2～5.1mg/L、35.0～207.0mg/L，污染已十分严重。生活污水随沟道进入小流域后排入湖泊，对湖泊造成一定程度的污染。由于流域内污水收集沟道较长，且汇流过程复杂，含稻田和菜园地高氮磷排水、居民生活污水、禽畜粪便渗滤液等的径流，污水会停留于沟道或再次进入农田、菜园地等，所以目前尚不能准确计算每种污染源对于大冲流域污染负荷的贡献值，但研究工作通过测定坡耕地、林地和疏幼林地的污染物负荷和整个流域的污染物负荷输出量，确定了农田、坡耕地和居民生活区是面源污染的主要来源。关于流域禽畜养殖污染，由于养殖是一家一户，产生和排放污染物都发生在居民区。污染负荷与牲畜粪尿排泄量、处理方式有关。不同动物种类、品种、生长期、饲料饲喂，排泄量不同，但同种动物一般波动不大，而且牲畜生理特征导致排泄量的地域性差异较小，因此在研究牲畜排泄量时，常常用经验系数和牲畜养殖量计算（杨淑静等，2009）。大冲流域内有 400 余头猪、200 余头牛，根据国家参数统计标准畜禽粪便年排泄系数，计算得到每年流域因禽畜养殖产生的 TN、TP 达 15 030.7kg、2419.2kg。禽畜粪便处理中最常用的是露天小池沤肥，用于作物追肥，其中牛粪的收集率较低，圈中仅有一半左右，其余则散落于田间和路上。当地农家肥堆沤系统落后，无覆盖、无防护，在降雨径流作用下常带走不少粪肥，散落于田间和路上的粪便也会在降雨时随径流进入流域，对流域水系造成污染。此外，农村固体废弃物如厨余、秸秆等也对流域水系造成了一定的污染。因此，开发能处理牲畜粪便的系统、使牲畜粪便利用率提高是控制面源污染需要解决的问题

本研究的目的是选取"两湖一库"汇水区具有一定典型性的大冲小流域开展农业农

村面源污染负荷特征研究，为整个汇水区的农业农村面源污染治理提供依据和建议。通过本项目的研究，结合国内外农业面源污染治理成功经验，对云贵高原地区典型流域——"两湖一库"汇水区农业农村面源污染综合治理的启示如下。

1）农田施肥管理。农田养分是重要的污染源，农业面源污染的防治要从两个角度进行：其一是污染源的控制和管理，主要依靠宏观的管理措施控制养分投入的数量，改善养分施用的方法，将污染源的输入量降到最低限度；其二是控制污染物扩散和迁移的途径，根据污染物产生、扩散和迁移，以及污染物转化的机制，采用适当的工程措施控制农业污染物质进入水体环境，最大限度地减少农业农村面源污染物的排放种类和数量。

具体地，要科学合理地使用化肥和农药。在施肥方面，应做到推广成熟的施肥技术，大力推广测土配方施肥技术。在测土的基础上，综合考虑作物的需肥特性、土壤的供肥能力等，确定氮、磷、钾以及其他微量元素的合理施肥量及施用方法，以满足作物均衡吸收各种营养，提高化肥利用效率，减少对环境的影响，做到因作物施肥、平衡施肥、深施等；重点避免在作物生长早期大量施用氮肥；恰当使用高效缓释肥，特别是有机肥，并采用改良的施肥方法；采用免耕和其他农田保护技术，减少因土壤侵蚀导致的化肥流失。虽然本研究没对农药面源污染负荷做专门研究，但国内外大量研究表明大量使用农药会对流域水系造成较大污染（莫凤鸾等，2009；刘星和赵洪光，2006）。对于农药的不可替代性，应用综合的方法来减少农药对环境的影响。在农药使用方面，应做到：以农药防治为主，推广生物、物理防治技术；科学合理使用农药，提高农药有效利用率；加强病虫预测预报，指导合理使用农药；推广使用高效、低毒、低残留农药和生物农药，禁用高毒、高残留农药（叶文芳，2000）。对于农药和化肥污染的治理，最重要的是减少农药化肥的使用量，科学合理地使用农药化肥，在不减少农作物产量或产量略有降低的情况下，尽可能减少农药化肥的使用量，这一方面需要科技支持，另一方面也要加强对农民的宣传教育，做到科学合理施肥、使用农药。

2）加强防治面源污染的生态工程建设。加快治理农村生活污水，积极推广人畜排泄物以及农业固体废弃物的资源化，推广"猪/牛—沼—田"、"小型沼气"以及沿湖200m范围内自然村户厕的生态改造等建设工程，建设人工湿地处理生活污染水，建设生态田埂、植被缓冲带等工程，全面启动农村垃圾集中收集、转运与处置工程，强力推行"组保洁、村收集、镇集中、区处理"的城乡生活垃圾一体化处置模式。

具体地，在防治稻田径流携带面源污染物进入湖泊方面，可在现有农田田埂上再加高10~15cm，就可有效地防止80~120mm降雨时稻田地表径流溢出，从而可减少大部分农田氮磷污染。在稻田的下游接近接纳水体部分，可栽植植被缓冲带，或植被过滤带，使潜在污染源区与受纳水体之间由林、草或湿地植物覆盖，对污染物进行阻截吸收和转化，从而达到去除污染物的目的。Haycock 和 Pinay（1993）总结了不同水质保护目的所要求的缓冲区宽度。一般来说，5m 宽的缓冲区即可拦截大部分粗颗粒泥沙，带宽＞10m时，其对泥沙的总体拦截率可达80％以上，对总磷的拦截率达到50％。总之，植被缓冲区的效果随着带宽的增加而提高（陈洪波和王光耀，2006）。

人工湿地是人工建造和监测控制的与沼泽类似的地面，其设计和建造是通过对湿地自然生态系统中的物理、化学和生物作用的优化组合来实现的。人工湿地对污染物的净化能力主要决定于污染物负荷和特性、湿地的滞水时间（湿地容量与其汇水区内总径流量之比）。适当的面积和容量是湿地净化能力的重要保证，不同水质保护目的所要求的湿地面积是不同的。Mitsch 和 Gosselink（2000）总结了一些地区不同水质保护目的所要求的湿地面积比例。Hey 等（1994）根据多个小流域的实验结果得出结论，认为占流域面积 1‰～5‰的湿地已足以完成大部分过境养分的去除工作。

针对流域中的坡耕地，25°以上陡坡地要逐步退耕还林还草，并采取封育保护的治理措施，在封禁区内，不存在农地，不允许放牧。其余的坡耕地修建成水平梯田，采取植物篱控制土壤侵蚀，推广水土保持耕作及农艺措施等加以治理。通过改造，使坡度减缓、土层增厚、土壤渗透力增强、地表径流减少、冲刷减轻，达到保土、保水、保肥、增产的效果，从而实现控制面源污染的目的。在坡耕地与沟道接壤的边缘，采用植物护坡措施，选用生长快、根系发达、固土能力强、近地表萌株密度高的草本植物如香根草，栽植成植物篱，控制侵蚀，滤过营养物质，防治面源污染，增加坡面稳定性。

3）农业面源污染防治宣传。农业生产活动具有广泛性、普遍性和随机性。农业农村面源污染的防治涉及广大的人民群众和各级领导干部，是一项繁杂的系统工程。营造良好的社会氛围，让广大人民群众广泛的参与到污染防治和环境保护工作中来，才能共同推动并深入开展农业面源的污染防治工作。营造良好的社会氛围需要从两个方面着手。第一，完善相关法律法规。到目前为止，不少地区没有相关的农业面源污染防治法规规范。这主要源于对农业面源污染防治尚未引起足够的重视，但随着面源污染的逐步突出，这方面的工作将需不断得到加强。第二，加强宣传教育。我国的农民文化素质普遍低下，缺乏科学技术知识和环境意识。因此有必要对区内农民进行广泛的宣传教育，提供有关化肥性能、施用方法及如何保护农村环境等方面的技术培训。宣传教育和技术培训需要各种行之有效的形式，并能得以深入、持续、广泛地深入开展。

（本章执笔人：阴晓路，王震洪）

## 参 考 文 献

陈洪波，王兴耀．2006．国外最佳管理措施在农业非点源污染防治中的应用．环境污染与防治，28（4）：279-282

陈西平．1992．计算降雨及农田径流污染负荷的三峡库区模型，中国环境科学，12（1）：48-52

成能汪，张珞平，洪华生，等．2004．九龙江流域农村生活污水污染定量研究．厦门大学学报（自然科学版），43（增刊）：249-253

丁锁，臧宏伟．2009．我国农业面源污染现状及防治对策．现代农业科技，23：275-276

董亮．2001．GIS 支持下西湖流域水环境非点源污染研究．杭州：浙江大学博士学位论文

郭怀成，孙延枫．2002．滇池水体富营养化特征分析及控制对策探讨．环境科学，21（5）：500-506

国家环境保护总局．2002．水和废水监测分析方法．第四版．北京：中国环境科学出版社

李海鹏．2007．中国农业面源污染的经济分析与政策研究．武汉：华中农业大学博士学位论文

李恒鹏，刘晓玫，黄文钰．2004．太湖流域浙西区不同土地类型的面源污染产出．地理学报，59（3）：401-408

李怀恩，沈晋．1996．非点源污染数学模型．西安：西北工业大学出版社

李萍萍，卞新民，章熙谷，等．1995．套作春玉米氮磷钾化肥和有机肥合理配比的生产函数分析．南京农业大学学报，18（4）：19-24

刘星，赵洪光．2006．农业生产面源污染控制探讨．污染防治技术，19（1）：38-40

陆海明，尹澄清，王夏晖，等．2008．华北半干旱区 2 个农业流域地表氮素流失特征的对比研究．环境科学，

29（10）：2689-2695

莫凤鸢，廖波，林武．2009．农业面源污染现状及防治对策．环境科学导刊，28（4）：51-54

全为民，严力蛟．2002．农业面源污染对水体富营养化的影响及其防治措施．生态学报，22（3）：291-299

陶春．2010．耕作措施对三峡库区旱坡地氮、磷流失的影响研究．重庆：西南大学硕士学位论文

王克勤，宋泽芬，李太兴，等．2009．抚仙湖一级支流尖山河小流域的面源污染物贡献特征．环境科学学报，
29（6）：1321-1328

王晓燕．2003．非点源污染及其管理．北京：海洋出版社

王昕皓．1985．非点源污染负荷计算的单元剖面模型法．中国环境科学，5（5）：58-63

谢云，章文波，刘宝元．2001．用日雨量和雨强计算降雨侵蚀力．水土保持学报，21（6）：53-56

徐向阳，刘俊．1999．农业区氨氮流失模型．环境污染与防治．21（4）：34-37

杨淑静，张爱平，杨正礼，等．2009．宁夏灌区农业非点源污染负荷估算方法初探．中国农业科学，42（11）：
3947-3955

杨艳霞．2009．重庆三峡库区典型小流域面源污染研究．北京：北京林业大学硕士学位论文

杨育红，阎百兴．2010．降雨-土壤-径流系统中氮磷的迁移．水土保持学报，24（5）：27-30

叶文芳．2000．农用化学品引起的农业面源污染及其综合防治．上海：中国科学院上海冶金研究所博士学位论文

阴晓路，许昌敏，张梦娇，等．2012．贵州红枫湖大冲小流域农业面源污染负荷特征研究．长江流域资源与环境，
21（3）：349-354

余进祥，刘娅菲．2009．农业面源污染理论研究及展望．江西农业学报，21（1）：137-142

宇万太，关焱，李建东，等．2005．氮和磷在饲养-堆腐环中的循环率及有机肥料养分利用率．应用生态学报，
16（8）：1563-1565

袁珍丽，木志坚．2010．三峡库区典型农业小流域氮磷排放负荷研究．人民长江，41（14）：94-98

张从．2001．中国农村面源污染的环境影响及其控制对策．环境科学动态，4：10-12

张福珠，熊先哲，戴同顺．1984．应用$^{15}$N研究土壤-植物系统中氮素淋失动态．环境科学，5（1）：21-24

张红宇．2006．我国农业多功能定位的调整与拓展——对新农村建设中生产发展理念的一种解释．中国经济时报，
2006-3-23（4）

张宏华．2003．重庆渝北区御临河流域农业面源污染研究．重庆：重庆大学硕士学位论文

张焕朝，张红爱，曹志洪．2004．太湖地区水稻土磷素径流流失及其Olsen磷的"突变点"．南京林业大学学报（自
然科学版），28（5）：6-10

张建锋，单奇华，钱洪涛，等．2008．坡地固氮植物篱在农业面源污染控制方面的作用与营建技术．水土保持通
报，28（5）：180-185

张梦娇．2012．大冲流域不同土地利用类型主要面源污染物负荷及影响因子研究．贵阳：贵州大学硕士学位论文

张荣保，姚琪，计勇．2005．太湖地区典型小流域非点源污染流失规律．长江流域资源与环境，14（1）：94-98

张维理，武淑霞，冀宏杰，等．2004．中国农业面源污染形势估计及控制对策．中国农业科学，37（7）：
1008-1017．

赵永秀，刘世海，张暄．2007．农业面源污染及防治对策．内蒙古环境科学，19（1）：9-12

中华人民共和国国家统计局．2009．中国统计年鉴．北京：中国统计出版社

朱兆良．2008．中国土壤氮素研究．土壤学报，45（5）：778-783

Beasley D B. 1982. Applying Distributed Parameter Modeling Techniques to Watershed Hydrology and Non-point
Source Pollution. Proceedings of the 13th Conference on Modeling and Simulation，Vol. 4，April

Carsel R F，Smith C N，Mulkey L A，et al. 1984. Users' Manual for the Pesticide Root Zone Model （PRZM）. Ath-
ens：U. S. EPA

Carsel R F，Smith C N，Mulkey L A，et al. 1984. Users' Manual for the Pesticide Root Zone Model （PRZM）.
EPA/600/3-84-109，U. S. EPA，Athens，GA，30605

Chambers B J，Lord E I，Nicholson F A，et al. 1999. Prediction nitrogen availability and losses following application
of organicmanures to arable land：MANNER. Soil Use and Management，（15）：137-143

Chung S W, Gassman P W, Kramer L A, et al. 1999. Validation of EPIC for two watersheds in southwest Iowa. Journal of Environmental Quality, (28): 971-979

Flanagan D C, Nearing M A. 1995. USDA-Water Erosion Prediction Project Hillslope Profile and Watershed Model Documentation (Nserl report No. 10). West lafaytte, Indiana: USDA-ARS National Soil Erosion Research Laboratory

Flanagan D C, Nearing M A. 1995. USDA-WATER EROSION PREDICTION PROJECT HILLSLOPE PROFILE AND WATERSHED MODEL DOCUMENTATION. NSERL Report No. 10, USDA -ARS National Soil Erosion Research Laboratory West Lafayette, Indiana 47907

Geerten J I. 1998. Schrama, DrinkingWater Supply and Agricultural pollution. ISBN 0-7923-5104-5

Grunwald S, Norton L D. 1999. An-AGNPS-based runoff and sediment yield model for two small watersheds in Germany. Transactions of ASAE, 42 (6): 1723-1731

Haycock N E, Pinay G. 1993. Groundwater nitrate dynamics in grass and poplar vegetated riparian buffer strips during the winter. J. Environ. Qual. , 22: 273-378

Hey D L, Barrett K R, Biegen C. 1994. The hydrology of four experimental constructed marshes. Ecol. Eng. , (3): 319-343

Knisel W G. 1980. CREAM: A field-scalemodel forchemicals, run-off, and erosion from agricultural management systems (USDA Conservation Research Report No. 26). West lafaytte, Indiana: USDA-ARS National Soil Erosion Research Laboratory

Knisel W G. 1980. CREAM: A field-scalemodel forchemicals, run-off, and erosion from agricultural management systems. Report No. 26, ARS, USDA

Lahlou M, Shoemaker L, Paquette M, et al. 1996. Better assessment science integrating point and non-point sources, BASIN Version 1. 0 Users' Manual. Washington: U. S. Environmental Protection Agency, Office of Water

Liang T, Meng Q L, Khan A M. 1991. Mapping septic tank drain field design criterion

McCaskill M R, Blair G J. 1990. A model of S, P, and N uptake by a perennial pasture 1 Model Construction. Fertility Research, 22: 161-172

McCuen R H. 1982. A Guide to Hydrologic Analysis Using SCS Methods. New Jersey: Prentice-Hall Inc.

Merrington G, Winder L, Parkinson R, et al. 2002. Agricultural pollution Environmental Problems and Practical Solutions. Spon Press.

Mitsch W J, Gosselink J G. 2000. The value of wetlands: importance of scale and landscape setting. Ecology, 35: 25-33

Neitsch S L, Arnold J G, Kiniry J R, et al. 2001. Soil and water assessment tool users' manual Version 2000. Temple, Texas: Blackland Research Center, Texas Agricultural Experiment Station

Shaffer M J, Halvorson A D, Pierce F J. 1991. Nitrate leaching and economic analysis package (NLEAP): Model description and application. In: Follett R F, Keeney D R, Cruse R M. Managing nitrogen forgroundwater quality and farm profitability, Madison, WI: Soil science Society of America: 285-322

Shortle J S, Abler D G. 2001. Environmental Policies for Agricultural Pollution Control. CABI, (5): 123-151

Singh V P. 1995. Computer Models of Watershed Hydrology. Highlands Ranch, Colorado, USA: Water Resources Publications

Srinivasan R, Engel B A. 1994. A spatial decision support system for assessing agriculture non-point source pollution. Water Resource Bulletin, (3): 441-451

Tiwari A K, Risse L M, Nearing M A. 2000. Evaluation of WEEP and its Comparison with USLE and RUSLE. Transaction of the ASAE, 43 (5): 1129-1135

USACE-HEC (U. S. Army Corps of Engineers, Hydrologic Engineering Center). 1977. Storage, Treatment, Overflow, Runoff Model STORM, Generalised Computer Program 723-58-L77520 [S]. USACE-HEC. Davis, California

Williams J R, Nicks A D, Amold J G. 1985. Simulator for Water Resources in rural basins. J. Hydr. Eng, ASCE, 111 (6): 970-986

Young R A. 1989. AGNPS: A non-point source pollution model for evaluating agricultural watersheds. Soil and Water Conservation, 44 (2): 168-173

Zagiloul N A, AbuKief M A. 2001. Neural network solution of inverse parameters used in the sensitivity-calibration analyses of the SWMM model simulations. Advances in Engineering Software, (32): 587-595

# 第四章　流域内农村污水多级处理技术及面源污染控制效应

**摘　要**　改善农村环境，实现农业农村面源污染治理是解决"三农"问题、全面建设小康社会的重要内容，其中，农村污水处理是改变农村"脏、乱、差"，提高农村环境质量的关键。云贵高原喀斯特地区地形起伏大、群众居住分散、社会经济发展滞后，污水产生、排放和处理具有显著的区域性，现有农村污水处理技术难于广泛推广应用。针对云贵高原喀斯特地区农村污水特点，本研究专题提出"散排散治、源头施治、过程控制、生态整治"的思路，选择"两湖一库"汇水区的一个微流域的湖滨农村为研究单元，以污水流动中的生态过程为处理技术设计的重点环节，采用无需铺设管网的三级污水处理方式，开发集基质过滤、厌氧降解、有氧分解、生物吸收、生态整治功能于一体的户用复合生态多功能污水处理系统、生态沟道系统和坡式湿地系统技术，对农村污水进行源头-过程处理，达到净化水质、美化环境的目的。实验和示范结果表明，户用复合多功能污水处理系统、生态沟道、坡式湿地系统等出水比较稳定，正式运行后的三级污水处理系统出水的主要污染物去除率为：TP 为 80%～95%，COD 为 70%～80%，悬浮物为 80%～95%，$NH_3$-N 为 75% 以上。处理污水的效率受系统运行时间长短和季节等因素的影响，有一定的波动（波动幅度在 20% 左右），如代表性指标 $NH_3$-N 去除率变化较大，在 40%～90% 之间，但总体来看，处理效果较好，运行比较稳定。通过研究工作增加了村间环境湿地面积和湿地植物多样性，为农村居民改善了生活环境。因此，从控制效果、系统稳定性和环境改善综合评价，三级污水处理系统可以用于地形起伏大的农村地区污水的处理。而且农村污水三级处理技术基于复合生态演替式多级污水处理系统（CES-MPS）技术，实现了污水处理无动力、低投入、免维护、模块化设计，显示了比较好的应用前景。

**关键词**　流域；农村污水；三级处理系统；面源污染控制；生态净化

## 4.1　研究意义

水是人类赖以生存的物质基础，也是现代人类社会可持续发展的制约因素。地球表面 70% 以上被水覆盖，总水量约为 13.86 亿 $km^3$，但淡水储量仅 0.35 亿 $km^3$，仅占总水量的 2.53%。而且和人类生活生产关系密切的淡水储量仅为 400 多万 $km^3$，只占淡水储量的 0.3%（王华东等，1984）。不仅如此，全球人均水资源拥有量日益下降，全球共有 100 多个国家缺水，40 多个发展中国家 3/4 的农村和 1/5 的城市得不到安全卫生的饮用水，80% 的疾病和 1/3 的死亡率与水环境污染有关。相关资料表明，全球每年向江河湖泊排放污水 4260$km^3$，造成 55 000$km^3$ 水体污染，占全球径流量约 14% 以上，且全球河流稳定流量的 40% 受到污染并有恶化趋势（曹磊，1995）。我国的淡水资源总量为 28 000 亿 $m^3$，占全球水资源的 6%，名列世界第四位。但是，我国的人均水资源量只有 2300 m³，仅为世界平均水平的 1/4，是全球人均水资源最贫乏的国家之一。

近年来，随着农民生活水平的提高，农村生活污水的排放量在不断增加，对河流水系的污染日益严重。我国每年的废（污）水排放总量很大，有近 60% 的城市没有污水处理厂，农村地区的生活污水基本上未经过处理就直接排放，使中东部的大部分河流湖泊受到了不同程度的污染，农村生活污水治理已经关系到我国的水安全，并影响到现代新农村的建设（何刚等，2007）。2006 年《中国环境状况公报》中明确指出：农村环境形势严峻，点源污染与面源污染共存、生活污染和工业污染叠加、各种新旧污染与二次污染相互交织，工业及城市污染向农村转移，土壤污染日趋严重，已成为中国农村经济社会可持续发展的制约因素。这些污染问题中，农村污水对水系湖泊的污染是一个严重的环境问题。因为农村污水来自于农村居民生活污水、牲畜养殖废水和降雨径流溶解村间固体废弃物的污水，水体中氮、磷、COD 含量高，对水系的污染负荷大。而且农村范围广，污水来源分散，建设污水收集管网和污水处理系统投资大，长期运行和维护成本高，持续管理困难，已成熟的城市污水处理技术在农村不适用，因此，生态环境科技工作者一直在努力创新农村生活污水处理技术。但是迄今为止，还没有开发出能适应农村社会经济环境条件及农村生活污水特点的高效率、低成本、可持续的污水处理技术。因此，寻找效率高、效果好、投资省、能耗低的生活污水处理技术是当前农村生活污水处理技术领域迫切需要解决的问题。

贵阳市"两湖一库"汇水区是贵阳市 200 万人的重要水源地。据监测数据，近年来"两湖一库"水质状况逐渐变差，水库水质已经无法达到城市生活用水要求，与贵阳市生态文明城市建设及"避暑之都"和"森林之城"的称号极不协调，严重影响着贵阳市社会经济可持续发展。"两湖一库"汇水区城镇生活污水及工业污水目前已得到有效治理，但是流域内面源污染几乎没有采取治理工程，其中农村生活污水大量直接散排入湖，已经成为湖泊水体污染和富营养化问题的主要原因之一。而喀斯特地区恶劣的生存环境在极大地限制了农村经济发展的同时，也严重影响了现有其他非喀斯特地区成熟水污染控制技术在该地区的有效应用，这进一步使得"两湖一库"等喀斯特地区广大农村水污染问题的解决更加举步维艰（吴永贵等，2010）。贵州是世界三大喀斯特集中分布区之一的东亚片区中心，属我国乃至世界亚热带喀斯特分布面积最大、发育最强烈的一个高原山区，多阴雨天气的气候决定了该区农村生活污水外排的数量和污染物浓度受降雨影响很大，地形崎岖不平导致了其他地区广泛应用的污水收集处理技术在该地区推广应用的适应性差，而经济欠发达使农村污水处理设施的建设、运行和维护费用投入相对不足。因此，相对于平原地区农村环境而言，贵州喀斯特发育、地势高低不平、人口居住分散、农民人均收入低、农村集体经济发展滞后等特殊情况使得农村生活污水的处理面临更多复杂的技术问题和经济问题。目前，在"两湖一库"汇水区城镇生活污水及工业废水得到有效治理的情况下，受技术与社会经济投入的限制，农村生活污水（厨余废水、洗浴废水）、庭院冲洗废水、养殖废水、道路地表废水、固体废弃物浸出液、农田高氮磷排灌水等尚无有效治理的系统技术，因此农业农村面源污染已然成为水环境的首要污染源。如何科学地认识处于喀斯特地区特殊地理和社会经济条件下的农村生活污水的产生规律并建立经济有效的污水处理体系，已成为我国当前亟待解决的重大科学技术问题。

## 4.2 国内外研究现状

### 4.2.1 农村生活污水现状和特点

农村生活污水就是指农村居民在生活过程中产生的污水，是水体的主要污染源之一，主要来自农村居民的餐饮、卫生间、浴室、洗衣房等，包括厕所冲洗水、厨房洗涤水、洗衣排水、沐浴排水、庭院冲洗水及其他排水，还包含相当一部分家庭养殖业产生的散排的养殖废水。农村生活污水主要具有以下特点。

#### 4.2.1.1 农村生活用水量特征

依据农村条件（给排水系统、卫生器具完善程度、水资源条件等）不同，生活用水量有所不同。一般南方人均用水量要远远高于北方。农村地区地表水丰富，会影响用水量估计。一般自来水入户、使用水冲厕的用户用水量较大。根据《农村供水工程技术规范》，发达型农村人均用水量按 30～180L/（d·人）计算，较发达型农村人均用水量按 30～120L/（d·人）计算，欠发达型农村人均用水量按 30～100L/（d·人）计算。

#### 4.2.1.2 农村生活污水排水量

由于农村生活污水自然排放、蒸发与下渗的损失量较大，绝大多数农村没有配套污水收集管网，其排放量甚至只占总用水量的 45%。除小城镇外，农村地区人口较少、居住分散、人口密度低，水量相对较少，相应产生的生活污水量也较小，近年来随着乡镇经济的迅速发展，城镇化进程的不断推进，农村生活污水的排放量不断增加。由于居民生活规律相近，在上午、中午、下午都有一个高峰时段，尤其是早晚的炊事活动较为频繁，导致农村生活污水排放量早晚比白天大，夜间排水量小。水量变化明显呈不连续状态，具有变化幅度大、变化系数大、间歇排放等特点（成先雄和严群，2005）。根据《农村供水规范》中供水要求，其排水量最高时变化系数一般为 2.0～4.0，日变化系数应根据供水规模、用水量组成、生活水平、气象条件，结合当地相似供水工程年内供水变化情况综合分析确定，可控制变化系数在 1.3～1.6 范围内。在缺水地区的农村用水量非常小，从而污水排放量也非常小，并且主要为洗涤和厨余污水。而在湖库周边水资源丰富的农村，居民用水量相对较大，尤其是新农村建设后旱厕改为水冲厕及洗涤淋浴量的加大，导致湖库周边农村生活污水排放量相对较大。

#### 4.2.1.3 农村生活污水水质特征

根据农村生活污水的来源和污染物的组成，可以将农村生活污水分为灰水（grey-water，指厨房污水、洗衣水、淋浴水和清洗水等，即家庭生活室内用水未被粪便污染的部分）和黑水（blackwater，指含粪便、尿液的污水，即家庭生活室内灰水外的部分）。在农村地区，由于大部分都是旱厕，生活污水即为灰水。灰水相当于《建筑中水设计规范》（GB50336—2002）中的"杂排水"（即民用建筑中除粪便污水外的各种外排水，包括淋浴排水、盥洗排水、洗衣排水、厨房排水等）。关于灰水和黑水的水质，由于地区间存在生活习惯、经济条件、自然条件等的差异，污染物的种类和浓度不尽相同，主要成分为纤维素、淀粉、糖类、脂肪、蛋白质等有机物，以及氮、磷、硫等无机盐及泥沙等杂质。大部分农村生活污水的性质相差不大，可生化性强，污染物总体浓度低，但不同时段的水质不同，水质波动大。当厨余废水及庭院部分养殖废物经地表径流或庭院冲洗废水混入排水中时，会造成灰水中污染物的浓度升高，BOD、COD、TSS、致病菌、大肠杆菌浓度的平均值可达到为 680mg/L、1580mg/L、780mg/L、$2.0 \times 10^5$ MPN/100mL、$3 \times 10^5$ cfu/100mL。此时，该类灰水的污染物浓度可以达到甚至超过含有粪便污水（化粪池出水）的污染物浓度。

### 4.2.1.4　农村生活污水排放形式

农村地域广阔，人口密度低，居住分散，大部分没有污水管网。农村生活污水一般呈粗放型排放，很多农村污水沿道路边沟或路面排放至就近的水体（洪嘉年，2006），少部分地区建设有污水收集系统。据调查，农村生活污水主要有以下几种排放方式：厨余废水用来养猪；洗漱洗涤废水主要洒在庭院空地上依靠庭院土地吸收和蒸发处理，污染物以浓缩的形式存在，当降雨时，通过地表径流的冲刷直接进入河流、池塘和湖库，污染水体；一些生活污水通过庭院及村寨周边沟渠排入农田，最终流向河流或渗入土壤。由此可见，农村生活污水处理后排放所占的比例小，基本就是直接排放，这导致了河流湖库的污染非常严重。

## 4.2.2　农村生活污水处理模式

当前，农村生活污水的处理模式根据自然条件和农村经济发展水平，主要分为集中式和分散式两种。集中式污水处理技术主要在济发展水平高、地势平坦的农村地区实施，通过铺设至各户的污水管网将各家各户生活污水集中收集到一个固定的地点集中处理。这种模式来自于成熟的城市污水处理技术。分散式污水处理技术主要在居民居住较为分散、地形变化较大的农村地区实施。每一户或每几户作为一个独立的系统单独布置收集管网和污水处理设施，其主导思想是"散排散治、化整为零"，根据农户的居住地就地、就近、分类和低能耗处理。这种模式尤其适用于云贵高原及喀斯特经济条件相对较差、地势高低起伏不利于管网铺设的农村地区。与投资大、运行成本高、对地形有一定要求的集中式处理模式相比（宁桂兴和高良敏，2007；居江，2003），分散式污水处理系统由于采取就地、就近处理的策略，处理规模相对较小，小规模的管网系统降低了对管道的承压要求，减小了管道的口径，缩短了输水管道的距离，降低了因高程落差而需修建多个泵站的基础设施投入和运行费用，并且小型污水处理设施的建设、运行对环境影响小。

## 4.2.3　农村生活污水处理技术及其存在的问题

国内外应用较多的农村生活污水处理技术主要是人工湿地系统、土壤渗滤处理系统、沼气净化污水处理技术、生态稳定塘污水处理技术、集成化小型污水净化装置——污水净化槽、生态沟渠处理技术、生态浮床处理技术（宁桂兴和高良敏，2007）。这些技术各有优缺点。

### 4.2.3.1 人工湿地系统

人工湿地系统是人们受到自然湿地去除污染物的启发，人为地将石、砂、土壤、煤渣等一种或几种介质按一定比例配制成基质，有选择地植入植物，模拟自然生态系统处理污水的设施。系统通过基质、植物和微生物的物理、化学、生物协同作用，实现过滤、吸附、沉淀、交换、吸收和分解污染物，达到生活污水资源化和无害化。人工湿地自 20 世纪 70 年代作为一种新型的污水处理工艺以来，在欧洲、美国和加拿大等得到迅速发展（Heritage et al.，1995；Bonomo et al.，1997）。我国于"七五"期间才开始大规模的人工湿地研究，在深圳白泥坑建设了第一座大规模人工湿地，处理能力达 3100m³/d，之后在北京、天津、深圳、武汉和成都等陆续建立了人工湿地试验基地（梁威和吴振斌，2000；李寒娥，2004；田刚和蔡傅峰，2004）。人工湿地的生态服务价值较高，田刚等（2004）人对北京市人工草地与人工林木、人工景观水面与人工湿地的生态服务价值进行了估算和对比分析，结果表明，北京地区的人工草地和人工景观水面的生态服务价值皆为负值，而人工森林和人工湿地的生态服务价值较高，所以种草不如种树，造水面不如建湿地。已有研究结果显示，人工湿地对 $BOD_5$ 去除率可达 85%～95%，COD 去除率大于 80%，SS 大于 90%，TN 大于 60%，TP 大于 90%。

人工湿地处理技术的主要优点是：①建造简单，基建投资低；②能耗少，运行管理容易，一般不需运行费用或费用低；③净化效果好，出水达到再生水标准，可回用；④表面可以种植多种水生植物，在治理污水的同时改善生态、美化环境。由于人工湿地在处理污水方面优点突出，近年来得到了广泛的应用。但人工湿地也有一些缺点：①高浓度污水如黑水需要化粪池进行预处理，增加了工程造价、施工、运行和管理的复杂程度；②水力负荷小，占地面积较大；③填料间孔隙较小，微生物生长和颗粒物的沉淀容易引起堵塞；④由于湿地处于开放状态下，易受降雨影响，并会产生恶臭，滋生蚊蝇；⑤湿地微生物活性受温度影响较大，系统处于开放状态，处理效果具有地域和季节性差异；⑥人工湿地导致地下水的污染和湿地系统的处理能力逐渐下降也是一个值得关注的现象（刘霞和陈洪斌，2003；于少鹏等，2004）。

### 4.2.3.2 土壤渗滤处理系统

土壤渗滤处理系统是利用土壤作为载体，将生活污水在化粪池进行预处理后投配到具有一定构造的土壤渗滤沟中，通过土壤的毛细浸润作用，污水慢慢地向周围土壤浸润、渗透和扩散，使污染物通过土壤-微生物-植物系统的吸收—吸附—蒸腾—蒸发等作用得以降解和转化。污水中的碳、氮通过厌氧及好氧生化作用，一部分被分解成无机形态留在土壤中，一部分变成氮气和二氧化碳逸散到空气中，磷则被土壤物理化学吸附，全部截留在土壤中。留在土壤中的氮、磷为草坪或者其他植物所利用。经过净化的污水通过集水管道收集回用或排入水系。

土壤渗滤处理系统的主要优点：①建设简单，基建投资低，吨水投资仅为传统二级处理系统的 1/10～1/2；②能耗少，运行管理简单，一般不需运行费用或费用低；③净化效果好，出水达到再生水标准，可回用；④系统表面可以种植植物，美化环境，采用土下布水方式，不会产生恶臭和滋生蚊蝇。该系统的主要缺点是：①需要化粪池进行预处理，增加了工程造价和施工、运行管理的复杂程度；②水力负荷小，一般低于 0.1m³/（m²·d），占地面积较大；③土壤的孔隙率较小，渗透性能较差，微生物生长和颗粒物的沉淀容易引起堵塞；④整个系统处于一种开放环境状态下，而微生物活性受温度影响较大，处理效果也具有地域和季节差异性（孔刚等，2005；王书文等，2006）。

### 4.2.3.3 沼气净化污水处理技术

沼气净化污水处理技术是通过利用农村清洁生产工程建立的沼气池，将污水引入沼气池进行厌氧发酵去除污染物。为了兼顾沼气生产功能，来水主要为含有粪便等排泄物的黑水和一部分厨余废水。沼气池处理污水降解性能较好，产生的沼液主要用于农田施肥，也可以通过后续的湿地进行二次处理，其运行效果好于普通的三格式化粪池。沼气净化污水处理技术的主要优点是：①不需动力，运行能耗低；②厌氧消化产生的甲烷是高能量燃料，可以作为能源加以回收利用；③由于是厌氧发酵，污泥生成量仅是好氧处理污泥生成量的 1/8，可以大幅减少污泥处理费用；④系统建成以后，不需专人管理，运行费用低；⑤整个系统一般建于地下，不占地。但该技术也存在下列缺点：①厌氧池要求完全密封、基建投资较大；②由于沼气池仅有厌氧处理工艺，并受来水水质、水量影响，处理效率较低，出水水质不稳定，且对氮磷的去除效果较差。

### 4.2.3.4 生态稳定塘污水处理技术

生态稳定塘污水处理技术主要依靠稳定塘水体中的自然生物净化功能净化污水，污水在塘内缓慢流动，通过微生物、藻类、水生植物等多种生物的综合作用降解污染物。根据塘内微生物类型、供氧方式和功能可分为好氧塘、兼性塘、厌氧塘、曝气塘和深度处理塘。随着研究的深入，现在又发展出一些新的稳定塘技术，如高效藻类塘、水生植物塘、悬挂人工介质塘、超深氧化塘和高级综合塘（AIPS）等。该技术的主要优点是：①建设简便，基建投资低，可以充分利用河道、沼泽和洼地等场所建设；②能耗低，运行管理简单，费用低；③出水可用于灌溉和养殖。但该技术的主要缺点限制了推广应用的规模，主要是为达到预期效果，污水需停留比较长的时间，因而稳定塘需要占用比较大的土地面积，在土地资源较少的地区尤其是喀斯特地区推广受到限制；另外，开放的水面会使水体产生恶臭并易滋生蚊蝇，稳定塘中的藻类、水生植物及微生物受温度影响较大，冬季运行效果不佳。

### 4.2.3.5 集成化小型污水净化装置——污水净化槽

集成化小型污水净化槽主要综合采用厌氧滤池与接触曝气池、生物滤池或移动床接触滤池结合的工艺。日本开发的集成化小型污水净化槽——膜分离净化槽则主要由一级处理设备（包括厌氧滤池、预过滤和曝气格栅）、膜分离组件和消毒设备等组成。一级处理主要作用是去除悬浮物，膜池则通过间歇曝气和硝化液回流实现高效脱氮。消毒设备对出水进行消毒，保证出水卫生安全（王晓昌等，2004）。目前日本已安装有 800 万个小型净化槽，服务人口约 3600 万，该系统在缺乏排水系统的边远乡村应用比较适合（全向春等，2005）。欧洲许多国家开发的小型处理装置基本工艺为收集储水池、生化反应池（如化粪池）、化学除磷等，在此基础上根据使用条件和出水水质的要求不同，衍生了各种不同类型的小型处理工艺，如 Biovac 生化反应池为 SBR 反应器，增加了储泥池，并配有逻辑控制器和运行报警系统；Uponor 工艺为化粪池、SBR 和化学混凝的结合；Biotrap 工艺为化粪池后面连接一个水平圆柱型地窖式的生化反应池，然后再进行化学除磷（Hellstrom and Jonsson，2003）。集成化小型污水净化装置的主要优点是装置小型化、集成化，因而便于批量生产且安装简便；此外，小型污水净化装置具有较强的脱氮除磷能力，出水稳定且处理效果总体较好。但该处理技术在喀斯特农村地区应用却存在明显的缺点，主要是前期基建投资大，处理工艺较为复杂，对平时的运行管理要求较高。此外，由于涉及曝气、机械动力、除磷及混凝药剂的投放，使得装置运行复杂，成本高，对于经济来源相对有限的农村地区难于推广应用。

### 4.2.3.6　生态沟渠处理技术

生态沟渠处理技术是利用自然溪渠或具有"可渗透性"的人工护岸与河岸基底的障碍作用，充分发挥护岸带的泥土、微生物、溪渠中动物及植物的多重作用，降解、吸收和截留水中携带的营养物质，实现水体净化的目的。有研究表明，16m 宽的河岸带可使硝酸盐浓度降低 50%，50m 宽的河岸带则能有效地截留来自农田的泥沙和养分（王庆锁，1997）。生态沟渠坡面的多孔隙结构形成不同流速带和紊流区，有利于氧从空气进入水中，增加溶解氧，有利于好氧微生物、鱼类等水生生物的生长，促进污水净化。沿河岸带建造许多丰富多彩的小环境，为植物、动物提供了生存和繁衍空间，在净化水体的同时，增加了生物多样性，改善了生态环境。

生态沟渠的另一应用模式反映在河岸沟渠及湖库的生态护坡方面。早在 20 世纪 50 年代，在莱茵河的治理工程中就提出了"近自然河道治理工程"，认为河道的整治要符合植物化和生命化的原理（Mitsch，1989）。护岸工程作为河道治理的重要手段，也应该采用河流生态技术。美国新泽西州曾采用生物护岸工程，用可降解生物纤维编织袋装土，形成台阶岸坡并培育植被，实际洪水的考验证实了它的可靠性（戴尔·米勒，1998）。加拿大、日本曾采用草芦苇进行生物护坡，均取得了较好的效果（孙江岷，1998）。生态沟渠在我国也有运用，如上海市的河道生态绿化将岸坡防护和景观设计进行了有机的结合；对北京市永定河、潮白河等进行了河道生态护坡示范工程研究；对广西桂林漓江进行了河道生态护坡试验等（王准，2002）。但总体来看，我国河岸沟渠及湖库生态护坡的应用处于起步阶段，仍需要进一步的试验研究。需要注意的是，由于污水停留时间较短，生态沟渠不能独立用于农村生活污水的处理，需要配合农村生活污水的前端处理系统（如化粪池、小型集成化处理设施、人工湿地及生态净化池）使用。

### 4.2.3.7　生态浮床处理技术

生态浮床处理技术是一种全新的水处理工艺。在建造上利用泡沫板、蛭石等人工基质能够漂浮的功能，在基质上种植粮油、蔬菜、花卉等陆生植物，在收获农产品、美化水域景观的同时，通过植物根系的吸附和吸收作用，富集水中导致水体富营养化的氮、磷等元素及其他有害无毒污染物，以收获植物体的形式将其从水体中去除，达到净化水体、保护环境的目的。

1995 年日本专业研究者首先在霞浦（土浦市大岩田）进行了一次隔离水域试验，

在隔离水域上设置人工生态浮床，一段时间后该水域水质有了明显好转；1996 年在土浦港的调查发现，人工生态浮床对水质的净化起了重要作用；随后，又在滋贺县琵琶湖大约 1500m² 的水域设置了 60 个人工生态浮床，净化水质效果良好（丁则平，2007）。日本在琵琶湖、霞浦、诹访湖等有名的湖泊和许多水库以及公园的池塘等各种水域采用生态浮床净化技术，不仅改善了水质，而且改善了区域景观（郭培章和宋群，2003）。自 1991 年以来，我国利用生态浮床技术在大型水库、湖泊、河道、运河等不同水域，成功地种植了 46 个科的 130 多种植物，面积 10 余公顷。其中大面积单季水稻每公顷产量在 8.5t 以上，最高可达 10.07t；美人蕉、旱伞草等花卉比在陆地种植取得了更好的群体和景观效果（宋祥甫等，2004）。郑咸雅（2005）研制的水生浮床技术，成功栽培了蔬菜、花卉、青饲料和造纸原料等 4 大类 30 多种陆生喜水植物。邴旭文和陈家长（2001）采用浮床无土栽培技术，在池塘水面种植景观植物美人蕉以控制池塘富营养。结果显示，在富营养化池塘中，景观植物的覆盖率与水体中氮、磷等的去除率呈显著正相关，使水体电导率和浮游植物叶绿素 a 含量明显下降，提高景观植物的覆盖率可以有效改善水质。马立珊等（2000）采用浮床种植香根草，初步研究了香根草对富营养化水体中主要养分氮、磷元素的去除动态及效率。试验结果表明，浮床香根草技术是一种潜在的利用植物修复富营养化水体的有效途径。通过香根草根系的吸收作用，可大幅度去除富营养化水体中的氮、磷元素。

### 4.2.3.8  其他污水处理技术

污水生物处理技术还包括厌氧生物处理、活性污泥法、生物膜法、污水生态处理技术等（乔建强等，2007）。污水生物处理是利用微生物的生命活动过程对废水中的污染物进行转移和转化作用，使废水得到净化的处理方法，其主要特征是应用微生物特别是细菌的作用。为了充分发挥微生物的作用，把微生物设计在专门的生化反应器中，通过微生物作用使污水中污染物转化为微生物生物体及简单的无机物。活性污泥法是常规二级污水处理厂最主要的方法，但此法的弱点是产生大量的剩余污泥，如不能得到有效处理，污泥就会造成严重的二次污染。其次，它只能有效地去除易生物降解的有机物 BOD，而不能大量有效去除难降解的有机物 COD 和氮、磷等营养物质。因此二级处理厂出水排于湖泊、水库、海湾会使其发生富营养化和赤潮现象，使饮用水源受到许多种难降解的有机化合物包括致癌、致畸、致突变物质的污染（王宝贞，1983）。生物膜法多作为污水厌氧处理的后续处理，用以进一步改善水质。生物膜法处理污水，设计运行简单，工艺成熟，但单独使用难以取得良好的处理效果，而且存在运行成本较高、系统运行维护较为复杂等问题（李雪，2009）。污水生态处理技术是目前污水处理领域研究热点。污水生态处理技术是指运用生态学原理，采用工程学手段对污水进行治理与水资源利用相结合的方法。具体地说，是把污水有控制地投配到土地上，利用土壤-植物-微生物复合系统的物理、化学、生物学过程对污水中营养盐、可降解污染物进行处理和回收利用，是生态学四大基本原理在水资源领域的具体运用（孙铁珩等，2002）。污水生态处理技术包括土地处理系统和生态塘等（郝晓地等，2008；李雪，2009；刘娜和马敏杰，2009；谢爱军等，2005；李林锋等，2006）。

## 4.3 本研究关注的科学问题

改善农村生产生活环境，建设社会主义新农村，是解决"三农"问题、全面建设小康社会的重要内容。治理农村生活污水则是改变农村"脏、乱、差"，改善农村生产生活环境的重中之重。喀斯特地区由于其特殊的地理条件，导致污染治理与非喀斯特地区相比有着独有的特点和困难。贵州属于世界三大喀斯特集中分布区中最典型的高原区域，多阴雨的典型气候特征决定了该区农村生活污水外排数量和污染物浓度受降雨影响很大，地形崎岖不平导致了平原地区成熟的污水收集管网和处理系统无法有效利用，相对欠发达的农村经济也制约了对农村污水处理设施、运行和维护进行长期持续的投入，总体上喀斯特地区的自然条件和经济条件影响了非喀斯特地区成熟污水处理技术在喀斯特地区的有效应用，因此相对于地域广阔的平原地区农村而言，喀斯特地区农村生活污水的处理面临更多复杂的技术问题和经济问题，需要进一步探索和克服。

喀斯特农村地区的生态环境还比较脆弱，易破坏，难恢复，"脏、乱、差"往往成为农村环境的总体印象。剖析农村环境的这一状况，都可归结到液态的水和固态的渣，脏在于水、乱在于渣，差在于前二者的无序排放和堆积。其中，固态的渣包括生活中的固体废弃物如厨余垃圾、粪肥、秸秆、柴禾、建筑垃圾等。液态的水即生活污水，主要来自较为分散的各家各户产生的厨房洗涤水、日常洗漱水、洗衣排水、庭院冲洗水、淋浴排水、圈舍养殖及厕所排水、庭院及道路雨后冲刷径流、垃圾堆放产生的高浓度渗滤液、少数农户养殖废水、高肥水蔬菜种植外排水、稻田排水等。在这些生活污水中，主要含有纤维素、淀粉、糖类、脂肪、蛋白质等有机类物质，还含有氮、磷等无机盐类。这些物质如果能通过生态工程利用，就变成资源，既解决了污染问题，还能够形成一定的生物量，改善农村景观，甚至创造经济价值。

当前我国农村95％以上的污水未经处理就直接排放（郑戈等，2002；白晓龙等，2008）。重点整治的"三湖三河"治理效果不突出的重要原因就是城市郊区污水、村镇污水和农业生产排灌污水未经有效处理排入河流湖泊造成的（刘霞和陈洪斌，2003）。地形破碎、经济发展落后的喀斯特地区农村污水处理率就更低（中国科学院可持续发展战略研究组，2007）。要在这样地大面广的农村开展污水处理，如果通过铺设管网并建造污水处理厂、土壤渗滤处理系统，农村污水问题是可解决的，但投资大，各种设施还面临着长期维护管理、持续发挥效益的问题，这需要大笔资金。根据我国发展现状，这种把城市处理污水的方法移植到农村，经济发展水平是无法承担的，而且这种方式没有充分利用广大农村人力、物力资源和生态环境的自然处理能力。利用传统人工湿地等技术处理污水，同样投资大、占用土地，也需要铺设污水管网，常年维护费用也高，出水水质仍然不能排入饮用水源地。对于厌氧生物处理、活性污泥法、生物膜法、集成化小型化污水净化装置——污水净化槽技术在农村推广，除了前述的一系列问题外，对于农村居民来说，技术要求较高，维护比较困难。沼气净化污水处理技术在农村推广比较受欢迎，因为进行污水处理的同时，可以生产沼气，解决粪便污染，利用农田秸秆，但污水处理效果比较差。生态稳定塘技术可以充分利用村间低洼地对污水进行处理，但不是所有农村都能找到适合的地点。因此，适合农村的污水处理技术需要解决下列问题：一是成本低；二是处理效果好；三是能适应农村一家一户污水排放分散的特点；四是维护简单，群众能积极参与；五是能利用农村的环境自净化能力；六是对农村景观和庭院景观有改善作用。

基于这些要求，课题组分析各种处理技术的优点和缺点，研究农村污水在最小尺度上产生和流动规律，即从农户产生，通过自然沟道、人工沟道向流域下游流动并输送污染物进入河道、湖泊，提出"散排散治、源头施治、过程控制、生态整治"的思路，在所研究的"两湖一库"汇水区大冲微流域内，选择 20 户居民的自然村为研究单元，建造集厌氧降解、基质过滤、生物吸收、生态处理功能于一体的户用复合生态多功能污水处理系统，处理每户居民的生活污水，实现污水的源头治理。对于户用复合多功能污水处理系统排出水、降雨径流冲刷村间固体废弃物污水、庭院堆肥渗出液，需经过自然沟道或人工沟道向下游流动，因而在关键沟道建造生态沟道系统处理这些污水，实现过程控制。在沟道的下游低洼处，依据地形地势建设具有厌氧降解、生物吸收、有氧分解功能的坡式景观湿地系统，处理户用复合多功能污水处理系统、生态沟道系统未处理达标的污水，最后达标排入水系。户用复合多功能污水处理系统、生态沟道系统和坡式景观湿地系统三级处理系统基于水流动过程中与环境的相互作用会发生一系列变化的水生态过程为理论基础，利用植物对污染物的萃取-挂淤功能、水在系统间流动的功能、系统嫌气区微生物的厌氧降解功能、系统有氧区微生物氧化分解功能、基质的过滤功能，从源头到过程、从过程到系统终点的"源-流-汇"处理，形成多级净化水质体系，美化村间环境。由于三级处理系统的设计向水生态过程这一自然系统学习，系统设计充分考虑系统所在环境的"人-系统"关系、地形地势和环境资源，力求实现系统运行共参与、无动力、低投入、免维护，有效、低廉地对地形不平、经济发展滞后农村的污水进行就地处理，体现农村污水治理的功能复合性、特征多样性和效益综合性，为"两湖一库"汇水区乃至云贵高原山区农业农村面源污染治理提供技术支撑。

具体地，课题组选择"两湖一库"汇水区的一个微流域——大冲小流域，在研究流域水生态过程中，划分出生活污水污染和固体废弃物污染严重的村落、土壤侵蚀污染严重的坡耕地、氮磷污染严重的稻田、面源污染不严重的林地等网间带不同土地利用类型，进行分类治理技术研究，在村落进行污水三级处理技术研究和农村固体废弃物循环处理技术研究，在坡耕地进行植物篱控制土壤侵蚀生态工程技术研究，在稻田开展氮磷削减施肥管理技术研究。本专题根据流域网间带污染物产生的差异性特点，对村落进行污水三级处理技术研究和效益评价，建立技术体系。

# 4.4  试验研究地自然和经济概况

项目试验研究的大冲小流域（基本情况见第三章 3.4 节）为清镇市红枫湖镇大冲行政村的一部分。本专题污水三级处理技术研究在大冲流域内的毛家井进行。清镇市地处黔中腹地，面积 1492km²，人口 53 万余，四湖托市，四水萦城，交通便利，贵黄高速、贵昆铁路穿境而过；项目试验地的大冲村位于清镇市红枫湖镇西南，坐落于红枫湖畔。大冲行政村，地势平缓，以平地、丘陵和湖面地形为主，面积 16km²。全村辖 12 个村民组，688 户，2973 人。耕地面积 960.08 亩，年人均纯收入 5500 元，12 个村民组中有 11 个村民组是沿红枫湖而居。经济收入来源主要为种、养殖业及外出务工等。全村实现了通水、通电、通路、通有线电视和电话。贵黄高速公路从该村经过。村境内有国家亚高原水上体育训练基地、华城兴隆国际会议中心、杏花湾度假村等大中型服务设施，有农家乐 15 户，旅游建设的民族村寨 5 个、生态村寨 1 个。村内无煤矿、采石场和砂厂。

全村以种植业、旅游业等服务业为主。养殖业只能按农户分散进行，不准规模牲畜养殖。12 个村民组共有牛 300～400 头，猪约 1200 头。国家亚高原水上训练基地、华城兴隆国际会议中心、赤天化生态园、苗寨、侗寨等企事业单位有较完备的排污设施，17 个农家乐经营户有过滤器等环保设施。少量的群众生活粪便和畜禽粪便由沼气池处理，生活污水则主要自然排入水系，流入红枫湖。在村落可以见到生活污水横流，通过简易沟道收集后都进入红枫湖。大冲村生活污水主要来自农户厨房洗涤水、日常洗漱水、洗衣排水、庭院冲洗水、淋浴排水、养殖圈舍排水、厕所冲洗水等。降雨后，这些排水中还夹杂着有机固体废弃物的道路、庭院冲洗污水。在普通生活污水中，含有纤维素、淀粉、糖类、脂肪、蛋白质等有机类物质，还含有氮、磷等无机盐类。2009 年 8 月，经抽样检测，该村生活污水主要污染指标见表 4-1。

**表 4-1  大冲村生活污水主要污染物指标**

| 类别 | 不含粪便的普通生活污水 | 含有道路庭院废物及养殖粪便的污水 |
|---|---|---|
| 化学需氧量 $COD_{Cr}$/（mg/L） | 35.7～207.0 | 220.0～850.0 |
| 生化需氧量 $BOD_5$/（mg/L） | 100.0～200.0 | 280.0～650.0 |
| 悬浮物 SS/（mg/L） | 150.0～250.0 | 550.0～800.0 |
| pH | 7.20～7.60 | 7.50～7.93 |
| EC/（μs/cm）* | 600.0～976.0 | 1200.0～1673.0 |
| TDS/（mg/L）** | 240.0～497.0 | 470.0～840.0 |
| TN/（mg/L） | 13.84～50.11 | 45.10～72.62 |
| 氨氮/（mg/L） | 5.50～21.84 | 29.20～52.62 |
| 硝态氮/（mg/L） | 3.33～15.80 | 3.33～26.46 |
| 亚硝态氮/（mg/L） | 0.54～1.37 | 0.60～3.20 |
| TP/（mg/L） | 3.20～5.10 | 4.50～18.50 |
| 细菌总数/（个/L） | $5×10^5～5×10^6$ | $5×10^6～7×10^8$ |

\* EC：电导率（electrical conductivity）；\*\* TDS：溶解性总固体（total dissolved solids）

毛家井为大冲行政村的一个居民组。2009 年毛家井共有人口 320 人（常年家居人口 250 人左右），按每户 3 头牲口，共计 240 头，计算污水量，结果见表 4-2。从以上数据可以看出，生活污水数量较大，污水中污染物浓度较高，而且该村位于贵阳市 200 多万人饮用水源地保护区，不能兴建任何的排污口。由于紧邻湖滨，加之土地稀少，没有多余的土地可以大面积地兴建人工湿地或采用土地处理系统进行污水处理，主要是征地难（人均耕地少于 0.7 亩，价格较贵，3.0 万～3.8 万元/亩，没有废弃的土地）。根据这些污染物负荷数据，本研究三级污水处理系统设计处理能力为 $80m^3/d$。

**表 4-2　大冲村毛家井农村生活污水产生量**

| 序号 | 项目 | 数量 |
|---|---|---|
| 1 | 服务区人口/人 | 320 |
| 2 | 居民最高综合生活用水定额/ [L/（人·d）] | 160 |
| 3 | 居民综合生活用水量/m³ | 63.68 |
| 4 | 服务区牲口/头 | 240 |
| 5 | 牲口最高综合生活用水定额/ [L/（头·d）] | 50 |
| 6 | 牲口综合生活用水量/m³ | 14.7 |
| 7 | 居民及牲口用水量/m³ | 78.38 |
| 8 | 未预见用水量/m³ | 15.68 |
| 9 | 最高日用水总量/m³ | 94.06 |
| 10 | 折污系数/% | 80 |
| 11 | 日污水量/m³ | 75.24 |
| 12 | 入渗地下水量/m³ | 3.76 |
| 13 | 日污水总量/m³ | 79.00 |

# 4.5　农村生活污水三级处理系统研究方案

## 4.5.1　农村生活污水三级处理系统设计原理

根据喀斯特地区地形条件、生活污水量和水质、处理成本、环境协调性和社会经济发展水平，提出"散排散治、源头施治、过程控制、生态整治、以农治农"的思路，课题组设计适应于农村条件的多级污水处理系统，将各家各户产生的低浓度生活废水、圈舍养殖排水就地原位生态处理。其依据复合生态演替式多级污水处理系统（the composite ecological succession and multistage processing system，CES-MPS）的技术原理。该系统主要包括微生物修复技术、人工湿地技术、浮岛技术、植物操控技术、生态护提技术、生态复氧技术、生态清淤技术、水生动物恢复和重建技术等的综合集成。在实际应用中，可按照不同水体的污染程度、水体环境现状及业主要求，选用不同的技术组合，建立适应性的多级处理系统，实现环境效益、生态效益和经济效益的"三赢"。

CES-MPS 的主要原理：利用人工填料物理过滤和沉淀水中大颗粒有机物、无机物，利用人工填料的特殊理化性质吸附污染物中的营养盐类（尤其是磷），利用系统中的厌氧微生物和好氧微生物对水体中的有机物质进行消化分解，形成各种植物易于吸收的营养物质，培育各种大型高耗肥水的 C4 植物，吸收填料中或水中无机盐，减少水中营养物质含量，大型植物光合作用积累生物量，改善环境景观，收获后获得一定经济效益，通过人工措施促进污水处理系统向自然生态系统演替，实现免维护的自然污水处理。

CES-MPS 利用培育的植物、动物和微生物的生命活动，对水体污染物进行转移、转化和降解作用，使水体得到净化，工作原理和技术模式已逐渐成为世界上创新性的污水处理和水体修复的潮流。该技术可以同环境整治及景观改善结合起来，在治理区建设休闲和娱乐设施，建造人与自然融合的优美环境。CES-MPS 水体修复技术的关键是消除争氧物质，稳定水体的高溶氧状态，快速培植优势好氧微生物，打造生态基础，通过水生动、植物定向培养，建立起人工生态系统，促进人工生态向自然生态系统演替，恢复水体生物多样性，充分利用自然系统的循环再生、自我修复功能，实现水生态系统的良性循环。CES-MPS 的污水处理流程度如图 4-1 所示。

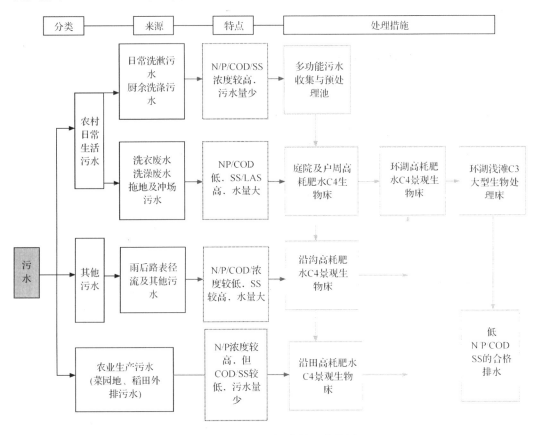

图 4-1　CES-MPS 污水处理流程图

　　该技术充分利用生态污水处理的优势，让微生物和植物形成自身独立循环的生态系统；与国外常见曝气复氧等方法相比，该技术完全利用自然生态系统中物理、化学、生物的协同作用实现污水净化，全过程无能耗；处理过程中不使用化学药剂，避免了二次污染；建造和维护较为方便，投资成本低；与庭院环境绿化及景观改善相结合，创造人与自然相融合的和谐环境；在污水净化处理的同时，实现污水的资源化利用，将污水转化为蔬菜、牧草、花卉等经济产出。在野外试验及农村应用水质测定表明，多级复合生态净化与资源化处理系统出水水质明显优于国家污水综合排放标准，可以达到地表水Ⅲ类水体水质标准，处理效果稳定。该技术特别适合于喀斯特地区分散的农户生活废水及农田排水的就地处理，包括饮用水源地、风景名胜区、自然保护区。该技术避免了污水收集管网建设的基础投资，克服了喀斯特地区污水收集管网建设的极大困难，解决了农村地区污水处理日常运行费用难以承受的问题，实现了分散式农村污水的就地原位生态净化与资源化处理。

截污及污水处理是改善流域入湖水质的前提条件。结合各户庭院内水处理装置和植物处理床，以及环屋沿路环圈舍和环田高耗肥水植物处理床的建设，可以基本上将大部分农村生活废水及农业生产废水进行有效截留和高效处理，加上部分截污干管施工完成及沿湖陆地大型 C4 植物生物处理床和沿湖浅滩大型植物构成的人工湿地等沿湖岸生态景观绿化工程的建成，可将大冲村农村生活及农业生产废水及其他汇水面积上的污水基本纳入污水生态处理系统，加上规划区内污水利用设施的不断建设和完善，基本可以从源头上消除大冲村村民生活和生产活动对周边水体的污染。

CES-MPS 建造的主要措施是在每户推广沼气池厌氧发酵处理技术、户用复合多功能污水处理系统、庭院式大型 C4 植物生物处理床等污水处理技术，在房屋、农田、垃圾池周边及沿路、沿湖旱地推广大型高耗肥水 C4 植物生物处理床等污水生态处理技术，在沿湖浅滩推广芦苇、茭白等大型经济植物构成的人工湿地处理带技术。在农村实施人畜分离，粪便与生活污水分类处理，将畜禽粪便经封闭管道入沼气池处理，生活污水经封闭管道进入户用复合多功能污水处理系统。按农村水质处理要求，根据自然地形地势，在村内洼地及沿湖浅滩建设人工生态景观湿地工程，进一步净化村内经过处理的污水，最后达标排放。

## 4.5.2 农村生活污水三级处理系统研究内容

三级处理系统包括户用复合生态多功能污水处理系统（一级）、生态沟道处理系统（二级）和村落坡式景观湿地处理系统（三级）。

1) 户用复合生态多功能污水处理系统。以农户为单元，研究和示范户用复合生态多功能污水处理系统对生活污水的处理。研究植物种、系统建造材料的搭配及对总氮总磷的削减能力；研究植物的生长、适应性及在农户庭院中长期持续维持和处理能力；研究系统材料及结构的优化，建成示范工程，解决适应单户或多户生活污水处理的多种技术集成中的矛盾。

2) 生态沟道处理系统。对生活污水排污沟渠形态结构、水体自净能力、过滤能力、植物种选择、梯级处理模式进行研究，建成提高和改善水质、适宜生境条件的新型生态沟系统示范工程。研究和示范生态沟技术，处理户用复合生态多功能污水处理系统排出水和公路村落地表径流。

3) 村落坡式景观湿地处理系统。根据云贵高原村落一般依山而建，污水从高处通过自然沟道和人工沟道流向低矮处的特点，利用村边低洼地，研究坡式景观湿地对生态沟道来水的处理，考虑季节差异，选择合适的水生植物，研究湿地系统的结构、物质组成、水力作用、物种组合与处理效果的关系并建成示范处理系统。村落生活污水的三级处理系统的设计主要针对农村住宅较为分散、地势高低不平，经济不富裕，污水收集管网铺设难度大，污水提升耗能及维护成本高而设计的系统，其逻辑关系如图 4-2 所示。

图 4-2 农村生活污水三级处理系统示意图

## 4.5.3 农村生活污水三级处理系统研究方法

### 4.5.3.1 农村生活污水三级处理技术解决的关键问题

1）解决适应单户或多户生活污水处理的多种技术集成中的矛盾问题，建造能体现多种处理功能的户用复合生态多功能污水处理系统。

2）合理选择植物种类及配套材料，优化植物配置模式和利用模式，建造集生物吸收、填料过滤、生物降解等功能于一体的村落生活污水生态排水沟。

3）充分考虑季节差异，选择合适的植物，协调好冷季和暖季间湿地植物在功能上及景观上的相互补充、相互协调问题，开发和建造集污水净化、环境美化于一体的景观湿地。

### 4.5.3.2 试验研究方法

在充分调查水文特征、生态环境特征的基础上，采用试验系统建造、现场监测、实验室模拟手段，对三级污水处理系统处理效果进行综合评测，优化系统结构，反复试验，最后选取效果好、投资省、运行管理方便的技术进行示范。具体方法如下：①按规范对研究区内具代表性的水样进行采样分析，现场测定参数，根据水质和水文情况、社会经济发展水平、污水处理机理、处理系统的经济性和维持性，设计生活污水三级处理系统。②根据三级处理的思路，依据示范区水污染物化学组成和浓度，设计和建造适应单户或多户污水处理的复合多功能污水处理系统、生态沟道系统和坡式景观湿地处理系统，在系统中集成生物吸收、基质过滤、厌氧降解、生态处理等技术。利用这些系统，进行处理效果评价，反复修改系统结构，最终确定优化设计。③依据示范区的水污染物化学组成和浓度、自然生态环境和气候条件，选择植物及相关配套材料进行模拟实验，测定不同植物配置模式和利用模式的处理效果，获取最优的处理材料及相关参数。④在试验中，建造 20 座能体现多种处理功能的户用复合生态多功能污水处理系统，选择4～7 种植物及相关材料，建造 200m 生态沟道和庭院及沿路生态处理床（表 4-3）。根据当地自然环境条件，选择湿地植物，建造 25m² 坡式景观湿地，采集相关水样分析评价，并对其投资运行成本进行估算。

表 4-3　农村生活污水三级处理系统试验和示范规模

| 项目及地点 | 总体实施规模 | 第一期实施规模 |
| --- | --- | --- |
| 坡式景观人工湿地 | 578m² | 25m² |
| 户用复合多功能污水处理系统 | 688 户 | 20 户 |
| 生态沟道系统 | 590m，1400m² | 200m，100m² |

### 4.5.3.3　三级污水处理系统去除污染物机理

三级污水处理系统实际上就是大小、尺寸和外观差异的人工湿地系统。人工湿地是一种通过人工设计、改造而成的半生态型污水处理系统。系统基于物种共生、物质循环、结构与功能协调原理，实现系统中污染物分解和营养元素循环，变污染物为植物可用资源，形成生物量，获得污水处理与资源化的良好效益。人工湿地的核心技术是潜流式湿地。湿地中根据处理污染物的不同而填有不同介质，种植不同种类的植物。污水通过具有基质、植物和微生物的系统，发生物理、化学和生物净化作用，处理 BOD、COD、TSS、TP、TN、藻类、石油类污染物。该工艺独有的流态和良好的硝化-反硝化功能区对 TN、TP、石油类的去除明显优于其他处理方式。人工湿地主要包括内部构造系统、活性酶体介质系统、植物培植与搭配系统、布水与集水系统、防堵塞技术、冬季运行技术等。人工湿地对不同污染物的净化机理是：①对 SS：湿地系统成熟后，填料表面和植物根系将由于大量微生物的生长而形成生物膜。废水流经生物膜时，大量的 SS 被填料和植物根系阻挡截留。②对有机物：有机污染物通过生物膜的吸收、同化及异化作用而被除去。③对氮、磷：湿地系统中因植物根系对氧的传输和释放，使环境中依次出现好氧、缺氧、厌氧状态，保证了废水中的氮、磷不仅能通过植物和微生物吸收，而且还可以通过硝化-反硝化作用去除，湿地系统更换填料或收割栽种植物也能将污染物去除。

### 4.5.3.4　三级污水处理系统基质选择

基质又称填料、滤料，是人为设计的由不同大小颗粒的砾、沙、土等按一定的厚度铺成的，供植物生长、微生物附着的单元。该体系具有过滤、沉淀、吸附和絮凝等作用，将水体中的悬浮物有效去除；同时，又可以为植物、微生物生长及氧气传输提供了必备条件。当污水流经人工湿地时，基质通过物理的和化学的途径（如吸收、吸附、过滤、离子交换、络合反应等）来净化去除污水中的氮、磷等营养物质（成水平等，1997）。基质的类型有很多种，在选择基质的时候应注意：①具有良好的吸附性能和离子交换性能；②基质的粒径不宜过大或过小，粒径太小，基质的水力传导率较小，容易造成堵塞，形成地表漫流；粒径太大，单位体积内微生物可附着的面积较小；③有利于生物膜的形成和更新，有利于提高有机物和氮的去除效率；不同的基质对同种污染物的处理能力是不同的，并且某些基质组合后的处理能力要优于采用单一基质时的处理能力。不同基质及组合基质的选取均需根据污水中污染物的种类、特征来决定。

朱夕珍和崔理华（2003）选取石英砂、煤灰渣和高炉渣作为介质，再按适当的比例配以有机质和土填料处理柱，进行了不同基质垂直流人工湿地对城市污水的净化效果研究。运行试验结果表明，煤灰渣基质对化粪池出水中 COD、$BOD_5$ 和 TP 的去除率分别达到 71%～88%、80%～89% 和 70%～85%。高炉渣基质对化粪池出水中 COD 和 $BOD_5$ 的去除率分别为 47%～57% 和 70%～77%，但对总磷的去除率高达 83%～90%。石英砂基质虽然对化粪池出水中 COD、$BOD_5$ 和 TP 的去除率分别仅为 36%～49%、65%～75% 和 40%～55%，但其导水能力最好，水力负荷最高。崔理华和朱夕珍（2003）的研究表明，煤渣-草炭基质垂直流人工湿地系统不但具有较高的水力负荷率，而且对有机物和氮、磷都具有较高的去除效果。其对化粪池出水中的 COD、$BOD_5$、$NH_3$-N 和 TP 的去除率分别为 76%～87%、88%～92%、75%～85% 和 77%～91%。处理出水中 COD、$BOD_5$、$NH_3$-N 和 TP 的平均浓度分别小于 60mg/L、20mg/L、25mg/L 和 2.0mg/L。

户用复合生态多功能污水处理系统选用经磷石膏改良后的煤渣、赤泥作为种植基质，从内到外，煤渣、赤泥的粒径逐渐减小。在系统的表面再铺设一层砾石，并掺入少量的吸附碳。目前，国内外试验及工程中应用较多的填料是颗粒状填料如砂石、砾石、陶粒、煤灰渣等（陈程和吴永贵，2011）。研究表明，尽管陶粒的处理效果较好，但容易造成堵塞且基建费用高。与陶粒、砾石相比，煤灰渣＋赤泥也具有较好的吸附性能和较大的比表面积，而且煤渣、磷石膏是人们在生产生活中产生的固体废物，经过改良后再用于基质，可实现"以废治废"的目的。所以在基质选择时，要考虑到取材、经济实用等因素。本研究中，根据水力停留时间、占地面积和出水水质等因素，选用煤渣作为基质。

### 4.5.3.5　三级污水处理系统植物种选择

植物是湿地系统中的核心部分。不同植物对污染物的吸收和转化能力是不同的。在户用复合多功能污水处理系统、生态沟道与坡式景观湿地系统中，植物可以直接吸收、利用污水中营养物质如氮、磷等，吸附和富集重金属及一些有毒有害的物质。水生植物的类型有多种，在选择时应满足以下条件：①生态需求，即不会对周边的生态环境造成生物入侵；②要根据当地气候、地理特点选用合适的植物，有针对性；③要认真考虑水生植物的成活、生长、繁殖的快慢、难易以及对不同污染程度的水体去除率；要根据去除污染物是采用同化吸收、运输转移，还是通过植物体存储，或是直接提高水中微生物的净化效果等不同净化机理来选择植物；④在选择水生植物的同时还要考虑到辅助功能，如景观改善、休闲娱乐，同时还要考虑经济因素，尽量选择高耗肥水、能季节搭配、有利于生物多样性的物种。

目前国内已用于或可用于污水处理和水体生态修复的植物主要有美人蕉（*Canna indica*）、芦苇（*Phragmites communis*）、黑麦草（*Lolium perenne*）、多花黑麦草（*Lolium multiflorum*）、稗（*Echinochloa crusgalli*）、水稻（*Oryza sativa*）、香根草（*Vetiveria zizanioides*）、牛筋草（*Eleusine indica*）、香蒲（*Typha orientalis*）、金钱

蒲（*Acorus gramineus*）、海芋（*Alocasia macrorrhiza*）、凤眼莲（*Eichhornia crassipes*）、水芹（*Oenanthe javanica*）、芝麻花（*Physostegia virginiana*）、风车草（*Cyperus alternifolius*）、灯心草（*Juncus effusus*）、雍菜（*Ipomoea aquatica*）、酸模（*Rumex acetosa*）、薏苡（*Coix lacryma-jobi* var. *ma-yuen*）、再力花（*Thalia dealbata*）、连瓣兰（*Cymbidium Lianpan*）等。周小平等（2005）曾做过实验，测定不同植物对氮、磷有不同的去除率：水雍菜 TN 和 TP 去除率分别为 81.32％和 71.34％，水芹为 82.77％和 94.77％，香根草为 77.94％和 82.86％，多花黑麦草为 82.77％和 94.77％，金钱蒲为 84.70％和 77.80％，而凤眼莲只有 61.10％和 71.40％。

植物对湿地系统的影响很大，有植物和无植物的湿地系统处理效果有着很大差异。植物对污水的净化受季节、温度和污染负荷影响，最高去除率发生在早春和夏天，秋冬季减小，且处理水质不同，处理的效果也不同。因此，选取合适的植物对于提高湿地的处理效果是非常重要的。本试验的植物主要是根据实践调查及参考国内外专家的研究成果，结合贵州气候和生境特点来选择。本试验根据待处理的生活污水水质情况，以及当地的气候和植物的特点，选取美人蕉、杂交酸模、黑麦草、薏苡、风车草、水芹 6 种植物。

美人蕉属美人蕉科美人蕉属，是大型的草本观赏花卉，为多年生宿根性植物。其在污水中有良好的长势，并能大大提高污水中 TN 和 TP 的去除效率，可作为净化污水、美化湖滨环境的良好植物。

杂交酸模是采用不同地区野生酸模通过基因工程培育而成的物种。它具有优质、高产、速生、耐寒、耐旱、耐盐等生物学特性，适于盐渍、风化、荒漠化土地生长。

黑麦草为禾本科黑麦草属，在春、秋季生长繁茂。黑麦草由于具有耐寒性强、生长旺盛等特点，发挥着植物修复作用，是一种很有前途的人工湿地水生植物。

薏苡为禾本科一年生或多年生粗壮草本。去除外壳和种皮的种仁可入药。须根黄白色，海绵质，直径约 3mm。秆直立丛生，高 1~2m，具 10 多节，节多分枝。叶鞘短于其节间，无毛；叶舌干膜质，长约 1mm；叶片扁平宽大，开展，长 10~40cm，宽 1.5~3cm，基部圆形或近心形，中脉粗厚，在下面隆起，边缘粗糙，通常无毛。总状花序腋生成束，长 4~10cm，直立或下垂，具长梗。花药橘黄色，长 4~5mm；有柄雄小穗与无柄者相似，或较小而呈不同程度的退化。染色体 $2n=10$ 或 20。花果期 6~12 月。薏苡是湿生性植物，喜温暖气候，对基质要求不严，我国大部分地区都可以栽培，以湿生栽培产量高。

风车草别名伞草、旱伞草、水棕竹、风车草、水竹，为莎草科莎草属，性喜温暖湿润，通风良好，光照充足的环境，耐半阴，甚耐寒，茎挺叶茂，层次分明，秀雅自然，四季常绿，是室内清供佳品，亦是切花的好材料。原产于印度、印度尼西亚，性喜温暖湿润和通风透光，耐阴，忌烈日曝晒。根系纤细，可切根分株繁殖，管理很方便。栽植在蛭石、河沙、疏松的培养土上，保持一定湿度，并适当修剪，置于室内温暖向阳处，气温不低于 5℃就可以安全越冬。风车草对污水中 TN、TP、COD 的去除率分别达到 91％、92％、70％

水芹属于伞形科、水芹属。多年水生宿根草本植物，别名水英、细本山芹菜、牛草、楚葵、刀芹、蜀芹、野芹菜等，是一种耐寒的多年生匍匐植物，原产欧洲，但广泛移栽于世界各地的河川、池塘与沟渠。作为水生宿根植物，根茎于秋季自倒伏的地上茎节部萌发，形成新株，节间短，似根出叶，并自新根的茎部节上向四周抽生匍匐枝，再继续萌动生苗。上部叶片冬季冻枯，基部茎叶依靠水层越冬，第二年再继续萌芽繁殖。株高 70～80 cm；二回羽状复叶，叶细长，互生，茎具棱，上部白绿色，下部白色；伞形花序，花小，白色；不结实或种子空瘪。水芹性喜凉爽，忌炎热干旱，25℃以下，母茎开始萌芽生长，15～20℃生长最快，5℃以下停止生长，能耐－10℃低温；喜欢生活在河沟、水田旁，在土质松软、土层深厚肥沃、富含有机质、高肥高水的黏质基质上较多；长日照有利匍匐茎生长和开花结实，短日照有利根出叶生长。水芹菜 TN、TP、COD 去除率分别可达到 82.77％、94.77％和 53％。

再力花别名水竹芋、水莲蕉、塔利亚，为竹叶科塔利亚属多年生挺水草本。叶卵状披针形，长 50cm，宽 25cm。复总状花序，花小，紫堇色。全株附有白粉。其在温带地区是一种优秀的温室花卉，花柄可高达 2m 以上。近年新引入我国，是一种观赏价值极高的挺水花卉，包括 12 个生于沼泽地的种。其是原产于美国南部和墨西哥的热带植物，目前主要种植城市或地区有海口、三亚、琼海、高雄、台南、深圳、湛江、中山、珠海、澳门、香港、南宁、钦州、北海、茂名、景洪。喜温暖水湿、阳光充足的气候环境，不耐寒，入冬后地上部分逐渐枯死，以根茎在泥中越冬。在微碱性的基质中生长良好。再力花植株高大美观，硕大的绿色叶片形似芭蕉叶，叶色翠绿可爱，花序高出叶面，亭亭玉立，蓝紫色的花朵素雅别致，是水景绿化的上品花卉，常成片种植于水池或湿地，形成独特的水体景观，也可盆栽观赏或种植于庭院水体景观中，有"水上天堂鸟"的美誉。除供观赏外，再力花还有改善水质的作用，对污水具有较强的净化效果。

在人工湿地这种半自然或人工的环境条件下，大多数植物都以春夏萌芽、秋冬季枯死为一个生长周期，由此导致人工湿地污水处理系统冬季的污水净化效果下降。因此，我们结合当地情况，选用美人蕉、杂交酸模、黑麦草与其他湿地植物搭配，这样人工湿地就可以一年四季运行，既延长了人工湿地的运行周期，又增加了人工湿地的污水净化效果。

# 4.6　户用复合多功能污水处理系统研究

户用复合多功能污水处理系统是污染水体生态修复技术中的一种。污染水体生态修复技术是通过存在于水体生态系统中各种生物群落的综合作用对水体中污染物进行去除的技术。它与其他常见污水治理措施相比，克服了传统处理方法的缺点，具有技术投资小、成本低、对环境扰动小、对污染物的去除效率高的特点，还具有较高的美学价值，使用非常广泛，今后还会有巨大的发展空间。

复合生态多功能污水处理系统基于生态处理与厌氧处理相结合，类似于人工湿地与厌氧池的结合体。取两者的优势进行组合，是本装置最鲜明的特点。单从表面来讲，生态多功能污水处理系统处理工艺相比于其他传统生活污水处理生态处理工艺，具有以下几个方面的优势。①低成本。复合生态多功能污水处理系统占地面积小、投资少，建成后可依靠太阳能运行，极少维护，初期投入、运营成本以及维护成本低廉。②高效率。复合生态多功能污水处理系统处理系统采用夏秋常绿植物与冬春常绿植物相结合、大规模集约与小规模处理相结合，就地处理生活污水，不仅能降低污水运输费用，还能提高处理效率。③处理效果明显。家庭、村落排放的高分散生活污水经过复合生态多功能污水处理系统的处理，水质指标可完全符合排放标准，不仅可避免污水直接排放对江河或者湖泊造成污染，而且可将处理后的水回用，减少对水资源的浪费。④高效益。复合生态多功能污水处理系统不仅可以处理生活污水、农业废水，还有独特的美化环境功能，以及潜在的社会效益和环境效益，可实现环境效益、社会效益和经济效应的统一，发展空间大。

### 4.6.1 户用复合生态多功能污水处理系统流程设计

为了将各家各户产生的数量不大但是氮磷、COD 及 SS 等浓度相对较大的生活污水（主要是洗漱污水、厨余污水）就地处理，设计了污水处理工艺流程，如图 4-3 所示。其目的是在同一个装置内实现污水收集、储存，污染物过滤、吸附、吸收、一级厌氧降解、二级厌氧降解、生物膜好氧降解、生物吸收等多重净化功能，通过蒸发蒸腾减少污水含量，通过其上种植的花卉吸收并削减污水中氮磷含量，改善庭院景观，美化居住环境。

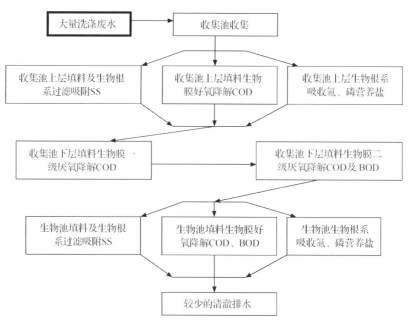

图 4-3　户用复合生态多功能污水处理系统工艺流程图

### 4.6.2 户用复合生态多功能污水处理系统试验装置设计

户用复合生态多功能污水处理系统由三个池子组成。池体由混凝土预制材料制成，四周用铁脚固定，并进行防渗处理。三个池体的尺寸分别为：人工湿地模拟池 A：61cm×40cm×33cm；人工湿地模拟池 B：61cm×40cm×42cm；厌氧反应模拟池 C：61cm×40cm×62cm。在设计时考虑到节约能源，采用无动力污水处理方式，将 A 池的底部与 C 池顶部用直径为 30mm 的 PVC 管连接，C 池的中上部与 B 池也使用直径为

30mm 的 PVC 管连接，在 B 池填料表面铺设半边"工"字形集水管，下钻小孔，以均匀地收集出水。在集水管口罩上一个小筛子，防止基质堵塞集水管。在连接 B、C 池的 PVC 管上打孔，使 B 池与大气连通，避免虹吸现象发生，导致系统无法运行。污水自上而下，先经过 A 池，再到 C 池，最后经 B 池处理后直接出水，无需采用电机、水泵等机械设备，其系统构造如图 4-4 所示，系统安装流程如图 4-5 所示。

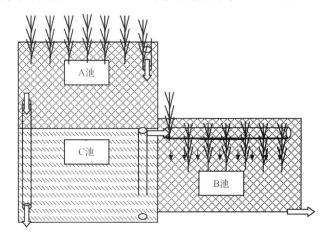

图 4-4  户用复合生态多功能污水处理系统设计图

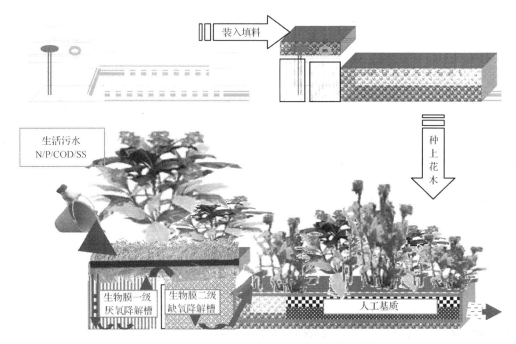

图 4-5  户用复合生态多功能污水处理系统安装流程

### 4.6.3  户用复合生态多功能污水处理系统建造材料

户用复合生态多功能污水处理系统建造材料主要包括：专用一体化系统框架，导流管、布水管及排水管，专用厌氧挂膜材料，高比表面植生填料，高耗肥水花卉植物 5

类，其要求见表 4-4。

表 4-4　户用复合多功能污水处理系统施工材料及要求

| 序号 | 材料名称 | 主要用途 | 规格及要求 | 施工方式 |
|---|---|---|---|---|
| 1 | 专用一体化系统框架 | 导流、支撑、防扩散 | 耐老化、耐酸碱，有一定深度和机械强度 | 直接建造 |
| 2 | 导流管、布水管及排水管 | 导流、布水、排水 | 防堵、布水均匀、耐老化、耐酸碱，有一定机械强度 | 预制，直接安装 |
| 3 | 专用厌氧挂膜材料 | 厌氧微生物挂膜 | 耐老化、耐酸碱，有一定深度和机械强度，比表面积大，生物兼容性良好 | 预制，直接安装 |
| 4 | 高比表面植生填料 | 吸附、固定、缓冲、生物挂模、生物支撑 | 比重：1.2；比表面积：2800；酸碱度：6~9；盐度：EC≤1500；生物兼容性：良好 | 直接装填 |
| 5 | 高耗肥水花卉植物 | 吸收、好氧、景观 | 能耐肥水，具有景观功能 | 直接种植 |

## 4.6.4　户用复合生态多功能污水处理系统植物选择与种植

目前国内已用于或可用于生态修复的植物如美人蕉、芦苇、多花黑麦草、稗草、水稻、香根草、牛筋草、香蒲、金钱蒲、海芋、凤眼莲、水芹菜、芝麻花、旱伞草、灯心草等（宋祥甫等，1998；周小平等，2005；徐丽花和周琪，2001）。不同植物对氮磷有不同的去除率（周小平等，2005）。过去的研究测得水雍菜、水芹菜、香根草、凤眼莲、多花黑麦草、金钱蒲等植物氮磷去除率为 61.10%~94.77%。本研究主要根据调查并参考国内外专家的研究成果，结合贵州气候和植物生长特性来进行植物种选择。系统种植的关键种主要选用美人蕉、水芹菜、风车草，这三种植物在贵州均有分布，有观赏价值，其植物特性见表 4-5。在种植时，美人蕉、水芹菜和风车草按 5 株/m² 的密度间隔种植于两个人工湿地模拟池中，种植要求见表 4-6。

表 4-5　户用复合生态多功能污水处理系统选用植物特性

| 植物名 | 生长特性 | 净化特性 |
|---|---|---|
| 美人蕉 | 适应性强、不择土壤。耐高温、具有一定的耐寒力，但根茎不能露地越冬。在长江以南，稍加覆盖就可安全越冬。生长适宜温度为 15~28℃，低于 10℃ 不利于生长，在热带无休眠期。可耐短期水涝 | 在污水中有良好的长势，能显著提高污水中 TN 和 TP 的去除率 |
| 风车草 | 广泛分布于森林、草原、沼泽以及湖泊和河流边缘。对土壤要求不严格，但喜湿润和腐殖质丰富的黏土。耐阴不耐寒，喜温暖，冬季温度要求不低于 5℃。全年能够生长，在冬天仍能维持一定的生长速度 | 风车草对污水中 TN、TP、COD 的去除率分别可达到 91%、92%、70% |
| 水芹菜 | 水芹菜对环境条件的适应性较广，抗逆性强，适于冷凉、短日照季节生长。生长适温 20℃ 左右，10℃ 停止生长。但气温下降到 0℃ 时，只要加深水位，茎叶不会冻死。适生的 pH 为 6.5~7.0 | 水芹菜对污水中 TN、TP、COD 去除率分别可达到 82.77%、94.77% 和 53% |

表 4-6  户用复合多功能污水处理系统植物种植要求

| 植物名 | 株距/mm | 行距/mm | 苗龄及等级 | 种植方法 | 种植时间 |
|---|---|---|---|---|---|
| 美人蕉 | 200 | 200 | 一级 | 错窝穴植 | 春夏秋 |
| 金钱蒲 | 200 | 200 | 一级 | 错窝穴植 | 春夏 |
| 碧龙 | 200 | 200 | 一级 | 错窝穴植 | 春冬 |
| 杂交酸模 | 200 | 200 | 一级 | 错窝穴植 | 春夏秋冬 |
| 杂交芹 | 200 | 200 | 一级 | 错窝穴植 | 春夏冬 |
| 薏苡 | 200 | 200 | 一级 | 错窝穴植 | 春夏 |
| 黑麦草 | 200 | 200 | 一级 | 错窝穴植 | 春夏秋冬 |

## 4.6.5  户用复合生态多功能污水处理系统污水处理效果

试验系统自 2009 年 10 月底建成，基质填充完毕后，植物于早冬季节移栽至系统内，一周后启动系统。启动阶段运行 4 个月，让植物根系和基质表面挂膜充分。每隔两天给植物浇一桶生活污水，使水力停留时间为两天。于 3 月初开始收集水样，每隔一周收集一次，并测定其进出水的水质指标，主要测定的指标见表 4-7。

表 4-7  试验系统水质检测指标表

| 分析项目 | 分析方法/仪器 |
|---|---|
| 化学需氧量（COD） | 重铬酸钾法（GB11914—89） |
| 氨氮（$NH_3$-N） | 纳氏试剂分光光度法（GB7479—87） |
| 总磷（TP） | 过硫酸钾消解-钼酸铵分光光度法（GB11893—89） |
| pH | pH 测试笔 |
| 总悬浮物（SS） | 重量法（GB 11901—89） |
| 浊度 | 浊度计（GB13200—91） |
| 电导（EC） | EC/TDS/NACL/T 测定仪 |

### 4.6.5.1  进出水 pH

水环境的化学变化过程与 pH 值的变化有关，对系统进出水的 pH 检测可以在一定程度上间接反映水环境变化，评价系统水质的变化特征。通过测定，系统中进出水 pH 的变化如图 4-6 所示。由图可以看出，进、出水的 pH 没有明显变化，头三次采样，进水 pH 比出水稍高，后三次采样进水 pH 比出水稍低，说明溶质的转化和变化没有导致 pH 发生剧烈波动，系统稳定。

### 4.6.5.2  进出水电导率

电导率是溶液传导电流的能力。电导率的高低受水中无机酸、碱、盐或有机带电胶体等的影响，水溶液的电导率取决于带电荷物质的性质、浓度、温度和黏度等。电导率常用于间接推测水中带电荷物质的总浓度。图 4-7 是系统进出水电导率变化。6 次测定结果显示，出水的电导率明显比进水高，说明出水中带电荷物质浓度比进水高。分析其

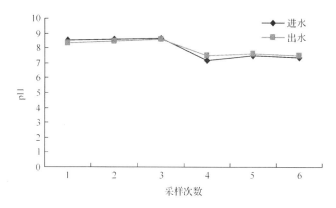

图 4-6　户用复合多功能污水处理系统进、出水 pH 变化

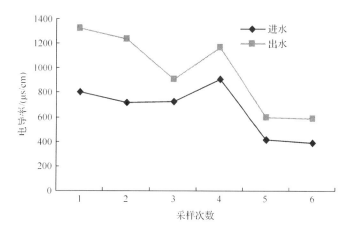

图 4-7　户用复合生态多功能污水处理系统进出水中电导率变化

原因，可能是系统对污水中有机物的降解作用使无机离子的浓度增加了。另外，系统的基质是煤渣灰，而煤渣中含有一定量的金属单质，在水中可能变离子，使出水的电导率比进水高。

#### 4.6.5.3　进出水浊度

浊度是水中悬浮物对光线透过时所发生的阻碍程度。水的浊度不仅与水中悬浮物质的含量有关，而且与它们的大小、形状及折射率有关。浊度可以反映系统对水中悬浮物的去除情况。图 4-8 表明，进水的浊度明显比出水的浊度高，且无论进水浊度如何变化，系统出水的浊度都很低，生活污水通过系统处理后透明度增加了。对于浊度反映的悬浮物的去除，刚开始为 69.3%，与理想效果还有一定的差距，这是因为初始时段的系统处于调试状态，污水中悬浮物的处理只是依赖基质的过滤和吸附。但是一段时间后，去除率保持为 90%～95%，系统运行呈现明显的稳定状态。

#### 4.6.5.4　进出水悬浮物（SS）

水中悬浮物（SS）指悬浮在水中的固体物质，是造成水浑浊的主要原因，包括不溶于水中的无机物、有机物及泥沙、黏土、微生物等。水中悬浮物含量是衡量水污染程

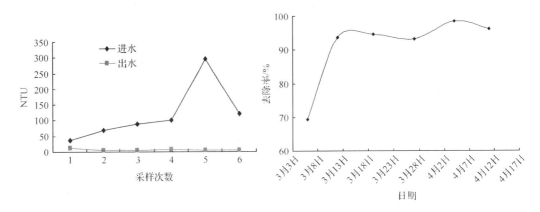

图 4-8　户用复合生态多功能污水处理系统进出水中浊度变化及悬浮物去除率

去除率（%）＝（进水监测指标值-出水监测指标值）×100/进水监测指标值，下同

度的指标之一。图 4-9 反映了系统的 SS 进出 6 次监测的浓度变化。从图中可以看出，生活污水中开始的几次采样悬浮物浓度比较低，后边一次比较高，污水通过系统后，出水的悬浮物浓度明显降低了，去除率稳定在 80%～95%，这一结果与进出水浊度的测定结果基本吻合。污水中悬浮物进入系统后与基质发生作用，包括悬浮物向基质表面的迁移和被基质颗粒表面黏附。植物密集发达的根系对悬浮物具有过滤、截留作用，某些有机颗粒可以被植物根系吸收。微生物对积累的颗粒态有机物进一步降解、同化，从而使得处理后的污水透明度显著提高。

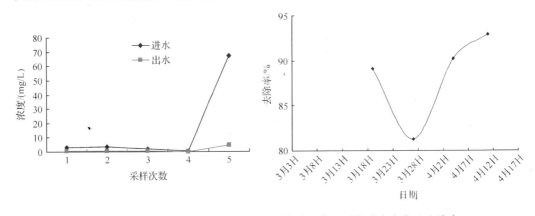

图 4-9　户用复合生态多功能污水处理系统进出水悬浮物浓度变化及去除率

### 4.6.5.5　进出水中氨氮

图 4-10 是系统的进出水中 $NH_3$-N 浓度的 6 次监测结果。$NH_3$-N 的去除率呈先升高后下降的趋势。系统对 $NH_3$-N 的去除率不很稳定，这是因为系统刚开始运行，植物根系尚不发达，微生物活动也不活跃，污水大部分是靠基质来处理。基质在为植物和微生物提供生长介质的同时，通过沉淀、过滤和吸附等作用直接去除污染物。随着气温逐渐升高，植物长势也逐渐变好，根系充分挂膜，微生物的活动也开始活跃，$NH_3$-N 的去除率不断提高。在测定后期，去除率又开始下降，这是由于贵阳气温波动大，天气又

转冷，可能影响到了植物和微生物的代谢，$NH_3$-N 的去除率有所下降。复合生态多功能污水处理系统对生活污水中的 $NH_3$-N 去除包括基质过滤、沉淀、氨的挥发、植物吸收、微生物的氨化、硝化和反硝化作用，其中微生物的硝化、反硝化作用是主要途径，其他因素相同的条件下，气温的变化对这些过程影响很大，因而 $NH_3$-N 的去除率波动性大，但是总体去除率都高于 40%。

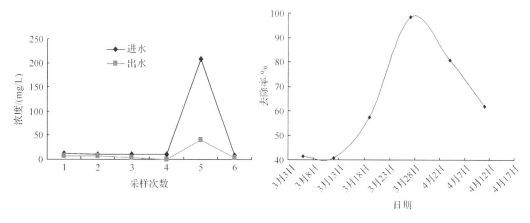

图 4-10　复合生态多功能污水处理系统进出水氨氮变化及去除率

### 4.6.5.6　进出水中 COD

COD 表示在强酸性条件下重铬酸钾氧化 1L 污水中有机物所需的氧量，可大致表示污水中的有机物量。图 4-11 表明，系统进、出水的 COD 浓度波动较大，但是出水浓度变化趋势与进水浓度的变化趋势基本一致。系统对 COD 有较好的控制效果，去除率基本上都在 75% 以上，也比较稳定。污水中的有机物包括不溶性有机物和可溶性有机物。当污水进入系统内，不溶性有机物通过沉降、植物根系和基质的截留过滤，进一步被植物微生物降解和利用，而可溶性有机物可通过植物和微生物直接利用。

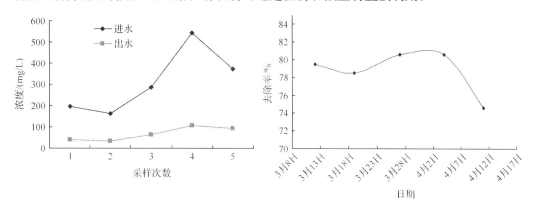

图 4-11　复合生态多功能污水处理系统进出水 COD 变化及去除率

### 4.6.5.7 进出水中总磷

磷是植物生长的必需元素，是产生富营养化的限制因子，是生活污水中的主要污染物之一。如图 4-12 所示，系统进水中 TP 浓度波动较大，但出水比较稳定。总体来看，系统对 TP 的去除率都在 80% 以上，最高达到了 97.4%。进水 TP 的平均浓度为 10.5mg/L，但出水都低于 2%，处理效果明显。在系统初期运行的时候，植物根系挂膜不充分，微生物的作用并未充分发挥出来，处理能力相对较低。随着气温逐渐升高，植物长势逐渐变好，根系充分挂膜，微生物活动开始活跃，TP 的处理能力不断增加。

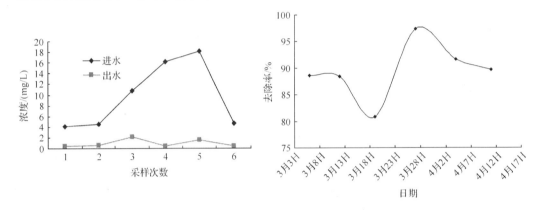

图 4-12　户用复合多功能污水处理系统进出水总磷变化及去除率

### 4.6.5.8 户用复合多功能污水处理系统示范工程去除效果

试验示范系统自 2010 年 4 月底建成。启动运行 3 个月后，对分别处理 22 户农户及大冲村 400 余人小学的复合多功能污水处理系统进出水进行检测，结果见表 4-8。系统对 SS 的去除率达到 77.8%～90.7%，使得出水水质感官上变得较为清澈。系统对 NH₃-N 的去除率为 66.7%～75%、BOD₅ 为 70%～80.3%、CODᴄᵣ 为 80%～83.3%、TP 为 40%～60%，超过了设计的削减目标。研究结果还显示，系统对去除磷表现出较好效果，这可反映在绝大多数时候系统 TP 的出水浓度为 1mg/L 左右。这主要是由于基质中大量吸附、络合磷，以及磷与特殊高比表面活性基质中钙、铝、铁和其他矿物颗粒的沉淀反应及泥炭累积作用造成的，其中泥炭累积是最可持续的工艺。系统对氮的去除有较高效率的原因在于底层消化与反硝化效果较好，表层植物生长旺盛，使整体脱氮效果优良。

表 4-8　户用复合多功能污水处理系统主要污染物去除率　（单位：mg/L）

| 检测指标 | pH | BOD₅ | CODᴄᵣ | SS | NH₃-N | TP |
|---|---|---|---|---|---|---|
| 进水水质 | 6～9 | 50～120 | 120～150 | 90～150 | 6～15 | 0.5～2 |
| 出水水质 | 6～9 | 15～20 | 20～30 | 14～20 | 1.5～5 | 0.2～1.2 |
| 去除率/% | — | 70～80.3 | 80～83.3 | 77.8～90.7 | 66.7～75 | 40～60 |

## 4.7　生态沟道系统研究

在污水收集管网建设中，大部分排污管道或沟渠均采用硬质化技术，含有氮、磷、COD、SS等污染物的径流通过硬质化渠道直接排放到河流，造成河流的富营养化，污水在管网的流动过程中，几乎没有得到任何处理。本课题组认为，污水管网在空间上占有很大比重，污水流动中没有设置处理工艺是一种资源的浪费。研究具有污水处理能力的生态沟道，是三级污水处理系统中对户用复合多功能污水处理系统排出水、村间环境降雨径流水进行处理的第二个环节。

### 4.7.1　生态沟道污水处理系统设计

综合国内外先进的、适合农村生活污水处理的经验及我们掌握的技术，采用生物学及生态学方法，在排水沟壁上挂膜，并进行好氧降解，在沟壁的凹孔上栽植高耗肥水作物或花草，当污水流经生态排水沟中时，植物将对污水中的氮、磷养分吸收利用，对排水沟中的固体颗粒物质、溶解态养分进行拦截，从而在集污排污的同时，达到控制养分流失、处理污水并改善景观的作用。生态排水沟的工艺流程如图4-13所示，设计如图4-14所示，设计效果图如图4-15所示。生态排水沟可在污水收集或流动过程中，对厕所、沐浴、盥洗、洗衣、厨房等生活污水，降雨径流对村间环境中固体废弃物冲刷水、猪牛厩渗滤水进行处理。沟道根据村内地形条件、原收集的自然或人工沟道情况、当地村民污水排放水质水量、建设成本、环境影响等进行设计，以散排散治、以农治农的处理方式，将各家各户污水，甚至是农田废水进行水流动中处理。

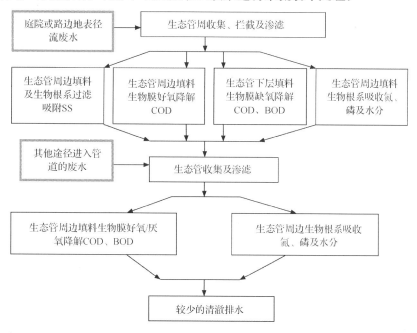

图 4-13　农村污水生态排水沟工艺流程图

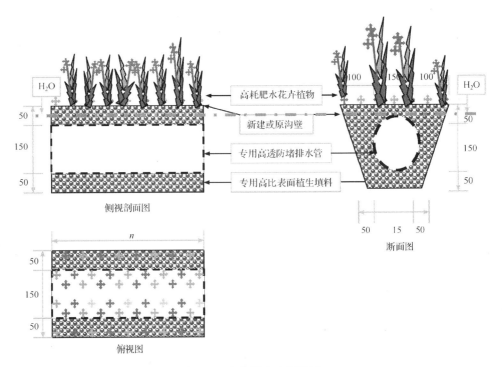

高耗肥水花卉植物

新建或原沟壁

专用高透防堵排水管

专用高比表面植生填料

H₂O

50

150

50

侧视剖面图

100 150 100

H₂O

50

150

50

50 15 50

断面图

*n*

50

150

50

俯视图

图 4-14　生态排水沟设计图

图中尺寸以毫米计

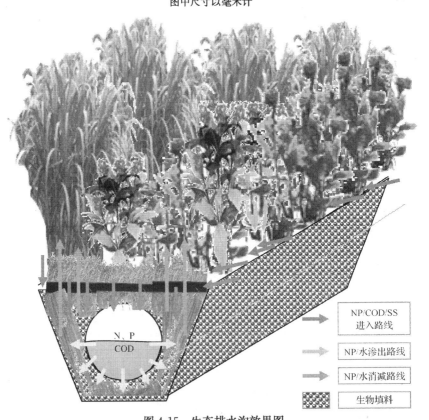

NP/COD/SS
进入路线

NP/水渗出路线

NP/水消减路线

生物填料

N、P
COD

图 4-15　生态排水沟效果图

## 4.7.2 生态沟道施工材料及要求

根据生态沟道的设计要求，施工材料主要包括高比表面植生填料、专用高透防堵排水管、新建或原沟壁、高耗肥水花卉植物等。高比表面植生填料主要起到过滤、吸附、固定、缓冲、生物挂膜、植物生长基的作用；专用高透防堵排水管起到导流、布水、供氧、支撑作用；新建或原沟壁是安装和建设生态沟道的原沟道或开挖的沟道边墙，用于容纳和固定专用高透防堵排水管，并在水管周围填充高比表面植生填料；高耗肥水花卉植物起到吸收和景观改善的作用（表4-9）。高耗肥水花卉植物种植要求见表4-10。

表 4-9 生态沟道建造的施工材料及要求

| 序号 | 材料名称 | 主要用途 | 规格及要求 | 数量 | 施工方式 |
|---|---|---|---|---|---|
| 1 | 高比表面植生填料 | 吸附、固定、缓冲、生物挂模、生物支撑 | 比重：1.2；比表面积：2800；酸碱度：6～9；盐度：EC≤1500；生物兼容性：良好 | 100kg/m | 直接装填 |
| 2 | 专用高透防堵排水管 | 导流、布水、供氧、支撑 | 防堵、布水均匀，耐老化、耐酸碱，有一定机械强度 | 据实 | 直接装填 |
| 3 | 新建或原沟壁 | 导流、支撑、防扩散 | 有一定深度和机械强度 | 据实 | 普通开挖 |
| 4 | 高耗肥水花卉植物 | 吸收、好氧、景观 | 能耐肥水，具有景观功能 | 50株/m² | 直接装填 |

表 4-10 种植密度及需苗量

| 序号 | 植物种类 | 株距/mm | 行距/mm | 苗龄及等级 | 种植方法 | 种植时间 |
|---|---|---|---|---|---|---|
| 1 | 美人蕉 | 200 | 200 | 一级 | 错窝穴植 | 春夏秋 |
| 2 | 金钱蒲 | 200 | 200 | 一级 | 错窝穴植 | 春夏 |
| 3 | 碧龙 | 200 | 200 | 一级 | 错窝穴植 | 春夏冬 |
| 4 | 薏苡 | 100 | 100 | 一级 | 直接播种 | 春末 |

## 4.7.3 生态沟道系统污水处理效果

在试验点，村落中产生的污水包括家家户户的生活污水、圈舍外排养殖废水、村间环境降雨径流冲刷水，通过每户庭院旁的沟道汇入天然形成或人工修建的排污沟，然后再进入道路旁的排污沟。道路旁的排污沟还接纳来自公路上降雨径流冲刷产生的污水，主要是交通车辆燃料机油的跑冒滴漏及所运物资或废料弃土污染物和路面牲畜粪便径流（图4-16）。因此，道路旁排污沟具有汇集村落不同来源污水并导入大冲流域沟道的作用。大冲流域沟道则收集流域所有土地利用类型产生的地表径流，包括：村落污水、农田排水、菜园浇灌多余径流，降雨导致坡耕地、林地、梯平地产生的地表径流等。流域沟道中的径流季节性强，夏秋季流量比较大，而冬春季比较小，径流中污染物浓度比较低，其水生态过程特点在第三章已经叙述。收集村间污水的道路旁排污沟则常年有浓度较高的污水排放。这种道路旁的排污沟和流域沟道是大冲村污水收集和输送的典型模式，在广大的农村也非常普遍。限于观念、理论和技术上的落后，目前通过沟渠对污水的处理率比较低。本研究在具有汇集村落污水功能的道路旁排污沟处，建造 200m 生态沟道，处理户用复合多功能污水处理系统输出水和其他村间污水（图 4-17）。

图 4-16　具有汇集污水功能的道路旁排污沟

图 4-17　建设好的一段生态沟道（看到的植物是在沟道上部生长的薏苡、少量美人蕉、碧龙等）

　　经过 3 个月的试运行和研究，生态沟道对污水的处理效果见表 4-11。结果表明，生态沟道可有效去除 SS、BOD$_5$、COD$_{Cr}$、NH$_3$-N、TP。对 SS 的去除率达到 26.7％～44.0％，使得出水水质感官上变得较为清澈。对 NH$_3$-N 的去除率为 13.3％～22.7％，BOD$_5$ 去除率为 47.4％～50.0％、COD$_{Cr}$ 去除率为 46.7％～47.4％、TP 的去除率为 20％～25％，总体上达到了设计的预期目标。生态沟道除改善了地表水水质外，还明显恢复了排污沟渠的生态功能、美化了环境，增加了湿地生物的多样性（图 4-18）。

表 4-11　路旁生态沟道主要污染物去除率　　　（单位：mg/L）

| 检测指标 | pH | BOD$_5$ | COD$_{Cr}$ | SS | NH$_3$-N | TP |
|---|---|---|---|---|---|---|
| 进水水质 | 6～9 | 100～190 | 150～250 | 150～250 | 15～22 | 2～4 |
| 出水水质 | 6～9 | 51～105 | 80～130 | 110～140 | 13～17 | 1.5～3.2 |
| 去除率/% | — | 47.4～50.0 | 46.7～47.4 | 26.7～44.0 | 13.3～22.7 | 20～25 |

图 4-18　生态沟道建设前后的景观对比

从表 4-11 还可知，生态沟道在去除或截留磷与实验室内结果存在较大差异，绝大多数时候系统的 TP 出水浓度大于 1.5～3.2mg/L。这可能与生活污水含有大量学校化粪池出水，使进入沟道入口的径流磷总体较高（大于 7～12mg/L），污水流过生态沟道时停留时间短，管壁中基质的吸附、络合及与特殊高比表面活性基质中的钙、铝、铁和其他矿物颗粒的沉淀反应时间不够有关。不过由于基质、植物根系吸收的作用，其对磷的去除率仍然达到了 20% 以上。在氮的去除方面，由于生态沟道底部存在厌氧环境，使得污水具有一定程度的有氧硝化与厌氧反硝化，加上生态沟道中旺盛生长的高耗肥水植物的吸收，总体上对氮的去除效果良好。氧化常是脱氮的限制步骤之一，在生态沟道中，大部分时间污水不能占满专用高透防堵排水管，硝化所需氧气可以由管道输入并透过管道壁，支持耗氧微生物活动。栽植在管道上部的维管植物根系也释放氧气。此外，尽管污水停留管道中时间短，但相对较长的生态沟道净化系统的脱氮效率并不低，达到了 13.3%～22.7%。

# 4.8　坡式湿地系统

通过户用复合生态多功能污水处理系统、生态沟道处理系统对污水的处理，可阻截大部分径流中氮、磷、COD、SS 污染物。但是，生态沟道处理后污水中污染物浓度可能仍然较高，此时，可利用土地和植被的净化能力，或采用生物学及生态学方法，利用地形地貌的自然落差建立坡式湿地系统或沿湖环田陆地高耗肥水 C4 景观生物床、村内人工景观湿地、沿湖大型 C4 植物生态处理床及沿湖生态型人工湿地等设施，发挥物理过滤-物理吸附-生物吸收-好氧降解作用，使生态沟道中未能完全处理的氮、磷、COD 等污染物得到进一步处理，改善了出水水质。本研究主要设计和试验了坡式湿地系统的污水处理。

### 4.8.1 坡式湿地系统工艺设计

该工艺通过"物理过滤-物理吸附-生物吸收-好氧降解"作用对污染物进行处理。适合于将各户用多功能污水生物处理系统、生态沟道系统处理后较清洁的排水、路上降雨径流及田园生产排水等产生数量较大但是氮、磷、COD 浓度较低，仅 SS 相对较高的污水再次处理，是污水入湖处理的第三级。坡式湿地的优点是可以利用 C4 大型植物及人工填料组成的生态设施进行收集、过滤、吸附、生物膜好氧降解、生物吸收等多重净化作用。该生态床建造和维护较为方便，其设计图和典型工艺流程如图 4-19、图 4-20 所

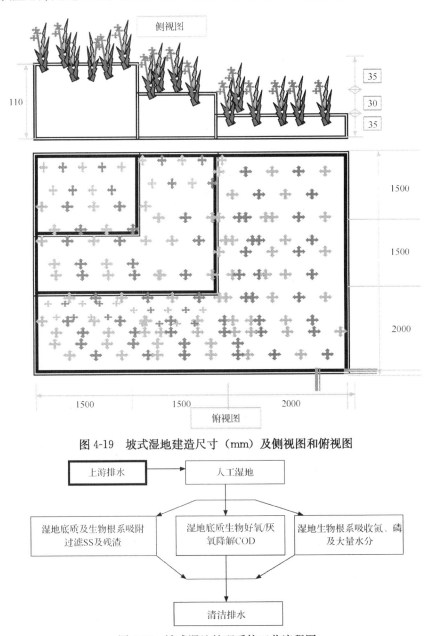

图 4-19　坡式湿地建造尺寸（mm）及侧视图和俯视图

图 4-20　坡式湿地处理系统工艺流程图

示，所需材料和植物种配置见表 4-4、表 4-12。

表 4-12　坡式湿地中植物种类、种植密度及需苗量

| 序号 | 植物种类 | 株距/mm | 行距/mm | 苗龄及等级 | 种植方法 | 种植时间 |
|---|---|---|---|---|---|---|
| 1 | 美人蕉 | 200 | 200 | 一级 | 错窝穴植 | 春夏秋 |
| 2 | 金钱蒲 | 200 | 200 | 一级 | 错窝穴植 | 春夏 |
| 3 | 碧龙 | 200 | 200 | 一级 | 错窝穴植 | 春夏冬 |
| 4 | 杂交酸模 | 200 | 200 | 一级 | 错窝穴植 | 春夏冬 |
| 5 | 杂交芹 | 200 | 200 | 一级 | 错窝穴植 | 春夏冬 |
| 6 | 薏苡 | 200 | 200 | 一级 | 错窝穴植 | 春夏冬 |

　　坡式湿地系统是针对云贵高原地区农村村落地形设计的污水处理系统。这些地区的农村村落一般坐落于山坡上，一家一户的污水经过户用复合多功能污水处理系统和坐落于山坡上的生态沟道系统处理后，出水进一步向下流动，归入流域沟道。因此在流域沟道前的村落坡角低洼处，沿地形坡降修建呈梯级的湿地系统。坡式湿地系统的设计一方面适应于云贵高原农村地形起伏的特点，沿坡修建，污水来自于上部，从湿地的上一级流向下一级，削减了传统处理需要提高水位的能耗，是低碳的设计方式。另一方面，污水从上一级流向下一级，中间有接近 0.5m 高的落差，增加了曝气作用环节，有利于污水氧化降解。但是，假若村落并不在山坡上，而是在地形平缓的平地，坡式湿地的修建就没有合适地形，坡式湿地系统可以在形态结构上进行调整，修建成河边、湖边、田边的沿河或沿湖环田高耗肥水 C4 /C3 景观生物床，完成第三级污水处理，湿地与产生污水的村落之间用生态沟渠相连。该湿地的特点是利用系统内的填料和微生物对污染物进行过滤、降解、吸附、吸收等净化作用；利用高耗肥水的 C4 /C3 植物组合对营养物质挂淤、吸收，改善水质，达到地表水排放的要求。湿地系统工艺流程和设计如图 4-21、图 4-22 所示。

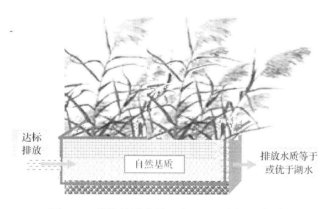

图 4-21　沿湖浅滩高耗肥水 C4/C3 景观生物床

　　沿湖浅滩高耗肥水 C4/C3 景观生物床具体建设方案为：采用两级串联式潜流型湿地，湿地床面积为 100m²，湿地大小尺寸长×宽×高均为 50m×20m×0.5m，池底坡度为 1‰，填料均采用青石子＋专用人工填料，一级湿地所选用的填料粒径较大，为 1～4cm；二级湿地处理填料粒径较小，小于 1cm；中间设置调节池，长×宽×高尺寸为

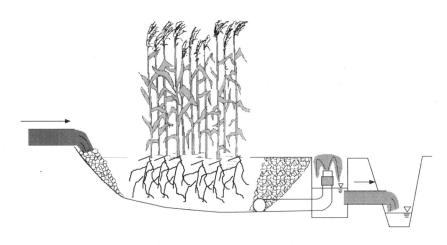

图 4-22　沿湖浅滩高耗肥水 C4/C3 景观生物床污水处理流程图示

50cm×142cm×80cm。湿地种植芦苇和茭草，伴生少量的莲藕、金钱蒲、水芹、红廖等。最高运行水位为 0.24m，平均水力停留时间为 4.23 天，流程（漫流）为 45m。对氨氮、总氮、总磷、COD 和 SS 的设计去除率为 50%，去除 85% 以上的污染负荷。该工艺可有效去除流域农村生活污水中氮、磷污染物。

## 4.8.2　坡式湿地系统对污染物的去除效果

坡式湿地系统进一步将生态沟道排出污水进行处理，是所有污水入湖的第三道屏障，因此，最终是否达到设计标准，主要看第三级。通过实施和试验检测，建成的坡式湿地试验系统如图 4-23 所示，污水进出水水质见表 4-13。由表 4-13 可知，各指标的处理率都超过了 70%，效果非常显著，出水 BOD、COD、氮、磷等水质已经接近地表水Ⅲ类水标准。图 4-23 也可直观地反映处理效果。在图中，第一级处理系统植物生长良

图 4-23　建成的大冲村坡式湿地污水处理系统

好，颜色浓绿，显示氮磷营养能充分供给；第二级和第三极植物渐次长势较差，已经显得营养不良。这一生长情况的变化说明经过户用复合多功能污水处理系统、生态沟系统处理，再经过坡式湿地第一级生态净化后，污水中的氮、磷等营养物质已得到显著去除，达到了源头—过程—末端净化的多级生活污水处理目的。

表 4-13　坡式湿地排出水污水中主要污染物去除率　　　　（单位：mg/L）

| 检测指标 | pH | $BOD_5$ | $COD_{Cr}$ | SS | $NH_3$-N | TP |
|---|---|---|---|---|---|---|
| 进水水质 | 6～9 | 60～120 | 80～150 | 110～150 | 12.0～15.0 | 1.5～3.5 |
| 出水水质 | 6～9 | 6～10 | 20～45 | 10～15 | 0.25～0.5 | 0.2～0.5 |
| 去除率/% | — | 88～92 | 70～75 | 90 | 97.9 | 85.7～86.7 |

通过户用复合多功能污水处理系统、生态沟道系统两级处理后，排出水与学校化粪池少量污水及周边尚未处理汇入的生活污水，再通过坡式湿地系统处理后，大量的 SS 被拦截。在学生上学期间，系统平均进水 SS 浓度为 150mg/L，平均出水 SS 浓度为 15mg/L；在放假期间，平均进水 SS 浓度为 110mg/L，出水 SS 浓度为 10mg/L。SS 的平均去除率整体上较为稳定，达到了 90% 以上，使得出水较为清澈。由于坡式湿地中大量高比表面活性填料、内部高活性生物膜载体的使用，BOD 的去除方面表现优越。在开学期间，平均进水 BOD 浓度为 100mg/L 时，平均出水 BOD 浓度为 10mg/L；在放假期间系统平均进水 BOD 浓度为 60mg/L，平均出水 BOD 浓度为 6mg/L，BOD 的平均去除率达到 88%～92%。

坡式湿地除磷与实验室检测结果相似，进入坡式湿地的生活污水（含有大量未经生态沟处理的学校化粪池溢出水）中含磷总体较高（大于 1.5～3.5mg/L）。这是因为污水流过坡式湿地时停留时间较长，湿地中大量特殊高比表面活性基质的物理吸附、化学络合及与特殊高比表面活性基质中的钙、铝、铁和其他矿物颗粒的沉淀反应时间相对较长，加上植物根系的吸收对基质的去饱和作用，使得坡式湿地对磷的去除率达到了 85% 以上，绝大多数时候系统的 TP 出水浓度为 0.2～0.5mg/L。从现场植物的长势（图 4-23）来看，坡式湿地中的第一级植物生长良好，但到二、三级的营养已经出现明显的不足，植物总体弱小、发黄，并表现出部分的缺磷症状，验证了该湿地中基质和植物对磷的去除作用比较好。

坡式湿地中，由于设计了特殊的"淹水厌氧-排干好氧-生物吸收-基质吸附-生物去饱和"的结构，使得在污水来水和停水之间，通过虹吸作用按顺序进行"淹水-排干"的频繁有氧硝化与厌氧反硝化，加上坡式湿地上旺盛生长的高耗肥水植物的吸收作用，系统对氮的去除效果良好。厌氧反硝化脱氮是湿地系统脱氮效率较高的步骤之一，系统中的厌氧反硝化正是通过坡式湿地周期性虹吸进水，系统底层拥有一层永久性淹水的常态厌氧层进行厌氧反硝化作用，加上高比表面活性的厌氧基质反应界面，使得一直淹没在水中的基质表面生物膜及缓慢进水淹水进行的反硝化作用较为活跃，因此，系统反硝化脱氮效率较高。作为脱氮限制步骤之一的氧化反应也正是通过坡式湿地周期性虹吸排干，空气中氧气能充分达到高比表面活性的基质反应界面，使得基质表面的富氧水膜的硝化彻底和迅速，反应层次较多、停留时间较长，污水脱氮效率很高。

## 4.9 讨论

### 4.9.1 农村生活污水三级处理系统的特点

治理农村生活污水，改善农村环境，改变农村"脏、乱、差"的现状是建设新农村的重要任务，也是根本解决江河湖泊水污染问题的基础。云贵高原广大农村地形高低不平，群众居住分散，社会经济发展相对滞后，但水污染问题却十分突出。实践已经表明，在污水排放分散、水质水量变化大、污水治理资金投入不足的农村，传统的污水收集和处理方式在技术上和经济上均遇到了诸多现实问题。如何研究和开发出适应于农村特点的污水处理系统已经是当前农业农村面源污染治理技术研究领域面临的重要问题。

根据云贵高原喀斯特地区农村环境和社会经济特点，本课题组确立"散排散治、源头施治、过程控制、生态整治"的思路，选择贵阳市"两湖一库"汇水区的一个微流域为研究单元，以污水流动中发生的生态过程为设计依据，采用无需铺设管网的三级污水处理方式，研究和建造集基质过滤、厌氧降解、生物吸收、生态处理功能于一体的户用复合生态多功能污水处理系统、生态沟道系统和坡式湿地系统，处理农村村间环境污水，建立适应于农村的"源头-过程"污水处理技术体系，以达到净化水质、美化农村环境的目的。研究表明，三级污水处理技术具有无动力、低投入、免维护的特点，可以比较有效、低廉地对喀斯特地区农村污水进行就地处理，获得良好的效益。

具体地，该系统不需要通过管网收集污水的方式处理农村各家各户产生的低浓度生活污水、圈舍养殖排水、村间环境污水。在系统建设和研究中，结合了区域水文地质特征、生态环境特点，采用实验测试、模型试验、现场监测和试验示范等手段，对处理技术和系统效果进行综合评测，选取效果好、投资省、运行管理方便的技术。通过对水质检测和综合评价，三级农村生活污水处理系统的出水水质低于《城镇污水处理厂污染物排放标准》（GB18918—2002）中一级 A 标，可作为回用水或直接排放入湖（表 4-14）。

**表 4-14 大冲村农村废水多级复合生态床工艺的进出水水质** （单位：mg/L）

| 检测指标 | BOD$_5$ | COD | SS | LAS* | TN | TP |
| --- | --- | --- | --- | --- | --- | --- |
| 进水水质 | ≤250 | ≤500 | ≤200 | ≤6 | ≤50 | ≤20 |
| 出水水质 | ≤6 | ≤20 | ≤6 | ≤0.2 | ≤1 | ≤0.05 |

＊LAS：直链烷基苯磺酸盐（linear alkylbenzene sulfonate）

三级污水处理系统联用的净化效果主要表现在以下几个方面。①现场建造的多座户用复合多功能污水处理系统、生态沟道、坡式湿地系统等出水比较稳定，正式运行后的三级污水处理系统出水的主要污染物去除率：TP 为 80%～95%，COD 为 70%～80%，悬浮物为 80%～95%，NH$_3$-N 为 75% 以上。②处理污水的效率受系统运行时间长短和季节等因素的影响，有一定的波动（波动幅度在 20% 左右），如代表性指标 NH$_3$-N 去除率变化较大，在 40%～90% 之间，但总体来看处理效果较好，运行比较稳定。③通过研究工作增加了村间环境湿地面积和湿地植物多样性，为农村居民改善了生活环境。因此，从控制效果、系统稳定性和环境改善综合评价，三级污水处理系统经过进一步完善后可以用于"两湖一库"汇水区农村生活污水的处理。

## 4.9.2 农村生活污水三级处理系统的机理

污水是水资源在生态过程中退化的产物。污水处理实际是一个水资源生态修复过程。水生态修复技术是近年来国际上以生态学和环境科学为基础发展起来的一种高效、低耗、管理科学的水处理技术，在治理污染环境、改善人居环境、提高生态环境质量等方面取得了较大的成绩，具有重要的理论价值和现实意义。主要的生态修复技术有人工湿地处理技术、生态浮床处理技术、生态护岸处理技术等。它们都是从生态学原理出发，向自然的水生态系统学习，了解水生态系统的运行机制，模仿自然生态系统过程即为污水处理技术，达到改善水质的目的（Schefer et al.，1994）。

水生态修复技术的机理主要包括4个方面。①物理作用。湿地系统的基质具有过滤污染物的作用，水生植物可以减缓流速和风浪扰动，有利于植物残体和悬浮物沉降、淀积；可使污水中不溶性胶体、能处理污染物的细菌黏附于植物叶片或根系上，有助于减少沉积物中磷释放（朱广伟等，2004；Dunbabin and Bowmer，1992）。②生物化学作用。水生植物生长要吸收大量的营养物质，使水体中营养盐被萃取，同时输导组织能将空气中的氧通过根部呼吸释放到沉积物和水体中，提高氧化还原电位，有利于植物对营养盐的吸收和微生物活动。植物生长产生的分泌物可促进氮细菌和嗜磷菌的生长，在一定程度上削减水体的营养负荷（Reilly，2000）。分泌物还可以螯合水体中的营养物质。③协同与竞争作用（Schefer et al.，1994；吴洁，2001）。水生植物生长增加了生物量、物种多样性，有利于水生态系统稳定性，从而使系统之间的协同处理能力增强（吴晓磊，1995；刘佳等，2005）；水生植物与藻类之间存在对营养物质的吸收和对光能利用的竞争，某些水生植物根系能分泌抑藻素，抑制藻类生长。④微生物的作用机制（吴文卫等，2008）。可人为投加生物促进剂，提高降解污染物的土著微生物活性，促使其在污染水体中大量繁殖，以达到去除污染物的目的；还可投加处理不同污染水体的高效复合菌种，如硝化菌、光合细菌和其他菌种，定向地对污染物进行去除。

户用复合生态多功能污水处理系统、生态沟道系统和坡式湿地系统三级处理技术都利用了上述4个方面的原理。户用复合多功能污水处理系统和坡式湿地系统设计了实现基质过滤、厌氧降解、有氧分解和植物吸收的单元，生态沟道系统主要设计了基质过滤、有氧分解和植物吸收单元。针对住宅较为分散、污水来自于不同的地点、向沟道集中的特点，系统执行不同处理环节并具有上述功能处理单元。因此污水从农户、村间环境到生态沟道，再到坡式湿地系统，随着水流动过程都在被处理。

但是，农村的环境条件是不断变化的，农村污水三级处理技术可以基于复合生态演替式多级污水处理系统（CES-MPS）技术原理，进行扩展或模块化组成，有针对性地发展农村污水三级处理技术，如户用复合多功能污水处理系统可以扩展为庭院多级生物处理景观池、庭院大型景观植物处理床，坡式湿地可以扩展为村内荷池湿地、环湖陆地C4高耗肥水生物吸收区、沿湖浅滩芦苇茭白人工湿地处理区等，最后形成一种多级的、类似于同心圆状的污水处理格局（图4-24和图4-25）。这些农村污水三级处理技术主要在村民庭院、住宅四周、沿湖陆地及浅滩设置具有人工填料的生物处理床，在生物床中栽种污水中营养吸收强的花木、象草、竹子、荷花等，其中，沿湖浅滩芦苇茭白人工湿地处理区为常年水位以下，即水淹浅滩区或水陆交错区。环湖陆地C4高耗肥水生物吸收区在常年水位以上，即近岸陆地区及重要污染物吸收区域。

图 4-24　农村生活污水三级处理技术的扩展效果图

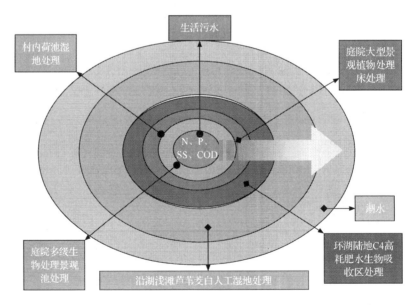

图 4-25　农村生活污水三级处理技术的扩展处理层次图示

农村污水三级处理系统是一种层层包围的多级复合人工生态处理模式，从采用生态拦截缓冲带技术到环湖浅滩大型植物人工湿地，其综合处理效果十分优良，通过多级的生物处理，出水水质中，氮、磷、COD、SS 及 LAS 的含量远远低于国家相关污水排放浓度，其水质中氮、磷、COD、SS 及 LAS 的含量甚至低于受纳水体含量，可直接排放进入湖水，不会产生污水水质意外超标的危险。

### 4.9.3　农村生活污水三级处理系统存在的问题

农村生活污水三级处理系统作为一种新型的无动力农村污水三级处理技术，由于研究和示范的时间有限，且示范区域尚不够大，因此，还存在诸多尚需进一步解决的问题。通过本项目的实施，我们发现了一些农村污水三级处理技术值得关注的问题。

1）植物种选择必须要合理。水生植物是农村污水三级处理系统处理污水中的主要构成，它在系统中的功能是吸收氮、磷等营养盐及其他污染物。植物种类的搭配尤其会影响植物的生长速率及向根部输送氧气的能力，进而影响污染物去除效果。另外，不同植物的生物量和根系分布状况完全不同，对植物的净化能力也参差不齐。农村三级污水处理系统物种选择要以生命力旺盛、抗病虫害能力强的土著植物为主，并在湿地建设中定期观测湿地植物的生长状况，对病害植物进行处理，必要时需要喷洒农药防治病虫害。另外，要认真考虑植物的季节搭配。在秋冬季节，大多数水生高等植物处于衰亡期，因而系统处理生活污水的效率大大下降。因此，管理中，在植物衰亡期要至少收割1次，在植物生长旺盛期分区域收割或间隔收割也是一种促进冬季植物生长的方式，因为收割使冬季生长的植物具有足够的生长空间。

2）基质种类的选择必须要恰当。基质在生态处理中扮演着不可缺少的角色，它在为植物和微生物提供生长介质的同时，还通过沉淀、过滤和吸附等作用直接去除污染物。在选择基质时，应该选择具有多孔结构且孔径范围广泛的填料，因为拥有这些结构的物质能够增大填料的比表面积，微生物更易附着，从而增大填料与污水的接触面积，使污染物更容易被截留、去除。填料的化学组成可以含有铝、钙、铁等元素，因为这些元素能够与污水中的磷酸盐结合从而形成不溶性沉淀而被湿地填料吸附。而且，在环保和经济方面，基质应选择效果好、价格低的材料，或者选择能够回收利用的废弃物，以变废为宝，降低处理系统的造价。

（本章执笔人：吴永贵）

## 参 考 文 献

白晓龙，顾卫兵，沃飞，等．2008．农村生活污水处理技术与展望．农业环境与发展，(6)：59-62

邴旭文，陈家长．2001．浮床无土栽培植物控制池塘富营养化水质．湛江海洋大学学报，2 (3)：29-33

曹磊．1995．全球十大环境问题．环境科学，16 (4)：86-88

陈程，吴永贵．2011．赤泥对含磷废水中磷的去除效果研究．环境科学与技术，36 (2)：225-228

成水平，况琪军，夏宜．1997．香蒲、灯心草人工湿地的研究——净化污水的效果．湖泊科学，(4)：234-236

成先雄，严群．2005．农村生活污水土地处理技术．四川环境，24 (2)：39-43

崔理华，朱夕珍．2003．不同基质垂直流人工湿地对城市污水的净化效果．农业环境科学学报，22 (4)：454-457

戴尔·米勒．1998．美国的生物工程护岸．水利水电快报，21 (24)：8-10

丁则平．2007．日本湿地净化技术人工浮岛介绍．海河水利，(2)：63-65

郭培章，宋群．2003．中外水体富营养化治理案例研究．北京：中国计划出版社

郝晓地，张向萍，兰荔．2008．美国分散式污水处理的历史、现状与未来．中国给水排水，24 (22)：1-5

何刚，霍连生，战楠，等．2007．新农村污水治理工作的探讨．北京水务，(6)：22-25

洪嘉年．2006．农村水环境污染防治的认识和建议．给水排水，(5)：54-57

居江．2003．河道生态护坡模式与示范应用．北京水利，6：28-29

孔刚，许昭怡，李华伟，等．2005．地下土壤渗滤法净化生活污水研究进展．土壤，37（3）：251-257

李寒娥．2004．人工湿地系统在我国污水处理中的应用．环境污染治理技术与设备，5（7）：9-12

李林锋，年跃刚，蒋高明．2006．人工湿地植物研究进展．环境污染与防治，28（8）：616-620

李雪．2009．发挥分散式污水处理的补充作用．环境保护，4：26-28

梁威，吴振斌．2000．人工湿地对污水中氮磷的去除机制研究进展．环境科学动态，（3）：32-37

刘佳，王泽民，李亚峰，等．2005．潜流人工湿地系统对污染物的去除与转化机理．环境与生态，31（127）：53-57

刘娜，马敏杰．2009．污水生态工程处理技术概述．中国新技术新产品，10：42

刘霞，陈洪斌．2003．村镇及小区污水的生态处理技术．中国给水排水，9：32-35

马立珊，骆永明，吴龙华，等．2000．浮床香根草对富营养化水体氮磷除动态及效率的初步研究．土壤，（2）：99-101

宁桂兴，高良敏．2007．浅议农村生活污水处理模式．矿业科学技术，（2）：45-47

乔建强，王增长，董洁．2007．微生物在污水处理中的应用．科技情报开发与经济，17（10）：128-129，137

全向春，杨志峰，汤茜．2005．生活污水分散处理技术的应用现状．中国给水排水，21（4）：24-27

宋祥甫，邹国燕，陈荷生．2004．生态浮床技术治理污染水体的有效性其应用．上海：太湖高级论坛

宋祥甫，邹国燕，吴伟明，等．1998．浮床水稻对富营养化水体中氮、磷的去除效果及规律研究．环境科学学报，18（5）：489-494

孙江岷．1998．河道堤防植物护坡综述．黑龙江水专学报，2：67-69

孙铁珩，周启星，张凯松．2002．污水生态处理技术体系及应用．水资源保护，3：6-13

孙铁珩，周启星．2002．污染生态学研究的回顾与展望．应用生态报，13（2）：221-223

田刚，蔡博峰．2004．北京地区人工景观生态服务价值估算．环境科学，25（5）：5-9

王宝贞．1983．关于发展污水生态处理利用系统的设想．环境管理，（4）：29-33

王华东，刘永可，王健民，等．1984．水环境污染概论．北京：北京师范大学出版社：21-24

王庆锁．1997．生态交错带与生态流．生态学杂志，（6）：52-58

王书文，刘庆玉，焦银珠，等．2006．生活污水土壤渗滤就地处理技术研究进展．水处理技术，32（3）：5-10

王晓昌，彭党聪，黄廷林．2004．分散式污水处理和再利用—概念—系统和实施．北京：化学工业出版社

王准．2002．上海河道新型护岸绿化种植设计．上海交通大学学报（农业科学版），20（1）：53-57

吴洁，2001．西湖浮游植物的演替及富营养化治理措施的生态效应．中国环境科学，21（6）：540-544

吴文卫，杨逢乐，赵祥华．2008．污染水体生态修复的理论研究．江西农业学报，20（9）：138-140

吴晓磊．1995．人工湿地废水处理机理．环境科学，16（3）：83-86

吴永贵，洪冉，付天岭．2010．喀斯特地区农村环境污染现状、特点及治理对策．中国-东盟环境教育论坛论文集，贵州贵阳，08.25

谢爱军，周炜，年跃刚．2005．人工湿地技术及其在富营养化湖泊污染控制中的应用．净水技术，（6）：49-52

徐丽花，周琪．2001．人工湿地控制暴雨径流的研究进展．上海环境科学，20（8）：401-402

于少鹏，王海霞，万忠娟，等．2004．人工湿地污水处理技术及其在我国发展的现状与前景．地理科学进展，23（1）：22-29

郑戈，李景明，张蚰英，等．2002．中小城镇生活污水净化沼气工程产业化发展对策研究．中国沼气，（3）：28-30

郑咸雅．2005．塑料泡沫"生物浮岛"可治理水体富营养化．现代塑加工应用，2：32

中国科学院可持续发展战略研究组．2007．中国可持续发展战略报告-水：治理与创新．北京：科学出版社

周小平，王建国，薛利红，等．2005．浮床植物系统对富营养化水体中氮、磷净化特征的初步研究；应用生态学报，16（11）：2199-2203

朱广伟，秦伯强，高光，等．2004．长江中下游浅水沉积物中磷的形态及其与水相磷的关系．环境科学学报，24（3）：281-288

朱夕珍，崔理华．2003．煤渣-草炭基质垂直流人工湿地系统对城市污水的净化效果．应用生态学报，14（4）：597-600

Bonomo L，Pastorell G，Zambon N. 1997. Advantages and limitation of duck-wead-based wastewate treatment systems. Water Science and Technology，35（5）：239-246

Dunbabin J S, Bowmer K H. 1992. Potential use of constructed wetlands for treatment of industrial wastewaters containing metals. The Science of the Total Environment, 111: 151-168

Hellstrom D, Jonsson L. 2003. Evaluation of small wastewater treatment systems. Water Science and Technology, 48 (11-12): 61-68

Heritage A, Pistillo P, Sharma K P, et al. 1995. Treatment of primary—settled urban sewage in pilot scale vertical flow wetland filters: Comparison offour emergent macrophyte specise soveral2month period. Water Science and Technology, 32 (3): 295-304

Mitsch W J. 1989. Ecological Engineering. Hoboken: JohnWiley & Sons Ltd.

Reilly J F. 2000. Nitrate removal from a drinking water supply with large free-surface constructed wetlands prior to groundwater rechange. Ecological Engineering, (14): 33-47

Schefer M, Van den Berg M, Brcukelaar A, et al. 1994. Vegetated area with clear water in turbid shallow lakes. Aqua Bot. , 49: 193-196

# 第五章 流域内农村固体废弃物循环处理技术及面源污染控制效应

**摘　要**　流域网间带固体废弃物是面源污染物的重要来源。"两湖一库"汇水区农村固体废弃物主要包括三个部分：一是生活污染源中的生活垃圾和人粪尿；二是农户畜禽养殖产生的养殖废物；三是农业生产中产生的秸秆。农村固体废弃物的特点是产生量大，具有广泛性和随机性，主要通过暴雨径流进入湖泊，易引起水体富营养化的突发事件，污染呈现滞后性，潜在风险大。根据农村固体废弃物的产生和分布特点，以生态学物质循环原理和有机固体废弃物管理与资源化利用技术为依据，通过试验与工程示范进行农村固体废弃物循环处理技术研究。研究工作主要包括三个方面：①设计和试验了新型堆沤肥系统，以户为单位收集人粪尿、畜禽粪尿和作物秸秆等，采用好氧发酵和厌氧发酵的技术手段进行处理，生产的堆肥和沤肥可分别用于当地的粮食生产和有机蔬菜种植。为加快固体废弃物的分解速度、提高其分解效率，开展了高效纤维素分解菌的筛选研究。经过对接种菌种的提取、分离、纯化，筛选出 4 种霉菌、8 种细菌和 2 种放线菌，其中 4 种纤维素分解细菌分解效率较高，3 株是芽孢杆菌属（*Bacillus* Cohn，1872）菌株，1 株是微球菌属（*Micrococcus* Cohn，1872）菌株。通过混合菌株接种试验，高效纤维素分解菌可在 15 天内使纤维素降解率达到 54.2%。②设计和试验了"一池三改"玻璃钢沼气池系统。针对传统材料沼气池系统容易出现漏气问题，设计和试验了玻璃钢沼气池，结合改厨、改厩、改厕进行工程示范。通过厌氧发酵实现有机固体废弃物的液化和气化，沼气补充农户的能源供给，沼液作为有机蔬菜的优质追肥，建立了沼气池管理技术规范。③针对农村生活垃圾，设计了生活垃圾分类收集处置方法、生活垃圾蚯蚓分解池处理方法，并进行了示范，建立了农村生活垃圾处置管理体系。通过上述研究和工程示范，建立了固体废弃物循环处理技术体系，主要包括新型堆沤肥系统、"一池三改"沼气池系统和农村生活垃圾处置管理体系。新型堆沤肥系统用来处理牲畜粪便、人粪便、作物秸秆，使粪肥在"农田-村舍"间循环；"一池三改"玻璃钢沼气池系统针对未建设新型堆沤肥系统农户，处理牲畜粪便、人粪便、作物秸秆，使固体废弃物能源化资源化；农村生活垃圾处置管理体系针对农村不同生活垃圾类型，建立生活垃圾分类收集和管理制度，利用蚯蚓生活垃圾分解池处理农户厨房有机物；最终营造清洁卫生的农村环境，最大限度地实现农村固体废弃物的资源化利用，在示范区内实现固体废弃物处理率达到 95% 以上，达到了面源污染控制要求，显著降低了固体废弃物进入"两湖一库"水体的风险。

**关键词**　农村固体废弃物；新型堆沤肥系统；"一池三改"玻璃钢沼气池系统；农村生活垃圾处置管理体系；纤维分解菌；两湖一库

## 5.1 研究意义

我国是一个农业大国，农业生产中的固体废弃物种类繁多，数量巨大，而且随着农业生产水平和农民生活水平的提高，对原来用作燃料和肥料的农村固体废弃物利用率越来越低，对农村生态环境和水系造成了污染（张承龙，2002）。随着农村生活垃圾排放量的增多，农村环境和面貌受到了很大影响，并带来巨大的经济损失和社会生产成本的增加。我国农村固体废弃物污染量已占到全国总污染量的 1/3～1/2，其中畜禽粪肥等废弃物是农村固体废弃物的 2 倍以上，而且无害化处理率极低，绝大部分未经任何处理就直接排放。因此，农村固体废弃物污染是农村环境污染的一个重要方面，同时通过对水源和空气的污染，进一步威胁到人民的身体健康。

网间带地表水中氮、磷和 COD 超标的农业农村面源污染是我国水体富营养化和水质下降的主导因素（Zhang et al.，2006），而畜禽养殖废弃物是水体中氮、磷和 COD 的主要来源之一。同时，废弃物中含有大量的致病菌如大肠埃希氏菌、沙门氏菌，有 40 多种病菌可通过粪水传染给人类，造成人类发生传染性疾病，危害人类健康（Miller and Varel，2003）。近年来，食品安全问题在我国越来越严重，使得人们更加关注由人和动物粪肥引发的病原体传播。在北美洲和欧洲发达国家，同样发生与粪肥中病菌相关的食品安全问题，并引发广大消费者的担心（Bicudol and Goyal，2003）。因此，很好地对畜禽粪肥等农业农村固体废弃物进行安全处置，不仅是解决农业农村面源污染问题的关键步骤，也是减少病原菌的传播、营造清洁卫生的居住环境的重要举措。

在贵阳市"两湖一库"汇水区，农业农村面源污染对水体总氮、总磷、COD 的贡献率分别达到 46.5%、62.8% 和 34.9%。尽管库区限制规模化养殖的发展，其对总氮、总磷和 COD 的贡献率一般低于 5%，但一家一户的分散养殖产生的固体废弃物、利用秸秆做垫厩材料产生的固体废弃物和生活垃圾导致的面源污染却十分严重。而且在"两湖一库"汇水区，仍然还没有十分有效的、能适应单地社会经济发展和环境条件并成体系的农业农村固体废弃物处置技术，需要进行试验和示范，建立技术体系，为"两湖一库"汇水区典型流域乃至云贵高原或其他地区类似的典型流域固体废弃物处理提供技术参考。

## 5.2 国内外研究现状

### 5.2.1 农业固体废弃物的产生现状及危害

#### 5.2.1.1 农业固体废弃物的产生

根据国家环境保护标准《农业固体废物污染控制技术导则》，农业固体废物主要指农业生产建设过程中产生的固体废物，主要来自于植物种植、动物养殖及农用塑料残膜等。农业固体废物中需要进行治理的有机废弃物一般包括植物类废弃物、动物类废弃物、加工类废弃物等，其中主要是畜禽粪便和农作物秸秆（朱维琴等，2002）。

据报道，我国各类农作物秸秆的年总产量达 7 亿 t 以上，其中稻草 2.3 亿 t，玉米秸秆 2.2 亿 t，豆类和秋杂粮秸秆 1.0 亿 t（李伟和蔺树生，2000）；1997 年，我国全年的家畜粪尿排放量约有 20.4 亿 t，其中含总氮 1059 万 t，总磷 377 万 t（宋秀杰，1997）。2002 年，我国畜禽粪便产生量达 27.15 亿 t，预计 2010 年为 45 亿 t，畜禽粪便农用地的平均负荷为 4119kg/hm²，畜禽粪便每年流失至水体的总氮、总磷、BOD、COD 分别为 87 万 t、3415 万 t、600 万 t 和 647 万 t（高定等，2006）。据研究，2009 年，我国饲养了 5.2 亿头生猪，养殖排放的粪便和 $BOD_5$ 分别相当于 10 亿和 67.6 亿人口的排放量（Guo and Zhang，2010）。

### 5.2.1.2 农业固体废弃物对环境的危害

杨晓波等（2004）把农业固体废弃物对环境的影响归纳为 4 个方面。

一是对土壤环境的影响。固体废弃物不加以利用，任意露天堆放，不但占用一定面积的土地，导致可利用土地资源减少，还容易污染土壤环境。具体地，固体废弃物中的残留毒害物质不仅在土壤里难以挥发降解，而且能杀死土壤中的微生物，破坏土壤的腐解能力，改变土壤的性质和结构，阻碍植物根系的生长和发育。"白色"垃圾在土壤中长期存留而不易降解，会严重影响农作物生长，导致粮食减产。

二是对水体环境的影响。固体废弃物可随地表径流进入河流湖泊，或者随风迁徙落入水体，从而将有毒有害物质带入水体，杀死水中生物，污染人类饮用水源，危害人体健康。固体废弃物长期堆放，由于多种物质之间发生化学反应，产生具有恶臭的渗滤液，进入土壤污染地下水，或者直接进入河流、湖泊和海洋，造成水资源的水质型短缺。

三是对大气环境的影响。堆放的固体废弃物中的细小颗粒、粉尘等可随风飞扬，进入大气并扩散到很远的地方；一些有机固体废弃物在适宜的温度和湿度下还可发生生物降解，释放出沼气，在一定程度上消耗其上层空间的氧气，使植物生长受影响；有毒有害废物还可发生化学反应产生有毒气体，扩散到大气中危害人体健康。

四是对人体健康及生态环境的影响。一些持续性有机污染物在环境中难以降解，这类废弃物进入水体或渗入土壤中，将会严重影响当代人和后代人的健康，对生态环境也会造成长期的、不可预测的影响。残留毒害物质在动植物体内积蓄，使体内生态平衡遭到破坏，严重影响动植物的生长、发育和繁殖。当人食用含有有毒物质积累的动植物时，又使毒害物质积累在人体内，对人的肝脏和神经系统造成严重损害，诱发癌症和导致胎儿畸形等。

## 5.2.2 养殖废弃物的处置技术

### 5.2.2.1 堆肥和沤肥技术

传统的养殖废弃物均采用堆肥和沤肥的技术方法处置。通过堆肥的好氧发酵和沤肥的厌氧发酵处理畜禽粪便及作物秸秆，经腐熟后可作为优质肥料施用。堆肥一般在北方和南方的冬季广泛使用，在南方常常以沤肥为主处置养殖废弃物（Zhang et al.，2006）。

研究表明，猪粪堆肥的温度上升较快，可达到 55℃ 的高温，起到消灭细菌和虫卵的作用。高温堆肥有利于腐殖质的合成，腐殖质化作用极显著，并且有利于胡敏酸的形成，HA/FA>1，可有效地增加土壤有机质的含量，达到培肥土壤的效果。当堆肥温度达到 65℃ 并持续 20～30 天，对大肠菌和粪大肠菌杀灭率可达 100％（张祖锡和白瑛，1995）。沤肥作为农村人粪尿的主要处理方式，主要通过厌氧条件杀灭病菌和虫卵，需要加强沤肥池的密闭性，减少通气量，提高杀灭效果。刘凯等（2011）研究了牛粪与玉米秸秆不同配比（体积比）条件下对高温堆肥的影响，牛粪与玉米秸秆以 3：7 配比，堆肥升温快，2 天达到 55℃，高温维持时间为 16 天，能达到快速腐熟的目的，效果最佳。李玉红等（2006）研究也得到相似结果。对于堆肥，有机固体废弃物堆肥处理需要的时间一般都在 3 个月以上，需要有较大的堆置场所，且堆置过程产生大量有毒有害气体，污染环境，有必要加快分解速度，提高堆肥效率，因此，国内外都很关注高效纤维素分解菌的研究和应用，通过筛选研究，得到能使堆肥有机物中纤维素快速分解的菌株，达到快速堆制、少污染环境的效果（何艳峰等，2008；梁东丽等，2009；吴庆庆等，2011）。

对于沤肥，层床通风发酵沤肥装置（图 5-1）是德国 20 世纪 80 年代发展起来的既经济又科学的处理废弃物的新技术。该技术主要针对大规模有机废弃物的发酵、腐熟和商品化而设计，处置的废弃物量大，发酵效果好，一般发酵时间需要 4～5 个月（周玉琪和郝英臣，1994）。该系统主要由层床面、层床基础、通风道、储水井、湿化器、风机和压力控制装置等组成。在运行中由通风控制阀进气，气体通过储水井被湿化，由管道进入层床基础底面，均匀地送入床上的废弃物中，废弃物中多余的水分由下方的排水管返回储水井。系统使废弃物中上下层通气、温度和湿度不同，有利于有机物分解腐熟。

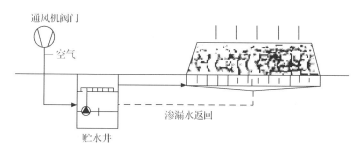

图 5-1　层床通风发酵沤肥装置示意图

## 5.2.2.2　沼气池建设及其发展障碍

沼气化技术主要采用厌氧消化，使碳水化合物在甲烷菌的作用下分解，产生沼气，实现固体废弃物汽化，补充能源供给，减轻面源污染。沼气池建设一定程度上降低了传统能源的消耗，减少了污染气体的排放，是目前我国农村畜禽粪便、秸秆综合利用的主要技术手段，具有明显的能源效益、经济效益、环境效益和社会效益。据农业部统计，2008 年年底，全国农村户用沼气池已超过 3000 万户，约占适宜农户的 21％，年产沼气 120 亿 $m^3$，使近 1 亿农民得到实惠；建设养殖场沼气工程 395 万处，年产沼气 5 亿 $m^3$。全国农村户用沼气和养殖场沼气工程年产的 125 亿 $m^3$ 沼气可替代 1000 万 t 标准煤，替代薪柴相当于 733.3 万 $hm^2$ 林地的年蓄积量，全年为农户直接增收节支

150 亿元。但随着新农村建设和城乡一体化进程的发展，农村出现了劳动力向城市转移、畜禽养殖方式由散养向规模化集中喂养转变的现象，这些变化导致农村沼气池建设出现了发酵原料不足、农户缺乏建设沼气池适宜场地、沼气综合利用率低、农民建设沼气池积极性下降等一系列问题，这些已成为制约农村沼气池健康发展的瓶颈。

总体来说，阻碍农村沼气池发展的主要因素有 4 个方面。第一，养殖专业户在养殖发展中不重视废弃物的处置，缺乏沼气池发展规划和建设技术，即使有沼气池系统，管理环节也很薄弱，产气率低；第二，无论从全社会角度还是专业户角度，沼气池技术是一种经济上可行的畜禽污染物处置技术，各级部门应对专业户建造沼气池工程实施补贴政策，并落实到位；第三，专业户沼气池技术的采纳行为与户主受宣传教育的程度有关，目前面向农户的关于沼气池技术和国家政策宣传力度还不够，需要提高宣传教育的水平，确实让群众自觉接受；第四，我国农村沼气事业发展中存在着沼气工程规模过小、后期技术管理缺乏、综合利用门槛较高的问题，专业户不采纳沼气池技术主要有经济上趋利、技术上后期管理缺位、政策上补贴方案不完善的问题。

### 5.2.3 高效纤维素分解菌的筛选研究

通过作物秸秆的堆肥化、堆肥的快速腐熟化处置农业固体废弃物过程中，国内外存在的一个技术问题是秸秆和有机肥中纤维素分解慢的问题，制约了流域中有机物的快速分解和利用。因此，在农业秸秆和牲畜粪肥的堆肥处置上，倾向于筛选堆肥中利用的高效纤维素分解菌，促进有机废弃物的循环利用。纤维素分解菌（cellulose decomposing bacteria）是能分解纤维素的细菌。由于纤维素酶等的作用，纤维素可一直被分解到葡萄糖为止，有时在分解过程中会积累纤维二糖。相关研究表明，接种纤维素分解菌能显著加快纤维素的降解。目前对纤维素分解菌的研究主要是对常温纤维素分解菌、嗜热分解菌、单一菌株及复合菌株的筛选研究和利用。

#### 5.2.3.1 常温纤维素分解菌

刘长莉等（2009）利用限制性培养法，筛选到一组在室温（28℃）条件下，5 天可分解天然稻秆总重 39.6% 的菌群。费辉盈等（2007）从污泥、森林土、发酵腐熟牛粪、堆肥处理麦秆中筛选出一组纤维素混合菌群，其在 37℃ 对滤纸纤维素、脱脂棉、麦秆（片）和牛粪的纤维降解率分别为 81%、41%、25%、40%。王洪媛和范丙全（2010）利用多种筛选方法，得到菌株 W4，其具有非常强的秸秆纤维素降解能力，10 天内对秸秆的降解率可达 56.3%，对纤维素、半纤维素和木质素的分解率分别为 59.06%、78.75% 和 33.79%。殷中伟等（2011）采用固体平板和液体摇瓶培养，从黑龙江黑土样品中筛选出 1 株能够降解羧甲基纤维素、秸秆木质纤维素、高产纤维素酶的丝状真菌 Y5，培养 10 天降解小麦秸秆纤维素、半纤维素、木质素分别达到了 43.5%、49.7% 和 9.3%，对小麦秸秆纤维素与半纤维素降解能力很强。这些菌株的筛选为加快当地农村固体废弃物的处置创造了条件。

#### 5.2.3.2 嗜热纤维素分解菌

黄翠等（2009）通过对微生物样品进行 30 天高温驯化，从中筛选得到 15 株嗜热纤维素分解菌。堆体接菌和不接菌的有机质最大降解度分别为 62.5％ 和 61.1％，速率常数分别为 0.1250d$^{-1}$ 和 0.1051d$^{-1}$，显著缩短了堆肥周期。从不同原料腐熟堆肥中筛选的 4 株降解纤维素的高温真菌，对纤维素、半纤维素和木质素的分解率分别可达 47.9％和 37.6％（张楠等，2010）。

### 5.2.3.3　复合菌株的研究

1950 年 Reeset 指出，纤维素的降解必须多种酶协同作用，之后，Wood 提取出三种酶：纤维素水解酶、Cx 组分酶及 β-葡萄糖苷酶。这些酶单独作用时降解能力比较差，但同时存在时表现出很强的降解能力（Ghose，1978）。有学者发现芽孢杆菌 Ba 单独作用时分解滤纸能力较弱；如果同时接种木霉 F，由于细菌能随着真菌的生长而扩散，滤纸分解速度会加快（史玉英等，1996）。赵小蓉等（2000）发现混合菌分解纤维素的能力强于单一菌株，当产黄纤维单胞菌与康氏木霉共同存在时，纤维素分解能力比单个菌株分解快 25.50％。王伟东等（2005）以天然水稻秸秆为原材料，研究了快速降解木质纤维素的细菌复合系 MC1 对木质纤维素的降解能力，复合系 MC1 在 50℃ 液体静止培养条件下培养 9 天，水稻秸秆的总干重减少 81％，其中纤维素、半纤维素、木质素分别减少 99％、74％、51％。崔宗均等（2002）从 4 种堆肥样品中分别筛选出 4 组混合菌，再以酸碱反应互补的原则重新优化组合并驯化成 1 组纤维素分解能力非常强而稳定的纤维素分解菌复合系 MC1。董玉玲采用"外淘汰法"在常温、好氧条件下构建了一组稳定、有效降解小麦秸秆的复合系，复合系到第 10 天时小麦秸秆减重率达到 77.0％（董玉玲等，2010）。

研究表明，不同培养基质和不同气候条件下的高效分解菌株有着很大差异，需要有针对性地进行研究，以适应当地的环境。

## 5.2.4　农村生活垃圾处置现状及存在的问题

长期以来，我国农村生活垃圾问题都没有得到足够的重视，从根本上导致了农村"脏、乱、差"的现象。如果按照农村平均每人产生的生活垃圾量为 0.8~1.0kg 计算，我国农村每年产生的生活垃圾量将为 750 万 t，而且还呈现每年增长的趋势，还有为数众多的乡镇企业和个体企业所排放大量固体废弃物。这些垃圾随意散乱堆放在农村的周围，污染面广、量大，导致农村生态环境日益恶化，如果不加以整治，由这些垃圾引起的环境问题将严重影响农村居民的生体健康，同时还将对农村的生态环境构成严重威胁。

农村垃圾问题反映了农村公共服务长期不到位的现象（蔡娥，2011），主要表现为公共服务供给失衡、乡村垃圾无人处理。一是城乡二元制经济的长期存在，城市垃圾处置得不到足够重视，而农村的垃圾问题却少解决之道。二是公共服务"搭便车"现象，乡村垃圾无人理。环境是典型的公共资源，它具有非竞争性和非排他性的特征，人们无需花钱也可以享用这些资源，这样就会产生"搭便车"现象，最后导致像河流、湖泊、地下水、土壤、空气等公共环境资源受到严重破坏。三是公共服务外部性效应，乡村垃圾无人管。外部性指某种经济活动给无关的第三方所带来的影响，环境污染被定义为一个典型的外部不经济性，导致整个社会发展的不经济和农村垃圾无人清理的局面。

研究表明，要彻底解决农村垃圾污染问题，需要经济补贴和扶持政策。从环境经济学的角度来看，行政干预行为的积极介入是防治农村环境污染的最有效手段，同时，价格杠杆的介入也必不可少（朱立安等，2005）。另外，应加强宣传教育，提倡集中分类处理生活垃圾，对可回收的垃圾分类回收、利用，对不可用垃圾集中，并及时运出，减少生活垃圾对流域的污染（刘鸿雁等，2009）。

## 5.3  本研究关注的科学问题

农村固体废弃物的处置不仅是技术问题，更涉及管理科学。当前，在云贵高原地区乃至全国，农村固体废物处置的数据资料收集和管理机制等方面有很大的不足，这将会影响新的管理机制的建立，新农村建设和农业农村面源污染治理的进程（耿保江，2009）。尽管很多研究表明，面源污染的现状可采用模型预测的方法模拟流域内面源污染的贡献率和治理效果（Susanna and Naramngan，2007）。然后，典型调查和典型研究对管理措施的制定是非常必要的，通过第一手资料获取，才能有效地建立新的管理制度，建立从规划到实施到管理的全过程管理模式，甚至包括采取经济补贴和政策扶持的手段，调动群众进行环境保护的积极性，并在村镇垃圾管理上，收集、处理的整个过程实现严格的立法、执行和监督（Wang and Cao，2005；Chen et al.，2006）。因此，研究工作需要基础数据调查，获得相关资料，在大冲流域进行农村生活垃圾收集、运输和管理条例的设计和制定，建立起农村垃圾收运和处置工作规范管理系统。

在云贵高原地区或中国的其他地区，对于农村固体废弃物，大部分地区没有任何处置系统；若按照传统的生产生活方式处置，由固体废弃物造成的面源污染无法得到有效控制。对于没有任何处置系统的广大农村，作物秸秆常常从农田运回村落，作为牲畜饲料和垫厩材料，这些垫厩材料被牲畜践踏和尿粪便的作用下，一段时间后会变得潮湿和一定程度的分解，此时从厩中取出，在庭院或空地上堆肥，然后送到农田做基肥。在牲畜厩舍的外面，常常建有一牲畜粪尿沤肥系统，畜厩中的尿粪通过一条沟道流入该系统，沤制之后做追肥。厕所收集人粪尿，沤制之后也做追肥。降雨时，堆肥被雨水淋洗，渗出液和粪肥随径流流入水系，造成面源污染。沤肥系统常常在降雨的作用下外流，形成高氮磷的粪水，污染水体。因此，需要设计和试验适宜于当地环境的堆沤肥联用系统，堆肥主要处置猪粪、牛粪和作物秸秆，沤肥可收集和处置人粪尿、畜粪尿、堆肥渗滤液，达到干湿分离、雨污分离的效果。结合高效纤维素分解菌的筛选研究，利用筛选出的高效纤维素分解菌加快堆肥系统的分解速度，提高分解效率，达到畜禽粪尿、作物秸秆和人粪尿无害化及资源化的效果。

在农村，沼气池建设被证明是一项好的技术，但是农村发展沼气池也存在材料使用不合理、混凝土沼气池容易漏气报废等问题。因此，研究工作中设计和安装了新型玻璃钢沼气池。玻璃钢材料与传统的砖混结构相比密闭性强，沼气分子不易通过，同时增加防垢板，有效地防止液面结壳，因此产气量高，气压大而稳定。结合"一池三改"工程，对农户安装玻璃钢沼气池，改厨、改厕和改厩进行补贴，形成了一套建设、维护和管理的模式，为农村发展沼气池提供借鉴。

## 5.4 农村固体废弃物基础数据调查与管理机制研究

### 5.4.1 研究方法

利用问卷调查、访问、半定位调查、数学模型预测等方法，掌握农村固体废弃物基础数据及污染评价指标，评估农村固体废弃物对环境和红枫湖水体的污染负荷，揭示典型流域固体废弃物产生、输送、污染、处理、利用、回收规律，为治理农村固体废弃物污染提供科学依据和参考。引进新的管理理念、方法、宣传手段，探索村镇生活垃圾分类收集、统一收运管理机制，实现村镇生活垃圾分类收集，无害化、减量化、资源化处置途径，设计和运行符合卫生标准的分类收集设施、生活垃圾处置体系及长效管理机制。根据研究地实际情况，结合引进的管理模式，建立垃圾分类、收运管理机制。具体的管理模式：有标识，有宣传，有培训，有条例，有设施，使垃圾管理有实质性的改善。研究工作主要包括：①农村生活垃圾产量、垃圾组成、季节变化规律研究：按季节逐户进行调查和数据收集整理工作，数据通过 DPS 数据处理系统进行统计和趋势分析。②农村种植结构、作物产量、作物秸秆产生量和利用方式调查：按季节逐户进行调查和数据收集整理工作，数据通过 DPS 数据处理系统进行统计和趋势分析。③农村养殖结构、牲畜粪尿产生量及收集、利用状况调查：按季节逐户进行调查和数据收集整理工作，数据通过 DPS 数据处理系统进行统计和趋势分析。④农村固体废弃物污染状况分析：对项目区农村固体废弃物污染程度进行综合评价。

### 5.4.2 农村畜禽粪尿、秸秆和生活垃圾的构成、产生与输移途径

#### 5.4.2.1 农村畜禽粪尿构成、产生及输移途径

调查研究表明，由于政策的限制，在大冲村没有规模化养殖户，家畜和家禽都是各家散养，很多人家没有养殖，大部分农户养殖 1 头牛加上 1 头或 2 头猪，最多的则有 3 头牛。畜禽粪尿产生量按下表中的不同畜禽排污系数计算，得出大冲村养殖业基本情况及畜禽粪尿产生量，见表 5-1～表 5-3。

**表 5-1 不同畜禽排污系数表**

| 养殖种类 | 粪尿产生量 | 污水产生量 | |
|---|---|---|---|
| | | 干湿分离 | 未干湿分离 |
| 猪/［t/（头·a）］ | 2.1 | 10.5 | 21.0 |
| 肉鸡/［t/（只·a）］ | 0.021 | 0.105 | 0.210 |
| 蛋鸡/［t/（只·a）］ | 0.045 | 0.225 | 0.450 |
| 肉牛/［t/（头·a）］ | 8.1 | 40.5 | 81.0 |
| 奶牛/［t/（头·a）］ | 14.4 | 72.0 | 144.0 |

资料来源：牛若峰和刘天福，1984

**表 5-2　大冲流域养殖业基本情况**

| 地区 | 畜种/头数 | | | |
|---|---|---|---|---|
| | 牛 | 猪 | 羊 | 禽类 |
| 大冲村 | 412 | 1006 | 48 | 3647 |
| 毛家井 | 63 | 165 | 4 | 596 |

**表 5-3　大冲流域不同季节畜禽粪尿产生量**　　　　（单位：t）

| 季节 | 春 | 夏 | 秋 | 冬 | 合计 |
|---|---|---|---|---|---|
| 牛 | 667 | 834 | 834 | 1001 | 3336 |
| 猪 | 211 | 317 | 845 | 739 | 2112 |
| 羊 | 6.8 | 10.4 | 15.2 | 20.4 | 52.8 |
| 禽类 | 16 | 33 | 62 | 53 | 164 |
| 总计 | 900.8 | 1194.4 | 1756.2 | 1813.4 | 5664.8 |

　　大冲村养殖的季节性很强，粪便具有随季节变化的规律。养猪一般从 7 月、8 月开始增加养殖，4 个月出栏，春季因饲料供给不足，养殖数量很少，冬季出栏后养殖数量也变少，因此粪尿从春天到秋天逐步增加，冬天下降。养鸡一般从春夏季开始增加养殖，在农历年之前达到高峰，因此，粪尿量也是随春夏秋冬增加的（图 5-2）。尽管不同季节养牛羊数基本固定，但产生的粪尿量是不断增加的，这与牛羊不断长大排除的粪尿增多有关。其中，牛粪尿产生量最大，春夏秋冬可达 3336t。牛需要服劳役，在外面的时间较多，易排放在外，是潜在的污染源。

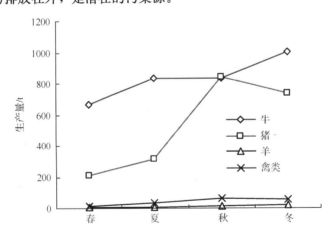

图 5-2　大冲流域畜禽粪尿产生随季节变化趋势

### 5.4.2.2　养殖污水的产生状况

　　畜禽粪便处置中，由于猪粪气味较大，所以农户一般不用猪粪堆肥，直接用水冲洗，猪圈的冲洗污水进入沤肥系统，沤制后作为追肥使用。猪粪的产生量较大，粪尿在畜厩外沤制池一般较小，降雨时沤肥粪便容易外溢，随降雨径流流到沟渠中，最终进入下游的红枫湖。同时，污水会产生恶臭，向周围环境弥散，使村寨环境恶化。而牛粪在圈中一段时间后，将进行堆肥，于春耕时施用，但其中牛粪收集率较低，圈中仅有一半左右，其余散落在田间和路上。尽管牛圈没有食水，但牛体重大，尿液多，存在与垫圈材料作用的沤肥过程，所以牛粪未干湿分离的水量为50%，也产生大量渗出液。同时，牛圈中粪肥常常被用来村中或院中堆肥，由于堆肥系统落后，无覆盖、无防护设施，在降雨径流的作用下常常带走不少的粪肥，对水系构成污染。由此，猪圈和牛圈排污口的叠加污染对湖泊污染的贡献很大。

通过换算，大冲流域每年畜禽排放的污水可达6940t。根据资料显示，大冲村共688户人口，日产生活污水34.4t，每年生活污水约为12 556t，则养殖畜禽产生的污水可占整个流域的污水排放量的35.6%。

### 5.4.2.3 作物秸秆构成、产生及处置

**（1）土地利用状况**

大冲流域所在红枫湖流域垦殖率高，耕地面积高达40%，其次为林地及草地，经济果木林地面积最小。在丘陵山地之间分布着农田、居民点、果园、菜园、公路。农田主要是水稻田和梯平地。在丘陵山地的上部分布着森林，下部为果园或旱坡地。流域内人均占有土地数量少（人均占有耕地1.38亩），土地资源并不富裕。具体土地利用情况见图5-3。大冲流域所在的大冲村，耕地面积1071亩，其中水田750亩，旱地321亩。农作物主要以蔬菜、水稻、玉米、金秋梨和樱桃为主。

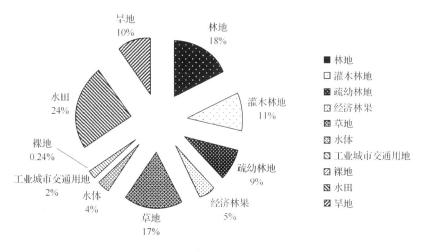

图 5-3 红枫湖流域土地利用情况

**（2）作物种植模式、秸秆产生量及处置方式**

调查显示，大冲村现有耕地种植模式主要是蔬菜、水稻-油菜、水稻-蔬菜、玉米-蔬菜、玉米-油菜。蔬菜种植面积560亩，其中500亩为有机蔬菜，种植水稻314亩、玉米197亩、金秋梨200亩、樱桃190亩（表5-4）。由于大冲流域主要种植作物是水稻和玉米，其次是油菜和蔬菜，其中水稻和玉米秸秆一般作为饲料和垫圈材料利用，利用率几乎是100%。油菜秆难以利用，一般采用焚烧方式处理，而蔬菜废弃物则堆置在田间，自然腐解。

表 5-4　主要作物种类及秸秆产生量

| 作物 | 水稻 | 玉米 | 油菜 | 蔬菜 | 合计/（t/a） |
|---|---|---|---|---|---|
| 大冲村面积/亩 | 314 | 197 | 512 | 560 | — |
| 秸秆/（kg/亩） | 570 | 1100 | 610 | 500 | — |
| 秸秆总量/（t/a） | 179 | 217 | 312 | 280 | 988 |

**（3）现有沼气池运行状况**

沼气是防治牲畜粪尿污染、厕所污染，利用农作物秸秆制造清洁燃料，改善农村环境卫生的适用技术，产生的沼气可用于厨房燃料和照明能源，沼液和沼渣是良好的肥料和土壤改良剂。经调查，大冲流域所在大冲村，现有水泥材料修建的沼气池 262 口，已报废 110 口，能够正常使用的仅有 7 口。沼气池存在的主要问题一是工程建设质量不过关，沼气池易漏气；二是沼气投料管理不当，养殖的农户少，原料不够，沼气量小，气压低，气体中杂气重，影响农户的正常使用。

### 5.4.2.4　生活垃圾的构成、产生与输移途径

**（1）生活垃圾的基本构成、产生与现有处置方式**

经过对村民进行问卷调查发现，大冲村农村生活垃圾产生量约为 1kg/（天·人），大冲村产生的垃圾量约为 3t/d，1100t/a。村镇生活垃圾基本组成情况见表 5-5。大冲村垃圾主要包括厨余物、塑料、纸类、纺织品类、惰性垃圾、金属、玻璃等。其中，厨余物为易腐有机污染物，部分塑料、纸类、金属和玻璃可进行回收利用。

表 5-5　大冲村农村生活垃圾基本组成

| 垃圾组成 | 厨余物 | 塑料 | 纸类 | 纺织品类 | 惰性垃圾 | 金属 | 玻璃 | 其他 |
|---|---|---|---|---|---|---|---|---|
| 组成/% | 20.7 | 26.1 | 25.1 | 8.2 | 10.4～90.0 | 2.1 | 5.5 | 1.9 |

现在大冲村建有 6 个垃圾清运池，由村委会委托专人清运，运往清镇市垃圾填埋场进行统一处置。垃圾收集运输费用约为 70 元/t，需要 7 万～8 万元/a，这部分费用由村委会支付，但村委会财力有限，导致这笔经费有资金缺口。图 5-4 是 92 户农户生活垃圾去向的调查结果。生活垃圾约有 14% 用于还田，主要是厨余垃圾和冬天烧煤的灰渣，约 61% 的垃圾进入垃圾清运池进行统一清运处置，约 6% 回收，大约 19% 没有进行处理。现在还有一个特殊的现象：由于新农村建设，大冲村大兴土木，产生了大量的建筑垃圾，数量可达上千吨，严重地影响了村落的卫生和整洁。

**（2）大冲村生活垃圾分类收集问卷调查结果分析**

在对村民进行生活垃圾分类的调查问卷中，65% 的村民没有关注垃圾分类的相关情况，32% 的村民表示一般关注，而仅有 3% 的村民表示很关注垃圾分类。同时，有 12% 的村民根本就不知道哪些垃圾是可以进行回收的。在问到"您平时处理垃圾的方式"时，71% 的村民采用了整袋一起处理的方式，24% 的村民是将可回收的垃圾分开后处理的。当我们假设村里"若设有可回收的和不可回收的垃圾桶时，您是否愿意将垃圾分开处理"，43% 的村民表示愿意这样做，34% 的村民会根据实际情况而定，还有 27% 的村民表示不愿意这样做。在调查到"是否愿意将可回收利用的资源捐给村保洁

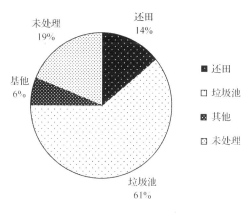

图 5-4　大冲村生活垃圾去向图

员"时,有一半的村民表示愿意。对于"是否了解垃圾分类的益处"时,有 61% 的村民表示根本不了解垃圾分类所带来的好处。但当问到"您的家庭愿意参加义务大扫除吗",有 2/3 的农户表示愿意。在对"您对现在投入使用的垃圾收集池满意吗",47% 的村民表示不满意,28% 的村民则表示不关心此事,而 0.7% 的人认为这不重要。

针对农村村民进行问卷调查的结果发现,农村地区的特点使其具备开展家庭垃圾分类的优势。①具有较好的垃圾分类习惯和分类场所:目前农村地区仍保持将可售废品分类存放的良好分类习惯。与城市居民相比,农村居民往往具备较大的居住空间,含有院落的住宅为村民实现垃圾投放前分类存放提供了场所。农村居民对暂时存放垃圾的排斥心理也低于城市居民。②时间充裕:经济发展水平低、村民闲暇时间多,人力成本不高,具备进行垃圾分类的意愿可能与城市上班族相比具有较多的空闲时间。由于收入水平和闲暇时间成本不高,村民面对同样经济鼓励实现垃圾分类收集时,比城市居民具有更强的支付意愿。

## 5.4.3　村镇生活垃圾处置管理机制

### 5.4.3.1　蚯蚓垃圾分解池

根据调查,在农村生活垃圾中厨余垃圾占到 20.7%。厨余垃圾是可降解的有机物,就近分解后可被植物吸收利用,进入生物化学循环,减轻对环境的污染,减少厨余垃圾进入垃圾收集池负荷,防治厨余垃圾分解产生的臭味和渗滤液。因此,本研究设计了蚯蚓垃圾分解池在农户院落中就近分解处理厨余有机物。蚯蚓被认为是颗粒摄食者,可大批饲养在有机废物资源中,其中一些种如 *Eisenia fetida*、*Perionyx excavatus* 及 *Eudrilus eugeniae* 已经广泛应用于有机废弃物的处理(Gajalakshmi et al. , 2002;Loh et al. , 2005)。蚯蚓在土壤中活动,可分泌出能分解蛋白质、脂肪和木质纤维的特殊酶,树叶、稻草、畜禽粪便、生活垃圾、活性污泥、造纸和食品工业的下脚料等都可以被蚯蚓活动破碎和分解,因此蚯蚓能在一定程度上处理这些有机污染物。由于蚯蚓还能够吸收土壤中的汞、铅和镉等微量金属,这类金属元素在蚯蚓体内的聚集量为外界含量的10 倍,有些科学家还用蚯蚓作为土壤中重金属污染的监测动物。Arancon 等(2006)则证实蚯蚓粪可以增强草莓的抗病性,使草莓能够抵御病原菌和线虫的侵害。

建立蚯蚓垃圾分解池，当农户有厨余垃圾的时候，就可以把垃圾抛入分解池中进行分解处理，将垃圾转化为营养丰富的粪土，为分解池上观赏的花卉提供养分，同时也能起到美化环境的效果。蚯蚓分解池建设地点为农户院内角落，按一定尺寸修建好建筑体后，在池内填入泥土和沙，种植观赏植物即建成。本研究工作共建设了 15 套蚯蚓垃圾分解池，已全部投入使用，具体建设要求如图 5-5（1）和图 5-5（2）所示。

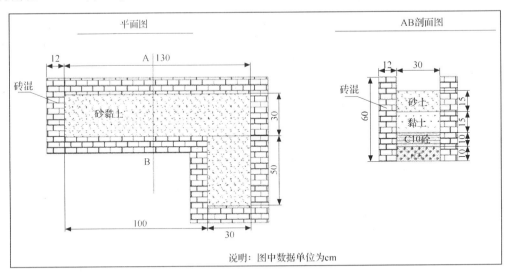

图 5-5（1）　蚯蚓分解池设计图

平面图池内长 1.3m，池内宽 30cm，池厚 12cm。AB 剖面图高 60cm，池内宽 30cm。池内由 20cm 厚坚硬底部、一层沙土和一层黏土构成。坚硬底部可用混凝土构筑，并留有排水孔。池壁采用专砌体。在底部之上为 15cm 厚沙，沙上边为 15cm 黏土。沙为细颗粒均匀大小的河沙，有利于排水。黏土可用蚯蚓多的菜园土。池中栽植的植物为草本花卉和蔬菜

图 5-5（2）　建成的蚯蚓分解池示意图

通过蚯蚓分解池处理果蔬垃圾的研究表明，在 20～25℃下，蚯蚓处理果蔬垃圾的时间为 35～60 天，蚯蚓处理前后各项理化指标的变化见表 5-6。在蚯蚓分解的过程中，垃圾的有机质能有效下降，全磷、全钾含量相对增加，全氮、C/N 有所下降，pH 略有增加，在蚯蚓处理后微生物碳显著降低。

**表 5-6　生活果蔬垃圾通过蚯蚓分解前后理化指标的变化**

| 果蔬垃圾/（g/kg） | 有机质 | TN | TP | TK | C/N | pH | 微生物碳 |
|---|---|---|---|---|---|---|---|
| 处理前 | 325 | 10.4 | 2.35 | 10.7 | 31.3 | 7.65 | 15.7 |
| 处理后 | 216 | 9.5 | 2.87 | 13.6 | 22.8 | 8.09 | 11.6 |

蚯蚓垃圾分解池主要是解决无养殖农户有机垃圾的处置问题。按照日处理 0.1kg 果蔬垃圾计算，大冲村 688 户农户每年可减少 25.1 t 有机垃圾，其优势可体现在两个方面：①有机垃圾减量化，若用农用小货车计算，可减少垃圾清运车 10 车次以上；②改善垃圾收集池周边的卫生环境。蚯蚓垃圾分解池能有效减少垃圾收集池中最易腐败的果蔬垃圾和厨余垃圾，减少其产生的恶臭和垃圾渗滤液，减轻对空气和水体的污染。

### 5.4.3.2　农村生活垃圾分类收集及管理

**（1）垃圾分类收集示意**

在农村倡导、宣传和实施垃圾分类收集，考虑到农户的思想意识和反馈意见，尽量把垃圾分类收集简单化。研究工作参考城市垃圾分类，将垃圾分成可降解垃圾（有机易腐垃圾）、可回收利用垃圾（塑料、纸张、玻璃、金属等）和不可回收利用垃圾（含有毒有害垃圾）；将可燃物和不可燃物分开，采用可燃物和不可燃物两种分类收集；将厨余等有机垃圾分开收集堆肥。厨余等有机垃圾，对畜禽养殖户，通过粪便堆肥处理或厌氧沼气池发酵处理。对可分类收集循环利用的废弃物（纸类、金属、玻璃、塑料等）通过回收利用；难以利用的垃圾，定点堆放于垃圾池，外运异地处置。有害或危险废弃物的处理按相关标准执行。在宣传上，印发了《垃圾分类明细宣传手册》和各种垃圾分类标识 100 套，安装户用可回收垃圾和不可回收垃圾桶各 60 件。

**（2）农村生活垃圾收集运输及管理**

指导思想：坚持贯彻落实科学发展观，按照"生产发展、生活宽裕、乡风文明、村容整洁、管理民主"的社会主义新农村建设要求，坚持以人为本，建立和完善农村垃圾收集处理机制，改善农村生态环境和人居环境，引导农民养成良好的卫生意识和生产生活习惯，着力建设环境整洁、生态优良、乡风文明的新农村。按照"适当集中、区域共享"原则，实行"户定点、村分类、乡转运、县处理"方式，规范生活垃圾的收集、清运和处理，加快完善乡村环卫基础设施，改善居民生活、生产和工作环境，促进经济的又快又好发展，全力提升农村生态环境质量，建设洁净、和谐、宜居的农村环境。

工作目标：按照"试点示范，逐步铺开，基础先行，不断完善"的思路，基本解决农村环境"脏、乱、差"问题，建成较为完善的农村垃圾收集—运输—处理体系，使群众的环保意识得到全面提高，农村环境卫生状况和村容村貌明显改善，逐步建成"空间布局合理，环卫设施配套，环境整洁优美"的社会主义新农村。

实施方式：①村里设置保洁员一名，负责每天维护村内道路清洁。②在村里放置 5 套分类垃圾箱，供路人随时使用（图 5-6）。③每家发放生活垃圾分类标识、可回收和不可回收垃圾桶、环保宣传册，积极宣传垃圾分类的好处，增加村民的环保意识（图 5-7 和图 5-8）。④维护好垃圾收集池，减少垃圾收集池中垃圾储存的时间。⑤村民负责自家房前屋后的清理工作，并将自家日常生活所产生的垃圾进行分类。⑥日常的厨余垃圾（剩菜、果皮等）直接倒入自家蚯蚓分解池中进行资源化处理。⑦可回收垃圾（废报纸、矿泉水瓶等）直接交由保洁员，卖给废品回收站的收益作为工资的一部分。⑧不可回收垃圾（电池、快餐盒等有害垃圾）交给保洁员或者直接投入就近的不可回收垃圾箱，由保洁员收集后统一处理。⑨日常生活所产生的粪便和畜禽粪便直接排入新型堆沤肥系统，通过堆沤形成农家肥，直接施入农田。⑩农业生产所产生的农作物秸秆和畜禽粪便，由村民直接混合后作为原料添加入到沼气池中，产出沼气后用于做饭，产出的沼渣用作肥料施入农田。没有沼气池用户，作物秸秆和粪肥用新型堆沤肥系统堆肥，施入农田。对于无畜禽户，有机物由蚯蚓分解池处理。⑪由村委会定期组织村民进行全村的卫生大扫除，保持生活环境的清洁，时间为1月一次。

图 5-6　分类垃圾桶

图 5-7　宣传手册封面

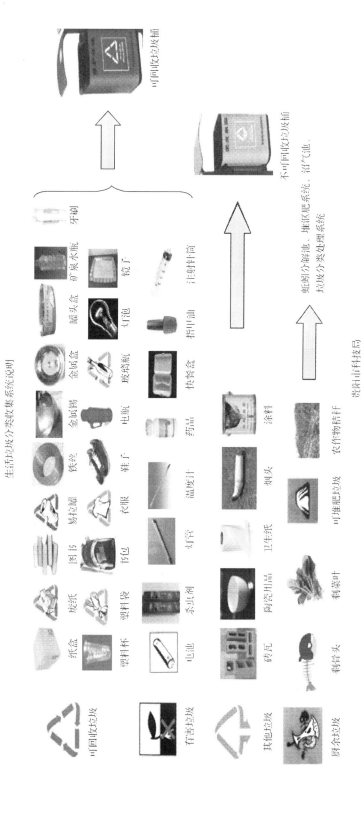

"两湖一库"汇水区域农业面源污染治理技术研究与新农村建设示范
生活垃圾分类收集系统说明

可回收垃圾

纸盒　废纸　塑料袋　易拉罐　图书　书包　衣服　铁丝　金属锅　金属盒　罐头盒　矿泉水瓶　牙刷

可回收垃圾桶

有害垃圾

塑料杯　电池　杀虫剂　灯管　灯泡　陶瓷用品　温度计　鞋厂　电瓶　玻璃瓶　灯泡　筷厂

其他垃圾

砖瓦　剩菜叶　卫生纸　烟头　药品　快餐盒　擦甲油　注射针筒

不可回收垃圾桶

厨余垃圾

剩骨头　剩菜叶　可堆肥垃圾　涂料　农作物秸秆

可堆肥垃圾

蚯蚓分解池、堆沤肥系统、沼气池、
垃圾分类处理系统

贵阳市科技局
贵州大学资源与环境工程学院

图 5-8　垃圾分类收集示意图

依据以上指导思想、工作目标和实施方式的主要内容，通过与村委会及居民充分的讨论协商，起草了《农村生活垃圾收集运输及管理条例》，最后由村民委员会通过实施，规范村民的垃圾处理行为。

资金支持：①大冲村每年约产生 1000 t 生活垃圾，按清运费 70～80 元/t 计，需要约 7 万元，现村委会每年支付 3.5 万元左右作为垃圾清运费，资金尚有缺口。②保洁员一般只负责打扫公路，村里的小路卫生没有专人负责，若保洁员负责打扫村里的卫生，也有约 1 万元的资金缺口。③在现有农村收入条件较差的情况下，需要国家给予生活垃圾收集、运输的专项资金补贴，约 5 万元/a。这些资金最后由上级政府、环保部门和村委会共同承担解决，使《农村生活垃圾收集运输及管理条例》能按要求执行。

## 5.5 农村新型堆沤肥技术研究

利用筛选、提纯粪肥发酵微生物方法和生态学物质循环原理，筛选高效纤维素发酵微生物菌种，应用于新设计和试验的新型堆沤肥系统，使农村牲畜粪肥、农田秸秆加速分解腐熟，实现"农田-村落"间养分真正循环，使农村随意堆放的粪肥、秸秆得到充分利用，畜舍、堆肥、厕所高浓度氮、磷液体得到处理，减少流域外输入的化肥数量，控制流域水系污染物量，提高农村环境质量。

### 5.5.1 高效秸秆纤维素分解菌种的选育研究

对固体废弃物堆肥生产中所需的高效纤维素发酵微生物菌种进行选育，提供给新型堆沤肥系统或复混肥生产所需的质优价廉高效菌种，进行不同物料配比的堆肥实验，确定适宜的堆置条件，确定使用工艺和方法，为氮磷削减施肥管理或有机水稻生产提供技术支撑。具体地，以示范区内典型秸秆和牲禽厩肥作为堆肥原料，在实验室和建立的新型堆沤肥系统中进行试验。用纤维素刚果红为选择性培养基，在堆肥过程的各个阶段进行取样，筛选与秸秆纤维素降解有关的微生物菌种，其中根据表现型分为中温菌（30～40℃）和高温菌（50～64℃）。

#### 5.5.1.1 试验材料和方法

**(1) 试验材料**

选取四户农户，其中两户养猪，两户养牛，养猪和养牛农户分别种植水稻和玉米。记录每户养殖数量，利用畜禽排污系数表计算畜禽的排便量，同时调查每户种植的农作物种类以及面积，计算秸秆产生量。由此可计算出粪便和秸秆的混合比例，为筛选出针对当地农村粪便和秸秆混合比例的高效纤维素分解菌提供参数。

**(2) 试验方法**

在堆肥试验之前，采集新鲜粪便和秸秆对其进行主要成分的测定，如水分、全氮、全磷、碳氮比等。将粪便和秸秆混合后，在粪便堆肥的升温阶段（0～2 天），于堆体的上、中、底部用无菌的采样器将样品装入无菌的容器内，混合均匀后，进一步做富集培养。

粪便浸提液培养基：将新鲜猪粪以 1∶5（$m/V$）与水混合，室温振荡 30min，

2000r/min 离心 15min，取上清液分装于 300mL 三角瓶，每瓶装 100mL，于 121℃灭菌 30min。称取 10g 样品，加入到 100mL 0.8％的无菌生理盐水中，于 30℃、160r/min 活化 30min，于 2000r/min 离心 15min，取上清液 10mL，接种于粪便浸出汁培养基中，30℃、160r/min 富集培养 48h。

将富集培养液稀释至 $10^{-5}$ 稀释度，选取 $10^{-3}$、$10^{-4}$、$10^{-5}$ 稀释度的菌液，平板涂布于牛肉膏蛋白胨培养基、高氏一号培养基、察贝克培养基、麦芽汁培养基和 CMC 选择培养基中（分别分离细菌、放线菌、霉菌、酵母菌和纤维素分解菌），每个稀释度做三个重复，分别于适温（30℃）和高温（50℃）培养 48h，挑单菌落于相应的分离培养基中进行划线分离，直到菌落纯化，移至斜面低温保藏（4℃）。测定菌株在培养基内的菌丝圈和水解圈直径，计算 S/J 值，并测定 CMC 酶活性，筛选高效的纤维素分解菌。筛选出的纤维素分解菌的混合菌剂作为新型堆沤肥系统的接种菌，可对牛粪、猪粪和垃圾进行接种，测定堆肥中的物理化学指标变化如堆肥温度变化、C/N 和纤维素分解效率等，评估新型堆沤肥技术加速粪肥分解的效率。

## 5.5.1.2 高效秸秆纤维素分解菌种的筛选研究结果

通过不断的分离和纯化，得到 8 株细菌、3 菌霉菌和 2 株放射线菌，微生物平板培养因生长条件与液体发酵、固体发酵有显著差异，平板培养产生的水解圈较难反映出产酶状况和酶活性，因此还测定了 CMC 酶活性。纤维素分解菌的基本形态和 CMC 酶活性见表 5-7。

**表 5-7　高效纤维素分解菌的筛选结果**

| 菌种类型 | 菌种名称 | 菌丝圈直径/cm | 水解圈直径/cm | S/J | CMC 酶活性/（U/g） |
|---|---|---|---|---|---|
| 细菌 | X1 | 4.8 | 6.8 | 1.4 | 3451 |
| | X2 | 5.1 | 7.9 | 1.5 | 3047 |
| | X3 | 0.8 | 2.5 | 3.1 | 2106 |
| | X4 | 1.1 | 2.7 | 2.5 | 2254 |
| | X5 | 0.6 | 1.9 | 3.2 | 2749 |
| | X6 | 0.3 | 1.2 | 4.0 | 2674 |
| | X7 | 1.2 | 2.7 | 2.3 | 2987 |
| | X8 | 4.8 | 7.5 | 1.6 | 3115 |
| 霉菌 | M1 | 0.5 | 1.7 | 3.4 | 2558 |
| | M2 | 0.9 | 2.2 | 2.4 | 2147 |
| | M3 | 0.5 | 1.4 | 2.8 | 2635 |
| 放射线菌 | F1 | 0.6 | 1.5 | 2.5 | 3898 |
| | F2 | 0.7 | 1.4 | 2.0 | 4201 |

从表 5-7 可知，有 4 株纤维素分解细菌的水解能力较强，酶活性也高，分别是 X1、X2、X7 和 X8。其形态如图 5-9 所示，经鉴定，其中 3 株是芽孢杆菌属（*Bacillus* Cohn，1872），1 株是微球菌属（*Micrococcus* Cohn，1872）的菌株。

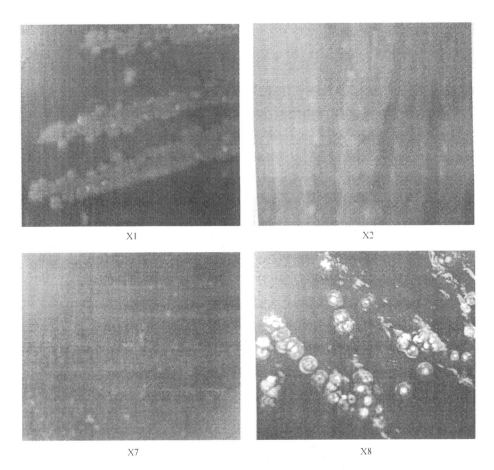

图 5-9　纤维素选择培养基 4 种菌落形态

## 5.5.2　新型堆沤肥系统设计和运行效果评价

设计适应于当地群众生产和生活方式的高效堆肥沤肥系统结构和模式，对这种模式进行建设、堆沤肥试验，得到设计和运行参数。在设计中要考虑堆沤肥容量、堆肥系统、沤肥系统、圈舍、民居建筑、污水处理系统间的空间分布关系，以使各系统形成优化的空间配置。还要考虑堆沤肥系统与环境的关系、排水系统的关系。如果空间分布不当，或者与环境的关系处理不当，将影响堆沤肥系统的功能和使用效率。

在建设好的示范工程中进行堆肥试验，在新型堆沤肥系统中分别选择了以牛粪、猪粪和垃圾污泥杂草为主的堆肥，接种已筛选出的纤维素分解菌的混合菌剂，在 45 天内监测接种和未接种对照的温度、C/N 值及纤维素降解率，以评价堆肥系统处置有机肥的分解效率和接种高效纤维素分解菌后的分解效率变化，并测定堆肥的基本养分指标，初步判断其肥效。

### 5.5.2.1　新型堆沤肥联用系统的设计、优点和工程实施

"两湖一库"汇水区农户牲畜和人一般共居于一个院落中，大部分农田秸秆从农田收获后常常作为牲畜的垫厩材料。当这些秸秆腐熟到一定程度后，进行堆肥，然后作为

基肥施入农田。尽管农作物秸秆和粪肥在"农田-畜舍"之间存在循环，符合生态学物质循环原理，但堆肥一般在畜舍内和院落内进行，堆肥模式常常是开放式的，在雨水的作用下，院落内粪肥常常随径流流入沟道，污染环境，增加湖泊营养盐浓度，同时粪肥的最有效成分在雨水的洗刷下存在严重损失，降低了肥料的肥效（图5-10）。在畜舍外还建有沤肥系统，有沟道和畜舍内收集牲畜粪尿的低矮处相连。当牲畜排泄的时候，尿粪可流入沤肥系统。但畜舍沤肥系统是开放式的，沤肥系统容量很小，一般都是满的，在降雨产生径流时，沤肥系统中的粪便十分容易被雨水灌满流入水系，污染环境（图5-11）。开放堆肥产生的具有高氮磷渗出液也容易被降雨径流带走，污染水系。而且目前的堆肥模式，由于是开放式的，堆肥环境常常受天气变化的影响，堆肥温度和湿度随着天气变化而变化，不利于肥料的快速腐熟。这种落后的自然堆肥模式也没有措施或技术来加速肥料的腐熟，以使肥料施入农田后能快速吸收利用。广大农村也没有堆肥系统的改进措施以改善堆肥环境，减少有效成分损失和有害气体散发，提高堆肥效率，改善院落环境等。

图 5-10　在农村居民院落中的堆肥

图 5-11　畜舍外沤肥系统储存粪尿和粪尿溢出流失

　　针对上述问题，本研究对现有院落中的畜舍结构、厕所、堆肥环境进行研究，设计出有一定储存量，能控制有害气体散发，不被降雨径流流失，不占用地表空间，能将高浓度氮磷渗出液导入沤肥系统，在一定时间沤制后，可作为追肥使用的新型堆沤肥系统（图5-12）。这个堆沤肥系统将畜舍沤肥系统和厕所沤肥系统合二为一，设计大型的、粪便不会溢出的厕所沤肥系统和封闭式堆肥系统。用连通管收集猪牛厩中粪尿，导入沤肥系统中。新设计的封闭式堆肥系统渗出液也通过导管导入厕所沤肥系统中，防止粪尿和高氮磷渗出液流失，进入水系。新型堆肥系统设计在院落的地表之下，使其不占用空间。堆肥系统中粪肥和厕所沤肥系统中的肥料直接还田。新型堆沤肥系统解决了固体废弃物在"农田-畜舍"之间循环的流失问题，同时改善了农村厕所和居民活动空间的卫生状况。

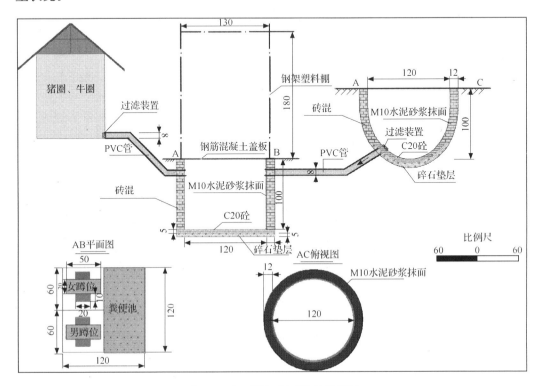

图 5-12  新型堆沤肥系统结构设计
图中尺寸单位以厘米计

　　在贵州的广大地区如大冲流域的毛家井，猪牛厩和厕所一般并排建立，位置比院落地面低，试验和示范中，在原来厕所的位置开挖比猪牛厩低的地基，修建厕所沤肥系统。因此，猪牛圈中的尿粪和堆肥系统的渗出液可通过导管流入厕所。由于厕所粪肥是速效肥料，通过沤肥系统生产出的沤肥可用于种植蔬菜或销售，能够完全处理并可以创造一定经济效益。对于牛圈、猪圈和厕所分散的农户，通过加长连通管和调整厕所位置来解决。根据测量，19 户居民厕所到猪圈和牛圈的平均距离为 5.8m。根据这些参数，设计了相应长度连通管连接猪圈、牛圈和新型堆肥系统。

　　在新型堆沤肥联用系统中，堆肥系统是好氧分解体系，堆肥温度可达 60～70℃高温，沤肥系统为厌氧消化体系，病菌和虫卵在厌氧条件下无法存活，可基本达到固体废弃物的无害化处理效果。堆肥池为半径 60cm、深 1.2m 的封闭系统，下连沤肥池，上用盖板盖住。沤肥池在原来厕所上改建，建设规模可按照各农户建设用地的尺寸和大小灵活设计建设。新型堆沤肥系统的优点具体集中体现在以下几个方面。①堆肥池上加盖板，可防雨渗入，达到雨污分离，同时还控制了有害、发臭气体的散发。②堆肥系统下连沤肥系统，可收集高浓度的有机渗出废水，防止外渗污染。③利用厕所作为沤肥池，一方面解决农户如厕问题,另一方面解决了猪牛粪尿储存问题,控制了传统猪牛厩沤肥系统中粪尿流失进入水系。④堆肥系统可提供种植农作物时所需要的基肥,沤肥系统可提供农作物追肥。⑤人粪尿和牲畜粪尿共同沤制,有利于粪肥的加速熟化,提高肥效。⑥建设新型堆沤肥系统,不仅能够收集人和畜禽的粪便作为肥料使用,更能够改善农村的生活环境。在试点区域,一共建设了18套新型堆沤肥系统,现已投入使用。

### 5.5.2.2 堆沤肥系统的实施效果

堆肥处理是固体废弃物减量化、无害化和资源化最有效的处理方法之一。堆肥的原料成分复杂,因此彼此的互补性好。堆肥的肥效很高,而且方法简便,易于操作,同时还能抑制许多病原菌的生长和繁殖,对许多种植物土传的病害具有防治效果。近年来有试验与实践结果表明,来源不同的固废堆肥产物或它们的浸提液对土传或叶生病原菌有明显的抑制效果,进而可以发展成为一种代替化学农药来防治某些作物病害的有效手段。

**(1) 固体废弃物堆肥过程中的指标变化**

堆肥的养分状况:通过对堆肥系统的连续取样分析可知,不同物料堆置的腐熟堆肥的主要养分指标差异较大,全氮是 $1.02\%\sim3.81\%$,$P_2O_5$ 是 $0.17\%\sim0.72\%$,$K_2O$ 为 $0.36\%\sim2.54\%$,有机质含量为 $15.2\%\sim45.6\%$,堆肥是含有氮、磷、钾三要素的完全肥料,还可以为土壤提供有机质。此种堆肥含有作物所需的大量元素和中、微量元素,并且含有化肥没有的养分,具有不偏素、不缺素、稳定供应和长效的特点。堆肥中含有氨基酸、蛋白质、糖、脂肪、胡敏酸等各种有机养分,其中有的可以被植物直接利用吸收。

堆肥过程中温度的变化:在堆肥堆置的过程中不同的物料配比理化指标差异较大,接种高效纤维素分解菌的堆肥效果也有很大差异。在堆肥过程中分别选择了以牛粪、猪粪和垃圾污泥杂草为主的堆肥,接种筛选出的纤维素分解菌的混合菌剂,在45天内监测接种和未接种堆肥的温度及 C/N 值变化。试验时间为夏季,气温在 $22\sim32℃$。在堆肥过程中,牛粪接种高效纤维素分解菌后升温最快,在10天时达到峰值,为 $65℃$,未接种微生物的升温稍晚,但峰值仍然可达 $65℃$;猪粪堆肥的温度较低,峰值也较晚出现;垃圾 C/N 值较大,最高温度较猪粪堆肥高,但温度上升较慢,腐熟的时间需要较长。三种堆肥在堆置一个月后温度都相对稳定在 $30\sim35℃$,肥料达到腐熟的水平,可以直接施用(图5-13)。

堆肥过程中 C/N 值的变化:堆肥的腐熟度与物料的 C/N 值变化密切相关,当堆肥腐熟后,C/N 值一般大幅度下降,并保持稳定状态。从图中可看出,堆肥中 C/N 值的变化与温度的变化较为一致,在温度升高后,C/N 值也随之下降得较快,牛粪堆肥从39下降到了13,猪粪从32下降到10,垃圾混合物也从41下降到了17,一般也在30天后基本稳定,都在20以下。根据过去的研究,C/N 值在20以下的有机肥基本达到腐熟的程度,可以直接施用。因此,在堆肥系统中,堆肥在夏季一般只需要一个月便可达到腐熟,如果接种了高效纤维素分解菌的话,可将时间提前 $5\sim10$ 天(图5-14)。

堆肥过程中纤维素降解率的变化:堆肥中纤维素降解率的变化与其升温和 C/N 值的变化趋势一致。第 $1\sim5$ 天分解较慢,这时候温度相应也较低,C/N 值比保持较高水

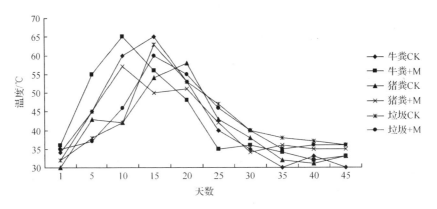

图 5-13　堆肥过程中温度的变化

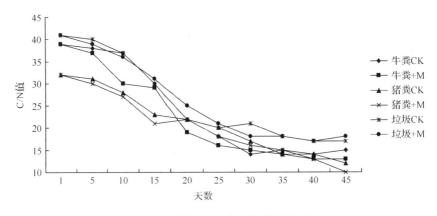

图 5-14　堆肥过程中 C/N 值的变化

平。从第 10～15 天，随着微生物的作用，堆肥的温度不断上升，接种菌剂的猪粪在第 15 天已达到 54.2% 的降解率，但随后降解速度减慢，最终也只能达到 66.4% 的降解率（图 5-15）。

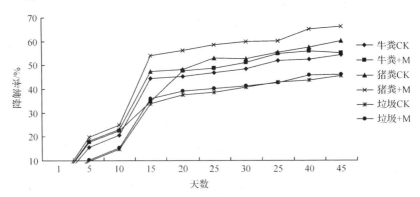

图 5-15　堆肥过程中纤维素降解率的变化

　　在三种堆肥中，分解速度最快、降解率最高的仍然是猪粪，因为 C/N 值低，微生物可利用的氮源较多。垃圾中由于含有部分渣土，使得微生物难以分解，升温慢，在

45天时分解率只有46.1%。

从结果上看，三种粪肥堆肥可加速腐熟，达到消灭细菌和虫卵的效果，建议在两湖流域推广新型堆沤肥技术，通过新型堆沤肥系统，实现干湿分离，养殖废水进入沤肥系统，减少入湖的排放，实现资源化利用。

堆肥过程中养分指标的变化：堆肥过程中，测定了45天堆肥的养分指标，与堆肥之前相比较，堆肥前牛粪呈暗绿色，猪粪黄色，堆肥腐熟后牛粪发白，猪粪表面偏红。堆肥前水稻秸秆、玉米秸秆较硬，腐熟后都变软且出现破碎。由于猪粪C/N值低，微生物更容易分解纤维素，故碱解氮、有效磷、速效钾含量，猪粪堆肥明显高于牛粪堆肥。垃圾堆肥与牛粪和猪粪相比，氮和磷无论是全量还是速效养分都偏低，但钾含量相对偏高，这与垃圾中存在渣土有关。接种与未接种的堆肥养分的变化没有规律性，没有表现出显著差异，说明微生物只是影响堆肥的过程，对养分含量的影响较小（表5-8）。

表5-8 堆肥过程中养分指标的变化

| 指标变化/（g/kg） | 全氮 | 全磷 | 全钾 | 碱解氮 | 有效磷 | 速效钾 |
| --- | --- | --- | --- | --- | --- | --- |
| 牛粪堆肥前 | 20.40 | 4.16 | 13.30 | 5.15 | 1.02 | 3.12 |
| 牛粪CK | 13.50 | 6.39 | 14.80 | 3.28 | 2.40 | 2.50 |
| 牛粪＋M | 11.40 | 6.38 | 15.90 | 3.51 | 2.56 | 2.81 |
| 猪粪堆肥前 | 22.50 | 4.37 | 12.20 | 5.53 | 1.18 | 3.40 |
| 猪粪CK | 12.70 | 6.41 | 13.30 | 3.95 | 2.64 | 3.84 |
| 猪粪＋M | 11.90 | 6.13 | 12.70 | 4.05 | 2.76 | 4.17 |
| 垃圾堆肥前 | 8.61 | 1.98 | 12.80 | 3.64 | 1.04 | 2.50 |
| 垃圾CK | 5.22 | 2.20 | 17.30 | 2.35 | 1.80 | 3.36 |
| 垃圾＋M | 5.65 | 2.56 | 16.50 | 3.12 | 1.88 | 3.48 |

**（2）堆沤肥系统对农村固体废弃物的减量化、无害化和资源化利用效果**

根据调查数据及经验换算数据，已知平均每人排泄粪便量为0.5kg/d，尿液量为1.5kg/d，猪排泄粪尿量为5.7kg/d，牛排泄粪尿量为20～22kg/d。平均每户按3人计算，一年能够产生547.5kg粪便，尿液1642.5kg，一头猪可排泄粪尿量约为2.1t，平均每户两头猪可产生4.2t粪尿，1头牛每年可产生排泄物8.1t，按收集一半计算，可有4t。再加上堆肥所用的秸秆，按2∶1计算，每个堆沤肥联用系统可收集固体废弃物13.4t。项目共建成18户堆沤肥联用系统，每年可收集处置固体废弃物241.2t。每亩地每年用有机肥作为基肥或追肥共需要2000～4000kg，18户堆沤肥系统可供60～120亩耕地使用的肥料。按施用无机肥每亩需要10～15kg计算，折合复合肥现价为27～40.5元，共可节约1620～4860元。可见，堆沤肥联用系统可在固体废弃物的减量化、无害化和资源化利用方面取得良好的效果。

# 5.6 一池三改玻璃钢沼气池技术

## 5.6.1 研究方法

在大冲村，一部分农户建立了沼气池，主要利用牛粪尿、猪粪尿等做沼料，产生的沼气可用于厨房的燃料和照明的能源。通过调查和测定，掌握沼气池运行中存在的问题，了解不同原料配比条件下产气量的变化规律；通过物料调节提高沼气池产气量，指导农户高效利用清洁能源。在掌握沼气池运行规律和产气特征、存在问题的基础上，提出适应于"两湖一库"汇水区的新型沼气池设计方案，建设示范工程，进行工程技术参数的试验研究，确定新型沼气池最佳物料配比，制定管理条例。

沼气池建设和运用是农村固体废弃物循环处理技术的一个方面，也是对新型堆沤肥系统的补充。研究对象为现有 7 户沼气池农户，试验时间为一年。试验调查内容主要是养殖数量、粪尿产生量、秸秆使用量、C/N 值、干物料含量、温度、产气量、其他燃料使用情况等，根据记录材料编制适宜当地气候和养殖习惯的沼气使用手册，对沼气池用户进行统一管理，指导农户正确高效地利用沼气。

### 5.6.2 沼气池设计和建设

在现有沼气池管理技术研究的基础上，设计和建设"一池三改"沼气示范户并开展相关内容的研究工作。"一池三改"沼气池系统是建设沼气池时，改圈、改厕、改厨同时实现。系统设计参照农户养殖大型牲畜 2 头为条件，沼气池体积为 $8m^3$。在满足沼气发酵工艺要求和有利产气的前提下，兼顾沼气发酵后消化液的综合利用、环保与卫生，充分发挥沼气建设的综合效益。由于是"一池三改"，沼气池除用于处理畜禽粪便外，还将农户的厕所直接连接到沼气池，彻底改变厕所和畜禽粪便的"脏、乱、差"现象，沼气用于炊事、照明等日常能源（图 5-16）。

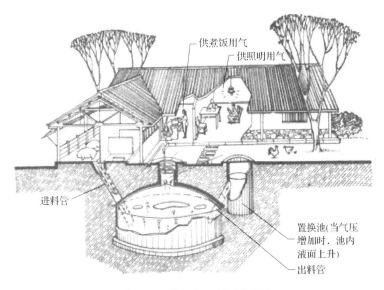

图 5-16 "一池三改"示意图

通过研究发现，在大冲流域建设的沼气池，都是老式水泥砖砌体，容易漏气，加上农户管理不当，导致出现使用率低等诸多问题，农户对沼气池建设极不信任与配合。针对上述问题，本课题组采用了玻璃钢作为材料，和有关产商合作，设计制造了一组新型的玻璃钢沼气池，其创新性体现在以下几个方面。①使用玻璃钢材料较水泥轻便，使用期长，不易渗漏。②缸内有特别设计的防垢板，使沼气缸内发酵液顶部不易结壳，影响发酵和产气。③本课题组与玻璃钢沼气池厂家协作，针对本研究发现的沼气池使用问题，按研究组意图和设计生产，厂家还负责质量跟踪及检测。④每户发放《沼气使用管理手册》，写明沼气池运行管理、安全使用、故障排除方法，让农户学习并按规范管理和使用。玻璃钢沼气池的设计和建设安装如图 5-17 和图 5-18 所示。

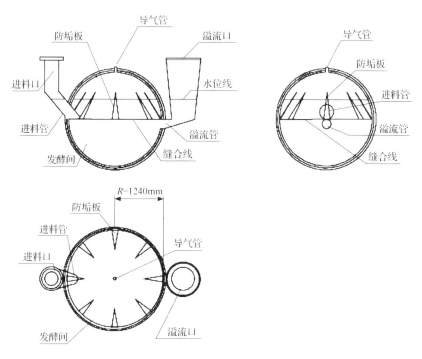

图 5-17　8m³ 玻璃钢沼气池三视结构图

研究中，"一池三改"示范户 15 户已全部建成并投入使用：改了厕所，使人粪尿直接入池；改了圈，圈内的粪肥也直接入池；改了厨房，减少了农户的用电量。在试验示范中，对玻璃钢沼气池的使用和管理进行了统一要求，包括沼气池运行管理中启用时要求、缺料管理和沼气池酸化处理。根据《沼气池使用管理手册》向农户宣传沼气池安全使用方法、故障排除方法。

**（1）沼气池建成启用时要求**

沼气池建成后，经过试压、检验，证实不漏水、漏气后，才能投入使用。为了能较快地启动，并正常地运转，发酵原料的合理配比、足够的优质菌种是关键。新建沼气池第一次投料时，应当加入占发酵料液总质量 15%～30% 的接种物。豆腐坊排水沟、大中型养猪场污水处理池、老沼气池底部的污泥和老粪坑粪渣，都是很好的接种物。一般 8m³ 的沼气池投料配比为：鲜猪粪 1500kg，接种物 800kg（夏天可少些），水 4000kg。

**（2）投料要求**

沼气池的投料量应为池子容积的 90%。第一次装料，原料要加足，如因原料不足，一次性投料不能达到要求的投料量时，应加水使投料容积超过出料管口下 50cm 处；水温低于 15℃时，应加井水，水温高于 15℃时，加河水。新建沼气池投料产气高峰过后，

图 5-18　新型玻璃钢沼气池建设

(a)、(b) 为土建安装；(c)、(d) 为灶具安装

要做到"勤进料、勤出料、勤搅拌、勤检查"，进料可用农作物秸秆、牲畜厩肥等，以保证延长产气高峰和正常使用。

**(3) 沼气池酸化处理**

不要投放青草及其他青料，因为这些青料容易腐败产酸，导致整个发酵原料酸化，产生大量二氧化碳气体，长期不能燃烧。不要单独用鸡粪、人粪进行启动，因为这类原料在沼气细菌少的情况下，料液也容易酸化，加之鸡粪中含有抗生素，使发酵启动不能正常进行。启动酸化的池子应采取相应措施，把沼气池的沼液出掉 10 担左右，然后从进料口加入 2 桶澄清石灰水和清水 10 担进行调节，同时再增加一些接种物的投放，以保证正常产气。

## 5.6.3　农村户用沼气池安全使用方法

(1) 各种剧毒农药、刚喷洒了农药的作物茎叶、刚消过毒的畜禽粪便、中毒死亡的畜禽尸体都不能入池。如发生这种情况，应将池内发酵料液全部清除，并用清水将沼气池冲洗干净，然后重新加料；不能把油麸、骨粉、棉籽饼和磷矿粉等含磷较高的物质加入沼气池，以防产生对人体有严重危害的剧毒气体磷化三氢。

(2) 沼气池的进出料口都要加盖，平时出料、搅拌、维修后一定要注意及时封好盖板，防止人畜掉进池内造成伤亡。

（3）要经常观察压力表的变化，当池子产气旺盛、沼气压力太高时，要及时用气或放气，以防胀坏气箱；使用膜盒压力表，应装上安全阀，当压力达到一定限度时，可避免冲开池盖，保护管道正常运行；池盖一旦被冲开，要立即熄灭沼气池附近的烟火，以免引起火灾；压力太低时，应尽快检查漏气原因，及时维修；一次进、出料量较多时，应打开输气开关，以免产生负压，损坏池子。

（4）禁止在沼气池导气管口和出料口处点火试气，以免引起回火，产生爆炸；禁止使用明火检查各处接头、开关的漏气情况，检查漏气应该用洗衣粉或肥皂的泡沫涂刷，发现气泡，说明漏气，要及时处理；禁止向池内丢明火烧余气，防止气与火接触引起池子爆炸。

（5）在室内发现漏气或者臭皮蛋味时，不准使用电源开关、火柴、油灯、蜡烛、打火机等明火，应迅速打开门窗，采取扇风、鼓风等方式将沼气排出室外，净化空气，直至异味消除，以防引起火灾，发生意外情况。

（6）沼气池、炉具和输气管道应安置在安全、方便、远离柴草、木板等易燃物品存放的地方，以防失火；一旦发生火灾，应立即关闭开关，切断电源。

（7）使用前请接通气源，紧固各接头，用肥皂水检查各接头是否有漏气现象。

（8）新建沼气池或新投料沼气池刚产生一些气后不能使用脉冲或电子点火，因为新池产气过程中还有相当一部分空气或杂气，可燃成分比例低。用明火先点一段时间，待风门调节到1/3或1/4能正常燃烧时，不脱火才能用电子点火。

（9）发现燃烧不正常时，请调节风门来控制，空气适量时火焰呈蓝色、稳定、清晰；空气不足时，火焰发黄而长；空气过量时，火焰短而跳跃，并出现离焰现象。

（10）使用过程中，火焰被风吹灭或被水淋熄，应立即关闭开关，打开窗户疏通空气，此时严禁使用一切火种及电源开关，以免发生意外。

（11）已投料的沼气池，无论是否产气运行，均不准轻易下池进行出料或者检修，凡是需要下池，一定要做好安全防护工作：一是打开活动盖，在池外出料，使进料口、出料口、活动盖口三口通风或用鼓风办法更新池内全部空气；二是把小动物（鸡、鸭、猫等）放入池内，观察15～30min，如动物活动正常，方可下池，否则严禁下池，以免发生窒息中毒事故；三是下池人员腋下系上安全绳，池外要有专人看护，下池人员稍感不适，池外看护人员应立即将其拉出池外，到通风阴凉处休息；四是揭开活动盖时，不得在池口周围点明火照明或吸烟，进池人员只能用手电或镜子反光照明，严禁使用明火。

（12）一旦发现池内人员昏倒，而又不能迅速救出时，应立即采用人工办法向池内送风，输入新鲜空气，切不可盲目进池抢救，以免造成连续发生窒息中毒事故。更新空气后，下池人员一定要遵守安全防护措施进行施救，将窒息人员救出后要抬到地面避风处，解开上衣和裤带，注意保暖，并立即就近送医院抢救。凡已确定报废的沼气池，一定要及时进行填埋处理，以免留下安全隐患。

## 5.6.4 沼气池故障说明及排除方法

沼气池故障说明及排除方法见表5-9。

表 5-9　沼气池故障说明及排除方法

| 故障 | 原因 | 排除方法 |
|---|---|---|
| 沼气灶正常，打不着火 | 气源开关未打开<br>新沼气池产气不纯<br>沼气池压力太大 | 打开气源开关<br>先放气，将池内空气放净<br>将灶前开关调至额定压力 |
| 压力上下波动，火焰燃烧不稳定 | 输气管不顺<br>导气管道内有积水 | 理顺疏通输气管<br>排除管道内的积水，增设水瓶 |
| 压力表上升缓慢或不升 | 气池或输气管漏气<br>发酵原料不足<br>沼气发酵接种物不足 | 检修沼气池或输气管道<br>增添新鲜发酵原料<br>增加沼气发酵接种物 |
| 压力表上升缓慢并到一定高度不在上升 | 气箱或管道漏气<br>进料管或出料管有漏气孔 | 检修沼气箱和管道<br>堵塞进、出料间出现的漏水孔 |
| 压力表上升快，使用时下降也快 | 池内发酵料液过多，气箱容量太小 | 取出一些料液，适当增大气箱 |
| 压力表上升快，气多，但较长时间点不燃 | 发酵原料接种物少<br>发酵不正常<br>沼气池气体不纯 | 排放池内不可燃气体，增添接种物或换掉大部分料液，调节酸碱度 |
| 开始产气正常，以后逐渐下降或明显下降 | 沼气池未添加新料<br>沼气池管道漏气<br>池内装有刚喷过药物的原料，影响正常发酵<br>胶管老化、破裂、穿孔或接口不稳固 | 取出一些旧料，添新料<br>查维修系统漏气问题<br>堆沤收集的原料，等药性消失后再入池<br>更换新胶管，接口要插到红线的位置并紧固 |
| 平时产气正常，突然不产气 | 活动盖被冲开<br>输气管道断裂或脱节<br>输气管被老鼠咬破<br>压力表漏气<br>池子突然出现漏水漏气<br>用后未关阀门或关不严 | 重新安装活动盖<br>接通输气管道<br>更换破损的管道<br>恢复或更换压力表<br>检查维修<br>用气后关紧阀门 |
| 产气正常，但燃烧火力小或火焰呈红黄色 | 炉具火孔堵塞<br>火焰呈现红黄色是池内发酵液过酸，沼气甲烷含量少<br>空气配合不合理 | 清扫炉具的喷火孔<br>适量加入草木灰、石灰水或牛粪<br>取出部分旧料，补充新料<br>调节炉具空气调节板 |
| 火焰不太正常 | 风门未调好<br>炉头火眼堵塞<br>喷嘴孔堵塞<br>燃烧器上有污物 | 调整风门位置使火焰正常<br>清除火眼堵塞物<br>用细钢丝疏通喷嘴孔<br>清洗燃烧器火盖 |

| 故障 | 原因 | 排除方法 |
|---|---|---|
| 压电失灵或脉冲打火不灵 | 电极发火针与引火管距离不当<br>电极针不清洁<br>输气管曲折或堵塞<br>未装电池或电池电压不足 | 将电极发火针与引火管距离调至3～4mm，并紧固<br>清除电极针上污物<br>理顺输气管，清理堵塞物<br>装上电池或更换新电池 |
| 沼气灯点不亮或时亮时暗 | 沼气甲烷含量低，压力不稳<br>喷嘴口径不当<br>纱罩放置过久受潮<br>喷嘴堵塞或偏斜<br>输气管内有积水<br>纱罩型号与沼气池灯的要求压力不配套 | 增添发酵原料和接种物，提高沼气产量和甲烷含量<br>选用适宜的喷嘴，调节进气阀门<br>选用100～300支光的优质纱罩<br>疏通和调整喷嘴<br>排除管道中的积水，设置集水瓶 |
| 排渣管排渣不正常 | 液位差不够<br>排渣管下端被沉渣淤积<br>有秸秆等长纤维堵塞排渣管 | 从排渣池多出些料液到水压池<br>用竹竿捅通排渣管或从水压池取些清液倒入排渣池，并经常排渣<br>用抓钩掏出长纤维或大出料 |

## 5.6.5 "一池三改"技术的实施效益

若三口之家每天做饭都用电能，则每天约需要1.5度，按每度电0.5元计算，每年电费需要274元，采用沼气做饭，节约了电费开支。沼渣、沼液中有大量的微生物代谢产物，这些代谢物含有各种维生素、蛋白质，以及酶、微量元素等，对农作物生长有很好的调节作用。所以沼渣、沼液具有广泛的利用价值，主要包括以下几种利用方式：①沼液用来浸种，可以使种子发芽率提高15%～20%以上，早出苗1～2天，苗齐苗壮，抗病。②沼液用做叶面喷施，可以提高作物的产量和品质，并能防治蚜虫、红蜘蛛、黄蜘蛛、纹枯病、葡萄白粉病等多种病虫害，尤其是蔬菜、瓜果效果更为明显。③用产气良好的沼液与猪饲料按1:1比例配合喂猪，可以使猪增重快、抗病，每头猪可节省饲料100～150kg，降低了养猪成本。④沼渣用做有机肥，每亩施用1000～1500kg，每户每年产生的沼渣可施于6亩地，节省化肥的花费约为200元。

# 5.7 讨论

## 5.7.1 农村生活垃圾分类收集和处置技术

对研究区域进行研究，结果显示，在农村进行生活垃圾分类收集有以下几点优势。一是具有较好的垃圾分类习惯和分类场所。目前农村地区仍保持将可售废品分类存放的良好习惯。与城市居民相比，农村居民往往具备较大的居住空间，含有院落的住宅为村民实现垃圾投放前分类提供了场所。农村居民对暂时存放垃圾的排斥心理也低于城市居民。二是时间充裕。经济水平低、村民闲暇时间较多，在有经济鼓励的情况下，村民具有更强的支付意愿。

在进行垃圾收集和运输时，由村集体支付费用一般都有资金缺口，需要政府进行补贴。以大冲村为例，全村 3000 人口进行统计，每年生活垃圾收集、运输生活垃圾的人力和运输最低成本约为 8 万元，但村委会仅能支付不到一半，需要国家给予专项资金补贴。

针对农户中未养殖牲畜的农户，项目进行了蚯蚓垃圾分解池的研究与示范，结果表明，蚯蚓垃圾分解池能有效减少垃圾收集池中最易腐败的果蔬垃圾和厨余垃圾，减少其产生的恶臭和垃圾渗滤液，减轻对空气和水体的污染。有机垃圾减量化，若用农用小货车计算，可减少垃圾清运车 10 车次以上。

## 5.7.2　高效纤维素分解菌的筛选研究与分解效果

对试验区域内 4 户农户进行采样，对牛粪和猪粪在堆肥过程中的微生物进行筛选研究，通过不断的分离和纯化，得到 8 株细菌、3 株霉菌和 2 株放线菌，同时还测定了 CMC 酶活性。通过形态指标和酶活性指标筛选出了 4 株纤维素分解细菌，这 4 株纤维素分解菌水解能力强，酶活性高，经鉴定，其中 3 株是芽孢杆菌属（*Bacillus* Cohn，1872）菌株，1 株是微球菌属（*Micrococcus* Cohn，1872）菌株。

在堆肥过程中分别选择了以牛粪、猪粪和垃圾污泥杂草为主的堆肥，接种高效纤维素分解菌的混合菌剂，在 45 天内监测接种和未接种对照的温度、C/N 值和纤维素降解率的变化。研究表明，在气温 22～32℃时，牛粪接种高效纤维素分解菌后升温最快，在 10 天时即达到峰值，为 65℃，未接种微生物的升温稍晚，但峰值仍然可达 65℃；猪粪堆肥的温度较低，峰值也较晚出现；垃圾 C/N 值较大，最高温度较猪粪堆肥高，但温度上升较慢，腐熟的时间需要较长。三种堆肥在堆置一个月后温度都相对稳定在30～35℃，肥料达到腐熟的水平，可以直接施用。

堆肥中随着微生物的作用，堆肥的温度不断增高，接种菌剂的猪粪在第 15 天已达到 54.2% 的分解率，但随后分解的速度减慢，最终也只能达到 66.4% 的降解率。接种高效纤维素分解菌能够有效加快堆肥分解的速度和分解效率，提高牲畜粪便的无害化和资源化的处理率。

## 5.7.3　新型堆沤肥联用系统

新型堆沤肥联用系统具有如下几点优势：堆肥池上加盖板，可防雨渗入，达到雨污分离，同时还控制了有害、发臭气体的散发；堆肥系统下连沤肥系统，可收集高浓度的有机渗出废水，防止外渗污染；利用厕所当作沤肥池，一方面解决了农户如厕问题，另一方面解决了猪牛粪尿储存问题，控制了猪牛圈沤肥系统中粪尿流失进入水系；堆肥系统可提供种植农作物时所需要的基肥，沤肥系统可提供农作物追肥。人粪尿和牲畜粪尿共同沤制，有利于粪肥的加速熟化，提高肥效；建设新型堆沤肥系统，不仅能够收集人和畜禽的粪便作为肥料使用，更能够改善农村的生活环境。

根据调查数据及经验换算数据，项目共建成 18 户堆沤肥联用系统，每年可收集处置固体废弃物 241.2t。产生的肥料可供 60～120 亩耕地使用。折合复合肥现价，共可节约 1620～4860 元肥料的投入。按不同畜禽排污系数表计算，每年可减少 2 头猪 42t 污水和 1 头牛 81t 污水的排放。可见，堆沤肥联用系统可在固体废弃物的减量化、无害化和资源化利用方面取得良好的效果。

### 5.7.4 "一池三改"玻璃钢沼气池技术

老式混凝土沼气池实施效果差，针对其存在的问题，采用玻璃钢沼气池，其优点是：使用材料新，玻璃钢材料较水泥轻便，使用期长，不易渗漏；缸内有特别设计的防垢板，使沼气缸内发酵液顶部不易结壳，影响发酵和产气；管理体制新，本课题组与玻璃钢沼气池厂家协作，针对本研究发现的沼气池使用问题，按研究组意图和设计生产，厂家还负责质量跟踪及检测；每户发放沼气使用管理手册，让农户能掌握相关的使用常识和故障排除方法。该系统及实施模式在较落后的农村推广是一种好的固体废弃物治理模式，是针对不建设新型堆沤肥系统农户固体废弃物处置的备选方案。

项目建成了 15 户的示范，并加强技术指导和跟踪服务，沼气池的使用率达到100％。同时，沼渣、沼液中有大量的微生物代谢产物，这些代谢物含有各种维生素、蛋白质，以及各种酶、微量元素等，对农作物生长有很好的调节作用。结合"一池三改"，改了厕所，使人粪尿直接入池；改了圈，圈内的废弃物也直接入池；还改了厨房，减少了农户的用电量。

通过农村固体废弃物污染治理的工程试验和示范，研究工作建立了固体废弃物处理技术体系，主要包括新型堆沤肥系统、"一池三改"玻璃钢沼气池、蚯蚓生活垃圾分解池、生活垃圾分类收集和处理技术。新型堆沤肥系统处置牲畜粪肥、农田秸秆和生活有机废弃物成为有机有机肥料还田，使污染物在"村落-农田"循环。"一池三改"玻璃钢沼气池技术处置牲畜粪肥、农田秸秆成为燃气和肥料，使固体废物能源化和资源化。蚯蚓生活垃圾分解池针对无养殖农户，处置有机厨余垃圾。这三种技术是原位处置和循环。生活垃圾分类收集和处理技术针对村落环境中新型堆沤肥系统、"一池三改"玻璃钢沼气池、蚯蚓生活垃圾分解池无法处置的各种垃圾进行收集后迁地处置。对于建设新型堆沤肥系统的农户，牲畜粪便、秸秆和有机废弃物通过堆沤肥后直接施入农田，就不需要修建"一池三改"玻璃钢沼气池和蚯蚓生活垃圾分解池。对于修建"一池三改"玻璃钢沼气池的农户，牲畜粪肥、秸秆用于沼气池投料，也就没必要再建新型堆沤肥系统和蚯蚓分解池。建蚯蚓分解池农户，由于没有养殖也就没有牲畜粪肥，就没有建新型堆沤肥系统、"一池三改"玻璃钢沼气池的必要。不同农户分别采用这三种技术后，大部分农村固体废弃物已经被处理，在公共环境中的固体废弃物通过村镇垃圾收集和处理体系处置。本研究在大冲流域毛加井利用这三种户用的垃圾处理技术处置养殖废物和作物秸秆，结合生活垃圾分类收集和处理的宣传和示范，拟定农村生活垃圾管理办法并实施，营造了清洁卫生的农村环境，最大限度地实现了农村固体废弃物的资源化利用，在示范区内实现固体废弃物收集和处理率达到95％以上，实现了污染控制的目的，控制了固体废弃物进入水体的风险。

（本章执笔人：刘鸿雁）

### 参 考 文 献

蔡娥.2011. 新农村建设背景下的农村垃圾问题.农村经济与科技，22（5）：78-80

崔宗均，李美丹，朴哲，等．2002．一组高效稳定纤维素分解菌复合系 MC1 的筛选及功能．环境科学，23（3）：36-39

董玉玲，朱万斌，郭鹏，等．2010．一组小麦秸秆好氧分解菌系的构建及组成多样性．环境科学，31（1）：249-253

费辉盈，常志州，王世梅，等．2007．常温纤维素降解菌群的筛选及其特性初探．生态与农村环境学报，23（3）：60-64，69

高定，陈同斌，刘斌．2006．我国畜禽养殖业粪便污染风险与控制策略，25（2）：311-320

耿保江．2009．农村固体废弃物污染防治对策研究．畜牧与饲料科学，30（2）：81-84

何艳峰，李秀金，方文杰，等．2008．氢氧化钠固态预处理对稻草中木素结构特性的影响．环境科学学报，28（3）：534-539

黄翠，杨朝晖，肖勇，等．2009．堆肥嗜热纤维素分解菌的筛选鉴定及其强化堆肥研究．环境科学学报，30（8）：1788-1792

李伟，蔺树生．2000．作物秸秆综合利用的创新技术．农业工程学报，16（1）：14-17

李玉红，王岩，李清飞．2006．不同原料配比对牛粪堆肥的影响．河南农业科学，11：65-70

梁东丽，谷洁，秦清军，等．2009．农业废弃物静态高温堆肥过程中纤维素酶活性的变化．环境科学学报，29（2）：323-329

刘长莉，朱万斌，郭鹏，等．2009．常温木质纤维素分解菌群的筛选与特性研究．环境科学，30（8）：2458-2463

刘鸿雁，王龙飞，罗梅，等．2009．贵阳市阿哈水库农业面源污染调查与分析．贵州农业科学，37（9）：235-239

刘凯，郁继华，颉建明，等．2011．不同配比的牛粪与玉米秸秆对高温堆肥的影响．甘肃农业大学学报，2（1）：82-88

牛若峰，刘天福．1984．农业经济手册．沈阳：辽宁人民出版社

史玉英，沈其荣，娄无忌，等．1996．纤维素分解菌群的分离和筛选．南京农业大学学报，19（3）：59-62.

宋秀杰．1997．我国有机肥利用现状及合理利用的技术措施．农村生态环境，13（2）：56-59

王洪媛，范丙全．2010．三株高效秸秆纤维素降解真菌的筛选及其降解效果．微生物学报，50（7）：870-875

王伟东，崔宗均，王小芬，等．2005．快速木质纤维素分解菌复合系 MC1 对秸秆的分解能力及稳定性．环境科学，26（5）：156-160

吴庆庆，杨莉，吴少林．2011．堆肥优势菌种筛选．现代农业科技，2：300-304

杨晓波，奚旦立，毛艳梅．2004．农村垃圾问题及其治理措施探讨．农业环境与发展，4：39-41

殷中伟，范丙全，任萍．2011．纤维素降解真菌 Y5 的筛选及其对小麦秸秆降解效果．环境科学，32（1）：247-252

张承龙．2002．农业废弃物资源化利用技术现状及其前景．中国资源综合利用，2：14-21

张楠，刘东阳，杨兴明，等．2010．分解纤维的高温真菌筛选及其对烟杆的降解效果．环境科学学报，30（3）：459-555

张祖锡，白瑛．1995．高温堆肥和沤肥碳、氮转化和杀灭病原菌的比较研究．北京农业大学学报，21（3）：286-290

赵小蓉，林启美，孙焱鑫，等．2000．纤维素分解菌对不同纤维素类物质的分解作用．微生物学杂志，20（3）：12-14

周玉琪，赫英臣．1994．固体有机废物沤肥化技术方法．环境科学研究，7（5）：57-62

朱立安，王继增，胡耀国，等．2005．畜禽养殖非点源污染及其生态控制．水土保持通报，25（2）：40-43

朱维琴，朱正华，章永松．2002．农业有机废弃物资源化与温室二氧化碳施肥在生产上的利用．现代化农业，2：19-21

Arancon N Q, Edwards C A, Bierman P. 2006. Influences of vermin composts on field strawberries: Part 2. Effects on soil microbiological and chemical properties. Bioresource Technology, 97: 831-840

Bicudol J R, Goyal S M. 2003. Pathogens and Manure Management Systems: A Review. Environmental Technology, 11: 115-130

Chen C H, Liu W L, Leu H G. 2006. Sustainable water quality management framework and a strategy planning system for a river basin. Environmental Management, 38: 952-973

Gajalakshmi S, Ramasamy E V, Abbasi S V. 2002. Vermi composting of different forms of water hyacinth by earthworm *Eudrilus eugeniae*. Bioresource Technology, 82: 165-169

Ghose T K, 1977. Bioconversion of the Cellulosic Substances into Energy. Chemicals and Microbial Protein, Symposium Proceedings, New Delhi: Thomson Press

Guo Y, Zhang J L. 2010. Isolation screening and identification of high temperature cellulolytic microbes in pig manure. Agricultural Science and Technology, 11 (5): 28-30

Loh T C, Lee Y C, Liang J B, et al. 2005. Vermi composting of cattle and goat manures by *Eisenia foetida* and their growth and reproduction preference. Bioresource Technology, 96: 111-114

Miller D N, Varel V H. 2003. Swine manure composition affects the biochemical origins, composition, and accumulation of odorous compounds. Journal of Animal Science, 81: 2131-2138

Susanna T Y, Naramngam T S. 2007. Modeling the impacts of farming practices on water quality in the little miami river basin. Environmental Management, 39: 853-866

Wang X Y, Cao L P. 2005. Economic approach for control agricultural nonpoint source pollution in China. Chinese Geographical Science, 15 (4): 297-302

Zhang W W, Shi M J, Huang Z H. 2006. Controlling non-point-source pollution by rural resource recycling. Nitrogen runoff in Tai Lake valley, China, as an example. Sustainability Science, 1: 83-89

# 第六章　流域内农田氮磷削减施肥技术及面源污染控制效应

**摘　要**　农业农村面源污染中，含高浓度氮、磷的稻田排灌水是重要的污染源。削减稻田排灌水中氮、磷营养盐，同时又保证水稻产量维持较高水平是国内外环境科技工作者要解决的重要技术问题。本研究探讨有机种植模式、精准化施肥、缓控释氮肥和生物有机肥对稻田水体氮磷的削减效应，在贵阳清镇市大冲村开展小区试验和示范，以常规施肥为对照，开展研究工作。研究结果如下：①单施有机肥、绿肥加有机肥、常规施肥种植模式，稻田水中的 TN 浓度在各生育期均是随着施肥量的增加呈增大趋势，以返青期浓度最高，拔节期急剧下降，孕穗期和抽穗期变化稳定，排水期最低；三种模式排水期稻田水中 TN 浓度分别比农田灌溉水质标准降低了 88.75%、90.17% 和 72.83%，降低的高低顺序为：绿肥加施有机肥＞单施有机肥＞常规施肥。与常规施用化肥相比，在同等氮素肥力下施用有机肥可以明显降低稻田水 TN 浓度，绿肥加施有机肥的稻田水 TN 削减程度略低于单施有机肥。②两种有机种植模式各个施肥水平稻田水中 TP 浓度都以返青期最高；各施肥水平的两种有机种植模式下都以 0kg/亩处理稻田水 TP 浓度最低，稻田水 TP 浓度与有机施肥量呈显著正相关。三种施肥种植模式稻田水中 TP 浓度分别比农田灌溉水质标准低了 94.40%、93.20% 和 92.80%。③两种有机种植模式下，水稻收获后稻田土壤中的全氮和碱解氮的含量随着有机肥的施用量增加有增加趋势。在施肥量为 500kg/亩时，两种模式土壤全氮和碱解氮含量都最大。两种有机种植模式土壤全氮、碱解氮和总磷含量均比常规施用化肥模式高，其中绿肥加施有机肥处理模式高幅较大，表明施用有机肥可以增加稻田土壤储蓄氮的能力，提高土壤肥力。种植绿肥和施用有机肥可以明显增强土壤对磷的固定作用；有机种植模式下土壤全量 As、Hg、Cr 和 Cd 均低于常规施用化肥的模式。④两种有机模式下产量随着有机肥施用量的不断增加呈先上升后下降趋势，产量与施肥量呈二次抛物线关系，单施有机肥和绿肥加施有机肥两种有机模式下的最佳施肥量分别为 301.45kg/亩和 297.15kg/亩，其中单施有机肥模式产量高于绿肥加施有机肥模式；与常规施用化肥模式比，亩有效穗数虽然略低，但其他各指标都明显较高，两种有机种植模式最高产量分别高于常规种植 17.71% 和 20.96%。⑤精准化施肥对稻田中水体全氮、全磷含量变化有影响。在整个生育期中，水体全氮、全磷含量呈逐渐下降趋势。在分蘖期，水体全氮、全磷含量最高，各个处理的全氮含量均超过了农田灌溉水质排放标准 12mg/L，全磷含量均没有超过 5mg/L；进入孕穗期，水体中的全氮、全磷含量明显降低，成熟期稻田水体中全氮、全磷含量最低。精准化施肥不同程度地削减了稻田水体中全氮、全磷的含量。在分蘖期、孕穗期、齐穗期、乳熟期、成熟期分别平均降低全氮含量 29.79%、42.77%、36.84%、26.24%、35.19%，整个生育期平均削减水体全氮 34.17%，比农田灌溉水质的排放标准（12mg/L）降低了 56.98%、73.08%、71.80%、71.46%、70.28%。在分蘖期、孕穗期、齐穗期、乳熟期、成熟期总磷平均分别降低 36.90%、21.12%、29.47%、24.30%、28.30%，整个生育期平均降低 28.02%，比农田灌溉水质的排放标准（5mg/L）降低了 95.76％、97.04％、96.96％、97.24％、96.62％。精准化施肥增加了土壤全氮、全磷、碱解氮、速效磷含量。精准化施肥比常规施肥的有效穗数平均增加 18.51％，结实率增加 2.94％，千粒重增加 4.08％，产量平均增产 12.94％。⑥微生物肥料施用后，在整个生育期水体全氮、全磷含量逐渐下降。微生物肥料的施用不同程度的削减了稻田水体中的全氮、全磷含量。在分蘖期、孕穗期、齐穗期、乳熟期、成熟期分别平均降低全氮含量 48.05％、59.98％、49.27％、46.07％、40.66％，整个生育期平均削减水体全氮 48.81％，比农田灌溉水质排放标准（12mg/L）降低了56.98％、74.63％、72.61％、73.83％、75.94％、75.59％；在分蘖期、孕穗期、齐穗期、乳熟期、成熟期分别平均降低全磷含量 51.79％、60.29％、57.93％、45.34％、41.98％，整个生育期平均降低水体全磷 51.47％，比农田灌溉水质排放标准（5mg/L）降低了 95.76％、97.50％、97.70％、97.66％、97.48％、97.36％。微生物肥料的施用增加了土壤的全氮、全磷、碱解氮、速效磷含量。以平均值计算，微生物肥料施用比常规施肥有效穗数平均增加 15.53％，结实率增加 0.65％，千粒重增加 1.71％，因而产量平均增产 6.46％。⑦施用缓控释尿素后，在整个生育期，水体中全氮含量呈下降趋势。在水稻分蘖期，水体中的全氮含量为整个生命周期中的最高值，除对照处理外，其他处理全氮含量均超过了 10mg/L。而进入孕穗期，水体中的全氮含量明显降低，对照处理组最低，其值为 3.50mg/L；最高的为处理Ⅴ，其值为 6.25mg/L，均低于 10mg/L。造成孕穗期水体中全氮含量大幅度降低的原因可能是因为水稻在分蘖期到孕穗初期需要较多的养分。随后几个时期水体中的全氮含量呈逐渐降低的趋势，但下降的幅度不是很大，成熟期稻田水体中的全氮含量是整个过程中的谷值。

**关键词** 水稻种植；稻田高氮磷排灌水；氮磷削减；施肥技术；有机种植模式；精准化施肥；缓控释氮肥；微生物肥；面源污染控制

# 6.1　研究意义

面源污染，也称非点源污染，是指溶解和固体的污染物从非特定地点，在降水或融雪的冲刷作用下，通过径流过程而汇入受纳水体（包括河流、湖泊、水库和海湾等）并引起有机污染、水体富营养化或有毒有害等其他形式的污染（陈吉宁，2004）。农业面源污染是指在农业生产活动中，农田中的泥沙、营养盐、农药及其他污染物，在降水或灌溉过程中，通过农田地表径流、壤中流、农田排水和地下渗漏，进入水体而形成的面源污染。这些污染物主要来源于农田施肥、农药、畜禽及水产养殖和农村居民。农业面源污染是最为重要且分布最为广泛的面源污染（陈吉宁，2004）。土壤中未被作物吸收或土壤固定的氮和磷通过人为或自然途径进入水体是引起水体污染的一个因素。

20 世纪 70 年代以来，随着点源污染逐步得到控制，面源污染成为了水体的主要污染源，而农业面源污染是面源污染的最重要部分之一。在美国，自 60 年代以来，虽然点源污染逐步得到了控制，但是水体质量并未因此而有所改善，人们逐渐意识到农业面源污染在水体富营养化中所起的作用（仓恒瑾等，2005）。据研究，面源污染约占污染总量的 2/3，其中农业面源污染又占面源污染总量的 68％～83％，农业已成为全美河流污染的第一污染源（Miller and Varel，2003）。中国农田化肥使用量是世界平均水平的

1.6 倍，农业面源污染问题与美国比更加严重（张维理等，2004；王海燕等，2007）。因此，在农业面源污染问题日益突出的情况下，开展相关研究寻求解决面源污染治理的方法尤为必要。

"两湖一库"（红枫湖、百花湖、阿哈水库）是贵阳市的饮用水源，每天向贵阳市区提供 55 万 t 的饮用水，占城市用水总量的 68%，被誉为贵阳市的"三口水缸"。近年来，贵阳市在治理"两湖一库"周边地区点源污染方面取得了可喜成绩，取缔了向"两湖一库"排放污水的企业，减轻了水污染治理的压力。然而在"两湖一库"汇水区，农业面源污染却相当严重，化肥引起的面源污染尤为突出。新中国成立以来，农业生产对化肥的依赖性越来越强，化肥年总投入量从 1949 年的 443.8 万 t 增加到 2000 年的 6028 万 t，化肥对水稻、小麦和玉米的增产作用从 1981~1983 年的 47.8% 增加到 1990 年的 53%，化肥在增加粮食产量方面发挥了巨大作用。然而，化肥的过多施用，不仅出现了报酬递减现象，而且出现土壤板结和环境污染。目前我国化肥的当前利用率氮为 30%~35%，磷为 10%~20%，钾为 35%~50%（李庆逵等，1998）。以目前我国年表观氮肥投入量约 3600 万 t，氮肥平均损失按 45% 计算，损失的氮肥达 1620 万 t，相当于尿素 3522 万 t，折合人民币近 740 亿元（栗铁申，2010）。氮素的损失不仅引起了资源的巨大浪费，而且导致了水体富营养化，给环境治理带来很大的难度。贵阳市"两湖一库"汇水区是贵州最发达的农业区之一，化肥所引起的面源污染也和全国一样非常突出。但是，目前仍然没有建立行之有效的农业面源治理技术体系。本研究以农学和环境科学理论与技术为立足点，通过有机农业种植模式、精准化施肥、缓控释氮肥、微生物肥的试验研究，筛选出氮磷削减施肥和管理系列技术，为农业面源污染治理提供技术支撑。

## 6.2 国内外研究现状

### 6.2.1 我国化肥施用情况及其带来的环境问题

氮和磷都是植物生长所必需的营养元素，为了保证作物的高产，需要对土壤进行氮素和磷素的补充，也就是要给土壤施肥。世界农业发展的历史证明，施肥，尤其是化肥，不论是发达国家还是发展中国家，都是最快、最有效、最重要的增产措施。新中国成立以来，我国化肥工业得到迅猛发展，这在农业生产中起到了显著的增产作用。据《中国统计年鉴》（国家统计局，2006）的统计结果，1952~2005 年的 54 年间，我国化肥使用量增加迅速，由 7.8 万 t 增加到了 4766 万 t。2007 年王海燕等调查得知，我国单位面积化肥施用量为世界平均水平的 1.6 倍，居世界第 3 位，沿海发达地区使用量则更大。

然而，产量并不是随施肥水平的增加一直呈直线增长，相反是到一定的施肥水平后会出现下降。从最佳施肥水平的经济分析看，我国过量施用化肥已达到总施用量的 30%~50%（何浩然等，2006）。由于施肥方法落后、过量偏施、配比不合理、表层施肥、施后田水漫灌、施用未经腐熟的栏粪等，我国氮、磷化肥当季利用率分别仅为 30%~35% 和 10%~20%。作物没有利用的肥料，在降雨或灌溉过程中，借助农田地表径流、农田排水和地下渗漏等途径，与土粒、农药残留物及其他有机或无机污染物一同大量进入水系是造成水体污染的主要原因，水环境污染已由过去工业为主逐步转到工农业污染并重，到目前农业面源污染占有较大比例（国家环境保护总局，2004；崔键等，2006；王海云和王军，2006）。

水体污染的严重后果是导致水体富营养化，这是亟待解决的农业面源污染问题。引起水体富营养化主要是水体中氮、磷两元素超标，当在封闭水体中无机态氮大于0.2mg/L、磷酸态磷大于0.015mg/L时，就有可能发生水体富营养化。由于有些植物可以利用自身固氮或联合固氮作用来提供生长所需氮素，磷素成了水体富营养化的限制因子（司友斌等，2000）。相关资料表明我国主要湖泊富营养化占总湖泊数的56%，许多大型湖泊，如巢湖、太湖、鄱阳湖、滇池等，都已经处于富营养或重富营养状态（章明奎，2005；唐莲和白丹，2003）。长期过量施用化肥不仅使地面水体富营养化，而且导致地下水硝酸盐污染（葛鑫等，2003）。有研究表明，硝酸盐是进入地下水中最频繁的污染物质，$NO_3^-$还原后生成的$NO_2^-$，可引发高铁血红蛋白症，且$NO_2^-$是强致癌物亚硝胺的前体物（Wolfe and Patz，2002）。地下水$NO_3^-$含量超标，已引起各国学者普遍关注。总之，长期不合理的施用化肥导致了大量的氮磷损失，造成巨大经济浪费，使生态环境受到污染，降低了农产品品质，制约了农业的可持续发展。为了解决常规施用化肥给我们带来的这一系列问题，有机农业作为一种可持续发展的农业生产模式就这样产生了。

## 6.2.2 有机种植模式的研究进展

有机农业是一种完全不用化学肥料、农药、生长调节剂、畜禽饲料添加剂等合成物质，也不用基因工程及其产物的生产体系，其核心是建立和恢复农业生态系统的生物多样性及良性循环，以维持农业的可持续发展。有机农业的概念诞生于20世纪二三十年代，被誉为"最古老的农业形式"，直到80年代，一些发达国家才开始重视有机农业，并鼓励农民从常规种植向有机种植转换，这个时候"有机农业"这个概念才被人们广泛接受（张令玉，2010）。随着人们收入不断增加，环境保护意识逐渐增强，有机农业发展迅速，已经成为世界农业的重要组成部分。至2000年，全世界已有141个国家发展有机农业，全球的有机耕地面积为1580万 $hm^2$，全世界的有机食品销售总额已经超过200亿美元（王顺利和孟繁锡，2006）。我国有机农业的发展起始于20世纪80年代，到90年代初得到迅速发展，到2001年，我国有机农业面积已达40 000$hm^2$。

## 6.2.3 有机种植模式技术体系

有机农业种植模式在整个种植过程中不允许使用化肥、农药、杀虫剂等化学合成物，土壤肥力和病虫草害的防治问题是有机种植模式技术体系研究的主要内容。

### 6.2.3.1 绿肥有机肥施用

通过种植绿肥作物增加土壤养分含量、培肥土壤是我国古代劳动人民在农业生产上的一项重要发明。鲜嫩绿肥作物切碎翻耕入土使其腐烂，将其从土壤中吸收的矿质营养全部归还，对于豆科绿肥，还会把它从空气中固定的氮素带给土壤。在氮肥工业诞生前的漫长岁月中，农田土壤的氮素补充绝大部分来自生物固氮。即使在氮肥工业高度发达的今天，全世界每年生物固氮的总量估计有17 500万 t，相当于工业固氮的4倍。从维持土壤肥力、防止环境污染、节约能源角度考虑，单纯走"无机农业"或"石油农业"的道路显然是不可取的，生物固氮将来仍应是农业生产的主要氮源（陈士平，1980）。以绿肥作物紫云英为例，鲜草含有机质 12％～15％、氮素 0.36％、$P_2O_5$ 0.11％、$K_2O$ 0.3％，1$hm^2$ 绿肥可固氮（N）153kg，活化、吸收钾（$K_2O$）126kg，替代化肥的效果明显，同时还有改良土壤物理性质，提高土壤保水保肥性能，增强土壤缓冲性，加速脱盐，消除活性铝及游离铁，提高农产品品质的作用。

陈礼智和王隽英（1987）就绿肥对土壤有机质的影响的研究表明，绿肥能增加活性有机质、总腐殖质含量，施用绿肥后有机、无机复合度均较休闲地明显提高，绿肥还改善了土壤耕性，提高了农作物抗病抗逆能力。卢萍等（2006）研究表明，水稻收获后绿肥还田使土壤速效氮降低，减小了冬季土壤的氮素损失，降低了环境负荷。利用冬绿肥还田是减少无机氮肥用量的有效途径，与现行"稻麦轮作"相比，能有效降低稻季土壤溶液中氮素浓度，减小氮素淋溶损失。在太湖流域推广"稻绿轮作"，在稻季保证每公顷施氮150kg，能保证水稻高产，同时明显降低了环境风险。例如，"紫云英-水稻轮作"在水体富营养化比较严重的地区就是一个氮和 $P_2O_5$ 流失少、具有良好生态效益和经济效益的好模式（朱普平等，2007）。

施用有机肥则能最大限度地利用农业生态系统内部的物质、能量来提高作物产量，是营养元素循环与再利用的有效途径。施用有机肥可以增加土壤有机质，促进土壤腐殖质的积累（陈恩凤，1990；魏朝富等，1995），增加土壤微生物的数量（徐春阳等，2002），改善土体物理性状使其具有与硅酸盐吸附阳离子的能力，有助于土壤中阳离子交换量增加（韩太日等，1999；朱红霞和姚贤良，1993），保蓄水分，提高土壤抗旱能力，增加土壤全氮、全磷、速效磷含量。施用有机肥是保持和提高土壤有机氮和氮储量的有效措施（徐阳春和沈其荣，2004）。有机肥对土壤磷库的贡献及其有效性主要增加了活性和中性有机磷的含量，提高土壤磷库，增加土壤速效磷的含量（Li et al.，1998；曹翠玉等，1998）。

施用有机肥在促进水稻生长、提高作物产量方面起到明显的作用。有机肥与无机肥配合施用是提高土壤肥力和保持作物高产、稳产、优质、高效的施肥方式（秦德荣等，2003）。有机、无机肥料配施能加速水稻分蘖，促进水稻生长发育；促使水稻提早成熟；增加水稻干物质重；降低水稻空壳率，增加千粒重；优化水稻群体质量。彭志红等（2010）通过不同施肥方式对稻米品质及产量影响的研究表明，有机肥无机肥配施相比过去单一的无机施肥方式具有明显的增产效果，相比施用有机肥具有较好的品质（彭志红等，2010）。施用商品有机肥虽使水稻成本有所提高，但可以提高稻米外观和内在品质，提高整精米率，降低垩白粒率和垩白度；降低直链淀粉、提高支链淀粉的比例，提高稻米适口性（苏瑞芳等，2008）。

重金属污染是土壤环境问题的一个重要方面，化肥原料及生产流程的污染、城市垃圾的堆放和污泥的大量使用均可造成土壤和作物中的重金属积累（汪雅谷和张四荣，2001；周建利和陈同斌，2002）。施用化肥会增加土壤全量重金属含量，因为化肥中含有重金属，如磷肥中含有 Cd（黄国勤等，2004）。而有机肥中的有机质含有多种功能基，与重金属离子有很强的络合作用，可以减轻土壤中的重金属污染，同时其也有较大表面积，对土壤中有机污染物如农药有很好的吸附作用，对提高农产品的品质具有重要意义（袁新民等，2000；华珞等，1998，2002；刘瑞伟等，2004）。

### 6.2.3.2　病虫害的防治

有机农业中病虫害防治的最重要原则是本着尊重自然、充分发挥农业生态系统的自然协调机制，顺其自然，倡导应用生态学方法来控制害虫，借助多种天敌联合控虫，综合协调农业、生物、物理等多种防治技术，实施生态调控（尹长民，2002；戈峰，1998，2001）。国内外利用天敌来控制病虫害研究很多，如保护和利用天敌控制稻田飞虱种群增长非常有效（陶方玲，1994；俞晓平，1998；刘向东和张孝羲，2002）；在美国加利福尼亚州，通过释放草蛉幼虫来防治蚜虫和棉铃虫，发展有机棉花种植（Berg and Cock，1993；张英健，1994；陆永跃和尹楚道，1999）。利用生物杀虫剂和新型植物农药方面，苏云金杆菌制剂（BT）因对鳞翅目、双翅目、鞘翅目等40多种害虫具有很好的杀伤作用、较高的选择性和良好的防治效果而受欢迎（尤民生等，1999）；印楝素制剂对小菜蛾有毒杀和生长发育抑制作用，发现小菜蛾的化蛹率、羽化率均随处理浓度的升高而迅速下降（胡美英，1996）；鱼藤酮对蔬菜害虫有很好的防治效果（莫华美和黄彰欣，1994）；稻田养鸭是有机稻生产中使用较多的一项技术，水稻移栽10天后在稻田中放养小型品种的雏鸭，抽穗前停止放养，对水稻飞虱、叶蝉等有明显的控制效果，还可除去稻田杂草（腾建军，1994）。在物理防治方面，利用昆虫的趋光性，采用灯光、色板、糖醋液诱杀害虫的物理方法也有比较多的应用，现在使用较多的是杀虫灯（刘立春等，1997；凌小明等，2000）。

## 6.2.4　精准化施肥技术

精准化施肥技术指的就是按田间每一操作单元的具体条件，在土壤养分管理方面，将土壤养分状况、土壤生产潜力、不同肥料的增产效应、不同作物的施肥模式、历年施肥和产量情况等相关信息进行采集，形成资料齐全的土壤养分信息化管理，在该信息的指导下，具体完成施肥操作的技术（汪仁等，2004；张良友，2005）。精准化施肥能有效地控制施肥量和施肥比例，有利于优化肥料资源配置，降低生产成本，改善农产品品质，提高经济效益，达到提质、节本、增效的目的（金继运和白由路，2001）。精准化施肥技术集成了现代信息技术的最新成果，实现了农作物高产高效生产，最大限度地减少过量的肥料投入对环境造成的损害，是未来农田施肥技术发展的方向（Hoskinson et al.，1998；Malzaer，1996；Ramakrishna and Steve，1997；石元春，2000；彭望禄等，2001）。

发达国家精准化施肥技术已比较成熟。至1998年年末，美国主要农业区采用精准化施肥技术的农场占农场总数的30％（张福锁，2006）。我国在20世纪90年代后期开始了对精准化农业的关注和适当引入。近年来，我国在精准化农业的示范研究方面发展速度较快，在引进、消化、吸收国外研究成果的基础上，研究和探讨适合我国国情的精准化农业技术体系。尽管精准化施肥技术产生于规模化、机械化、信息化程度较高的发达国家，我国土地利用制度建立在家庭联产承包责任制基础上，地块经营分散，不利于大规模地进行精准化施肥，但是我国在精准化施肥领域已经开展了不少的研究和推广工作。

例如，新疆在棉花生产上，建立了平衡施肥 WebGIS 专家系统，成果转化后，新疆全区的氮肥利用率在 30%~50% 的基础上提高了 10%（许善祥和杜建强，2003）。新疆建设兵团农七师 125 团于 2000~2001 年建立棉花施肥推荐支持决策系统并应用推广，2000 年应用面积 2.87 万 $hm^2$，棉花产量平均为 1860kg/$hm^2$，平均增产 123kg/$hm^2$，每公顷节约化肥投入 114 元，合计节本增效 1584 万元（陈沈斌等，2003）。在水稻方面，上海精准化农业园区在获取 GPS 定位信息、农田地理信息、田间采样信息、农业气象信息、作物产量信息、作物长势信息和水稻栽培专家知识等基础上，基于组件式地理信息系统开发工具，用 VB 编程，建立了水稻精准化种植信息系统，应用试验结果表明，化肥使用量减少 15%，单产提高 8%，总收益增加 18%（廖顺宝等，2003；王卷乐等，2004；金之庆等，2004）。

范浩定等（2004）在小区试验成功的基础上，进行了 2500 亩水稻精准化施肥示范。农户采用后都纷纷表示，实施精准化施肥技术种植水稻，不但氮肥用量减少、成本降低，且长势好、产量高。早稻、晚稻和单季稻分别比习惯施肥平均增产 6%、10% 和 5%。通过对上海市郊 10 个区（县）12 个水稻高产示范基地不同土壤类型、不同水稻品种进行精准化推荐施肥技术研究，提出了适合上海水稻生产的最佳推荐施肥模型，并结合先进的栽培技术及有效的病虫防治等措施，从整体上提升了上海农业的综合管理水平（杨佩珍等，2006）。此试验还得出了氮、磷、钾和微量元素最佳的配比施肥组合。顾介明等在土壤养分精准化管理上采用 ASI 方法研究，提出 OPT 的施肥量，无论从产量上还是经济效益上均为较好的施肥方案。OPT 处理比常规施肥增产 39.3kg/亩，增幅 7.13%，增收 70.3 元/亩，氮肥水平以 16kg 纯氮产量最高，以 14kg 纯氮效益最好，换句话说，试验证实水稻种植 14~16kg 纯氮是黄金施肥量（顾介明等，2007）。

## 6.2.5　微生物肥料

国内外应用微生物肥料已经有很多年，目前世界上有 70 多个国家推广应用微生物肥料，主要品种是各种根瘤菌肥。1888 年荷兰学者 Beijerlinck 第一次获得了根瘤菌的纯培养。1889 年波兰学者 Prazmowaki 用根瘤菌纯培养物接种豆科植物形成了根瘤。1895 年法国学者 Noble 第一次研制并在欧美推广纯培养的根瘤菌制剂"Nitragin"专利产品。1905 年 Noble 和 Hilter 开展了以根瘤菌接种剂形式的微生物肥料在农业生产中应用的研究，并起到很好的效果。除根瘤菌以外，许多国家在其他有益微生物的研究和应用方面也做了大量工作。1930 年，苏联及东欧一些国家的学者将从土壤中分离出硅酸盐细菌和解磷细菌用于农业生产。20 世纪七八十年代，一些国家开始对固氮细菌和解磷细菌进行田间试验，作为接种剂使用（高峰和张颖，2007；袁业琴和张富萍，2007；邵士鹏，2005）。

我国微生物肥料的应用也是在豆科植物上接种根瘤菌剂开始的，起初只有大豆和花生根瘤菌剂；20 世纪 50 年代，从苏联引进了自生固氮菌、磷细菌和硅酸盐细菌剂，称为细菌肥料；60 年代，推广使用了放线菌制成的"5046"肥料和固氮蓝绿藻肥；70~80 年代中期，开始使用 VA 菌根以改善植物磷素营养条件和提高水分利用率；80 年代中期至 90 年代，相继应用联合固氮菌和生物钾肥作为拌种剂；近几年来主要推广做基肥的固氮菌、磷细菌、钾细菌和有机复合菌肥（李万才，2006；谢明杰等，2000）。我国微生物制剂的发展，经历了根瘤菌剂、细菌肥料（菌肥）到微生物肥料的应用，由豆科接种剂、菌种拌种发展成各种农作物基肥。有的微生物由于能产生活性物质，有时也用作叶面施肥。目前，国内外出现了基因工程菌肥、作基肥和追肥的有机无机复合菌肥、生物有机肥、非草炭载体高密度的菌粉型微生物接种剂肥料以及其他多种功能微生物肥料。

微生物肥料具有促进作物生长、提高土壤肥力、增加营养吸收、增强作物抗病和抗逆能力等功能（葛诚，2000；王素英等，2003）。吕爱英等（2004）研究结果表明，微生物肥料可使花生和辣椒的氮肥用量降低 20％，磷肥用量降低 50％，并使花生和辣椒产量增加 7.5％和 29％。在小麦上的试验表明，基施艾力特生物菌肥 15kg/hm$^2$ 能有效降低小麦株高，增加穗长、穗粒数和千粒重，使小麦增产 5.65％，增加经济收入 423.21 元/hm$^2$（魏峰等，2002；刘生战，2003）。陈爱梅等（2005）在玉米上应用微生物肥料与常规化肥混合施用，能提高玉米产量和经济效益。刘利军等（2007）对 8 年生砀山酥梨树施用微生物肥料，砀山酥梨叶片 N 含量显著降低，P、Ca、Mg、Zn、Mn、K、Fe、B 素含量明显增加，果实含糖量、糖酸比和维生素 C 含量等也增加，提高了果实品质、产量和耐储性。用微生物肥料"农夫乐"在'掖单 13 号'玉米苗期作追肥试验，表明在常规田间管理情况下，能使植株增高、增粗、扩大叶面积和增加千粒重，增产幅度可达 16％左右（王彦才和王维，2001）。张红梅等（2009）研究认为，微生物肥和复合肥结合施用，能改善菜用大豆的单粒荚数、多粒荚百分率和百粒鲜重，并提高了鲜荚产量。用微生物肥处理水稻秧苗后，苗普遍生长整齐、健壮、无病，返青快、分蘖早、分蘖多（丁爱华等，2003）。用"神舟五号"飞船搭载进入太空，定向培养具有活力强、抗逆性好的优良菌种制成的新型复合菌剂"底肥王"，在水稻栽培中应用，土壤固氮、解磷、解钾功能明显增强，能防止氮素流失，提高水稻抗病、抗旱、抗倒伏能力，促成水稻提前成熟（刘洪亮等，2005；陈明桂和杨德全，2009）。

## 6.2.6  缓控释氮肥研究进展

肥料是农业持续发展的物质保证，是粮食增产的基础。中国是农业大国，同时也是化肥使用和消费最大的国家（王亮等，2008）。但我国肥料利用率低，损失严重，氮肥利用率一般为 30％～35％，磷肥为 10％～25％，钾肥为 35％～50％（李庆逵等，1998）。化肥利用率低必然需要化肥工业生产更多的化肥和增加施用量。化肥工业是高耗能工业，也是消耗资源并产生环境污染的工业（徐秋明，2004），可见提高化肥的利用率对保护环境，实施可持续发展战略是有重大意义的。缓释肥料作为一种新型肥料，能够保证农作物在整个生长期所需要的营养，有利于农作物生长的正常生长，既提高了肥料的利用率，又能减轻环境污染（常雪艳等，2005）。

美国是世界上最早研究缓释肥料的国家，以包硫尿素、包硫氯化钾、包硫磷酸二铵等为主（祝红福等，2008）。目前主要采用两种技术，即将化肥进行微溶化和包膜处理来实现肥料养分的缓释。日本从 20 世纪 60 年代开始包膜肥料研究，1970 年昭和电工公司首先研制出一种热固型树脂包膜肥料，随后日本多家公司开发出具有日本特色的热固型树脂包膜肥料，开发这些树脂包膜材料的基础都是以聚烯烃为主体，再加入一些高分子聚合物进行共聚，以这一材料生产包膜肥料的工艺简称为 POCF 工艺（王亮等，

2008）。欧洲传统上使用微溶性含氮化合物缓释肥料。德国的 BASFAG 公司是制造缓释肥料的先驱，1924 年取得第 1 个制造脲醛肥料的专利，并于 1955 年工业化。英国早期的控释肥料专利是在磷酸盐玻璃中引入 K、Ca、Mg，形成玻璃态控释肥。这种肥料有一个不释放养分的诱导期，适合于幼树苗。与国外不同，中国包膜肥料的研究开始较集中在寻求改善碳铵的挥发性上，先后推出沥青包膜碳铵、钙镁磷包膜碳铵、涂层尿素、磷酸镁铵包覆尿素等（杨同文等，2003）。我国在 1971 年研制出脲甲醛肥料；1973年又成功研制出钙镁磷肥包膜的碳酸氢铵；20 世纪 90 年代中期北京化工学院徐和昌等开发了尿醛树脂包膜肥，并比较了测定氮释放率的各种方法（黄永兰等，2008）。我国研发缓释肥料 30 多年来，包膜材料选择、工艺开发上都已取得可喜进展，并有小批量产品进入市场。目前的研发成果主要是硫包衣尿素，这是一种可行的和较流行的缓释方式，利用化学元素中的化学键来抑制养分释放，利用矿物质包衣的缓释控释肥，它首创了高分子树脂包衣的缓控释肥，但在包膜技术、膜材料上还需进一步的完善。

## 6.2.6.1　缓释肥料类型和包膜材料

包膜缓释肥料种类繁多，根据不同的分类角度，分类有所差异。比较普遍认同的分类有以下几种：①根据化学性质划分，分为化学合成微溶性有机化合物、化学合成微溶性无机化合物、加工过的天然有机化合物、包膜添加成形氮肥（邹菁，2003）。②根据养分释放控制方式划分，分为扩散型、侵蚀型或化学反应型、膨胀型、渗透型（田吉林等，2006）。③根据化学组成划分，分为包裹缓释肥料、混合缓释肥料、缩合物或聚合物缓释肥料、吸附缓释肥料（陈强等，2000）。还有根据缓释控释原理划分和按照其溶解性释放方式不同划分包膜肥料类型。总的说来，大多数缓释物质能在土壤溶液中减缓营养元素释放速度，能够适合于作物的生长周期，提高肥料元素的利用率，从而有效地减少对环境的污染，其技术特点是使用具有不同释放速度的混合物包膜而达到改变释放速率的目的。

目前的缓释肥料材料主要有两种：一种为无机包膜材料，另一种为有机包膜材料（许秀成等，2001；郝万晨，2003；张民等，2003；赵世民等，2003；王月祥等，2008；祝红福等，2008；皱洪涛等，2008）。无机包膜材料为硫磺、钙镁磷肥、沸石、石膏、硅藻土、金属磷酸盐（磷酸铵镁）、硅粉、金属盐、滑石粉、玻璃体等。有机包膜材料分为三类，即天然高分子、合成高分子、半合成高分子。天然高分子为天然橡胶、阿拉伯胶、明胶、海藻酸钠、纤维素、木质素、淀粉。合成高分子为聚乙烯、聚氯乙烯、聚丙烯、聚乙烯醇、聚丙烯酰胺脲、醛树脂。半合成高分子如甲基纤维素钠、乙基纤维素。

## 6.2.6.2　缓释肥料的优良性

缓释肥料的主要优点有：①由于控释氮肥的涂层胶态物作用，使土壤对其有较强的吸附能力，减少了养分淋溶流失，可以在一定程度上提高化肥利用率，并能避免或减轻养分流失造成水体的富营养化；②减少了土壤对肥料养分和其他微量元素养分的化学与生物固定作用；③减轻了氮硝化作用和氮挥发作用，提高了氮对作物的有效性；④减少了由于表面大量施肥而灼伤叶片的现象出现，减轻了对种子与幼苗的伤害，提高了肥料残留量，使之使用经济；⑤缓释肥兼有化肥"速效"和农家肥的持久性特点，它溶解度低，养分缓慢释放，可以不断满足植物对养分的需求，从而减少施肥次数，节省了人力和化肥用量（张民等，2003）。

对控释氮肥和普通尿素作比较可知：①控释氮肥是一种肥效期长、利用率高的新型氮素化肥，它通常以镁、硫等中量元素和铜、锌、钼、铁等微量元素为包膜层，不但控制了氮素的释放，而且为作物提供了中量和微量营养元素，起到了增加土壤养分的作用。②控释氮肥的氨挥发损失都比尿素少，能将氮素较长、较多地储存在土壤中供作物吸收。例如，在土壤含水量为田间持水量的60%时，尿素在轻壤土中各时期累计挥发量比控释氮肥高4.8%～33.3%；在轻黏土施后10天，尿素的氨挥发损失量较控释氮肥高71.0%，13天高出127.9%（于经元等，1999）。③控释氮肥作底肥一次使用，不用追肥，既防止烧苗，又节省用工，同时克服了尿素结块现象，避免因施用不均而造成的浪费，更有利于机械化施肥。控释氮肥和尿素在等氮量条件下施入土壤时，由于土壤对控释氮肥的吸附能力较强，淋失减少，土壤供氮能力提高。④控释氮肥在土壤中的反硝化作用强度较尿素弱，因而这一作用损失的氮量比尿素少，储存在土壤中的氮素也比施同氮量的尿素多（王新民等，2003）。

### 6.2.6.3　缓释肥料的养分释放机理

目前，大多数学者普遍认为包膜肥料养分释放机理是破裂机制和扩散机制（Patel and Sharma，1977）。整个释放阶段分为两个部分：包膜控释肥养分的释放首先是水蒸气透过膜，然后是水蒸气凝结在固体肥料核上并溶解部分肥料，引起内部压力的累积，这时如果内部压力超过膜的承受力，包膜破裂，颗粒的全部养分迅速释放出来，此为破裂机制；如果膜能抵抗内部的压力，肥料就通过扩散而释放，其动力主要是膜内外的浓度梯度和压力梯度，这种为扩散机制。破裂机制适合于脆而无弹性的包膜肥料，如硫包膜尿素释放机制；扩散释放是适合于聚合物包膜肥料（聚氨酯膜、醇酸包膜、聚乙烯等）的养分主要释放方式（杨同文等，2003）。

破裂释放的主要发生过程是依据Raban等（1997）用改进的聚合物硫包膜尿素颗粒进行的试验。一个包膜尿素颗粒没入水中，水将通过包膜渗入颗粒内部。水渗入的速率决定于驱动力的大小、膜厚度和包膜材料的特性。驱动力起源于膜内外不同的水（汽）压力，水（汽）进入肥料核，溶解固体肥料，引起膜内部压力的累积，最终引起内部膨胀，进而使膜破裂。膜的破裂导致肥料养分的迅速释放，破裂的时间取决于膜的机械强度、厚度、包膜颗粒的半径等。

扩散释放过程包含三个阶段：开始几乎观察不到尿素的释放（迟滞期）；然后释放速率持续不变（恒释期）；最后释放速率逐渐下降（滞后期）（杜昌文等，2005；荣伟等，2005）。在迟滞期，水蒸气进入颗粒，并溶解部分膜内的固体肥料。这个过程的驱动力是膜内外的蒸汽压梯度，颗粒的质量、体积、内部压力均随之增大。迟滞期的长短由颗粒内部孔隙充满水所需要的时间决定。当颗粒内部的饱和溶液达到临界体积时，养分开始释放，释放速率保持不变直到颗粒内部饱和溶液与固体肥料化学势达到平衡（延滞期）。膜内部持续不变的浓度是使肥料向膜外渗出保持不变的动力。当肥料核全部消失时，随着内部溶液的浓度减小，释放的动力随之降低，释放速率减弱，这就是释放过程的第三个阶段（滞后期）（杜昌文等，2005；张良英，2007；隋小慧等，2008）。

### 6.2.6.4　缓释肥料的制造工艺

目前，国内缓释肥料的方法主要有挤压法、团粒法、料浆法、熔体造粒法（陈明良和朱东明，2002；周代红等，2004）。

1）挤压法。挤压造粒是固体物料依靠外部压力进行团聚的干法造粒过程。物料在高压下粒子紧密靠近而引起分子力、静电力、价力，使粒子紧密结合。物料的性质如脆性、硬度、密度、磨损、腐蚀性、水分、温度、肥料粒子形状、颗粒分布、流动性等对挤压造粒影响较大（徐静安等，2000）。

2）团粒法。团粒法是一定细度的基础肥料借助盐类自身的溶解产生的液相，以及水或蒸汽把粉粒表面润湿，在适宜的条件下，通过机械搅动促使粒子不断运动，由于物料间相互碰撞、挤压、滚动，使其紧密并团聚黏附成粒（陈明良和朱东明，2002）。

3）料浆法。料浆法是在造粒物料的颗粒表面上喷涂一层适宜含水量的料浆薄膜，然后使这层薄膜干燥，这样不断地涂布和干燥使颗粒增大，形成坚硬而能自由流动、化学组成均匀的颗粒肥料（刘军和丁德承，1999；周代红等，2004）。

4）熔体造粒法。熔体造粒法是利用具有较大溶解度和较低熔点的熔融尿素与磷铵或氯化钾反应生成低共熔点且含水量很低的加成化合物，将粉状磷铵和氯化钾预热后加入到熔融尿素中，生成含有固体悬浮物且具有流动性的氮磷钾共熔体料浆，再使其通过喷头喷入空气或熔体料浆不溶解的液体中，经空气或矿物油冷却固化成养分分布均匀的球状颗粒产品；或者是这种共熔体料浆喷入机械造粒机内的返料粒子上，使之在细小的粒子表面涂布或黏结成符合要求的颗粒尿基复混肥产品（汪家铭，2007；曹广峰，2008）。

目前，包膜缓释肥料的应用仍然存在一定的问题。①与普通肥料相比较，包膜缓释肥料的价格较高，究其原因主要为包膜材料较贵以及制造工艺流程复杂（许秀成等，2002）。包膜缓释肥料的广泛应用，还需要进一步优化包膜材料，改良工艺流程以降低成本。②尽管目前市场上有很多种类的缓释肥料，但大多数缓释肥料不能够与作物生长周期相一致，导致肥料利用率低。虽然有很多人研究缓释肥料的营养释放机制，但真正把释放机理和作物吸收的特性相互联系到一起的研究还是较少（谷佳林等，2008；于立芝等，2006）。当然，这也为以后的研究提供了方向，将释放机理和作物吸收特性相联系，研制适合于专一作物的专一型缓释肥料是以后缓释肥料研究的方向。③包膜肥料生产工艺较复杂，关键设备和工艺配套的研究相对薄弱，养分控制要求比较高，产业化研究与开发相对滞后。改良工艺流程，设计更经济、更适用的机器设备是解决工业化生产的关键。④目前缓释肥料主要侧重氮素养分，对磷、钾等养分的控释研究较少。研发和制造含有磷、钾的缓释肥料，实现大量元素肥料的包膜化，是今后缓释肥料发展的新方向。⑤目前的缓释肥料主要立足于抑制养分释放，未能做到促释和缓释双向调节，因此，急需开发一种根据平衡施肥理论，用一定的方法和手段生产出能够调节养分促释和缓释相结合的缓释肥料。⑥农民对包膜型缓释肥料的认知度较低，政府示范推广和宣传的力度不够。加大宣传力度，扩大缓释肥料在广大农民群众中的影响，是实现缓释肥料普遍化的重要途径。

## 6.3　本研究关注的科学问题

农业面源污染主要由废弃的有机物、养殖所产生的粪便以及化肥农药的施用所引起。对于不同的污染源，国内外已经开展了广泛的治理技术研究和推广。例如，针对农村垃圾、有机废弃物及养殖所带来的面源污染问题，主要采取以下措施：转变生产生活方式，扩大农村清洁工程的实施范围，建设家园、田园的清洁设施，积极推进散养户的畜禽粪便、农作物秸秆等其他污染物的资源化利用，落实以奖促治、以奖代补政策，实施农村沼气项目，发展户用沼气，支持大中城市郊区重要的水源地等区域的畜禽养殖场建设大中型沼气工程，积极推进其他方式的畜禽粪便资源化利用等。

对于农田施肥水平高、肥效低、肥料流失引起水库湖泊富营养化问题，已经开展了精准化施肥技术、缓控释肥技术、微生物肥技术、有机农业种植模式技术等削减氮磷养分使用量和减少损失量的研究。例如，在全国范围内实施的测土配方施肥就是精准化施肥的具体表现。它是以近几年当地粮食亩产量为目标产量，通过测试土壤能够供应的碱解氮、速效钾和速效磷养分以及作物完成生命周期所需要的养分为依据，并考虑肥料的当季利用率而计算出来的施肥量，以达到精细化施肥，节本增效、减少环境污染。在许多地区已经发展了有机种植模式，如有机蔬菜、水稻、玉米等。有机农业是一种完全不用化学肥料、农药、生长调节剂、畜禽饲料添加剂等合成物质的生产体系。有机种植模式对土壤养分的供应主要靠施用有机肥。有机肥具有养分全面、促进作物生长、增加土壤保肥性和缓冲性、有利于土壤团粒结构形成、改善土壤物理性质、消除土壤中农药残留和重金属污染等特点。种植绿肥也是农业生产中有机的土壤培肥方法。发展绿肥是培肥土壤、改善土壤、改善生态环境的有效措施。绿肥作物包括紫云英、苕子、苜蓿、箭舌豌豆等。绿肥作物根部的根瘤菌能够固定大气中游离氮。种植 $1hm^2$ 豆科绿肥可净增加土壤氮素 $45\sim90kg$。由于绿肥可"见闲插种"，可在种植水稻的闲暇时间种植，收获的绿肥翻压可增加稻田的氮素，因此，绿肥的种植可减少氮肥的投入，继而可减少稻田水体的氮素。

微生物肥料和缓释/控释氮肥的研究及推广在全国也有开展。缓释/控释氮肥是针对目前氮肥速溶性强的特点而开发研制的新型氮肥品种。缓释/控释氮肥既可向植物提供氮素，又具有缓慢释放和控制释放的特点，是代替现有氮肥控制稻田水体氮素的行之有效的方法。微生物肥料是另一类肥料品种，包括固氮菌微生物肥料、解磷菌微生物肥料和解钾菌微生物肥料。它们本身不含养分或含有少量养分。固氮菌微生物肥料是固定大气中的氮素来增加土壤中的氮素营养，以满足作物对氮素的需求；解磷菌微生物肥料在施入土壤后，利用解磷菌的作用分解土壤中被固定的无效磷，使其释放出来供作物吸收利用；解钾菌微生物肥料是利用硅酸盐细菌对土壤固定的分解作用，以释放被土壤固定的钾素。由于微生物肥料本身含养分低，施入土壤后不会引起稻田水体的氮素和磷素增加，而是会慢慢增加土壤中的有效养分，是降低稻田水体氮和磷的有效方法。

然而，这些技术在很多地区尽管已经研究和推广，但技术本身还存在许多问题，一是精准化施肥、有机种植模式、缓释/控释氮肥和微生物肥料技术被普遍认为是生态化的农田施肥管理技术，对农田氮磷削减具有显著的作用，但是目前没有开展这些施肥技术对农田氮磷削减量、农作物产量、品质、土壤环境的影响的比较研究，不了解各技术在环境保护、增加水稻产量和提高品质方面的优点和缺点。农田施肥管理和作物栽培管理技术一般是通过试验和示范，了解各种技术的优点和缺点后，采用各技术的优点，实现优势互补，达到最大的经济效益和生态效益。二是不同地区施肥技术和栽培管理技术的效果受地域、气候、土壤、作物品种、生产水平的影响，精准化施肥、有机种植模式、缓释/控释氮肥和微生物肥料技术需要通过试验和示范，探明这些技术在相应地区对农田氮磷削减量、农作物产量、品质、土壤环境的影响，形成不同地区比较完整的技术体系才能大规模推广应用。云贵高原地区地处长江和珠江上游，农业生产活动产生的面源污染物不仅严重污染当地的河流湖泊，而且对中下游地区河流湖泊已构成污染，要实现云贵高原和中下游地区农业生态系统的可持续发展，这些生态化的施肥管理技术是农业生产中急需的，是未来施肥技术的发展方向，需要开展试验研究和示范，研究适合这一地区的有效技术。三是对于精准化施肥、有机种植模式、缓释/控释氮肥和微生物肥料技术是农作物栽培管理特别是养分管理中的核心技术，技术本身是在不断的发展和完善过程中，任何技术都没有达到最佳水平，作为生态化的施肥管理技术，其表现是"常研常新"，有研究就有新的收获。因此，继续进行每种技术的不断试验研究是非常必要的，以便发现和解决新问题，使技术本身不断完善。

本研究专题针对这些问题，在云贵高原腹地的贵阳市清镇大冲流域，选择试验田，开展精准化施肥、有机种植模式、缓控释氮肥和微生物肥料施用的方式减少稻田水体氮磷的流失及对作物生长、产量和品质的影响研究，其主导思想是通过田间试验研究，探索从源头上削减稻田水体中总氮和总磷的施肥技术，建立起云贵高原典型流域生态化的农田氮磷削减施肥管理技术体系，为农业农村面源污染治理提供技术支撑。

## 6.4 试验地土壤重金属/土壤营养现状评价

### 6.4.1 土样采集、处理和分析

本次取样范围为试验地所在流域，测定指标为土壤重金属 Pb、As、Hg、Cr、Cd 含量和 pH，考虑到重金属的空间变异性及不同农户间耕作方法、施肥条件不一样，兼顾样点的均匀性及代表性，共布点 18 个。按梅花型采样法（刘凤枝，2001），每个监测点取混合样 5 个，取样深度为 0～20cm，混匀后用四分法留取风干样品 2kg，然后磨碎、过筛（20 目、100 目），备用。

具体测定方法为：土壤中 pH 采用玻璃电极法；土壤中 Pb、Cr 采用硝酸－盐酸－高氯酸－氢氟酸消解火焰原子吸收测定法；土壤中 Cd 采用硝酸－盐酸－高氯酸－氢氟酸消解石墨炉原子吸收测定法；土壤中 As、Hg 采用王水沸水浴消解原子荧光测定法。有机质：重铬酸钾容量法；全氮：凯氏定氮法；全磷：钼锑抗比色法；全钾：氢氟酸消解法；碱解氮：碱解扩散法；速效磷：0.5mol/L NaHCO$_3$ 法；速效钾：NH$_4$OAc 浸提，火焰光度法。

## 6.4.2　评价方法

为了能够定量反映流域水田土壤中各重金属污染程度，选用单项（单因子）污染指数评价和多项（多因子）污染指数综合评价方法（HJ/T166—2004；国家环境保护局和国家技术监测局，2005），对该流域土壤中的 Pb、As、Hg、Cr、Cd 含量状况进行评价。单项污染指数评价中主要考察土壤单项污染指数、土壤污染累积指数、土壤污染物分担率、土壤污染超标倍数、土壤污染样本超标率，而在综合评价中主要通过内梅罗指数（Nemerow index）来考察土壤的综合污染情况，最终划定质量等级。

### 6.4.2.1　单项污染指数法

计算公式：

$$P_i = C_i / S_i$$

式中，$P_i$ 为样品中污染物 $i$ 单因子污染指数，具体反映某污染物超标倍数和污染程度；$C_i$ 为样品中污染物 $i$ 的实测值（mg/kg）；$S_i$ 为污染物 $i$ 的评价标准（mg/kg）。

当 $P_i \leq 1$ 时，表示样品未受污染；$P_i > 1$ 时，表示样品已被污染。$P_i$ 的值越大，说明样品受污染越严重。土壤环境质量标准采用我国 1995 年发布、1996 年实施的《中华人民共和国土壤环境质量标准》（GB15618—1995）评价标准，见表 6-1。

表 6-1　土壤环境质量标准（GB15618—1995）　　　　（单位：mg/kg）

| 项目 | 一级 | 二级 | | | 三级 |
|---|---|---|---|---|---|
| | 自然背景 | $<6.5$ | $6.5 \sim 7.5$ | $>7.5$ | $>6.5$ |
| 镉 $\leqslant$ | 0.20 | 0.3 | 0.3 | 0.6 | 1.0 |
| 汞 $\leqslant$ | 0.15 | 0.3 | 0.5 | 1.0 | 1.5 |
| 砷 $\leqslant$ | 15.00 | 30.0 | 25.0 | 20.0 | 30.0 |
| 铅 $\leqslant$ | 35.00 | 250.0 | 300.0 | 350.0 | 500.0 |
| 铬 $\leqslant$ | 90.0 | 250.0 | 300.0 | 350.0 | 400.0 |

### 6.4.2.2　内梅罗污染指数法

计算公式：

$$P_{综合} = \sqrt{\frac{\left(\dfrac{1}{n}\sum_{i=1}^{n}P_i\right)^2 + P_{i\max}^2}{2}}$$

式中，$P_{综合}$ 为内梅罗污染指数；$P_i$ 为某样点样品单项污染指数的平均值；$P_{i\max}$ 为某样点样品单因子污染指数的最大值。综合污染指数可用来评价每一个测试点的样品重金属综合污染水平。综合评价分级标准见表 6-2。

表 6-2　土壤内梅罗污染指数评价标准（GB15618—1995）

| 污染程度 | 指数范围（$P$） | 级别 |
|---|---|---|
| 清洁（安全） | $P \leqslant 0.7$ | Ⅰ |
| 尚清洁（警戒线） | $0.7 < P \leqslant 1.0$ | Ⅱ |
| 轻度污染 | $1.0 < P \leqslant 2.0$ | Ⅲ |
| 中度污染 | $2.0 < P \leqslant 3.0$ | Ⅳ |
| 重污染 | $P > 3.0$ | Ⅴ |

### 6.4.2.3　评价标准

《中华人民共和国土壤环境质量标准》（GB15618—1995）共分为三级：一级标准适用于自然保护区和有机食品生产基地等；二级标准适用于一般农田、菜地地、茶园、果园、牧场等；三级适用于林地土壤、高背景土壤和矿产附近等地的农田土壤。本文主要是对农业用地流域的评价，故采用 GB15618—1995 中的二级标准即可。土壤质量综合分级是在对调查流域土壤进行采样测定的基础上，根据 GB15618—1995 二级标准中Pb、As、Hg、Cr、Cd 的临界值，应用内梅罗污染指数法进行土壤环境质量评价。

本研究将全国第二次土壤普查土壤养分含量分级标准作为土壤肥力评价标准（表 6-3）。

表 6-3　全国第二次土壤普查土壤养分含量分级

| 级　别 | 有机质/(g/kg) | 碱解氮/(mg/kg) | 速效磷/(mg/kg) | 速效钾/(mg/kg) |
|---|---|---|---|---|
| 很丰富 | >40 | >150 | >40 | >200 |
| 丰富 | 30～40 | 120～150 | 20～40 | 150～200 |
| 中等 | 20～30 | 90～120 | 10～20 | 100～150 |
| 缺乏 | 10～20 | 60～90 | 5～10 | 50～100 |
| 很缺乏 | 6～10 | 30～60 | 3～5 | 30～50 |
| 极缺乏 | <6 | <30 | <3 | <30 |

## 6.4.3　土壤重金属含量

由表 6-4 可以看出，流域范围内土壤的 pH 为 5.26～6.28，平均值为 5.69，偏酸性。参照《中华人民共和国土壤环境质量标准》（GB15618—1995），该流域土壤中的As 和 Cr 含量都很低，分别在 3.12～5.50mg/kg 和 26.40～69.30mg/kg 范围内，都没有超过维护自然背景的土壤环境质量的一级标准值；而土壤中的 Pb 的含量在 31.75～53.00mg/kg 范围内，一部分在一级标准的范围内（小于 35mg/kg），一部分属于二级标准中的低含量范围（50～250mg/kg），没有超过一般农业用地的限制值（二级标准的上限 350mg/kg）；土壤 Hg 的含量在 0.22～0.53mg/kg，大于一级标准（15mg/kg），小于二级标准的上限（1mg/kg），实际是在二级标准中的中到高含量范围。土壤 Cd 的含量在 0.17～0.50mg/kg 范围内，一部分属于一级标准（小于 0.2mg/kg），一部分属于二级标准（0.3～0.6mg/kg）。

表 6-4　流域土壤 pH 与重金属含量状况

| 项目 | pH | Pb/(mg/kg) | As/(mg/kg) | Hg/(mg/kg) | Cr/(mg/kg) | Cd/(mg/kg) |
|------|-----|------------|------------|------------|------------|------------|
| 采样数 | 18 | 18 | 18 | 18 | 18 | 18 |
| 范围 | 5.26～6.28 | 31.75～53.00 | 3.12～5.50 | 0.22～0.53 | 26.40～69.30 | 0.17～0.50 |
| 平均值 | 5.69 | 41.85 | 4.26 | 0.42 | 47.88 | 0.30 |
| 标准差 | 0.43 | 6.68 | 0.71 | 0.09 | 12.66 | 0.10 |
| 变异系数 | 0.07 | 0.16 | 0.17 | 0.21 | 0.26 | 0.34 |

## 6.4.4　土壤重金属污染程度

本次评价选用《中华人民共和国土壤环境质量标准》（GB15618—1995）中的二级标准评价流域土壤中五大重金属的环境质量。由表 6-5 可以看出，土壤中 5 种重金属的单项污染指数高低为：Hg＞Cd＞Cr＞Pb＞As，其中 Hg＞1，说明它们的含量已经超过了污染物标准，已经受到污染；土壤污染积累指数高低排列为：Hg＞Cd＞Pb＞Cr＞As，其中有些 Hg 和 Cd 含量已明显超过背景值；土壤污染物分担率，Pb 为 5.78％、As 为 4.90％、Hg 为 48.07％、Cr 为 6.61％、Cd 为 34.64％，可见 Hg 和 Cd 占的比重最大；从土壤污染超标倍数来看，五大指标中只有 Hg 大于 0，说明其超过环境质量标准；再从土壤污染样本超标率来看，只有 Hg 和 Cr 分别超标 16.67％和 38.89％，Pb、Cr 和 As 都没有出现超标现象。

从大冲流域土壤样品重金属的含量与污染评价（表 6-5）可知，利用内梅罗污染指数法评价，按照评价标准（表 6-2），$P＝1.13$，在 $1.0＜P≤2.0$ 范围内，土壤重金属综合污染程度属于轻度污染水平。

表 6-5　红枫湖流域土壤重金属含量与污染评价

| 项　目 | Pb | As | Hg | Cr | Cd |
|--------|-----|-----|-----|-----|-----|
| 土壤单项污染指数 | 0.17 | 0.14 | 1.39 | 0.19 | 1.00 |
| 单项污染程度 | 未污染 | 未污染 | 受污染 | 未污染 | 未污染 |
| 土壤污染累积指数 | 1.20 | 0.28 | 2.79 | 0.53 | 1.51 |
| 土壤污染物分担率/％ | 5.78 | 4.90 | 48.07 | 6.61 | 34.64 |
| 土壤污染超标倍数 | 0.00 | 0.00 | 0.39 | 0.00 | 0.00 |
| 土壤污染样本超标率/％ | 0.00 | 0.00 | 16.67 | 0.00 | 38.89 |
| 内梅罗污染指数/程度 | $P＝1.13$ | | 轻度污染 | | |

## 6.4.5　土壤养分状况

土壤有机质是土壤各种营养元素的重要来源，特别是氮、磷，它含有丰富的刺激植物生长的胡敏酸类物质，具有胶体特性，能吸附较多的阳离子，使土壤具有保肥力和缓冲性，还能使土壤形成疏松结构，从而改善土壤的物理性状（史瑞和等，1999）。由表 6-6可以看出土壤有机质含量很丰富。

表 6-6　土壤养分状况

| 项目 | 采样数 | 范围 | 平均值 | 标准差 | 变异系数 |
|---|---|---|---|---|---|
| pH | 18 | 5.26~6.99 | 5.61 | 0.42 | 0.08 |
| 有机质/（g/kg） | 18 | 77.28~148.33 | 118.01 | 19.04 | 0.16 |
| 全氮/（g/kg） | 18 | 3.08~4.22 | 3.61 | 0.27 | 0.08 |
| 碱解氮/（mg/kg） | 18 | 90.26~178.63 | 129.23 | 26.74 | 0.21 |
| 速效磷/（mg/kg） | 18 | 8.86~33.83 | 15.14 | 6.18 | 0.41 |
| 速效钾/（mg/kg） | 18 | 9.46~28.08 | 18.51 | 5.90 | 0.32 |
| 缓效钾/（mg/kg） | 18 | 6.54~15.57 | 11.19 | 2.92 | 0.26 |

　　氮、磷、钾是植物营养的三大营养元素，缺一不可（范业宽和叶坤合，2002）。土壤养分的丰缺主要由碱解氮、速效磷、速效钾决定。表 6-6 表明，土壤的碱解氮含量范围为 90.26～178.63mg/kg，平均值为 129.23mg/kg；速效磷含量范围为 8.86～33.83mg/kg，平均值为 15.14mg/kg；速效钾含量范围为 9.46～28.08mg/kg，平均值为 18.51mg/kg。对照全国第二次土壤普查土壤养分含量分级标准（表 6-3），碱解氮含量丰富；速效磷含量中等；速效钾含量极缺乏，且远低于临界水平。

　　本研究结果表明，试验地土壤的有机质含量相当丰富，碱解氮含量丰富；速效磷含量中等；速效钾含量极缺乏，且低于临界水平。根据研究结果，笔者认为，本研究为发展有机农业、实现氮磷削减的土壤养分管理提供了数据支撑。在后期的研究工作中，可根据土壤养分丰缺情况进行适当的养分调控，科学施肥，即适当少施用有机肥、氮肥，合理施用磷肥，增施钾肥。宜采用分期施肥，结合施用基肥、追肥等。

## 6.5　有机水稻种植模式及对稻田水中氮磷削减效应

### 6.5.1　材料和方法

#### 6.5.1.1　试验田布设

　　试验田位于贵州省贵阳市红枫湖镇大冲村，试验小区于 2010 年 6 月建立，小区面积为 16m² （4m×4m）。各个小区中间沟宽 50cm，田埂宽 10cm，且用塑料薄膜相隔，独立灌溉排水。供试水稻品种为当地品种'黔优 1385'，生长期从移栽到收割时间 2010 年 6 月 18 日至 2010 年 10 月 19 日。2009 年 10 月，试验田水稻收获后采集稻田水和土壤进行分析，总氮、总磷背景值分别为 3.41mg/L 和 0.39mg/L；土壤基本理化性状为：pH5.69、全氮 5.30g/kg、全磷 1.22g/kg、碱解氮 155.80mg/kg、速效磷 21.63mg/kg。

　　试验分为两个部分：一部分为单施有机肥种植模式，另一部分为绿肥加施有机肥种植模式，并和常规施肥种植模式（试验小区周围农户种植的水稻）对比。

　　**(1) 单施有机肥种植模式试验方案及田间小区排布**

　　有机肥施用设 O0 （0kg/亩）、O1 （200kg/亩）、O2 （300kg/亩）、O3 （400kg/亩）、O4 （500kg/亩）共 5 个水平，在水稻移栽前做基肥一次施入。因有机肥的水分含量为

40%，所以依次施入有机肥量为 0.00kg、8.00kg、12.00kg、16.00kg、20.00kg。各水平重复 2 次，试验共 10 个小区，随机区组排列。

**（2）绿肥加有机肥种植模式试验方案及田间小区排布**

在前一年水稻收获后种植苕子（2009 年 10 月），苕子施肥面积为 0.2 亩，次年水稻插秧之前（2010 年 4 月）将其进行翻压，并在此基础上设计有机肥梯度试验。有机肥施用设 GO0（0kg/亩）、GO1（200kg/亩）、GO2（300kg/亩）、GO3（400kg/亩）、GO4（500kg/亩）共 5 个水平，在水稻移栽前做基肥一次施入。因有机肥的水分含量为 40%，所以依次施入有机肥量为 0.00kg、8.00kg、12.00kg、16.00kg、20.00kg。各水平重复 2 次，试验共 10 个小区，随机区组排列。

## 6.5.1.2 小区管理

试验小区病虫害防治采用物理防治和生物防治。物理防治采用频振式杀虫灯。频振式杀虫灯在秧苗移栽期安装在试验地四周，共 3 台，并定期清理杀虫灯的集虫袋。生物防治利用生物农药苏云金杆菌（BT）、阿维和苦参碱进行。为了探讨更适合有机种植模式的生物防治病虫害制剂，本试验共设 6 个处理：①BT250g/亩；②苦参碱 80mL/亩；③阿维 60mL/亩；④BT125g/亩＋苦参碱 40mL/亩；⑤BT125g/亩＋阿维 30mL/亩；⑥苦参碱 40mL/亩＋阿维 30mL/亩。喷洒生物农药的时间为水稻孕穗期，喷洒后每隔 10 天调查一次。

## 6.5.1.3 水样采样和分析

为避免扰动土层，采样时应站在小区外取水样，用小烧杯舀入 500mL 塑料瓶中。水样采回后应加入适量的酸液，以抑制微生物的活动，并在 48h 内测定。本研究一共采集水样 6 次，共 56 个，其中第一次采样 1 个，为上一年水稻生长期晒田时所采集（作为研究对照），另外 55 个分别为水稻返青期、分蘖拔节期、孕穗期、抽穗期、灌浆期 5 个阶段在试验田中按 11 个不同小区的出水口采集水样。具体取水时间如图 6-1 所示。水样的测定项目为总氮（TN）和总磷（TP）。TN 采用碱性过硫酸钾消解紫外分光光度法（GB/T11894—1989）测定，TP 采用过硫酸钾消解钼酸铵比色法测定（国家保护局，1989）。

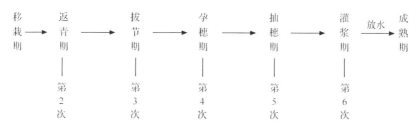

图 6-1 取水样时间

## 6.5.1.4 土样的采集与测定

按梅花型采样法，在每个试验小区取混合样 5 个，取样深度为 0～20cm，混匀后用四分法留取风干样品 2kg，备用。共采土样 3 次，共计 14 个样：第一次采样 1 个，为 2009 年 9 月所采集稻田土壤背景样；第二次采样 2 个，分别为移栽前单绿肥区与绿肥加施有机肥试验区土样；第三次采样 11 个：为水稻收获后在各个小区（包括常规对照）所采混合土样。

土样的测定项目为：全氮（TN）、全磷（TP）、碱解氮、有效磷、全铅、全砷、全汞、全铬、全镉、有效铅、有效砷、有效汞、有效镉和有效铬。全氮用凯氏定氮法测定；全磷用钼锑抗比色法测定；碱解氮用碱解扩散法；速效磷用 $0.5mol/L$ $NaHCO_3$ 法；速效钾用 $NH_4OAc$ 浸提，火焰光度法。全镉用原子石墨炉测定。全铅、全铬、全汞、全砷、有效铅、有效砷、有效汞，用原子荧光吸光光度计测定。有效镉测定用冷原子荧光吸光光度计测定（鲍士旦，2005）。

### 6.5.1.5  稻谷样品的采集与测定

**(1) 稻谷样品的采集与处理**

水稻收获时，按梅花型采样法在每个试验小区取 5 穴穗样，脱粒，混合，作为每一小区的样品。将鲜稻谷样在 80～90℃ 烘箱中鼓风烘 30min，然后降温至 60～70℃ 鼓风烘 12h。烘干后的样品使用磨碎机粉碎，并通过 60 目筛。将上述粉碎和过筛的植株样品放入塑料自封袋中，并标明样号、采样日期、采样地点、试验区号、筛孔等项目。

**(2) 稻谷样品中质量控制指标的测定**

质量控制指标测定项目：全氮、全磷、粗蛋白、淀粉、总糖，以及重金属铅、砷、汞、镉和铬。

稻谷全氮用 $H_2SO_4$-$H_2O_2$ 消煮法测定。稻谷粗蛋白用氮-蛋白质换算系数法测定，其原理为：氮素是蛋白质中的主要成分，利用凯式定氮法把稻谷中的全氮含量测出，再将氮含量值乘以蛋白质换算系数，即得粗蛋白含量。一般采用的系数为 6.25。稻谷淀粉和总糖的测定采用蒽酮比色法。稻谷中铅、镉的测定采用火焰原子石墨炉法。稻谷中汞、砷的测定采用冷原子荧光光谱法。

## 6.5.2  有机种植模式对稻田水氮磷含量的影响

### 6.5.2.1  有机种植模式下稻田水 TN（总氮）浓度变化

**(1) 不同有机施肥水平对稻田水 TN（总氮）浓度的影响**

由表 6-7 可知：①无论是单施有机肥种植模式（O），还是绿肥加施有机肥种植模式（GO），稻田水中的 TN 浓度在各生育期均是随着施肥量的增加而增大，在施肥水平为 500kg/亩含量最高，除排水期外，施肥水平间都存在显著差异；②在两个种植模式下，施肥水平为 300kg/亩、400kg/亩在各生育期稻田水 TN 浓度基本相当；③到排水期，单施有机肥种植模式下的两个施肥水平（0kg/亩和 200kg/亩），稻田水 TN 浓度超过仪器最低检测限，没有检测出来。在绿肥加施有机肥种植模式的各个施肥水平上，0kg/亩在排水期稻田水总氮浓度也很低，为 0.38mg/L。

表 6-7　不同施肥水平在不同水稻生育期稻田水中总氮浓度

| 施肥模式 | 施肥水平/(kg/亩) | 返青期/(mg/L) | 拔节期/(mg/L) | 孕穗期/(mg/L) | 抽穗期/(mg/L) | 排水期/(mg/L) |
|---|---|---|---|---|---|---|
| O | 0 | 8.00cC | 1.75bB | 1.38dC | 1.04dD | — |
| | 200 | 10.00bB | 2.00bB | 3.04cB | 2.15cC | — |
| | 300 | 10.00bB | 2.25bAB | 3.53bB | 2.87bB | 0.93aA |
| | 400 | 10.00bB | 2.25bAB | 3.49bB | 3.11bB | 1.00aA |
| | 500 | 14.00aA | 4.00aA | 4.08aA | 3.63aA | 1.35aA |
| GO | 0 | 8.50cB | 2.37bB | 1.29dC | 0.73bB | 0.38cB |
| | 200 | 13.00aA | 2.25bB | 3.35cB | 3.49aA | 0.83bAB |
| | 300 | 12.00bA | 3.00bAB | 3.56cB | 3.81aA | 1.00aB |
| | 400 | 12.53abA | 4.25aA | 4.26bB | 3.81aA | 1.18aB |
| | 500 | 13.00aA | 4.25aA | 5.67aA | 3.46aA | 1.14aB |

注：O，单施有机肥种植模式；GO，绿肥加施有机肥种植模式。数字后面的小写字母表示 5%显著水平，大写字母表示 1%极显著水平；如果差异显著，施肥水平间字母不一样。下同

由上可知，在水稻生长的各个生育期，稻田水 TN 浓度随着有机施肥量的增加而逐渐升高的。在单施有机肥和绿肥加施有机肥两种植模式下，利用排水期稻田水 TN 浓度和施用有机肥量作回归分析，得出有机肥施用量与稻田水 TN 浓度间呈显著正相关（表 6-8）。

表 6-8　排水期稻田水 TN 浓度与有机施肥量的直线相关关系

| 有机种植模式 | 斜率（k） | 截距（b） | $R^2$ |
|---|---|---|---|
| O | 0.00290 | −0.16810 | 0.835* |
| GO | 0.00162 | 0.45270 | 0.921** |

*、**分别表示 0.05、0.01 置性水平的显著性。下同

### (2) 不同有机种植模式对稻田水 TN 浓度的影响

对于两种有机种植模式下（O，GO）不同水稻生育期稻田水中 TN 浓度进行分析，结果表明（表 6-9），在水稻生长过程中，两种模式稻田水中 TN 含量的变化趋势一致，均以返青期含量最高，到拔节期急剧下降，孕穗期和抽穗期变化较慢，到排水期最低。稻田水 TN 浓度在水稻生长的返青期、拔节期、孕穗期、抽穗期和排水期 5 个时期中均以绿肥加施有机肥的种植模式较高，且浓度最高的均为返青期，而含量最低的均为排水期。绿肥加施有机肥种植模式下 TN 浓度在返青期、拔节期、孕穗期、抽穗期和排水期分别比单施有机肥种植模式高出 13.56%、31.43%、17.10%、19.53%和 37.88%，且达到 5%显著差异水平。

表 6-9　不同有机种植模式下水稻生育期稻田水中 TN 浓度　（单位：mg/L）

| 施肥模式 | 返青期 | 拔节期 | 孕穗期 | 抽穗期 | 排水期 |
|---|---|---|---|---|---|
| O | 10.40b | 2.45b | 3.10b | 2.56b | 0.66b |
| GO | 11.81a | 3.22a | 3.63a | 3.06a | 0.91a |

通过试验数据分析得出，在常规施肥种植模式（CG）下稻田水 TN 浓度在不同生

育期时分别为 12.50mg/L（返青期）、4.75mg/L（拔节期）、5.05mg/L（孕穗期）、4.36mg/L（抽穗期）、3.26mg/L（排水期）。与两种有机施肥种植模式相比，稻田水中 TN 浓度变化趋势都基本一样，均以返青期含量最高，到拔节期急剧下降，孕穗期和抽穗期变化较慢，到排水期最低，但浓度明显比两种有机种植模式高，如图 6-2 和图 6-3 所示。

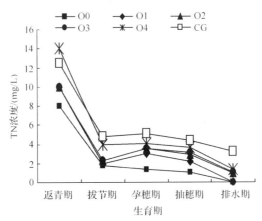

图 6-2　单施有机肥不同处理与常规处理稻田水 TN 浓度动态变化

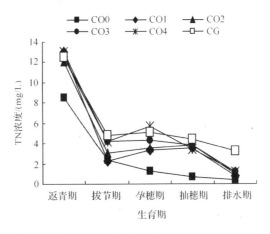

图 6-3　绿肥加施有机肥不同处理与常规处理稻田水 TN 浓度动态变化

常规施肥的种植模式，除了在返青期时稻田水中 TN 浓度介于各个有机施肥水平之间外，在拔节期、孕穗期、抽穗期、排水期均较高：①在拔节期时，由于水稻生长所需养分大，稻田水 TN 浓度下降快，单施有机肥和绿肥加施有机肥种植模式 TN 浓度分别比常规施肥种植模式低15.79%和10.53%；②在孕穗期时，绿肥加施有机肥种植模式下施肥水平 500kg/亩稻田水 TN 浓度为 5.67mg/L，高于常规施肥种植模式同期含量，但是其他施肥水平稻田水 TN 浓度都低于常规施肥。而与单施有机肥种植模式下施肥水平稻田水 TN 浓度比，常规施肥种植模式要高 19.21%～39.80%；③在抽穗期，单施有机肥和绿肥加施有机肥种植模式，TN 浓度分别比常规施肥种植模式低 16.74%和12.61%；④到排水时，单施有机肥和绿肥加施有机肥种植模式 TN 浓度分别比常规施肥种植模式低 59.59%和65.03%。

按照《农田灌溉水质标准》（王岩和陈宜伉，2003），农田灌溉水的总氮浓度需小于或等于12mg/L。本试验除了返青期稻田水 TN 浓度大于12mg/L外，其他时期均没有超标。直到水稻排水期，单施有机肥种植模式（O）下各施肥水平稻田水 TN 最高浓度为1.35mg/L，绿肥加施有机肥种植模式（GO）下各施肥水平 TN 浓度最高为1.18mg/L，常规施肥种植模式（CG）平均 TN 浓度为3.26mg/L，三种种植模式稻田水中 TN 浓度分别比农田灌溉水质标准低88.75%、90.17%和72.83%，TN 浓度降低的高低顺序为：$GO_{max} > O_{max} > CG$。

## 6.5.2.2 有机种植模式下稻田水中总磷（TP）浓度的变化

### （1）不同有机施肥水平对稻田水总磷（TP）浓度的影响

表6-10表明：①稻田水 TP 浓度随着水稻生育期呈下降趋势，但下降幅度较小。无论是单施有机肥种植模式（O）还是绿肥加施有机肥种植模式（GO），各施肥水平稻田水中 TP 浓度都以返青期最高。②5个不同有机施肥水平中，无论是在单施有机肥种植模式（O）还是绿肥加施有机肥种植模式（GO），对照（0kg/亩）稻田水 TP 浓度最低。③在拔节期和孕穗期，施肥水平间稻田水 TP 浓度变化规律性不强，而抽穗期稻田水 TP 浓度都以最大施肥水平（500kg/亩）最高。

**表6-10 不同施肥水平在各水稻生育期稻田水中总磷浓度**

| 施肥模式 | 施肥水平/(kg/亩) | 返青期/(mg/L) | 拔节期/(mg/L) | 孕穗期/(mg/L) | 抽穗期/(mg/L) | 排水期/(mg/L) |
|---|---|---|---|---|---|---|
| O | 0 | 0.15bB | 0.12cC | 0.12cC | 0.13cC | 0.11cC |
| | 200 | 0.48aA | 0.25aA | 0.30aA | 0.19bB | 0.20bB |
| | 300 | 0.39aA | 0.20bB | 0.35aA | 0.19bB | 0.18bB |
| | 400 | 0.46aA | 0.16bcB | 0.22bB | 0.19bB | 0.24bB |
| | 500 | 0.40aA | 0.20bB | 0.20bB | 0.25aA | 0.28aA |
| GO | 0 | 0.16bB | 0.13cC | 0.12bB | 0.12cC | 0.13cC |
| | 200 | 0.47aA | 0.20bB | 0.33aA | 0.15bBC | 0.22bB |
| | 300 | 0.48aA | 0.25bB | 0.36aA | 0.17bB | 0.28bB |
| | 400 | 0.43aA | 0.22bB | 0.33aA | 0.17bB | 0.27bB |
| | 500 | 0.45aA | 0.31aA | 0.30aA | 0.28aA | 0.34aA |

用排水期稻田水 TP 浓度与两种种植模式下各施肥水平施肥量进行相关分析表明，有机施肥量与排水期稻田水 TP 浓度呈显著正相关（表6-11）。

**表6-11 排水期稻田水 TP 浓度与有机施肥量的直线相关关系**

| 施肥模式 | 斜率(k) | 截距(b) | $R^2$ |
|---|---|---|---|
| O | 0.000 32 | 0.112 70 | 0.913* |
| GO | 0.000 40 | 0.136 76 | 0.947** |

### （2）不同有机种植模式对稻田水总磷（TP）浓度的影响

对单施有机肥（O）和绿肥加施有机肥（GO）种植模式下水稻生育期稻田水中 TP 浓度进行统计分析表明，除抽穗期外，在返青期、拔节期、孕穗期和排水期都以绿肥加施有机肥种植模式稻田水中 TP 浓度最高,分别比单施有机肥种植模式高出 5.26%、15.79%、20.83%、25.00%(表 6-12)。

**表 6-12 不同有机种植模式下水稻生育期稻田水中 TP 浓度** (单位:mg/L)

| 施肥模式 | 返青期 | 拔节期 | 孕穗期 | 抽穗期 | 排水期 |
| --- | --- | --- | --- | --- | --- |
| O | 0.38a | 0.19a | 0.24a | 0.19a | 0.20b |
| GO | 0.40a | 0.22a | 0.29a | 0.18a | 0.25a |

常规施肥种植模式下稻田水 TP 浓度在返青期、拔节期、孕穗期、抽穗期、排水期分别为 0.48mg/L、0.46mg/L、0.39mg/L、0.28mg/L、0.36mg/L(图 6-4 和图 6-5),与两个有机种植模式相比,常规施肥种植模式在各生育期稻田水 TP 浓度都较高。在返青期,两个有机种植模式与常规施肥种植模式稻田水 TP 浓度比较接近,其余生育期均小于常规施肥种植模式。在水稻拔节期、孕穗期、抽穗期和排水期,两个有机种植模式稻田水 TP 浓度分别比常规施肥种植模式稻田水 TP 浓度低 45.65% 和 32.61%、10.26% 和 7.69%、32.14% 和 46.43%、22.22% 和 5.56%。

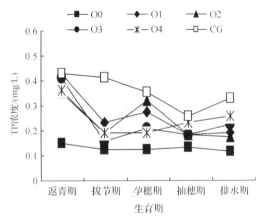

图 6-4 单施有机肥与常规施肥不同处理稻田水 TP 浓度动态变化

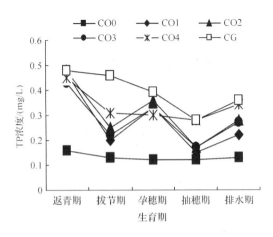

图 6-5 绿肥加施有机肥与常规施肥不同处理稻田水 TP 浓度动态变化

根据《农田灌溉水质标准》对农田灌溉水总磷浓度要求，稻田排出水总磷浓度需小于或等于5mg/L。在本试验中，无论是有机种植模式还是常规施肥种植模式，稻田水TP浓度均远小于5mg/L，都未超过农田灌溉水质标准。在水稻排水期，单施有机肥种植模式（O）稻田水TP浓度最高值为0.28mg/L，绿肥加施有机肥种植模式（GO）稻田水TP浓度最高值为0.34mg/L，而常规施肥种植模式（CG）平均TP浓度也仅为0.36mg/L。三种种植模式稻田水TP浓度分别比农田灌溉水质标准低94.40%、93.20%和92.80%，TP浓度降低的顺序为：$O_{max} > GO_{max} > CG$。

## 6.5.3　有机种植模式对稻田土壤氮磷含量的影响

### 6.5.3.1　有机种植模式下稻田土壤氮素的变化

**(1) 不同有机施肥水平下稻田土壤氮素的变化**

由表6-13可以看出，水稻收获后稻田土壤中全氮和碱解氮随着有机肥的施用量增加而增加：①在单施有机肥各施肥水平中，以500kg/亩稻田土壤全氮含量最高，为4.72g/kg，是0kg/亩的2.33倍；稻田土壤中碱解氮的含量仍以500kg/亩最高，为146.77mg/kg，其次是400kg/亩，为141.84mg/kg，分别是0kg/亩碱解氮含量的1.40倍和1.36倍。②在绿肥加施有机肥中，稻田土壤全氮含量随着施肥量的增加略微增加，其含量为3.87~4.26g/kg；稻田土壤中碱解氮含量以500kg/亩最高，为166.84mg/kg，是0kg/亩的1.38倍。这些结果表明，通过增加有机肥的施用显著增加了稻田土壤中全氮和碱解氮含量。经过进一步分析，有机肥施肥量与稻田土壤中全氮和碱解氮呈线性正相关，线性方程为$y = 29.589x + 26.001$，相关系数为0.9680**。

**表6-13　水稻收获后土壤氮素含量变化**

| 施肥水平/（kg/亩） | 单施有机肥种植（O） | | 绿肥加施有机肥种植（M） | |
| --- | --- | --- | --- | --- |
| | 全氮/（g/kg） | 碱解氮/（mg/kg） | 全氮/（g/kg） | 碱解氮/（mg/kg） |
| 0 | 2.03dC | 104.54dD | 3.87aA | 121.15dD |
| 200 | 3.50cBC | 126.00cC | 3.88aA | 136.38cC |
| 300 | 3.73bcB | 134.38bBC | 3.87aA | 141.40cBC |
| 400 | 3.86bB | 141.84aAB | 3.91aA | 154.15bAB |
| 500 | 4.72aA | 146.77aA | 4.26aA | 166.84aA |

**(2) 不同有机种植模式下稻田土壤氮素的变化**

分别对单施有机肥和绿肥加施有机肥的5个施肥水平稻田土壤中全氮和碱解氮进行分析表明（表6-14）：①单施有机肥的土壤全氮平均含量为3.57g/kg，而绿肥种植加施有机肥的平均含量为3.96g/kg，在翻压过绿肥的土壤中，全氮含量比单施有机肥的土壤增加了10.92%，达到了1%显著差异性水平；②在不同施肥水平下，单施有机肥的土壤碱解氮平均含量为130.71mg/kg，绿肥加施有机肥的土壤碱解氮平均含量为143.98mg/kg，绿肥加施有机肥比单施有机肥增加了10.10%，达到了5%显著差异性水平。这说明绿肥种植与有机肥结合可增加土壤中全氮和碱解氮含量。

表 6-14　不同有机种植模式下稻田土壤氮素含量

| 施肥模式 | 全　氮 | 碱解氮 |
| --- | --- | --- |
| O | 3.57b | 130.71b |
| GO | 3.96a | 143.98a |

试验结果还显示，常规施肥种植模式土壤中全氮和碱解氮含量分别为 2.47g/kg 和 121.15mg/kg，单施有机肥种植模式稻田土壤全氮含量比常规施肥种植模式高 41.70%～91.09%，碱解氮含量高 4.00%～21.15%；绿肥加施有机肥种植模式稻田土壤全氮含量比常规施肥种植模式高 57.09%～72.47%，碱解氮高 12.57%～37.71%。这表明，施用有机肥可以显著增加稻田土壤中全氮和碱解氮含量。

### 6.5.3.2　有机种植模式下稻田土壤磷素的变化

#### (1) 不同有机施肥水平稻田土壤磷素的变化

由表 6-15 可以看出：①在单施有机肥种植模式下，稻田土壤全磷、速效磷含量随着有机肥的增加而增加，但仅未施用有机肥的 0kg/亩和施用有机肥的其他施肥水平之间土壤全磷含量呈显著差异；②在绿肥加施有机肥种植模式下，稻田土壤全磷、速效磷含量也随着施肥量增加而增加，速效磷在各施肥水平间有比较大的差异，土壤全磷仅在 0kg/亩和其他施肥水平间呈显著差异。各个施肥水平磷含量差异不明显可能是有机肥施肥量差异小、绿肥翻压不均匀等原因所致。

表 6-15　水稻收获后土壤磷素含量变化

| 施肥水平/（kg/亩） | 单施有机肥种植（O） | | 绿肥加施有机肥种植（M） | |
| --- | --- | --- | --- | --- |
| | 全磷/（g/kg） | 速效磷/（mg/kg） | 全磷/（g/kg） | 速效磷/（mg/kg） |
| 0 | 0.97bB | 13.06bB | 1.23bB | 17.84cC |
| 200 | 1.54aA | 21.16aA | 1.66aA | 23.77bB |
| 300 | 1.57aA | 22.60aA | 1.65aA | 23.34bB |
| 400 | 1.67aA | 23.04aA | 1.68aA | 30.02aA |
| 500 | 1.68aA | 22.95aA | 1.74aA | 29.86aA |

#### (2) 不同有机种植模式下稻田土壤磷素的变化

经统计分析表明，单施有机肥与绿肥加施有机肥种植模式下，水稻收获后土壤全磷和速效磷的含量均以绿肥加施有机肥模式的高。单施有机肥的 5 个施肥水平土壤全磷和速效磷平均含量分别为 1.50g/kg 和 20.56mg/kg，而绿肥加施有机肥的 5 个施肥水平全磷和速效磷平均含量为 1.59g/kg 和 24.97mg/kg，两种有机种植模式土壤全磷和速效磷含量呈显著差异（表 6-16），表明种植绿肥对提高稻田土壤中磷素含量具有明显作用。

表 6-16　不同有机肥施肥模式下土壤磷素的变化

| 施肥模式 | 全磷 | 速效磷 |
| --- | --- | --- |
| O | 1.50b | 20.56b |
| GO | 1.59a | 24.97a |

水稻收获后，常规施肥模式的稻田土壤全磷和速效磷平均含量分别为1.16mg/kg和19.22mg/kg。单施有机肥种植模式稻田土壤全磷和速效磷含量比常规施肥种植模式高24.68%~30.95%和9.17%~16.32%，绿肥加施有机肥种植模式稻田土壤全磷与速效磷含量比常规施肥种植模式高43.10%~50.00%和23.67%~55.36%，这表明施用有机肥可以明显增加土壤全磷和速效磷养分含量。

## 6.5.4 有机种植模式下稻田重金属含量的变化

### 6.5.4.1 土壤中全量重金属（Pb、As、Hg、Cr、Cd）的变化

重金属进入土壤后，其难移动性导致大量积累，造成土壤环境污染，通过食物链进入人体，威胁人类的健康。农业生产中，土壤重金属的含量及活性受施肥影响较大。

**(1) 不同有机肥施用水平下稻田土壤全量重金属的变化**

由表6-17可知：①无论是单施有机肥，还是绿肥加施有机肥种植模式，稻田土壤中全量As、Hg、Pb、Cr、Cd含量在5个施肥水平土壤中都没有超过土壤环境质量标准GB 15618—1995（pH<6.5）的二级标准；②稻田土壤中的全量As、Hg、Cd含量随着施肥量的增加，无明显变化；③Pb含量随着施肥量的增加呈缓慢增加的趋势，都以0kg/亩最低，200kg/亩、300kg/亩、400kg/亩和500kg/亩4个施肥水平Pb含量都有所升高，但差异不显著；④从表6-17还可以看出，无论单施有机肥，还是绿肥加施有施肥种植模式，500kg/亩Cr含量最高，而0kg/亩则最低，但仅在绿肥种植模式下，0kg/亩与200kg/亩与其他施肥水平间Cr含量呈现显著差异。可见，施用有机肥量的多少对稻田土壤全量重金属As、Hg、Pb、Cr、Cd的影响不大。

**表6-17 不同有机肥施用水平土壤重金属含量变化**

| 施肥模式 | 施肥水平/(kg/亩) | As/(mg/kg) | Hg/(mg/kg) | Pb/(mg/kg) | Cr/(mg/kg) | Cd/(mg/kg) |
|---|---|---|---|---|---|---|
| O | 0 | 14.81aA | 0.28aA | 32.65bA | 81.63aA | 0.14aA |
| | 200 | 20.83aA | 0.27aA | 34.93abA | 90.88aA | 0.20aA |
| | 300 | 16.65aA | 0.27aA | 34.28abA | 88.48aA | 0.18aA |
| | 400 | 16.57aA | 0.28aA | 36.03aA | 89.55aA | 0.18aA |
| | 500 | 17.88aA | 0.29aA | 38.00aA | 95.93aA | 0.18aA |
| GO | 0 | 13.38aA | 0.23aA | 33.50bB | 81.58dB | 0.11aA |
| | 200 | 16.38aA | 0.27aA | 36.50aAB | 84.50cB | 0.26aA |
| | 300 | 16.07aA | 0.28aA | 36.73aAB | 89.05bA | 0.17aA |
| | 400 | 17.48aA | 0.29aA | 37.40aA | 88.83bA | 0.19aA |
| | 500 | 18.09aA | 0.28aA | 36.90aA | 91.15aA | 0.14aA |
| 土壤环境质量标准 GB 15618—1995 （二级 pH<6.5） | | ≪30 | ≪0.30 | ≪250 | ≪250 | ≪0.30 |

**(2) 不同有机施肥种植模式对稻田土壤全量重金属含量的影响**

水稻收获后，对单施有机肥（O）和绿肥加施有机肥（GO）下稻田土壤中As、

Hg、Pb、Cr、Cd 五大重金属进行统计分析，得出稻田土壤中 As、Hg、Cr、Cd 平均含量以单施有机肥种植模式较高，Pb 以绿肥加施有机肥种植模式较高，其中 Cd 含量未超过我国土壤环境质量标准 GB 15618—1995（pH<6.5）的一级标准（0.20mg/kg）（表 6-18）。

**表 6-18　不同有机种植模式下重金属含量**　　　　　（单位：mg/kg）

| 施肥模式 | As | Hg | Pb | Cr | Cd |
|---|---|---|---|---|---|
| O | 17.45a | 0.28a | 34.98a | 87.81a | 0.18a |
| GO | 16.28a | 0.27a | 36.21a | 87.02a | 0.17a |

常规施肥种植模式稻田土壤中全量 As、Hg、Pb、Cr 和 Cd 含量分别为 25.36mg/kg、0.34mg/kg、35.50mg/kg、88.20mg/kg 和 0.26mg/kg，土壤全量 Hg 含量已略高于土壤环境质量二级标准（0.30mg/kg）。与两种有机种植模式相比，常规施肥种植模式稻田土壤中全量 As、Hg、Cr 和 Cd 含量都明显较高，但 Pb 含量差异不大。常规施肥种植模式稻田土壤中全量 As、Hg、Cr、和 Cd 含量分别比单施有机肥种植模式高45.33%、21.43%、0.44% 和 44.44%，比绿肥加施有机肥种植模式高 55.78%、25.93%、1.36% 和 52.94%。由此表明，施用有机肥降低了稻田土壤全量重金属含量。

### 6.5.4.2　土壤中有效态重金属的变化

#### (1) 不同有机肥施用水平下土壤有效态重金属的变化

重金属对生物的毒性效应取决于土壤中重金属的有效态含量。由表 6-19 可以看出，除 Cr 未检测无法确定外，稻田土壤 As、Hg、Pb 和 Cd 的有效态含量都随着有机肥施用量的增加而增加，都以最大施肥水平 500kg/亩最高，最小施肥水平 0kg/亩最低。在单施有机肥和绿肥加施有机肥的种植模式各施肥水平中，土壤有效态 As、Hg、Pb 和 Cd 最高的施肥水平比最低的施肥水平分别高出 62.40% 和 73.77%、22.22% 和 37.50%、57.72% 和 37.85%、1.55% 和 1.67%。这些结果表明，施用有机肥可以增加稻田土壤中有效态 As、Hg、Pb 和 Cd 含量，激活或增强重金属的毒性效应。

**表 6-19　不同有机肥施用水平有效态重金属含量**

| 施肥模式 | 施肥水平/(kg/亩) | As/(mg/kg) | Hg/(mg/kg) | Pb/(mg/kg) | Cr/(mg/kg) | Cd/(mg/kg) |
|---|---|---|---|---|---|---|
| | 0 | 1.250eD | 0.018aA | 6.220cC | 未检测 | 0.029cD |
| | 200 | 1.660dC | 0.019aA | 7.195bcBC | 未检测 | 0.036cCD |
| O | 300 | 1.740cC | 0.019aA | 7.300bcBC | 未检测 | 0.050bBC |
| | 400 | 1.910bB | 0.020aA | 8.300bAB | 未检测 | 0.059bB |
| | 500 | 2.030aA | 0.022aA | 9.810aA | 未检测 | 0.074aA |
| | 0 | 1.220dD | 0.016aA | 6.130dC | 未检测 | 0.027dC |
| | 200 | 1.480cC | 0.016aA | 7.030cB | 未检测 | 0.034cC |
| GO | 300 | 1.590cC | 0.016aA | 7.470bB | 未检测 | 0.051bB |
| | 400 | 1.870bB | 0.018aA | 8.410aA | 未检测 | 0.057bAB |
| | 500 | 2.120aA | 0.022aA | 8.450aA | 未检测 | 0.072aA |

**(2)不同有机种植模式对稻田土壤有效态重金属的影响**

对单施有机肥(O)和绿肥加施有机肥(GO)两种种植模式下稻田土壤有效态重金属含量进行统计分析表明,除有效 Cr 外,有效 As、Hg、Pb 和 Cd 含量均以单施有机肥种植模式略高,但是差异不显著。由此可推断,种植绿肥可能会使稻田土壤重金属 As、Hg、Pb、Cd 的有效性降低(表 6-20)。

表 6-20　不同有机种植模式下有效态重金属含量　　(单位:mg/kg)

| 施肥模式 | 有效 As | 有效 Hg | 有效 Pb | 有效 Cr | 有效 Cd |
|---|---|---|---|---|---|
| O | 1.718a | 0.020a | 7.765a | 未检测 | 0.050a |
| GO | 1.656a | 0.018a | 6.498a | 未检测 | 0.048a |

常规施肥种植模式稻田土壤 As、Hg、Pb 和 Cd 的有效态含量分别为 1.410mg/kg、0.014mg/kg、6.775mg/kg 和 0.032mg/kg。常规施肥种植模式稻田土壤中有效态 As、Hg、Pb 和 Cd 含量与单施有机肥(O)和绿肥加施有机肥(GO)两种种植模式比较,分别低 17.73%、26.32%、5.84%、11.11% 和 4.96%、14.29%、3.63%、5.88%。

## 6.5.5　有机种植模式对水稻产量及品质的影响

### 6.5.5.1　有机种植模式对水稻产量的影响

**(1)不同有机肥施用水平下水稻产量及产量构成因素的变化**

不同有机施肥水平下水稻产量及产量构成因素的变化情况为:无论是单施有机肥种植模式,还是绿肥加施有机肥种植模式,随着有机肥施用量的增加,产量呈现先增长后下降趋势,且在施肥量 400kg/亩达到最大值,这说明过量施用肥料,水稻产量会降低;随着施肥量的增加,有效穗数也逐渐增加,而对千粒重的影响差异不显著;随着施肥量的增加,千粒重和结实率均以 0kg/亩施肥水平最高,500kg/亩施肥水平最低,但都分别没有达 1% 和 5% 显著差异水平(表 6-21)。

表 6-21　不同有机肥施用水平水稻产量及产量构成因素的差异性

| 施肥模式 | 施肥水平/(kg/亩) | 产量/(kg/亩) | 有效穗数/(万个/亩) | 每穗总粒数/个 | 千粒重/g | 结实率/% |
|---|---|---|---|---|---|---|
| | 0 | 580.67dD | 12.71dC | 197.41aA | 32.04aA | 85.29aA |
| | 200 | 666.59bBC | 13.81cBC | 203.70aA | 31.77aA | 80.76abAB |
| O | 300 | 702.10bAB | 14.70bAB | 210.09aA | 31.53aA | 76.72bB |
| | 400 | 747.73aA | 15.40abA | 211.38aA | 31.96aA | 78.83bAB |
| | 500 | 617.66cCD | 15.89aA | 207.65aA | 30.80aA | 74.71bAB |
| | 0 | 569.83dC | 12.42bcB | 199.13cC | 31.90aA | 84.90aA |
| | 200 | 681.82bB | 12.71cB | 211.07bB | 32.48aA | 74.18cCD |
| GO | 300 | 699.03bAB | 14.80bAB | 207.59bBC | 31.75aA | 77.40bcAB |
| | 400 | 771.70aA | 15.99abA | 220.30aA | 31.16aA | 82.98abAB |
| | 500 | 620.99cB | 16.79aA | 208.34bB | 31.10aA | 73.32cB |

**（2）不同有机种植模式下水稻产量及产量构成因素的变化**

比较单施有机肥和绿肥加施有机肥两种种植模式下水稻产量和产量构成因素，结果显示，除结实率是单施有机肥种植模式高于绿肥加施有机肥种植模式外，其余产量构成因素及产量都是单施有机种植模式较小，但是都没有达到5%显著差异水平（表6-22）。

**表6-22 不同有机种植模式下产量及产量构成因素差异性**

| 施肥模式 | 实际产量/(kg/亩) | 有效穗数/(万个/亩) | 每穗总粒数/(个/穗) | 千粒重/g | 结实率/% |
|---|---|---|---|---|---|
| O | 662.95a | 14.50a | 206.05a | 31.62a | 79.26a |
| GO | 668.67a | 14.54a | 209.32a | 31.68a | 78.56a |

在常规施肥种植模式下，水稻产量、亩有效穗数、每穗总粒数、千粒重和结实率分别为638.00kg/亩、16.23万个/亩、203.38粒/穗、26.74g、78.00%。与有机种植模式相比，亩有效穗数虽然较高，但其他各指标都明显较低，特别是千粒重，分别较单施有机肥和绿肥加施有机肥种植模式下最小千粒重施肥水平低13.18%和16.31%。而单施有机肥和绿肥加施有机肥种植模式的最高产量分别比常规施肥种植模式高出17.71%和20.96%。可见，施用有机肥显著提高了水稻单产。

**（3）有机种植模式下最佳施肥量的选择**

根据试验结果，本课题组建立了不同有机肥施用水平与水稻产量间关系的一元二次回归方程（表6-23）。从方程可以看出：①产量和有机肥的施肥水平间相关系数分别为0.836和0.712，呈显著相关；②通过这两个方程可以分别推算出不同有机种植模式下最佳施肥量，单施有机肥种植模式下最佳施肥量为301.45kg/亩，而绿肥加施有机肥种植模式下最佳施肥量为297.15kg/亩。由此可见，绿肥对稻田土壤具有一定的培肥作用，翻耕过绿肥的稻田可以少施1.43%的有机肥。

**表6-23 有机肥施用量与水稻产量间的回归方程**

| 有机种植模式 | 回归方程 |
|---|---|
| O | $Y = -0.00177X^2 + 1.06714X + 560.99972$ ($F = 0.0150, R^2 = 0.69^*$) |
| GO | $Y = -0.00157X^2 + 0.93318X + 571.33012$ ($F = 0.0128, R^2 = 0.51^*$) |

注：$Y$表示水稻产量，$X$表示有机肥施用量

## 6.5.5.2 有机种植模式对水稻品质的影响

**（1）有机肥对稻谷重金属吸收效果的影响**

由表6-24可知，除了Cr指标未检测外，无论是在单施有机肥还是绿肥加施有机肥种植模式，不同有机肥施用水平下稻谷中As、Hg、Pb、Cd的含量变化都没有达到5%显著差异水平，这可能是由于土壤本身受到的重金属污染很小，且选择施用的有机肥中重金属As、Hg、Pb、Cr、Cd含量较低，稻谷中As、Hg、Pb、Cd未有显著积累。根据检测结果，各施肥水平稻谷中As、Hg、Pb、Cd含量均低于国家食品卫生标准（中国标准出版社，2004）。

**表 6-24　不同有机肥施用水平稻谷重金属含量**

| 施肥模式 | 施肥水平/(kg/亩) | As/(mg/kg) | Hg/(mg/kg) | Pb/(mg/kg) | Cd/(mg/kg) |
|---|---|---|---|---|---|
| | 0 | 0.159aA | 0.011aA | 0.133aA | 0.011aA |
| | 200 | 0.173aA | 0.012aA | 0.151aA | 0.018aA |
| O | 300 | 0.178aA | 0.012aA | 0.146aA | 0.018aA |
| | 400 | 0.180aA | 0.013aA | 0.158aA | 0.019aA |
| | 500 | 0.196aA | 0.014aA | 0.161aA | 0.020aA |
| | 0 | 0.167aA | 0.010aA | 0.136aA | 0.011aA |
| | 200 | 0.168aA | 0.011aA | 0.138aA | 0.014aA |
| GO | 300 | 0.171aA | 0.012aA | 0.139aA | 0.017aA |
| | 400 | 0.175aA | 0.013aA | 0.151aA | 0.018aA |
| | 500 | 0.201aA | 0.015aA | 0.152aA | 0.018aA |
| 国家食品卫生标准（粮食） | | ≤0.70 | ≤0.02 | ≤0.50 | ≤0.20 |

在常规施肥种植模式下，稻谷中 As、Hg、Pb、Cd 含量分别为 0.179mg/kg、0.014mg/kg、0.140mg/kg、0.023mg/kg。与有机种植模式相比较，稻谷中 As、Hg、Pb 含量变化不大。但稻谷中 Cd 含量明显较有机种植模式高，分别比单施有机肥和绿肥加施有机肥种植模式下最高 Cd 含量施肥水平高 15.00％和 27.78％，且该指标已超过中华人民共和国国家标准（Cd 含量≤0.20）。

**（2）不同有机肥施用水平稻谷粗蛋白、总糖、总淀粉的变化**

由表 6-25 可以看出，无论是单施有机肥还是绿肥加施有机肥种植模式，随有机肥施肥量的增加，粗蛋白、总糖和淀粉含量呈增加的趋势。①在单施有机肥种植模式下，粗蛋白、总糖和淀粉分别在 7.55％～8.30％、63.57％～71.61％和 40.46％～53.53％之间，但各施肥水平间都达不到 5％显著差异水平；②在绿肥加施有机肥种植模式下，粗蛋白含量在各施肥水平间差异都不显著，而总糖和淀粉含量在低施肥水平和高施肥水平间呈现显著差异。

**表 6-25　不同有机肥施用水平稻谷中粗蛋白、总糖和淀粉含量变化**

| 施肥模式 | 施肥水平/(kg/亩) | 粗蛋白/％ | 总糖/％ | 淀粉/％ |
|---|---|---|---|---|
| | 0 | 7.55aA | 63.80aA | 40.46aA |
| | 200 | 7.55aA | 71.61aA | 44.61aA |
| O | 300 | 7.66aA | 68.57aA | 50.27aA |
| | 400 | 7.21aA | 65.86aA | 53.62aA |
| | 500 | 8.03aA | 69.80aA | 53.53aA |
| | 0 | 7.67aA | 68.98cB | 43.92bB |
| | 200 | 7.68aA | 70.46bcB | 57.24aA |
| GO | 300 | 7.82aA | 75.40bAB | 56.57aA |
| | 400 | 8.20aA | 75.48bB | 60.22aA |
| | 500 | 8.13aA | 83.04aA | 58.68aA |

**（3）不同有机种植模式下稻谷粗蛋白、总糖、总淀粉的变化**

由表 6-26 表明，不同有机种植模式下稻谷粗蛋白、总糖和淀粉平均含量都是绿肥加施有机肥施肥（GO）＞单施有机肥处理（O），前者粗蛋白、总糖和淀粉分别比后者高 4.21％、9.92％和 14.82％，总糖和淀粉含量在两种种植模式间差异达到了 5％显著水平。

表 6-26　不同有机种植模式下稻谷中粗蛋白、总糖和淀粉含量（单位：％）

| 施肥模式 | 粗蛋白 | 总糖 | 淀粉 |
|---|---|---|---|
| O | 7.60a | 67.93b | 48.50b |
| GO | 7.92a | 74.67a | 55.33a |

根据研究结果，常规施肥种植模式稻谷中粗蛋白、总糖和淀粉的平均含量分别为 9.79％、64.13％和 44.98％。常规施肥种植模式稻谷粗蛋白含量较高，分别比单施有机肥和绿肥加施有机肥种植模式各施肥水平高出 21.92％～29.67％和 20.42％～27.47％；但是总糖和淀粉含量，单施有机肥和绿肥加施有机肥种植模式则比常规施肥种植模式高出 2.70％～11.66％和 9.87％～29.49％，表明施用有机肥会使稻谷粗蛋白含量降低，但可提高总糖和淀粉含量。

## 6.5.6　不同有机种植模式对稻田水氮磷排放的削减效应

鉴于稻田水氮磷浓度与施肥量密切相关，要比较不同有机种植模式下稻田水氮磷排放的削减程度，需要把有机种植模式的有机肥施用量与常规施肥种植模式的化肥施用量折算成能相互比较的纯氮和纯磷，使不同种植模式在相同氮磷施用量的条件下，比较排出水的削减程度。

本试验中作为削减比较的常规施肥种植模式施肥水平：尿素 23.33kg/亩，过磷酸钙 9.58kg/亩；分别折纯后的施肥水平：纯氮（N）10.73kg/亩，五氧化二磷（$P_2O_5$）1.53kg/亩。试验中使用的有机肥纯氮（N）和五氧化二磷（$P_2O_5$）含量分别为 4.15％和 1.63％。根据计算，常规施肥水平纯氮（N）10.73kg/亩和五氧化二磷（$P_2O_5$）1.53kg/亩对应的有机肥施用量为 258.55kg/亩（因为氮素与产量的关系比磷素更密切，计算上以纯氮折算为依据）。

根据表 6-8 和表 6-11，排水期稻田水 TN 和 TP 浓度与有机肥施用量呈直线相关，通过这两个表中的线性方程可以计算出与常规施肥水平相当的有机肥施用下排水期稻田水中 TN 和 TP 浓度（表 6-27）。

表 6-27　与常规施肥水平相当的有机肥施用量和相应排水期稻田水中 TN 和 TP 浓度

| 施肥模式 | 稻田水 TN 和 TP 浓度与有机肥施用量间关系方程 | | 有机肥/(kg/亩) | 浓度/(mg/L) | |
|---|---|---|---|---|---|
| | TN | TP | | TN | TP |
| O | $Y_N=0.00290X-0.16810$ | $Y_P=0.00032X+0.11270$ | 258.55 | 0.58 | 0.20 |
| GO | $Y_N=0.00162X+0.45270$ | $Y_P=0.00040X+0.13676$ | | 0.87 | 0.24 |

又根据表 6-23、表 6-27 计算出有机种植模式下最佳施肥量，可计算出最高产量有机肥施用导致排水期稻田水 TN 和 TP 浓度（表 6-28）。根据《农田灌溉水质标准》，虽

然三种种植模式在排水期稻田水中 TN 和 TP 浓度分别都没有超过 12mg/L 和 5mg/L 的标准，但为了探索出一条对水体污染更小、产生的经济效益更高的施肥途径，下面将对三种施肥模式下稻田氮磷的削减效应进行比较。

表 6-28 不同有机种植模式最佳有机肥施用量下排水期稻田水 TN 和 TP 浓度

| 施肥模式 | 稻田水 TN 和 TP 浓度与有机肥施用量间关系方程 | | 有机肥/(kg/亩) | 浓度/(mg/L) | |
| --- | --- | --- | --- | --- | --- |
| | TN | TP | | TN | TP |
| O | $Y_N=0.00290X-0.16810$ | $Y_P=0.00032X+0.11270$ | 301.45 | 0.71 | 0.21 |
| GO | $Y_N=0.00162X+0.45270$ | $Y_P=0.00040X+0.13676$ | 297.15 | 0.93 | 0.25 |

**（1）稻田水总氮的削减效应**

由表 6-27 可知，与常规施肥（施用化肥）相当的单施有机肥和绿肥加施有机肥种植模式下排水期稻田水 TN 浓度分别 0.58mg/L、0.87mg/L；而由表 6-28 可知，在单施有机肥和绿肥加施有机肥种植模式下，最佳有机肥施用量排水期稻田水 TN 浓度分别 0.71mg/L、0.93mg/L。与常规施肥种植模式（CG）排水期稻田水 TN 浓度相比较，有机种植模式稻田水 TN 浓度明显被削减（图 6-6）。TN 浓度削减程度：与常规施肥相当的绿肥加施有机肥种植模式小于与常规施肥相当的单施有机肥种植模式，即GOTD＜OTD，分别为 73.31% 和 82.21%，GOTD 比 OTD 低约 8.90%；绿肥加施有机肥种植模式下最佳施肥量施肥水平小于单施有机肥种植模式下最佳施肥量水平，即 GOZJ＜OZJ，分别为 71.47% 和 78.22%，GOTD 比 OTD 低约 6.75%。由此可见，与常规施肥种植模式相比，有机种植模式可以明显降低排水期稻田水 TN 浓度，而在有机种植模式中，加种植绿肥会使稻田排放水 TN 浓度略高于单施有机肥；同时两种有机种植模式达到最高产量时，稻田排放水 TN 浓度以绿肥加施有机肥略高。综合试验结果得出，绿肥加施有机肥的 TN 削减程度比单施有机肥的略低。

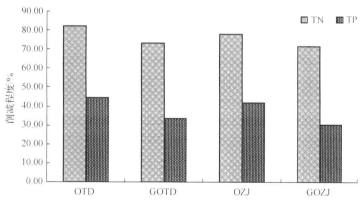

图 6-6 有机种植模式 TN 和 TP 削减程度

OTD 和 GOTD 分别表示与常规施肥相当的单施有机肥和绿肥加施有机肥水平，

OZJ 和 GOZJ 分别表示单施有机肥与绿肥加施有机肥模式下最佳施肥量施肥水平

**（2）稻田水总磷的削减效应**

同上，由表 6-27 和表 6-28 可知，与常规施肥相当的单施有机肥和绿肥加施有机肥水平排水期稻田水 TP 浓度分别为 0.20mg/L 和 0.24mg/L；单施有机肥与绿肥加施有机肥模式下最佳施肥量施肥水平排水期稻田水 TP 浓度分别 0.21mg/L 和 0.25mg/L。与常规施肥种植模式（CG）稻田水 TP 浓度相比较，有机种植模式下稻田水 TP 浓度明显降低了。TP 浓度削减程度：与常规施肥相当的绿肥加施有机肥施肥水平小于与常规施肥相当的单施有机肥施肥水平，即 GOTD＜OTD，分别为 33.33％和 44.44％，GOTD 比 OTD 约低 11.11％；绿肥加施有机肥模式下最佳施肥量施肥水平小于单施有机肥模式下最佳施肥量施肥水平，即 GOZJ＜OZJ，分别为 30.56％和 41.67％，GOZJ 明显比 OZJ 低约 11.10％。由本试验所用有机肥的 $P_2O_5$ 含量百分比及常规施肥中折算 $P_2O_5$ 的量可知，OTD 和 GOTD 两施肥水平所施 $P_2O_5$ 的量是常规施肥（CG）的 2.75 倍，OZJ 和 GOZJ 施肥水平 $P_2O_5$ 的量分别是 CG 的 3.21 倍和 3.17 倍。很明显，施用有机肥所施磷素明显高于常规施肥 CG，可是到排水期稻田水 TP 浓度还是常规施肥（CG）的高，这表明常规施肥会使排水期稻田水 TP 浓度明显升高，而在有机种植模式中，TP 削减程度并综合最佳产量，均以单施有机肥模式略好。

### 6.5.7　有机种植模式病虫害防治效果

在水稻移栽后，在试验田周围安装频振式杀虫灯，共 3 盏，每隔 10 天清理杀虫灯的集虫袋。每次清理集虫袋时，袋中虫害种类主要有稻飞虱、飞蛾、叶蝉等，其中均以稻飞虱居多。为防止稻螟、卷叶螟虫等对水稻造成危害，在水稻生长的孕穗期施入生物农药苏云金杆菌 BT、阿维和苦参碱，共 6 个处理，施用后每隔 10 天调查一次，结果见表 6-29。调查结果发现，稻田中几个喷施生物农药的处理（A、B、C、D、E 和 F）受到病虫害影响较为严重的时期均为孕穗期，即第一次调查期，且各处理间差异不明显。随着时间的推移，喷施生物农药的 6 个处理稻田中的病虫害种类和数量均有所下降，但是差异都不明显，其原因可能是受试验地安装频振式杀虫灯的影响。同时，还可以看出无论是生物农药防治、杀虫灯物理防治还是常规农药防治，稻田中的病虫害种类和数量均有所下降，至水稻生育中后期，各病虫害防治措施间的差异都不明显。由此可知，喷洒生物农药和安装频振式杀虫灯均与喷洒常规农药对病虫害的防治效果基本相当。

表 6-29　有机种植模式下病虫害种类及数据调查结果

| 处　理 | 8 月 13 日 | | 8 月 23 日 | | 9 月 2 日 | | 9 月 12 日 | |
| --- | --- | --- | --- | --- | --- | --- | --- | --- |
| | 种类 /(种/m²) | 数量 /(个/m²) | 种类 /(种/m²) | 数量 /(个/m²) | 种类 /(种/m²) | 数量 /(个/m²) | 种类 /(种/m²) | 数量 /(个/m²) |
| A | 2 | 7 | 1 | 3 | 1 | 2 | 1 | 2 |
| B | 2 | 5 | 2 | 3 | 1 | 2 | 1 | 2 |
| C | 2 | 6 | 2 | 3 | 2 | 2 | 2 | 2 |
| D | 2 | 6 | 2 | 2 | 1 | 2 | 1 | 2 |
| E | 1 | 6 | 1 | 2 | 0 | 0 | 1 | 0 |
| F | 2 | 5 | 2 | 2 | 2 | 1 | 0 | 1 |
| 杀虫灯 | 2 | 5 | 1 | 3 | 1 | 2 | 1 | 2 |
| 常规农药 | 2 | 7 | 1 | 1 | 2 | 2 | 2 | 2 |

## 6.6 精准化施肥、施用微生物肥料对稻田水氮磷削减效应

### 6.6.1 材料和方法

#### 6.6.1.1 试验地土壤和肥料养分状况

试验地土壤养分状况见表 6-30。试验前在试验地统一施用农家肥，施肥量为 2000kg/亩。所用有机肥由贵阳高新归真生物制品有限公司提供，有机肥的基本性质见表 6-31。微生物肥料固氮菌也由贵阳高新归真生物制品有限公司提供，固氮菌数为 562.4 万个/g。微生物肥料解磷菌为中国农业科学院农业资源与区划研究所提供。

**表 6-30　大田供试土壤养分状况**

| 指　标 | 含　量 | 指　标 | 含　量 |
|---|---|---|---|
| pH | 6.04 | 有机质/(g/kg) | 88.93 |
| 全氮/(g/kg) | 5.30 | 碱解氮/(mg/kg) | 155.80 |
| 全磷/(g/kg) | 1.22 | 有效磷/(mg/kg) | 21.63 |
| 全钾/(g/kg) | 18.96 | 速效钾/(mg/kg) | 27.91 |

**表 6-31　有机肥料的基本性质**

| 指标 | pH | 水分/% | 有机质/% | 全氮/% | 全磷/% | 全钾/% | 总腐殖质/% |
|---|---|---|---|---|---|---|---|
| 含量 | 6.40 | 17.06 | 69.64 | 4.15 | 1.63 | 1.45 | 32.45 |

#### 6.6.1.2 试验设计

试验供试作物种类为水稻，品种为'金优 527'，是贵州省水稻主要品种。项目试验面积 2 亩，小区面积 304m²，共分 19 个小区，每个小区 16m²。检测内容为无机肥施用、无机肥与有机肥结合施用、氮肥后移、地膜覆盖、微生物肥料固氮菌的施用（共 3 个梯度：40kg/亩、80kg/亩、120kg/亩）、微生物肥料解磷菌的施用（共两个梯度：40kg/亩、80kg/亩）对稻田水体中氮磷削减的影响。

试验小区共 9 组，每组 2 个重复（地膜覆盖为 3 个重复），每个小区独立，稻田灌水和排水相互不影响，其中精准化施肥有 4 组小区，微生物肥料施用有 5 组小区。对照选择小区旁农户的传统种植方式稻田，小区播种、插秧、田间管理、基肥施用和对照相同，唯一不同在于追肥施用复合肥（N：P₂O₅：K₂O＝15：6：4），施用量为 45kg/亩。小区按随机方式布设（表 6-32）。

**表 6-32　试验小区布设表**

| 3 | 1 | 2 | 9 | 5 | |
|---|---|---|---|---|---|
| 7 | 8 | 6 | 4 | 4 | 4 |
| — | 5 | 9 | 7 | 1 | |
| 6 | — | 3 | 8 | 2 | |

注：阿拉伯数字代表施肥处理：1 为无机肥；2 为无机肥与有机肥结合；3 为氮肥后移；4 为地膜覆盖；5 为固氮菌（40kg/亩）；6 为固氮菌（80kg/亩）；7 为固氮菌（120kg/亩）；8 为解磷菌（40kg/亩）；9 为解磷菌（80kg/亩）

### 6.6.1.3 稻田养分供应量与需求量的确定

通过对常规种植下收割的水稻秸秆和稻谷进行氮、磷、钾养分实验室分析，计算出水稻对养分的需求量，为准确计算施肥量奠定基础。

每丛水稻需氮/磷/钾量＝根重×根氮/磷/钾含量＋茎叶重×茎叶氮/磷/钾含量＋籽粒重×籽粒氮/磷/钾含量；

每亩水稻需氮/磷/钾含量＝每亩水稻丛数×平均每丛水稻需氮/磷/钾量；

通过随机采样，采集试验稻田的土壤，然后室内分析稻田土壤碱解氮、速效磷、速效钾的含量，计算出稻田的养分供应量。

土壤供氮量＝碱解氮（mg/kg）×15万kg土×$10^{-6}$×校正系数

土壤供磷量＝有效磷（mg/kg）×15万kg土×$10^{-6}$×校正系数

土壤供钾量＝速效钾（mg/kg）×15万kg土×$10^{-6}$×校正系数

按照当前该地区水稻的平均产量700kg/亩计算，依据检测数据，以及氮肥、磷肥和钾肥的当季利用率来确定水稻的施肥量，即采用目标产量法确定施肥量。

施氮素量＝（水稻需氮量－土壤供氮量）÷氮肥利用率

施磷素量＝（水稻需磷量－土壤供磷量）÷磷肥利用率

施钾素量＝（水稻需钾量－土壤供钾量）÷钾肥利用率

根据施氮素量、施磷素量、施钾素量和相应肥料氮磷钾含量，计算施用相应肥料的数量。

### 6.6.1.4 施肥方法

**(1) 无机肥施用**

氮肥采用分次施肥法，按基肥、分蘖肥、穗肥施用，施氮量分别占无机氮肥总量的50％、30％、20％。磷肥和钾肥作基肥一次施用。

**(2) 无机肥与有机肥结合施用**

其中有机肥、磷肥和钾肥作为基肥一次施入，无机氮肥采用分次施肥法，按基肥、分蘖肥、穗肥施入，无机氮肥施用量分别占无机氮肥总量的50％、30％、20％。

**(3) 氮肥后移施用**

氮肥采用分次施肥法，按基肥、分蘖肥、穗肥、粒肥施入，施氮量分别占无机肥总量的40％、30％、20％、10％。磷肥和钾肥作为基肥一次施入。

**(4) 地膜覆盖**

与无机肥施用一样，氮肥采用分次施肥法，按基肥、分蘖肥、穗肥施入，施氮量分别占无机氮肥总量的50％、30％、20％。磷肥和钾肥作为基肥一次施用。

**(5) 固氮菌、解磷菌施用**

对于固氮菌试验处理，在施用农家肥（2000kg/亩）的基础上，分别施40kg/亩、80kg/亩、120kg/亩的固氮菌，并且作为基肥一次性施入稻田；对于解磷菌试验处理，在施用农家肥的基础上，分别施40kg/亩、80kg/亩的解磷菌，并作为基肥一次性施入稻田。

## 6.6.1.5 技术路线（图 6-7）

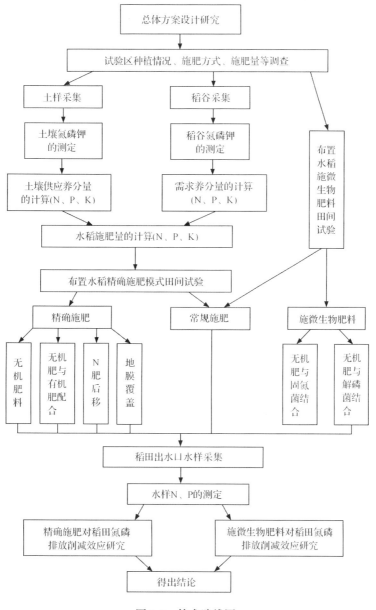

图 6-7 技术路线图

## 6.6.1.6 样品的采集与测定

采集水稻种植前试验地土壤样品一次，水稻收获后采集籽粒、秸秆样品一次。测定土样的 pH、有机质、全氮、碱解氮、全磷、有效磷、全钾、速效钾含量，以及籽粒、秸秆中全氮、全磷、全钾含量，其测定采用标准方法（史瑞和等，1999）。试验秧苗于 2010 年 6 月 15 日单株移栽，每小区按 11 行×14 列排列。分别于分蘖期（7 月 7 日）、孕穗期（7月27日）、齐穗期（8月13日）、乳熟期（8月30日）和成熟期（9月22日）采取水样，放入4℃冰箱内保存，测定全氮、全磷。土样和水样的测定方法同6.4节和6.5节。

### 6.6.2 精准化施肥对稻田水体中全氮、全磷排放的削减效应

#### 6.6.2.1 精准化施肥对稻田水中全氮的削减效应

为了考察精准化施肥对稻田水体中全氮的削减程度，我们分别在水稻生长的不同生育期采集水样，分析了水体中的全氮含量。结果显示（图6-8），与对照处理即常规施肥方式相比，精准化施肥明显降低了水体中的全氮含量。其中4个处理在水稻分蘖期平均降低全氮含量29.79%，孕穗期平均降低42.77%、齐穗期平均降低36.84%、乳熟期平均降低26.24%、成熟期平均降低35.19%，全部生育期平均削减水体中全氮34.17%。与农田灌溉水质标准（12mg/L）（王岩和陈宜俍，2003）相比，在水稻分蘖期所有处理均超过此标准，在孕穗期只有常规施肥处理超出，其余处理均低于此标准，从齐穗期以后，所有处理均低于农田灌溉水质标准。到稻田排水时，对照处理、精准化施肥4个处理稻田排出水全氮含量分别比农田灌溉水质的排放标准低（12mg/L）56.98%、73.08%、71.80%、71.46%、70.28%，全氮含量降低的高低顺序为：无机肥处理＞无机肥与有机肥结合处理＞氮肥后移处理＞地膜覆盖处理＞对照处理，且精准化施肥4个处理的降低程度差异不大。由此可见，精准化施肥可以大大降低稻田水体中全氮含量。

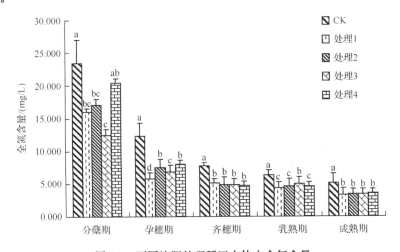

图 6-8　不同施肥处理稻田水体中全氮含量

CK：对照；处理1：无机肥；处理2：无机肥与有机肥结合；处理3：氮肥后移；处理4：地膜覆盖。
处理间不同字母代表差异性达到5%显著水平。下同

具体地，不同施肥处理在不同生育期对稻田水体中全氮含量削减的程度有较大差异。在分蘖期，稻田水体中全氮含量呈现对照处理＞地膜覆盖处理＞无机肥与有机肥结合处理＞无机肥处理＞氮肥后移处理，最高为对照处理，其值为23.50mg/L，最低为氮肥后移处理，其值为12.50mg/L。在这些处理中，氮肥后移处理表现得极为突出，氮肥后移是在施氮量恒定的情况下将氮肥按照基肥、分蘖肥、穗肥、粒肥施入，而常规

施肥则是将氮肥分两次施用，即基肥和分蘖肥，因此氮肥后移使得分蘖期稻田水体全氮含量明显低于常规施肥。相比之下，地膜覆盖使得稻田水体全氮含量较高，这种现象在水稻其他生育期也表现出来，其原因可能是由于地膜防止了水体氮素的挥发所致。在分蘖期，各处理稻田水中全氮含量达到最高值，超过了 12mg/L，未达到农田灌溉水质标准。但是在此时期水稻秧苗对养分的需要量大，水体中大量的营养元素是水稻正常生长的必要保证，再加上稻田中的水流出很少，不会对环境造成太大的影响。此时期精准化施肥 4 个处理稻田水中的全氮含量分别比对照处理低 31.91%、27.66%、46.81%、12.77%。

在孕穗期，由于水稻生长所需养分大，稻田水体中全氮含量明显降低，4 个处理稻田水体中的全氮含量分别比对照处理低 53.16%、38.86%、44.34%、34.73%，呈现对照处理＞地膜覆盖处理＞无机肥与有机肥结合处理＞氮肥后移处理＞无机肥处理，最高为对照处理，其值为 12.282mg/L，超过 12mg/L 的农田排灌水质标准，其他处理没有超过这一农田排灌水质标准；最低为无机肥处理，其值为 5.753mg/L。

在齐穗期，稻田水体中全氮含量继续降低，呈现对照处理＞无机肥处理＞氮肥后移处理＞无机肥与有机肥结合处理＞地膜覆盖处理，最高为对照处理，其值为 7.737mg/L，最低为地膜覆盖处理，其值为 4.774mg/L，4 个处理的全磷含量分别比对照处理低 34.72%、37.39%、36.95%、38.30%。

在乳熟期，稻田水体中全氮含量降低没有前几个时期明显，呈现对照处理＞氮肥后移处理＞地膜覆盖处理＞无机肥与有机肥结合处理＞无机肥处理，最高为对照处理，其值为 6.287mg/L，最低为无机肥处理，其值为 4.359mg/L，4 个处理稻田水体的全氮含量分别比对照处理低 30.67%、27.99%、20.10%、26.18%。在这个时期，除对照处理外，氮肥后移处理的全氮含量略高于其他 3 个处理，这是由于氮肥后移处理即氮肥后移追施粒肥，使全氮含量高于其他 3 个处理。

在成熟期，稻田水体中全氮含量略有下降但下降不明显，呈现对照处理＞地膜覆盖处理＞氮肥后移处理＞无机肥与有机肥结合处理＞无机肥处理，最高为对照处理，其值为 5.163mg/L，最低为无机肥处理，其值为 3.231mg/L，4 个处理的全磷含量分别比对照处理低 37.42%、34.46%、33.66%、30.91%。

### 6.6.2.2 精准化施肥对稻田水体中全磷的削减效应

精准化施肥对水稻不同生育期稻田水体全磷含量具有明显影响（图 6-9）。从图中可以看出，沿着生育期，水体中全磷含量逐渐下降，且孕穗期下降幅度最大，齐穗期、乳熟期、成熟期下降幅度相对较小。在各个时期的水样中，均是对照处理即常规种植方式下的全磷含量高于精准化施肥的其他 4 个处理。以精准化施肥 4 个处理的平均值计算，在分蘖期精准化施肥降低水体全磷 36.90%、孕穗期降低 21.12%、齐穗期降低 29.47%、乳熟期降低 24.30%、成熟期降低 28.30%，整个生育期平均降低水体全磷 28.02%。与农田灌溉水质标准（5mg/L）相比，分蘖期、孕穗期等生育期均没有出现稻田水体全磷含量大于或等于 5mg/L 的超标现象。稻田排水时，对照处理、精准化施肥 4 个处理，稻田排出水体中全磷含量分别比农田灌溉水质标准（5mg/L）低 95.76%、97.04%、96.96%、97.24%、96.62%（按图 6-9 设置的顺序），全磷含量降低的顺序为：氮肥后移处理＞无机肥处理＞无机肥与有机肥结合处理＞地膜覆盖处理＞对照处理。由此可见，精准化施肥可以大大降低稻田水体中全磷含量。

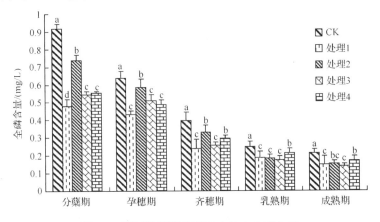

图 6-9　不同施肥处理稻田水体中全磷含量

不同施肥处理对不同生育期稻田水体中全磷含量有不同影响。在分蘖期，稻田水体中全磷含量呈现对照处理＞无机肥与有机肥结合处理＞地膜覆盖处理＞氮肥后移处理＞无机肥处理，最高为对照处理，其值为 0.916mg/L，最低为无机肥处理，其值为 0.480mg/L。分蘖期是全部生育期中稻田水体全磷含量最高的时期，但所有处理含量均没有超过 5mg/L，达到农田灌溉水质的排放标准。4 个处理（按图 6-9 设置的顺序）稻田水体的全磷含量分别比对照处理低了 47.60％、19.54％、40.61％、39.63％。

在孕穗期，稻田水体中全磷含量明显降低，呈现对照处理＞无机肥与有机肥结合处理＞氮肥后移处理＞地膜覆盖处理＞无机肥处理的趋势，最高为对照处理，其值为 0.639mg/L，最低为无机肥处理，其值为 0.433mg/L。由于孕穗期水稻生长所需养分大，水体的全磷含量下降幅度大，4 个处理的全磷含量分别比对照处理低 32.24％、8.45％、20.34％、23.63％。

在齐穗期，稻田水体中全磷含量继续降低，呈现对照处理＞无机肥与有机肥结合处理＞地膜覆盖处理＞氮肥后移处理＞无机肥处理，最高为对照处理，其值为 0.397mg/L，最低为无机肥处理，其值为 0.239mg/L。与上一个生育期比，水体的全磷含量下降幅度相对减小，4 个处理的全磷含量分别比对照处理低 39.80％、16.88％、35.52％、25.69％。

在乳熟期，稻田水体中全磷含量降低没有前几个时期明显，呈现对照处理＞地膜覆盖处理＞无机肥处理＞无机肥与有机肥结合处理＞氮肥后移处理，最高为对照处理，其值为 0.251mg/L，最低为氮肥后移处理，其值为 0.176mg/L，四个处理的全磷含量分别比对照处理低 25.50％、26.69％、29.88％、15.54％。

在成熟期，稻田水体中全磷含量略有下降但下降不明显，呈现对照处理＞地膜覆盖处理＞无机肥与有机肥结合处理＞无机肥处理＞氮肥后移处理，最高为对照处理，其值为 0.212mg/L，最低为氮肥后移处理，其值为 0.138mg/L。4 个处理的全磷含量分别比对照处理低 30.19％、28.30％、34.91％、20.28％。

### 6.6.3　精准化施肥对稻田土壤氮、磷含量的影响

由表 6-33 可以看出，试验地 pH 呈弱酸性，精准化施肥后对试验地 pH 影响不大。各处理与对照处理相比，土壤的全氮、碱解氮、全磷、有效磷含量都随着不同施肥处理相应有所增加，这说明精准化施肥能提高稻田土壤肥力。在各个处理中，全氮含量呈现氮肥后移处理＞无机肥与有机肥结合处理＞地膜覆盖处理＞无机肥处理＞对照处理；碱解氮的含量呈现氮肥后移处理＞无机肥与有机肥结合处理＞无机肥处理＞地膜覆盖处理＞对照处理，土壤全氮、碱解氮的含量都是氮肥后移处理高于其他处理，说明氮肥后移处理对稻田土壤氮素营养贡献最高，这是因为氮肥后移措施使氮素残留在土壤中的数量增加了。土壤全磷、有效磷的含量呈现无机肥与有机肥结合处理＞无机肥处理＞氮肥后移处理＞地膜覆盖处理＞对照处理，说明无机肥与有机肥结合处理对稻田土壤磷增加贡献最高。总体看来，各处理对稻田土壤氮磷增加的贡献均高于对照处理，土壤全氮、碱解氮、全磷、有效磷含量平均增加了 0.623g/kg、18.280mg/kg、0.236g/kg、4.519mg/kg。

表 6-33　精准化施肥收获后稻田土壤氮、磷含量

| 处理 | pH | 全氮/(g/kg) | 碱解氮/(mg/kg) | 全磷/(g/kg) | 有效磷/(mg/kg) |
|---|---|---|---|---|---|
| CK | 5.740±0.04Aa | 2.030±0.08Cd | 104.540±6.24Bc | 0.908±0.09Ab | 13.060±2.53Dd |
| 1 | 5.730±0.06Aa | 2.470±0.06Bc | 114.360±6.79ABbc | 1.155±0.04Aab | 18.358±1.92BCb |
| 2 | 5.770±0.08Aa | 2.780±0.04Aa | 128.790±8.49ABab | 1.280±0.07Aa | 20.078±3.01ABa |
| 3 | 5.800±0.08Aa | 2.820±0.04Aa | 137.950±8.73Aa | 1.148±0.17Aab | 16.762±3.39Ab |
| 4 | 5.760±0.11Aa | 2.540±0.04Bb | 110.180±6.66ABbc | 0.991±0.06Ab | 15.117±3.31CDc |

注：CK 为对照；1 为无机肥；2 为无机肥与有机肥结合；3 为氮肥后移；4 为地膜覆盖。处理间不同大写字母代差异性达到 1% 显著水平，小写字母达到 5% 的显著水平。下同

### 6.6.4　精准化施肥对水稻植株生物体内氮、磷含量的影响

表 6-34 表明，各处理收获的籽粒和秸秆中全氮、全磷含量，除了在对照与不同施肥处理间稻梗全氮和籽粒全磷含量有差异外，其他处理间没有明显差异，说明精准化施肥对水稻植物体内的氮磷含量有一定影响，但影响不大。

表 6-34　精准化施肥处理收获后籽粒、稻梗中全氮、全磷含量

| 处理 | 籽粒全氮/% | 稻梗全氮/% | 籽粒全磷/% | 稻梗全磷/% |
|---|---|---|---|---|
| CK | 1.380±0.071Ab | 1.360±0.184Bb | 0.398±0.041Bc | 0.375±0.058Aa |
| 1 | 1.680±0.071Aa | 1.720±0.311ABa | 0.546±0.077ABab | 0.414±0.052Aa |
| 2 | 1.640±0.156Aa | 1.940±0.113Aa | 0.385±0.013Bc | 0.433±0.060Aa |
| 3 | 1.730±0.014Aa | 1.840±0.085Aa | 0.620±0.005Aa | 0.464±0.028Aa |
| 4 | 1.740±0.113Aa | 1.900±0.085Aa | 0.476±0.011ABbc | 0.468±0.011Aa |

### 6.6.5　精准化施肥对水稻产量及其性状的影响

水稻产量是由有效穗数、总粒数、结实率、千粒重 4 个因素构成，且它们的形成与

发展不是孤立的，而是相互联系、相互制约的。判断水稻是否高产，这4个构成因素是重要标志（杨立炯等，1986）。以精准化施肥4个处理的平均值计算，精准化施肥比对照处理的有效穗数平均增加了18.51％，结实率增加2.94％，千粒重增加4.08％，因而产量平均增产12.94％。但是不同施肥处理对产量的影响不同（表6-35），从产量上来看，氮肥后移处理最高，位居第二的是无机肥与有机肥结合处理，其次是地膜覆盖处理，对照处理最低，以最高产量的处理与对照比较，两者之间差值达到1795.85kg/hm²，差异显著。水稻产量与产量性状间有非常紧密的关系（罗来君，2006；袁伟玲等，2005；马铮等，2006）。就不同处理产量性状来看，有效穗数、每穗总粒数、结实率和千粒重处理间具有差异（表6-35）。氮肥后移处理之所以产量最高，是因为其有效穗数、千粒重高于其他处理，结实率稍高于其他处理。从上述分析可看出，精准化施肥不仅降低了稻田水体中的全氮、全磷含量，而且增加了水稻的产量，平均增加1127kg/hm²，即平均增加产量75.13kg/亩。因此，精准化施肥是水稻生产节能减排的一种有效途径。

表6-35　不同施肥方式对产量及其性状的影响

| 处理 | 产量/(kg/hm²) | 有效穗数/(万/hm²) | 每穗总粒数/粒 | 结实率/％ | 千粒重/g |
|---|---|---|---|---|---|
| CK | 8710.05±393.66Bc | 220.67±12.17Bb | 197.41±8.70Aa | 75.72±1.00Bc | 25.74±0.07Cd |
| 1 | 9564.90±335.20ABb | 253.45±26.54Aa | 185.38±11.78 Bb | 78.74±0.74Aab | 26.57±0.23Bb |
| 2 | 10018.17±270.63ABab | 272.01±25.24Aa | 143.16±9.73 Ee | 79.32±1.65Aa | 27.19±0.15Aa |
| 3 | 10505.94±16.84Aa | 265.14±10.21Aa | 159.84±10.62Dd | 78.74±0.88Aab | 27.25±0.34Aa |
| 4 | 9259.20±112.01ABbc | 255.46±18.11Aa | 174.69±6.63Cc | 77.85±1.26Ab | 26.15±0.31Cc |

## 6.6.6　微生物肥料施用对稻田水体中全氮、全磷排放的削减效应

### 6.6.6.1　微生物肥料施用对稻田水体中全氮的削减效应

为了了解微生物肥料施用对稻田水体全氮的削减程度，我们分别在水稻生长的不同生育期采集水样分析。与对照处理即常规施肥方式比较，微生物肥料施用明显降低了水体中的全氮含量，沿着水稻生育期，水体中全氮含量逐渐下降，且孕穗期下降幅度最大，齐穗期、乳熟期、成熟期下降幅度相对较小（图6-10）。在水稻分蘖期各处理稻田水体中平均降低全氮含量48.05％，孕穗期平均降低59.98％、齐穗期平均降低49.27％、乳熟期平均降低46.07％、成熟期平均降低40.66％，整个生育期平均削减水体全氮48.81％。与农田灌溉水质标准（12mg/L）比较，在水稻分蘖期所有处理均超标，在孕穗期只有对照处理超标，从齐穗期以后，所有处理均低于农田灌溉水质标准。直到稻田排水时，对照处理、微生物肥料施用5个处理的稻田排水中全氮含量分别比农田灌溉水质标准降低了56.98％、74.63％、72.61％、73.83％、75.94％、75.59％，全氮含量降低的高低顺序为：解磷菌处理（40kg/亩）＞解磷菌处理（80kg/亩）＞固氮菌处理（40kg/亩）＞固氮菌处理（120kg/亩）＞固氮菌处理（80kg/亩）＞对照处理，且5个处理降低程度差异不大，解磷菌处理降低程度略大于固氮菌施用处理，这是由于固氮菌的作用影响稻田水体的全氮含量，使其全氮含量的削减程度略小。由此可

见，微生物肥料施用无论是固氮菌还是解磷菌，都可以大大降低稻田水体中的全氮含量。

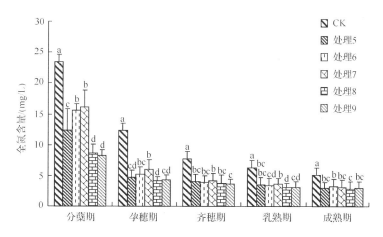

图 6-10　不同施肥处理对稻田水体中全氮的影响

CK：对照；处理 5：固氮菌（40kg/亩）；处理 6：固氮菌（80kg/亩）；处理 7：固氮菌（120kg/亩）；处理 8：
解磷菌（40kg/亩）；处理 9：解磷菌（80kg/亩）。不同字母代表不同处理间差异达到 5％显著水平。下同

　　不同施肥处理对不同生育期稻田水体中全氮含量削减的程度也有较大的差异（图 6-10）。在分蘖期，各处理稻田水体中全氮含量达到最高值，呈现对照处理＞固氮菌处理（120kg/亩）＞固氮菌处理（80kg/亩）＞固氮菌处理（40kg/亩）＞解磷菌处理（40kg/亩）＞解磷菌处理（80kg/亩），最高为对照处理，其值为 23.500mg/L，最低为解磷菌处理（80kg/亩），其值为 8.312mg/L，除解磷菌处理（40kg/亩）、解磷菌处理（80kg/亩）外，均超过 12mg/L，未达到农田灌溉水质标准。但是在此时期，水稻秧苗对养分的需要量大，水体中大量营养元素是水稻正常生长必需的，因此该生育期稻田水流失少，不会对环境造成太大的影响。5 个处理稻田水体的全氮含量分别比对照处理低47.46％、33.92％、31.15％、63.11％、64.63％。

　　在孕穗期，稻田水体中全氮含量明显降低，呈现对照处理＞固氮菌处理（120kg/亩）＞固氮菌处理（80kg/亩）＞固氮菌处理（40kg/亩）＞解磷菌处理（80kg/亩）＞解磷菌处理（40kg/亩），最高为对照处理，其值为 12.282mg/L，最低为解磷菌处理（40kg/亩），其值为 4.189mg/L。由于水稻在孕穗期生长所需养分大，水体的全氮含量下降幅度大，5 个处理稻田水体的全氮含量分别比对照处理低 61.30％、57.24％、50.52％、65.89％、64.94％。

　　在齐穗期，稻田水体中全氮含量继续降低，呈现对照处理＞固氮菌处理（120kg/亩）＞固氮菌处理（40kg/亩）＞固氮菌处理（80kg/亩）＞解磷菌处理（40kg/亩）＞解磷菌处理（80kg/亩），最高为对照处理，其值为 7.737mg/L，最低为解磷菌处理（80kg/亩），其值为 3.621mg/L，均没有超过 12mg/L，水体的全氮含量下降幅度相对减小。5 个处理稻田水体的全氮含量分别比对照低 68.00％、49.71％、45.00％、50.77％、53.20％。

　　在乳熟期，稻田水体中全氮含量降低没有前几个时期明显，呈现对照处理＞固氮菌处理（120kg/亩）＞固氮菌处理（40kg/亩）＞固氮菌处理（80kg/亩）＞解磷菌处理

（80kg/亩）＞解磷菌处理（40kg/亩），最高为对照处理，其值为6.287mg/L，最低为解磷菌处理（40kg/亩），其值为3.109mg/L，5个处理稻田水体的全氮含量分别比对照处理低43.57%、45.30%、41.86%、50.55%、49.07%。

在成熟期，稻田水体中全氮含量略有下降但下降不明显，呈现对照处理＞固氮菌处理（80kg/亩）＞固氮菌处理（120kg/亩）＞固氮菌处理（40kg/亩）＞解磷菌处理（80kg/亩）＞解磷菌处理（40kg/亩），最高为对照处理，其值为5.163mg/L，最低为解磷菌处理（40kg/亩）处理，其值为2.887mg/L。5个处理稻田水体的全氮含量分别比对照处理低41.02%、36.34%、39.16%、44.08%、42.69%。

### 6.6.6.2 微生物肥料施用对稻田水体中全磷的削减效应

不同施肥处理对水稻不同生育期稻田水体中全磷含量的影响是很明显的，沿着水稻生育期，水体中全磷量逐渐下降，且孕穗期下降幅度最大，齐穗期、乳熟期、成熟期下降幅度相对较小（图6-11）。在水稻的各个生育期，水体全磷含量以对照处理为最高，其余处理较低。以5个处理平均值计算，在分蘖期降低稻田水体的全磷含量51.79%，孕穗期降低60.29%、齐穗期降低57.93%、乳熟期降低45.34%、成熟期降低41.98%，整个生育期平均降低水体全磷含量51.47%。与农田灌溉水质标准（5mg/L）比较，各生育期均没有出现稻田水体全磷含量大于或等于5mg/L的超标现象。稻田排水时，对照处理、微生物肥料施用5个处理的稻田水体全氮含量分别比农田灌溉水质标准降低了95.76%、97.50%、97.70%、97.66%、97.48%、97.36%，降低的高低顺序为：固氮菌处理（80kg/亩）＞固氮菌处理（120kg/亩）＞固氮菌处理（40kg/亩）＞解磷菌处理（40kg/亩）＞解磷菌处理（80kg/亩）＞对照处理。

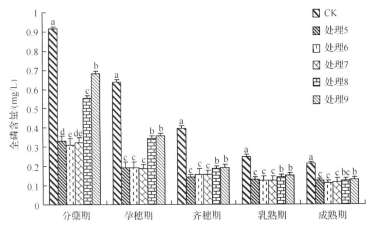

图6-11 不同施肥处理对稻田水体中全磷的影响

不同处理对各生育期稻田水体中全磷含量削减的程度有较大的差异。在分蘖期，稻田水体中全磷含量呈现对照处理＞解磷菌处理（80kg/亩）＞解磷菌处理（40kg/亩）＞固氮菌处理（40kg/亩）＞固氮菌处理（120kg/亩）＞固氮菌处理（80kg/亩），最高为对照处理，其值为0.916mg/L，最低为固氮菌处理（80kg/亩），其值为0.312mg/L。各处理在分蘖期稻田水体的全磷含量均没有超过5mg/L，达到了农田灌溉水质标准。5

个处理稻田水体的全氮含量分别比对照处理低 63.54%、65.94%、64.52%、39.30%、25.66%（按图 6-11 各处理设置顺序）。

在孕穗期，稻田水体中全磷含量明显降低，呈现对照处理＞解磷菌处理（80kg/亩）＞解磷菌处理（40kg/亩）＞固氮菌处理（80kg/亩）＞固氮菌处理（40kg/亩）＞固氮菌处理（120kg/亩），最高为对照处理，其值为 0.639mg/L，最低为固氮菌处理（120kg/亩），其值为 0.186mg/L。由于水稻在孕穗期生长所需磷素养分量大，水体的全磷含量下降幅度大，5 个处理的全氮含量分别比对照处理低 70.27%、70.00%、70.89%、46.00%、44.29%。

在齐穗期，稻田水体中全磷含量继续降低，呈现对照处理＞解磷菌处理（80kg/亩）＞解磷菌处理（40kg/亩）＞固氮菌处理（120kg/亩）＞固氮菌处理（80kg/亩）＞固氮菌处理（40kg/亩），最高为对照处理，其值为 0.397mg/L，最低为固氮菌处理（40kg/亩），其值为 0.143mg/L，各处理稻田水体的全磷含量下降幅度相对减小，5 个处理的全氮含量分别比对照处理低 64.23%、60.71%、60.45%、53.15%、51.13%。

在乳熟期，稻田水体中全磷含量降低没有前几个时期明显，呈现对照处理＞解磷菌处理（80kg/亩）＞解磷菌处理（40kg/亩）＞固氮菌处理（40kg/亩）＞固氮菌处理（120kg/亩）＞固氮菌处理（80kg/亩），最高为对照，其值为 0.251mg/L，最低为固氮菌处理（80kg/亩），其值为 0.126mg/L，5 个处理中全磷含量分别比对照处理低 47.01%、49.80%、49.40%、41.83%、38.65%。

在成熟期，稻田水体中全磷含量略有下降但下降不明显，呈现对照处理＞解磷菌处理（80kg/亩）＞解磷菌处理（40kg/亩）＞固氮菌处理（40kg/亩）＞固氮菌处理（120kg/亩）＞固氮菌处理（80kg/亩），最高为对照处理，其值为 0.212mg/L，最低为固氮菌处理（80kg/亩），其值为 0.115mg/L，5 个处理的全磷含量分别比对照处理低 41.03%、45.75%、44.81%、40.57%、37.74%。

### 6.6.7 微生物肥料施用对稻田土壤氮、磷含量的影响

由表 6-36 可以看出，试验地 pH 呈弱酸性，微生物肥料施用对试验地 pH 其影响不大。各个处理与对照处理相比，土壤全氮、碱解氮、全磷、有效磷含量明显增加。全氮含量在各个处理土壤中，固氮菌处理（120kg/亩）＞固氮菌处理（80kg/亩）＞固氮菌处理（40kg/亩）＞解磷菌处理（40kg/亩）＞解磷菌处理（80kg/亩）＞对照处理。固氮菌处理（120kg/亩）的含量最高，显著高于其他处理，这是因为固氮菌的固氮作用的结果。土壤中碱解氮的含量，固氮菌处理（120kg/亩）＞固氮菌（80kg/亩）＞固氮菌处理（40kg/亩）＞解磷菌处理（40kg/亩）＞对照处理＞解磷菌处理（80kg/亩），固氮菌处理（120kg/亩）的含量最高，显著高于其他处理。土壤全磷含量呈现解磷菌处理（80kg/亩）＞解磷菌处理（40kg/亩）＞固氮菌处理（80kg/亩）＞固氮菌处理（120kg/亩）＞固氮菌处理（40kg/亩）＞对照处理，解磷菌处理（80kg/亩）的含量最高，显著高于其他处理，这是因为解磷菌的解磷能力提高了土壤磷的贡献。土壤有效磷的含量呈现解磷菌处理（80kg/亩）＞解磷菌处理（40kg/亩）＞固氮菌处理（80kg/亩）＞固氮菌处理（120kg/亩）＞对照处理＞固氮菌处理（40kg/亩），解磷菌处理（80kg/亩）的含量最高。各处理土壤全氮、碱解氮、全磷、有效磷含量平均增加了

0.388g/kg、10.952mg/kg、0.178g/kg、1.681mg/kg。

**表 6-36　微生物施肥收获后稻田土壤氮、磷的含量**

| 处理 | pH | 全氮/(g/kg) | 碱解氮/(mg/kg) | 全磷/(g/kg) | 有效磷/(mg/kg) |
|---|---|---|---|---|---|
| CK | 5.740±0.04Aa | 2.030±0.08Bc | 104.540±6.24Bbc | 0.908±0.09Ab | 13.060±2.53Bc |
| 5 | 5.800±0.03Aa | 2.550±0.11Ab | 110.890±5.16Bb | 0.991±0.12Ab | 12.731±1.28 Bc |
| 6 | 5.660±0.06Aa | 2.640±0.18Aab | 127.360±8.92Aa | 1.021±0.05Ab | 13.643±3.24Bbc |
| 7 | 5.680±0.01Aa | 2.700±0.09Aa | 131.270±12.04Aa | 1.001±0.02Ab | 13.227±3.24Bbc |
| 8 | 5.710±0.04Aa | 2.110±0.08Bc | 106.610±12.76Bbc | 1.146±0.07Aab | 15.479±2.77Aab |
| 9 | 5.690±0.04Aa | 2.090±0.05Bc | 101.330±6.82Bc | 1.27±0.06Aa | 18.625±3.53Aa |

## 6.6.8　微生物肥料施用对水稻植株氮、磷含量的影响

由表 6-37 可知各处理收获的籽粒和稻梗全氮、全磷含量，但是所有处理都无明显差异，说明施用固氮菌、解磷菌对水稻植物体内的氮磷含量影响不大。

**表 6-37　微生物施肥处理收获后籽粒、稻梗中全氮、全磷含量**

| 处理 | 籽粒全氮/% | 稻梗全氮/% | 籽粒全磷/% | 稻梗全磷/% |
|---|---|---|---|---|
| CK | 1.380±0.071Aa | 1.360±0.184Aa | 0.398±0.041Aa | 0.375±0.058Aa |
| 5 | 1.430±0.071Aa | 1.530±0.099Aa | 0.414±0.045Aa | 0.384±0.045Aa |
| 6 | 1.540±0.057Aa | 1.370±0.014Aa | 0.453±0.026Aa | 0.394±0.004Aa |
| 7 | 1.450±0.014Aa | 1.370±0.212Aa | 0.451±0.032Aa | 0.387±0.006Aa |
| 8 | 1.460±0.000Aa | 1.400±0.028Aa | 0.436±0.054Aa | 0.413±0.109Aa |
| 9 | 1.450±0.099Aa | 1.500±0.113Aa | 0.468±0.041Aa | 0.492±0.023Aa |

## 6.6.9　微生物肥料施用对水稻产量及其性状的影响

按 5 个处理的平均值计算，微生物肥料施用比对照处理即常规施肥方式的有效穗数平均增加 15.53%，结实率增加 0.65%，千粒重增加 1.71%，因而产量平均增产6.46%（表 6-38）。但是不同施肥处理对产量及性状的影响不同，从产量上来看，固氮菌处理（120kg/亩）最高，固氮菌处理（80kg/亩）次之，对照处理最低。最高产量的处理和对照比，两者间差值达到 805.50kg/hm²。固氮菌处理（120kg/亩）产量高是因

**表 6-38　不同施肥方式下的产量及其性状**

| 处理 | 产量/(kg/hm²) | 有效穗数/(万/hm²) | 每穗总粒数/粒 | 结实率/% | 千粒重/g |
|---|---|---|---|---|---|
| CK | 8710.05±393.66Bc | 220.67±12.17Cc | 197.41±8.70Aa | 75.72±1.00Ac | 25.74±0.07Cc |
| 5 | 8988.86±62.21ABbc | 246.31±23.07BCb | 180.62±9.22 Bb | 75.76±0.57Abc | 25.37±0.21Dd |
| 6 | 9365.00±52.08Aa | 275.26±21.12Aa | 153.81±9.05Dd | 76.56±0.95Aa | 25.87±0.31Cc |
| 7 | 9515.55±83.79Aa | 244.52±8.45BCb | 171.77±8.09Cc | 76.30±1.05Aabc | 26.86±0.18Aa |
| 8 | 9204.00±42.30ABab | 255.75±9.88ABb | 169.09±11.02Cc | 76.68±1.49Aa | 26.35±0.18Bb |
| 9 | 9291.79±114.64Aab | 252.60±8.05ABb | 152.73±7.76Dd | 76.55±0.79Aab | 26.45±0.19Bb |

为其有效穗数、千粒重高于其他处理，而且结实率也较高。从上述分析可看出，微生物肥料的施用不仅降低了稻田水体中的全氮、全磷含量，而且增加了水稻的产量，平均增产 562.99kg/hm²。

# 6.7 包膜筛选及缓释氮肥对稻田氮排放削减效应研究方法

## 6.7.1 材料与方法

### 6.7.1.1 温度与缓释氮肥氮释放的关系

实验使用由贵州大学新型肥料研究所提供的两种包膜尿素。该包膜尿素采用固-液反应包膜工艺，运用改性的无机包膜材料试制，成本低，编号为 A、B。

研究工作进行了包膜尿素的初期溶出率和微分溶出率测定。缓释氮肥初期溶出率＝1 天溶出的氮素量/缓释氮肥的氮素量×100％。根据欧洲标准委员会（Committee of European Normalization，CEN）规定，缓释肥料在水中养分释放速率 24h 不大于 40％，在规定时间内至少有 75％ 被释放（徐和昌等，1995；Trenkel，1997）。微分溶出率是评价包膜完整的肥料粒子平均每天释放养分的百分率。本研究测定常温（25℃）下的初期溶出率，同时测定不同温度梯度（15℃、20℃、25℃、30℃、35℃）下氮素的微分溶出率。

具体测定时，准确称取肥料样品 2.50g，放入 100 目（0.149mm）尼龙袋中，再置入 100mL 白色塑料瓶中，加入 50mL 去离子水，盖好瓶盖，置于 25℃恒温培养箱中培养浸提，每个样品设 3 次重复。每次取样时，肥料袋保存在塑料瓶中，把浸提液全部取出，用于氮的测定，在塑料瓶中再加 50mL 去离子水置于恒温培养箱中继续培养，于 1 天、2 天、3 天、4 天、5 天、6 天、7 天分别取样进行测定。不同温度下氮素微分溶出率测定时，准确称取肥料样品 2.50g，加 20 倍的水，在 15℃、20℃、25℃、30℃、35℃5 个不同处理的温度下，于 1 天、2 天、3 天、4 天、5 天、6 天、7 天分别取样进行测定，并同时进行重复试验。

缓释氮肥溶出液中氮的测定，采用凯氏定氮法。由于试验材料（包膜肥料）的原材料是尿素，尿素属于酰胺态氮，故需要进行酸化，浸出液的全氮含量采用 $H_2SO_4$-$CuSO_4$-$K_2SO_4$ 消煮。消煮后，将酰胺态氮转化为氨态氮，经氢氧化钠碱化后，蒸馏出来的氨用硼酸吸收，以标准溶液滴定，计算全氮含量。

### 6.7.1.2 缓控释氮肥包膜材料筛选

目前国内外研究较多的缓/控释肥料是包膜肥料，而包膜材料又是影响肥料控释性能的关键（胡宗智等，2004）。有机包膜材料筛选的原则是：①包膜材料施入土壤后，尽可能地减少对土壤的团粒结构、养分结构和微生态环境平衡的影响；②在自然条件下降解或降解周期短，残留成分不能污染土壤环境，如聚氯乙烯塑料类包裹材料在自然条件下很难降解，大量积累后严重影响土壤基本结构，造成土壤污染，给作物生长埋下了隐患（袁洋，2009）；③包膜材料价格低廉、资源丰富（熊又升，2000；许秀成等，2002；王红飞和王正辉，2005；谷佳林等，2007）。本节以两种有机包膜物料为材料，接种两种菌种，考察不同水分含量、加入激活剂、不同温度等条件对有机包膜分解的影响，通过测定不同试验条件下水溶性有机质氮含量的变化，筛选出具有缓控释作用的包膜材料和对物料有很好分解能力的菌种，从而复合成包膜材料，解决现有缓控释肥不足的问题。

实验室供试物料 J、M 均为市场可购买的价格低廉、营养成分含量高的有机物料。前者全氮和有机质含量分别为 4.8% 和 261.39g/kg，后者为 3.9% 和 343.07g/kg。供试菌种 G、H，供试酶 T，供试激活剂 C 均由贵州贵阳归真生物制品厂提供。试验共设 4 个处理：物料 J-微生物 G，物料 J-微生物 H，物料 M-微生物 G，物料 M-微生物 H。水分含量对微生物分解的影响试验设 4 个处理：60%、70%、80%、90%（50%、60%、70%、80%）；激活剂对微生物的影响试验中，激活剂用量设 5 个处理：0%、0.5%、1%、2%、3%；温度对微生物的影响试验培养温度设 6 个处理：15℃、25℃、30℃、35℃、40℃、45℃。每个处理重复 3 次。将培养基配制后接入菌种，充分拌匀，置于培养箱中进行培养，7 天后取出，然后按照水溶性有机氮的提取方法分别进行提取，并检测其含量，分析不同因素对有机包膜材料分解的影响（赵劲松等，2003；陈春羽和王定勇，2009）。

### 6.7.1.3　缓释尿素施用对稻田水体氮磷削减的大田试验

大田试验的供试土壤为黄壤发育成的水稻土。试验供试作物为水稻，品种为'金优527'，是贵州省水稻的主要品种。试验稻田土壤肥力较高，排灌条件良好，在当地属中高产田，其土壤肥力状况见表 6-39。

表 6-39　试验稻田土壤养分状况

| pH (1:2.5) | 有机质 /(g/kg) | 全氮 /(g/kg) | 全磷 /(g/kg) | 全钾 /(g/kg) | 碱解氮 /(mg/kg) | 速效磷 /(mg/kg) | 速效钾 /(mg/kg) |
|---|---|---|---|---|---|---|---|
| 6.37 | 35.658 | 1.426 | 0.984 | 15.748 | 158.627 | 28.645 | 98.453 |

试验设 6 个处理，其中氮肥分为普通尿素和缓释尿素，普通尿素在市场上购买，缓释尿素由贵州大学新型肥料研究所提供，处理Ⅱ为施用普通尿素处理，其余处理为施用缓释尿素处理，氮素含量以纯氮计：① 0kg/hm²；② 150kg/hm²；③ 75kg/hm²；④150kg/hm²；⑤225kg/hm²；⑥300kg/hm²。处理Ⅱ按基肥、分蘖肥、穗肥施用，施氮量比例为 5:3:2。其他处理的缓控释尿素于移栽前一次性施用，后期不追肥。所有处理均施用磷肥和钾肥，其施用量为 $P_2O_5$ 90kg/hm² 和 $K_2O$ 180kg/hm²，于移栽前一次性施用。每个处理重复 3 次，随机区组排列，共 18 个小区，小区面积为 16m²（4m×4m）。

试验秧苗于 6 月 15 日单株移栽，株行距为 18cm×21cm。分别于分蘖期（7 月 7 日）、孕穗期（7 月 27 日）、齐穗期（8 月 13 日）、乳熟期（8 月 30 日）和成熟期（9 月 22 日）采水样。采样时，不扰动土层取田面水，装入 200mL 取样瓶中，后放入 4℃冰箱内保存，以备使用。水样经定量滤纸过滤后，用浓 $H_2SO_4$-$H_2O_2$ 加热氧化，定溶后取样用凯氏定氮仪测定（鲍士旦，2005）。

在成熟期，从每个小区的中心区选择 5m² 作为测产区，脱粒晒干风选后，称风干重，然后用烘干法测定样品的水分含量，根据水分含量计算稻谷的干重，再返回14%的吸湿水以计算稻谷的产量。测产取样的同时，在方形测产小区由对角线取12蔸作为考种样，考察水稻的产量构成。

## 6.7.2 不同温度下缓释氮肥氮素释放特征

### 6.7.2.1 25℃下氮素初期溶出率

从图6-12可以看出，A、B两种包膜尿素的初期溶出率分别为27.6%、15.8%。其中A的初期溶出率明显要大于B，A、B间差异显著。对于包膜材料和包膜工艺相同的缓释肥，初期溶出率是反映肥料颗粒包膜完整性的指标。初期溶出率越大，肥料颗粒包膜完整性越差，有较多的肥料颗粒由于包膜不完整（如包膜不严密、包膜厚度不均匀等）而很快溶出养分，通常要求初期溶出率不大于40%。由图6-12可以看出，两种类型的供试包膜尿素初期溶出率均小于40%，说明两种肥料在初期溶出率这个指标上是满足包膜肥料基本要求的。对于包膜材料不同的缓释肥，初期溶出率不但反映肥料颗粒包膜的完整性，更重要的是可以反映包膜材料的成膜性和膜的通透性。初期溶出率越大，包膜材料的成膜性越差，或者膜的通透性越大，养分的缓释作用越差。因此，初期溶出率可以作为筛选包膜材料的指标之一。初期溶出率较大的缓释肥，前期养分释放较快，对一些一年生植物特别是农作物前期的营养生长十分有利；若初期溶出率较小，前期养分释放较慢，往往满足不了植物的营养需求。A初期溶出率大，在水稻上具有较好的肥效，因为水稻分蘖期是氮素需求的高峰期和氮素营养的临界期，充分的氮素供应可以保证足够数量和健壮的分蘖，为高产打下基础。

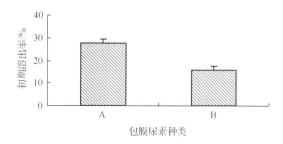

图6-12　25℃下包膜尿素的初期溶出率

### 6.7.2.2 25℃下包膜尿素氮素溶出率

微分溶出率是第2天至第7天平均每天释放养分的百分比。一般溶出率大，肥效期短。从图6-13可以得到，A、B的氮素养分溶出率分别为27.6%、15.1%、12.3%、8.9%、5.2%、4.8%、4.5%；15.8%、14.1%、16.3%、20.9%、13.5%。除了第1、2天，B的溶出率较A大，氮素5天的累计溶出率为80.6%，说明B的肥效期较A短。与A相比，B有明显的高峰期（抛物线顶点），而B的溶出率又较高。如果B的氮素释放周期能够和某一作物的生理生长周期相吻合，那么B将是该种类型作物很好的新型肥料。B型肥料前期由于受包膜厚度的影响，膜内养分浓度较小而养分释放较慢，中期由于膜内养分浓度增加和膜内外养分浓度梯度迅速增大，养分释放较快。

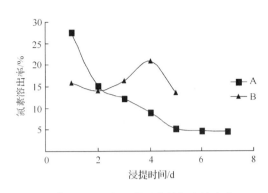

图 6-13　7天内包膜尿素的氮素溶出率

在通常情况下，溶出率较低的包膜肥料其肥料有效期较长。A和B两种肥料比较，A的氮素溶出率较低，但其肥效不一定很长，这是因为A初期溶出率较高。从图6-13可以看出，B的氮素溶出率成抛物线下降，总体溶出率较高，而A的氮素溶出率成明显的下降趋势，前3天的累计溶出率为55.0％（图6-14），溶出率较高，而后4天的溶出率较低。如何降低前3天的氮素溶出率，是提高A肥料肥期的途径。而前期的氮素溶出率通常与包膜肥料的造粒工艺有关，改良A型肥料的造粒工艺是提高其肥效期的有效方式。

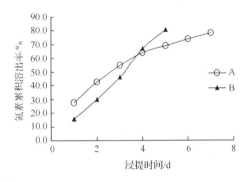

图 6-14　7天内包膜尿素氮素累计溶出率

## 6.7.2.3　不同温度条件下氮素溶出率分析

在通常情况下，肥料有效成分的释放量与温度有很大关系，氮素尤为如此。为了确定温度对氮素释放的影响，设置了不同的温度梯度，包括15℃、20℃、25℃、30℃、35℃。该温度梯度是以常温25℃为中心、以5℃为梯度设计的。之所以以25℃为中心，是因为25℃是确定氮素初期溶出率的温度。

**(1) 15℃氮素溶出率**

试验结果表明，A、B的氮素养分在7天内的溶出率分别为20.1％、18.9％、10.1％、7.9％、5.6％、3.6％、2.1％；12.3％、15.7％、10.3％、13.6％、6.9％、8.2％、5.3％（图6-15）。A型肥料在整个测定过程中，其氮素溶出率逐渐降低，呈明显的递减趋势；而B的氮素溶出率曲线有两个较明显的波峰，分别在第2天和第4天。B在整个氮素溶出过程中，累计溶出率都未超过80％（图6-16）。从图中还可以看出，

A 与 B 在第 6 天有一个交汇点，在该点前 A 的累计氮素溶出率较 B 大，在该点后，也就是在第 7 天，B 的累计溶出率超过了 A，但是也仅仅为 72.3%，未超过 80%。在通常的大田试验中，适合该温度生长的大田作物较少，因而在一定程度上影响了该值的实际意义。虽然该值的实际应用中具有局限性，但能够说明温度对氮素释放的影响。

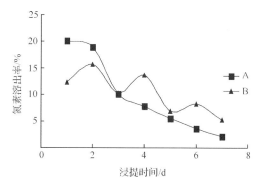

图 6-15　7 天包膜尿素的氮素溶出率

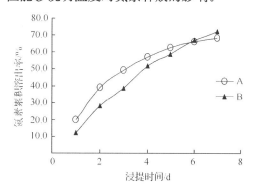

图 6-16　7 天包膜尿素的氮素累计溶出率

### (2) 20℃氮素溶出率

A、B 的氮素养分溶出率为 25.1%、15.2%、11.3%、9.8%、4.1%、3.9%、3.8%；14.3%、15.9%、17.5%、13.3%、9.5%、9.7%（图 6-17）。A 型包膜肥料的氮素溶出率呈明显下降趋势，其初期溶出率较高，B 的氮素溶出率呈抛物线型，在第 3 天出现最大氮素溶出率，随后缓慢下降，溶出率除第 2 天外，都较 A 大，6 天的累计溶出率为 80.2%，从而可以说明 B 的肥效期较 A 短。从图 6-18 可以看到氮素累计溶出率变化，就前 4 天来说，A 的累计溶出率较 B 大。在第 4 天是一个转折点，在后面时间里，B 的累计溶出率较 A 的大。从累计溶出率的趋势看，A 的溶出率是前期较大，后期逐渐减小，前后期差别较大；B 的溶出率在后期明显较 A 大。因此，相对来说，在 20℃温度条件下，A 的缓释效果较 B 好一些。

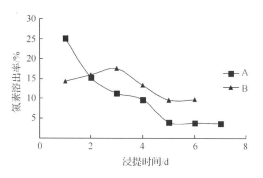

图 6-17　7 天包膜尿素的氮素溶出率

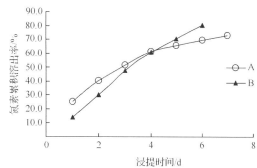

图 6-18　7 天包膜尿素的氮素累计溶出率

### (3) 30℃氮素溶出率

A、B 的氮素在 7 天内的溶出率分别为 28.5%、15.6%、13.4%、8.5%、6.1%、3.9%、3.7%；16.6%、12.5%、23.9%、18.9%、9.4%（图 6-19）。从图 6-19 可以看出，A 的氮素溶出率在整个过程中是逐渐降低的，初期溶出率最高，其值高达

28.5%，随后几天的时间里，溶出率都远小于该值。而 B 的氮素溶出过程呈抛物线型，相对于 A 来说，B 的氮素溶出率较大，B 的肥效期较 A 短。A 和 B 的累计氮素溶出率在第 3 天和第 4 天间有一个交汇点，在该点之前，A 的累计氮素溶出率略高于 B，这主要是由于 A 的初期溶出率较高（图 6-20）。与 15℃和 20℃比较，在 30℃下，B 的氮素溶出率明显较大，在 15℃时，B 在 7 天内的累计氮素溶出率都不超过 80%，而在 30℃下，B 在 5 天内的累计氮素溶出率就为 81.3%，可见温度对氮素释放量的影响是相当大的。

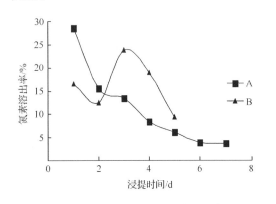

图 6-19　7 天包膜尿素的氮素溶出率　　　　图 6-20　7 天包膜尿素的氮素累计溶出率

### (4) 35℃氮素溶出率

A、B 的氮素养分在 7 天内的溶出率分别为 30.1%、13.6%、12.9%、10.6%、7.6%、5.8%；23.5%、21.9%、18.4%、16.9%（图 6-21）。从图 6-21 中可以看出，A、B 的氮素溶出率都是逐渐降低的。B 的氮素溶出率曲线没有出现其他温度下的抛物线型，而 A 的初期溶出率相对于其他温度条件比较高，达 30.1%，是第 2 天氮素溶出率的 221.32%。可见，随着温度的上升，A 的初期溶出率增大了。和前 4 个温度条件相同的结果是 B 的氮素溶出率仍然比 A 高。从图 6-22 可以看出，A 和 B 的累计氮素溶出率的交汇点出现在第 2 天，与其他 4 个温度条件相比提前了。在其他温度条件，A 前 7 天的累计氮素溶出率均小于 80%，而在 35℃下，A 在第 6 天氮素累计溶出率就达到 80.6%。在 35℃下，B 前 4 天的累计氮素溶出率为 80.7%，这与其他温度条件累计溶出率相差不大。

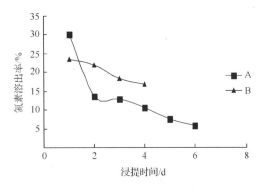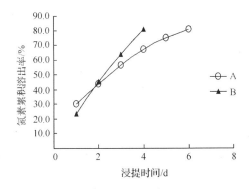

图 6-21　7 天包膜尿素的氮素溶出率　　　　图 6-22　7 天包膜尿素的氮素累计溶出率

## 6.7.2.4 不同温度条件下氮素溶出率显著性分析

由表 6-40 和表 6-41 可以看出，在不同温度条件下，相同浸提时间内，氮素溶出率存在显著差异。初期溶出率是评价包膜肥料好坏的一个重要指标，对于 A 和 B 的初期溶出率差异都是极其显著的。总体来看，A 和 B 前 4 天氮素溶出率差异比后 3 天显著，后 3 天氮素溶出率差异的显著性明显低于前一阶段。综合分析不同温度条件对氮素溶出率的影响，35℃条件下相对于其他 4 个温度是显著的，相对于 15℃是极显著，这进一步说明温度对氮素溶出率有很大影响。然而，30℃和 25℃之间差异是不显著的。

**表 6-40　A 在不同温度下氮素溶出率多重比较**

| 温度/℃ | 不同浸提时间的氮素溶出率/d | | | | | | | 显著性/% | |
|---|---|---|---|---|---|---|---|---|---|
| | 1 | 2 | 3 | 4 | 5 | 6 | 7 | 5 | 1 |
| 35 | 30.1aA | 13.6dC | 12.9bA | 10.6aA | 7.6aA | 5.8aA | | a | A |
| 30 | 28.5bB | 15.6bB | 13.4aA | 8.5dC | 6.1bB | 3.9cC | 3.7bB | b | A |
| 25 | 27.6cC | 15.1cB | 12.3bB | 8.9cC | 5.2dC | 4.8bB | 4.5aA | b | A |
| 20 | 25.1dD | 15.2cB | 11.3dC | 9.8bB | 4.1eD | 3.9cC | 3.8bB | b | A |
| 15 | 20.1eE | 18.9aA | 10.1eD | 7.9eD | 5.6bC | 3.6cC | 2.1cC | c | B |

注：每个数值后边温度之间如果出现不同字母代表差异显著，出现相同字母，表示差异不显著；大写和小写字母分别表示 5%和 1%的显著性水平。下同

**表 6-41　B 在不同温度下氮素溶出率多重比较**

| 温度/℃ | 不同浸提时间的氮素溶出率/d | | | | | | | 显著性/% | |
|---|---|---|---|---|---|---|---|---|---|
| | 1 | 2 | 3 | 4 | 5 | 6 | 7 | 5 | 1 |
| 35 | 23.5aA | 21.9aA | 18.4bB | 16.9cC | | | | a | A |
| 30 | 16.6bB | 12.5dD | 23.9aA | 18.9bB | 9.4bB | | | b | A |
| 25 | 15.8cC | 14.1cC | 16.3dD | 20.9aA | 13.5aA | | | b | A |
| 20 | 14.3dD | 15.9bB | 17.5cC | 13.3dD | 9.5bB | 9.7aA | | b | AB |
| 15 | 12.3eE | 15.7bB | 10.3eE | 13.6dD | 6.9cC | 8.2bB | 5.3 | b | B |

表 6-42 和表 6-43 比较了不同浸提时间溶出率的差异。分析表明，前 3 天差异极显

**表 6-42　A 在不同浸提时间下氮素溶出率多重比较**

| 浸提时间/d | 不同温度氮素溶出率/% | | | | | 显著性/% | |
|---|---|---|---|---|---|---|---|
| | 15℃ | 20℃ | 25℃ | 30℃ | 35℃ | 5 | 1 |
| 1 | 20.1 | 25.1 | 27.6 | 28.5 | 30.1 | a | A |
| 2 | 18.9 | 15.2 | 15.1 | 15.6 | 13.6 | b | B |
| 3 | 10.1 | 11.3 | 12.3 | 13.4 | 12.9 | c | C |
| 4 | 7.9 | 9.8 | 8.9 | 8.5 | 10.6 | d | C |
| 5 | 5.6 | 4.1 | 5.2 | 6.1 | 7.6 | e | D |
| 6 | 3.6 | 3.9 | 4.8 | 3.9 | 5.8 | e | D |
| 7 | 2.1 | 3.8 | 4.5 | 3.7 | | e | D |

著，前 4 天差异显著，而后 3 天差异不显著。这说明在初期，肥料的溶出率差异较大，而在后期变化较小。这主要是由于前期包膜肥料含氮量较大，而在后期随着氮素的溶出，基数变得越来越小，相对变化程度降低。不同浸提时间的差异性表明，时间也是影响氮素溶出率的因素。

表 6-43　B 在不同的浸提时间下氮素溶出率多重比较

| 浸提时间/d | 不同温度氮素溶出率/% | | | | | 差异显著性程度/% | |
|---|---|---|---|---|---|---|---|
| | 15℃ | 20℃ | 25℃ | 30℃ | 35℃ | 5 | 1 |
| 1 | 12.3 | 14.3 | 15.8 | 16.6 | 23.5 | a | A |
| 2 | 15.7 | 15.9 | 14.1 | 12.5 | 21.9 | a | AB |
| 3 | 10.3 | 17.5 | 16.3 | 23.9 | 18.4 | a | AB |
| 4 | 13.6 | 13.3 | 20.9 | 18.9 | 16.9 | a | AB |
| 5 | 6.9 | 9.5 | 13.5 | 9.4 | | b | AB |
| 6 | 8.2 | 9.7 | | | | b | AB |
| 7 | 5.3 | | | | | b | B |

### 6.7.3　不同因素对包膜尿素材料分解的影响

#### 6.7.3.1　含水量对有机物料分解的影响

通常情况下，有机物分解越多，其水溶性有机质和水溶性氮含量越高，有机物料分解的程度可用水溶性有机质和水溶性氮含量评价。不同微生物对有机物料的分解是不同的，有机物料的水分含量是影响微生物分解的一个重要因素，因此，微生物、有机物料含水量差异影响着水溶性有机质和水溶性氮含量，利用这个性质可以确定相应微生物的最适有机物料含水量，为包膜材料选择提供依据。由表 6-44 中水溶性有机质含量可知，对于物料 J-微生物 G 组合和物料 M-微生物 G 组合，物料中 80％含水量条件下，水溶性有机质和水溶性氮含量最高，表明有机物料分解程度在这个含水量水平最高；对于物料 J-微生物 H 组合和物料 M-微生物 H 组合，物料中 60％含水量条件下，水溶性有机质和水溶性氮含量最高，表明有机物料分解程度在这个含水量水平最高。这些结果说明不同微生物对物料分解产生水溶性有机质和水溶性有机氮对于物料含水量条件具有相同的规律。

对于物料 J 来说，微生物 H 与微生物 G 相比，微生物 H 对 J 的分解产生了更高浓度的水溶性有机质，其含量是后者的一倍多，而微生物 G 对 J 的分解产生了更高浓度水溶性氮，含量也高出一倍。对于物料 M 来说，微生物 H 与微生物 G 相比，微生物 H 对 M 的分解产生了更高浓度的水溶性有机质，其含量接近后者的一倍，而微生物 G 对 M 的分解产生了更高浓度水溶性氮，含量则略高一些。出现这种结果可能的原因是：物料 M 的淀粉含量比物料 J 的高，蛋白质含量比物料 J 的低，微生物 G 主要分解蛋白质，微生物 H 主要分解淀粉，次要分解蛋白质。

表 6-44　微生物对物料水溶性有机质/氮含量的影响

| 编号 | 处理 | 水分/% | 水溶性有机质/（g/kg） | 水溶性有机氮/% |
|---|---|---|---|---|
| 1 | 物料 J-微生物 G | 60 | 29.1900±4.5821de | 0.6250±0.2899bcd |
| | | 70 | 32.4350±4.5891cde | 0.7600±0.0990ab |
| | | 80 | 55.1350±9.1712bcd | 1.0400±0.2970a |
| | | 90 | 17.8400±2.2910e | 0.5550±0.1909bcd |
| 2 | 物料 J-微生物 H | 50 | 45.4050±4.5891bcde | 0.3600±0.0849d |
| | | 60 | 113.5150±9.1712a | 0.4850±0.0919bcd |
| | | 70 | 71.3500±13.7603b | 0.4150±0.0354cd |
| | | 80 | 48.6500±9.1782bcde | 0.3900±0.0424cd |
| 3 | 物料 M-微生物 G | 60 | 58.3800±4.5821bcd | 0.5000±0.1980bcd |
| | | 70 | 64.8650±32.1097bc | 0.5100±0.0566bcd |
| | | 80 | 77.8400±32.1026b | 0.6900±0.1980bc |
| | | 90 | 35.6750±0.9122cde | 0.4150±0.0778cd |
| 4 | 物料 M-微生物 H | 60 | 123.2450±4.5891a | 0.5300±0.1556bcd |
| | | 70 | 74.5950±36.6918b | 0.4850±0.0919bcd |
| | | 80 | 55.1350±9.1712bcd | 0.4150±0.0778cd |
| | | 90 | 35.6750±1.8314cde | 0.3500±0.0700d |

## 6.7.3.2　激活剂对有机物料分解的影响

从水溶性有机质的测定结果（表 6-45）可知，当激活剂的添加量为 0～1% 时，水溶性有机质含量逐渐递增。当添加激活剂为 1% 时，其水溶性有机质含量达到最大值，为 39.27g/kg，之后再添加激活剂，其水溶性有机质含量不再增加。从水溶性有机氮的测定结果可知，当激活剂的添加量为 0～2% 时，其水溶性有机氮含量逐渐递增。当添加的激活剂为 2% 时，其水溶性有机氮含量达到最大值，为 0.575%。之后再添加更多的激活剂，其水溶性有机质含量也不再增加。通过综合分析得出，激活剂的添加量为 2% 时，既有利于水溶性有机质含量的提高，也有利于水溶性有机氮含量的增加。

表 6-45　激活剂对物料水溶性有机质/氮含量的影响

| 激活剂/% | 水溶性有机质/（g/kg） | 水溶性有机氮/% |
|---|---|---|
| 0 | 33.2300±8.5418a | 0.2550±0.0778b |
| 0.5 | 36.2500±8.5419a | 0.3800±0.0707ab |
| 1 | 39.2700±1.7112a | 0.5100±0.0707a |
| 2 | 39.2700±8.5419a | 0.5750±0.0919a |
| 3 | 39.2700±4.2709a | 0.5750±0.0919a |

### 6.7.3.3 温度对有机物料分解的影响

温度是影响微生物活性的重要因素之一，温度过高或过低都会影响微生物的活性，适宜的温度有利于微生物繁殖，促进有机物料分解。由表6-46可以看出，从15℃开始，随着温度的升高，其水溶性有机质和水溶性有机氮含量逐渐递增，当温度为30℃时，水溶性有机质和水溶性有机氮含量达到最大值，超过30℃时，二者均随着温度的上升而降低。因此，控制温度在25～30℃有利于微生物分解有机物料。

**表 6-46　温度对有机物料水溶性有机质/氮含量的影响**

| 温度/℃ | 水溶性有机质/(g/kg) | 水溶性有机氮/% |
|---|---|---|
| 15 | 34.7400±2.1355a | 0.5100±0.1131bc |
| 25 | 40.7800±10.6773a | 0.5750±0.0919ab |
| 30 | 40.7800±2.1355a | 0.6400±0.1131a |
| 35 | 39.2700±8.5419a | 0.5100±0.1131bc |
| 40 | 37.7600±2.1355a | 0.5100±0.0707bc |
| 45 | 3.0200±3.4224b | 0.4450±0.0919c |

## 6.7.4　缓释尿素对稻田水体氮磷削减和水稻产量的影响

### 6.7.4.1　不同施肥处理对稻田水体全氮含量变化的影响

从图6-23可以看出，不同施肥处理对稻田水体全氮含量变化有显著影响。从总体趋势来看，随着生育期的延长，水体中全氮含量呈下降趋势。我们可以看到，在水稻分蘖期，水体中的全氮含量为整个生命周期中的最高值，处理Ⅱ的全氮含量达到了24.25mg/L，处理Ⅴ、处理Ⅵ的全氮含量也超过了农田灌溉水质排放标准所规定的低于12mg/L的要求。而进入孕穗期，水体中的全氮含量明显降低，对照处理组最低，其值为3.50mg/L，最高的为处理Ⅱ，其值为11.75mg/L，已经低于12mg/L。造成孕穗期水体中全氮含量大幅度降低的原因可能是水稻在分蘖期到孕穗初期需要较多的养分。随

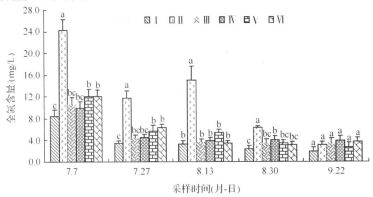

图 6-23　不同施肥处理对稻田水体中全氮含量的影响

图中不同字母表示同一时期处理差异达到5%显著水平，下同

后几个时期水体中的全氮含量呈逐渐降低的趋势，但下降的幅度不是很大，成熟期稻田水体中的全氮含量是整个过程中的谷值。在齐穗期，处理Ⅱ稻田水体中全氮含量较高，是由该处理追施了一次穗肥引起的。

就其处理间来讲，处理Ⅱ水体中的氮素含量明显较其他处理高，直到成熟期，其含量才与其他处理相近。处理Ⅱ之所以氮素含量高，是因为该处理施用的是普通尿素。由于尿素溶解很快，施肥后能够很快提高水体中氮素含量。处理Ⅴ、处理Ⅵ水体中的氮素含量相对偏高，且在分蘖期和孕穗期显著高于其他处理。在不考虑产量的情况下，仅仅从可能对水体造成污染方面来讲，这两个处理造成污染的可能性显然更大。而进入到齐穗期后，各个处理水体中的全氮含量差异不大，显著程度无前两个时期明显。当进入到成熟期后，所有处理中全氮含量无显著差异。

### 6.7.4.2 不同施肥处理对稻田水体全磷含量变化的影响

从图 6-24 可以看到，不同的施肥处理对稻田水体全磷含量有显著影响。总体上来看，水体全磷含量随着水稻生育期含量逐渐降低。在分蘖期，水体中全磷含量是整个生育期中最高的，进入孕穗期，水体中全磷含量明显降低，降低幅度最大出现在处理Ⅴ，该处理在孕穗期水体中的全磷含量仅为分蘖期的一半。当水稻进入到齐穗期时，水体中的全磷含量进一步降低，接近于整个生育期的最小值，在随后的时期中，水体中的全磷含量减少的幅度较小。因此，水稻吸收磷素营养主要是发生在分蘖期和孕穗期，在后面的生育期，水稻需磷量较少。在所有处理中，水体全磷含量最高值出现在处理Ⅴ的分蘖期，其值为 0.927mg/L，远远小于农田灌溉水质标准所规定的 5mg/L。由此可以得知，只要合理地施用磷肥，对水体环境是不会造成太大影响的。

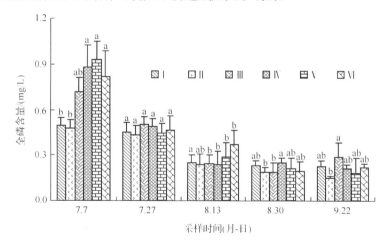

图 6-24　不同施肥处理对稻田水体中全磷含量的影响

### 6.7.4.3 不同施肥处理对水稻产量及产量性状的影响

从表 6-47 可以得知，不同的施肥处理对水稻产量及其产量性状有一定影响。从产量上来看，所有施肥处理组均显著高于对照组，处理Ⅴ最高，其值为 10 029.2kg/hm²，处理Ⅰ最低，其值为 7361.9kg/hm²，两者之间差值达到 2667.3kg/hm²，增长幅度达到了 36.2%，差异显著。处理Ⅳ产量稍微比处理Ⅴ低一些，但差异不显著。就处理Ⅵ来讲，施氮量最多，在整个生育期水体中的氮素含量最高，但其产量不高，究其原因来讲，可能是由于贪青晚熟所致。处理Ⅱ、处理Ⅳ和处理Ⅴ产量较高，而其间未达到5%的显著水平，差异不显著。

**表 6-47　不同施肥处理对产量及其产量性状的影响**

| 处理 | 产量/(kg/hm²) | 产量性状 | | | | |
| --- | --- | --- | --- | --- | --- | --- |
| | | 株高/cm | 有效穗数/穗 | 结实率/% | 每穗粒数/粒 | 千粒重/g |
| Ⅰ | 7361.9±352.0d | 99.7±2.26a | 191.8±13.80c | 69.4±0.42b | 157.2±6.65b | 25.64±0.30a |
| Ⅱ | 9564.9±335.2ab | 100.2±2.65a | 253.5±15.70ab | 78.7±0.74ab | 165.4±11.78a | 25.57±0.28a |
| Ⅲ | 8535.5±408.7c | 99.2±2.40a | 215.8±23.33bc | 71.8±6.22ab | 166.9±7.92ab | 25.47±0.50a |
| Ⅳ | 9460.2±167.2ab | 101.5±2.83a | 262.9±12.02a | 81.3±3.82a | 161.2±4.81a | 25.84±0.38a |
| Ⅴ | 10029.2±454.3a | 102.2±1.84a | 268.9±9.48a | 76.5±0.42ab | 162.4±8.20a | 25.70±0.40a |
| Ⅵ | 8965.9±238.2bc | 102.8±3.82a | 235.4±22.62ab | 70.1±7.576b | 158.7±7.35ab | 25.06±0.27a |

注：不同字母表示处理间差异达到5%显著水平

就其产量性状来看，株高和千粒重有一定程度的差异，但差异未达到5%的显著水平。有效穗数、结实率和每穗粒数差异较株高和结实率稍大，部分差异达到了显著水平。处理Ⅳ、处理Ⅴ之所以产量较高，是因为其有效穗数和每穗粒数显著高于其他处理，然而千粒重各处理差异均不大，导致了这两个处理的实际产量较其他处理高。

## 6.8　讨论

### 6.8.1　大冲及周边地区土壤重金属＼土壤营养现状与发展有机水稻栽培

《中华人民共和国土壤环境质量标准》（GB15618—1995）根据土壤应用功能和保护目标，划分为三类：Ⅰ类主要适用于国家规定的自然保护区（原有背景重金属含量高的除外）、集中式生活饮用水源地、茶园、牧场和其他保护区的土壤，土壤质量基本上保持自然背景水平。Ⅱ类主要适用于一般农田、菜园地、茶园、果园、牧场等土壤，土壤质量基本上对植物和环境不造成危害及污染。Ⅲ类主要适用于林地土壤及污染物容量较大的高背景值土壤和矿产附近等地的农田土壤（菜园地除外），土壤质量基本上对植物和环境不造成危害和污染。发展有机农业要求土壤环境达到《中华人民共和国土壤环境质量标准》（GB15618—1995）中的一级标准。

根据测定，大部分指标如 pH、As、Cr、Pb、Cd 达到一级标准，少数指标如 Hg 含量为 0.22~0.53mg/kg，大于一级标准（15mg/kg）、小于二级标准的上限（1mg/kg），属于二级标准。发展农业的土壤质量大部分属于自然背景水平，不会对植物和环境造成危害和污染。从土壤背景值角度考虑，大冲及周边地区具有发展有机农业的自然条件，而且裕东公司多年发展有机蔬菜种植，已经形成产业，表明发展有机农业可以成功，而且能创造显著经济效益的。

## 6.8.2 有机水稻种植对氮磷削减的效应

### 6.8.2.1 稻田水氮磷排放削减效应

肥料的种类及施用量在推动粮食增产中起着非常重要的作用，但是随着肥料的大量使用，不仅造成了资源浪费，也对周围环境造成了严重影响。很多研究表明，农田氮磷流失是引起水体富营养化的主要原因之一，而径流水中的氮磷浓度与田面水中的氮磷浓度变化密切相关。本研究表明，稻田水氮磷浓度是随着有机肥施用量的增加而不断增加的，且随着水稻的生长发育而不断减少，这与王强等（2004）、金洁等（2005）的研究结果一致；在常规施肥和施用有机肥种植模式中，水稻生长的各个生育期稻田水氮磷浓度均以常规施肥种植模式较高，特别是在排水期有机种植模式稻田水氮磷浓度均比常规施肥种植模式低；同时由于氮素与产量的相关系数较大，本试验通过常规施肥同等氮素有机肥施用量稻田水中氮磷浓度比较得出，有机种植模式稻田氮磷削减程度明显高于常规种植模式。这主要是由于有机肥的肥效比较慢，释放出来的养分很快被水稻植株吸收，然而常规施肥肥效较快，稻田水氮磷积累较多，浓度较高，这与夏天翔等（2008）及 Younie 和 Watson（1992）的研究结果一致。卢萍等（2006）研究表明，绿肥还田能够减少冬季旱地土壤的氮素损失，降低环境污染负荷，利用冬绿肥还田是减少无机氮肥施用量的有效途径，而且能有效降低淹水稻田土壤溶液中的氮素浓度，是保证水稻高产、降低环境风险行之有效的措施。朱普平等（2007）研究表明，紫云英-水稻种植方式 N、$P_2O_5$ 流失少，具有良好的生态效益。在本试验研究中，到水稻排水期，同等有机肥施肥条件下，翻压过绿肥的种植模式稻田水中，TN 和 TP 浓度略高于单施有机肥种植模式，即稻田氮磷削减程度单施有机肥种植模式较高。这主要是由于绿肥在土壤中进行分解是一个复杂的生物化学过程，绿肥的分解速率及其氮磷素的当季利用率受土壤水分、温度、绿肥作物老熟程度以及绿肥品种的化学组成等因素影响，使得绿肥释放氮磷的速度慢，直至排水期都可能还在不断释放。

### 6.8.2.2 稻田土壤氮磷素及重金属含量变化

施用有机肥能最大限度地利用农业系统内部的物质，使地球上生物体中的营养元素得以循环与再利用，提高土壤肥力状况。本研究结果表明，施用有机肥可以增加土壤全氮、碱解氮、全磷和速效磷含量，且明显高于常规施肥处理。这是因为施用有机肥可以增强土壤对氮、磷的固定作用，提高土壤养分储蓄能力。而在两种有机种植模式下，加施绿肥的土壤中全氮、碱解氮、全磷和速效磷含量较高，这与陈礼智和王隽英（1987）的研究一致，说明绿肥确实起到了土壤培肥的作用。

刘瑞伟等（2004）研究表明，有机肥分解产生的有机质含有多种功能基，和重金属离子有很强的络合作用，可以减少土壤中重金属污染。本试验研究表明，有机种植模式下土壤全量 As、Hg、Cr 和 Cd 均低于常规施肥种植模式，其中常规施肥种植模式土壤全量 Hg 已超过土壤环境质量的二级标准，但有机肥施用量的多少对土壤全量重金属含量的影响不明显，这与刘文拔（2008）的研究一致；而有机种植模式下土壤中有效态重金属 As、Hg、Pb 和 Cd 含量较常规施肥种植模式高，这是由于有机肥对土壤重金属有激活效应。大量研究表明，长期有机物还田具有提高土壤微量元素有效性的作用，其机理至少有两点：一是有机肥向土壤带入的有机体结合态微量元素，其生物有效性较强；二是有机物腐解过程对土壤中结合态微量元素具有活化作用。黄国勤等（2004）和王开峰等（2008）也研究得出，施用有机肥可以减少稻田土壤全量重金属含量，但是能激活稻田土壤重金属的有效性，增加稻田土壤重金属的有效态含量。

### 6.8.2.3 产量及品质

氮磷肥在作物产量形成过程中起着关键作用，很多农民凭经验种田，氮磷素肥料施用普遍较高，这不仅导致生产成本增加，而且引起环境污染和水稻品质下降，不利于农业的可持续发展。施用有机肥在促进水稻生长、提高作物产量上起着明显作用，同时因其对土壤中有机污染物如农药有很好的吸附作用，对提高农产品品质也具有重要意义。本试验研究结果表明，随着有机肥施用量的不断增加，产量呈先上升后下降趋势，产量与施肥量呈二次抛物线关系，单施有机肥和绿肥加施有机肥两种种植模式下的最佳施肥量分别为301.45kg/亩和297.15kg/亩；同时有机种植模式下，除了亩有效穗数略比常规施肥种植模式低外，其余各产量构成因素均高于常规施肥种植模式，原因可能是施用有机肥能提高作物茎鞘储藏物质运转率，使千粒重和结实率增加，从而提高水稻单产。

肥料施用不合理会引起农产品品质下降，近年来已引起了广大研究者的重视。有机肥含有作物生长发育所需要的 N、P、K、Ca、Mg、S 等大中量元素和多种微量元素，同时还含有纤维素、半纤维素、脂肪、蛋白质、氨基酸、胡敏酸类物质及植物生长调节物质等有机物质，除了具有提供作物养分、维持地力、更新土壤有机质、促进微生物繁殖、增强土壤保水保肥能力和保护农业生态环境等方面的特殊作用外，还能提高农产品品质和口感。近年来，随着人们生活水平不断提高，人们对食物的品质、安全和口感要求逐渐提高。本试验研究得出，有机种植模式与常规施肥种植模式稻谷中的 As、Hg、Pb 含量变化不大，但常规种植模式的稻谷中 Cd 含量较高，且已高于国家食品卫生最低标准，这是由于常规施肥中含有大量重金属元素，如磷肥中含有较高的镉重金属（黄国勤等，2004）。稻谷粗蛋白、总糖和淀粉含量随着有机肥施肥量的增加呈增加趋势；不同有机种植模式下提高稻谷品质的蛋白质、总糖和淀粉平均含量变化情况均为绿肥加施有机肥种植模式（GO）＞单施有机肥种植模式（O），除了蛋白质含量变化没有显著差异外，总糖和淀粉间变化都达到了 5% 显著差异水平；与常规种植模式相比，有机种植模式下粗蛋白含量较低，但淀粉和总糖含量均较高，这说明施用有机肥可以提高稻谷淀粉和总糖含量，从而更能够满足现代人追求食物品质与口感的需要。

## 6.8.3 精准化施肥与稻田水体氮磷削减

水体富营养化问题日益严重，农田随地表径流发生的氮磷流失在农田所有氮磷流失中又占有较大的比重，因此，农田氮、磷流失是水体富营养化的重要原因之一（邱卫国等，2004；司友斌等，2000；刘培斌和张瑜芳，1999）。根据试验地水体氮磷的排放、土壤氮磷的积累、水稻植株氮磷吸收量、化肥施用量、目标产量及品质等情况，设计合理的施肥方式是解决农业面源污染的关键技术。通过本研究表明，在水稻的各生育期，稻田水体的全氮、全磷含量均以常规施肥方式较高，这是由于不科学、不合理的施肥方式造成稻田水体中氮、磷含量积累，超过了水稻生长所需养分需要量（朱利群等，2009）。精准化施肥减少了化肥的施用量，不同程度地降低了水体的全氮、全磷含量。在水稻的整个生育期，精准化施肥和常规施肥方式都呈现相同的规律，即分蘖期全氮、全磷含量最高，到孕穗期大幅度降低，齐穗期降低幅度减小，在水稻生长后期，即乳熟期和成熟期差异不大。这是由于移栽时，秧苗生长所需养分较少，而施用的基肥释放了较多的养分，所以到分蘖期，水体全氮、全磷含量达到最高值。但随着植株生长，所需养分越来越多，到孕穗期，水体中全氮、全磷含量急剧下降，而齐穗期，植株生长已经稳定，水体全氮、全磷含量下降幅度减小，到了乳熟期和成熟期，植株生长成熟，对养分的需求不大，所以水体全氮、全磷含量下降幅度不大。

精准化施肥处理与传统施肥处理相比，土壤氮、磷含量相对要高。精准化施肥处理后水稻籽粒、稻梗的氮磷含量也高于常规施肥方式，说明精准化施肥提高了植株对氮磷的吸收。施入农田中的氮、磷肥料有三个去向，即作物吸收、土壤残留和其他各种途径的损失。本试验表明，精准化施肥处理的植株吸收、土壤残留比常规施肥的方式高，而水体中的氮、磷含量却比常规施肥方式低，说明精准化施肥不仅能够提高土壤、植株的氮磷含量，而且削减了稻田水体氮磷的含量，减少了水体排放所带来的污染，是合理的施肥方式。精准化施肥对水稻产量影响的检测表明，精准化施肥不但没有降低水稻产量，而且通过提高有效穗数、结实率、千粒重增加了水稻产量，说明精准化施肥是一种节能减排的有效途径，这与其他地区的研究结果有一致性（王道中等，2009；陈明桂和杨德金，2009）。

## 6.8.4  微生物肥料施用与稻田水体氮磷削减

固氮菌能固定大气中的游离氮，供给作物生长所需；解磷菌能将土壤中难溶性磷转化为作物能吸收利用的可溶性磷，因此可以少施肥料或不施（祈永青等，2008；毕江涛等，2009）。通过本研究表明，与常规施肥方式相比，固氮菌能够显著增加土壤中氮素含量，解磷菌能够增加土壤中磷素含量，有利于减少施肥量，节约生产成本。在稻田水体中，全氮含量由于固氮菌作用，常规施肥方式＞固氮菌处理＞解磷菌处理；全磷含量由于解磷菌作用，常规施肥方式＞解磷菌处理＞固氮菌处理，两种施肥方式均是常规施肥方式高于其他处理，说明微生物肥料施用不同程度地降低了水体中氮磷含量，使农田氮磷导致的水体污染风险显著降低。在水稻生长的几个生育期，稻田水体中全氮、全磷含量从分蘖期到成熟期呈现的规律与精准化施肥方式呈现的规律大致相同。同样，微生物肥料施用处理不仅没有降低水稻产量，而且通过提高有效穗数、结实率、千粒重增加了水稻产量，证明其施肥方式对稻田水体氮磷营养元素的削减也是有效的。

## 6.8.5  缓释氮肥释放特征、施用与氮磷削减效应

### 6.8.5.1  不同缓释氮肥氮素释放特征

采用浸提法测定包膜缓释肥料养分释放特征，简便快速，检测时间短。养分浓度变化直接反映出包膜缓释肥料的释放速率，还可以定量测定缓释肥的供肥性能，测出初期溶出率、微分溶出率等参数，对缓释肥料进行定量评价。

缓释肥料的养分缓释机理是介质（土壤）中的水分透过包膜达肥料核心，使肥料溶解，在颗粒内形成一定的压力，如果压力超过膜的耐压强度，膜破裂，养分迅速释放（杨绒等，2005）。膜经受压力，则肥料养分在压力和浓度梯度下通过膜的微孔、裂缝缓慢向外扩散，逐步释放。因此，包膜材料的性质、包膜厚度、孔隙大小以及黏结形式都可能影响养分的释放。供试的两种包膜缓释肥中，A 的氮素溶出率曲线近似直线，可能由于包膜的耐压性不足而造成膜破裂，养分迅速释放。B 的氮素溶出率曲线呈抛物线型，前期由于受包膜厚度影响，膜内养分浓度较小，养分释放较慢；中期由于膜内养分浓度增加，膜内外养分浓度梯度迅速增大，养分释放较快；后期的养分释放主要是养分扩散过程，释放速度较为稳定。

初期溶出率越大，表明包膜材料的成膜性越差，或者膜的通透性越大，养分的缓释作用越差。因此，初期溶出率可以作为筛选包膜材料的指标之一。初期溶出率较大的缓释肥，前期养分释放较快，对一些一年生植物特别是农作物前期的营养生长十分有利；若初期溶出率小，前期养分释放较慢，往往满足不了植物的营养需求。A 型肥料的初期溶出率大，在水稻上具有较好的肥效，因为水稻分蘖期是氮素需求的高峰期和氮素营养的临界期，充分的氮素供应可以保证足够数量和健壮的分蘖，为高产打下基础，但是初期溶出率相对又太高（田吉林等，2006）。缓释肥微分溶出率大，表明肥效期短。A 的微分溶出率相对低一些，表明 A 具有成为有前景的缓释肥潜力，可通过一定的改良措施，降低其初期溶出率是努力的方向。B 的微分溶出率较大，肥效短，但微分溶出率低于普通尿素，对于生长周期较短的作物可以做基肥使用。

## 6.8.5.2　不同因素对尿素包膜材料分解的影响

本研究结果表明，物料 J-微生物 G、物料 J-微生物 H、物料 M-微生物 G、物料 M-微生物 H 分别经过发酵处理后，物料 J 和物料 M 在同一种微生物（G 或 H）的作用下，其水溶性有机质含量（最大值）无显著差异。但是在不同微生物作用下，其水溶性有机质含量有显著差异。物料 J 在微生物 G 的作用下，其水溶性有机氮含量（最大值）为 1.04%，其含量均比物料 J 在微生物 H、物料 M 在微生物 G 和微生物 H 的作用下的含量（最大值）高，它们之间存在显著差异，并且物料 M-微生物 G 的水溶性有机氮含量比物料 J-微生物 H 的含量也高。可见，微生物 G 对物料中有机氮的分解能力比微生物 H 强，微生物 H 则对物料中有机质的分解能力比微生物 G 强。

从水溶性有机质和水溶性有机氮的含量综合比较得出，物料 J 和微生物 G 在水分为 80% 条件下发酵后的产物更适合于作为尿素的包膜材料，其原因是物料 J 中蛋白质含量高，在微生物 G 的分解作用下，为作物提供了一定量的氮源。并且，微生物 G 自身也能生物固氮。另外，物料 J 在微生物 G 的作用下，具有良好的缓控释效果。激活剂又称活化剂，凡能提高酶活性的物质，都可作为激活剂。当激活剂添加量为 2% 时，物料 J 在微生物 G 的作用下，其水溶性有机质和水溶性有机氮含量均达到最大值。温度是影响微生物生长的主要因素之一（周德庆，2002）。任何微生物的生长温度尽管有宽有窄，但总有最低生长温度、最适生长温度、最高生长温度。研究表明，当温度为 30℃ 时，微生物 G 的活性最高，物料 J 在微生物 G 的作用下，其水溶性有机质和水溶性有机氮含量均达到最大值。温度为 45℃ 时，微生物 G 处于休眠状态。从研究结果整体来看，在温度为 30℃、激活剂为 2%、水分含量为 80% 时，菌种 G 对物料 J 的分解能力最强。物料 J 在微生物 G 的作用下经过发酵后的产物作为尿素的包膜材料具有很好的前景，但是在包膜处理和释放速率等方面还有待研究和探讨。

### 6.8.5.3 缓释尿素施用对稻田水体氮磷削减和水稻产量的影响

本试验研究结果表明，不同施肥处理对稻田水体中全氮含量和水稻产量及产量性状有一定影响。处理 Ⅳ、处理 Ⅴ 的全氮含量在分蘖期显著高于其他水平，而所有的施肥处理在该时期的全氮含量均略高于国家规定的排放限值 12mg/L（张建设，2009）。根据水稻的一般生长发育规律，水稻在分蘖期施氮量要高于需氮量的施肥强度才能保证足够的分蘖数，以争取多穗、大穗而获得高产（符建荣等，2001）。本试验各个处理在该时期水体中浓度高的氮素养分是水稻秧苗早生快发的必要保证，该时期稻田中的水流出少，养分损失也少，不会对环境造成太大影响。在分蘖期后的生长过程中，水稻吸收了必需的氮素营养，逐步降低了分蘖期稻田水中氮素含量，使其在 12mg/L 排放限值之下。

在水稻生长的各个时期，稻田水体中全磷含量均低于农田灌溉水质标准规定的 5mg/L 的要求。各处理不同时期稻田水体中全磷含量差异不大，可见氮肥对于磷肥的吸收没有太大影响，这与苏阳和刘德琳（2006）的研究结果有出入。另外，水稻对磷素营养的吸收主要集中在分蘖期和孕穗期，后期需磷量大大减少，在前期所需要的磷肥占到了整个生育期的大部分，这与杨长明等（2004）的研究结果一致。因此，早施磷肥是控制水体中磷含量的有效措施。本研究中稻田水体的全磷含量均低于标准，表明只要我们进行合理施肥，不造成磷素营养物质的严重污染是有可能的。

高水平氮素养分供应是水稻增产的营养条件，良好的土壤营养环境有利于水稻形成庞大的根系。根系庞大、分布深广不仅有利于水稻充分吸收养分，而且也能够有效增强抗倒伏能力，是水稻高产的重要前提（邹应斌等，1999；唐拴虎等，2006）。处理 Ⅳ 的稻田水中的全氮含量比处理 Ⅴ 低，特别是在分蘖期，该处理基本上能够满足行业规定的排放限值，而处理 Ⅴ 在该时期的含量超过了规定的排放限值。就两处理水稻产量来看，显著高于其他处理组，处理 Ⅴ 的水稻产量最高，比对照处理高了 36.2%，但处理 Ⅳ 和处理 Ⅴ 间差异未达到 5% 的显著水平。对于处理 Ⅵ，尽管过高的氮素营养，能够明显的延缓功能叶片的衰老，但造成水稻贪青晚熟，产量也不高，而且水体中氮素超过排放标准。综合来看，对于水源保护地稻田施肥来讲，笔者建议选用处理 Ⅴ 的施肥处理较好，其次是处理 Ⅳ。

目前，贵州省的水稻平均产量在 8500kg/hm² 左右（陈惠查等，2006）。本试验所有的施肥处理组均能够达到这个平均产量，也就是说，本试验在保证水稻不减产的情况下，达到了通过施用缓释尿素来削减稻田水体中全氮含量这个预期目的。通过本研究可知，施用缓释尿素能够有效减少氮素流失，合理施用对于保护水资源、保护农业生态环境具有积极作用。

## 6.9 结 论

### 6.9.1 有机种植模式对稻田水氮磷削减、水稻产量和品质的影响

#### 6.9.1.1 有机种植模式稻田水氮磷动态变化

无论是单施有机肥种植模式还是绿肥加施有机肥种植模式，稻田水中的 TN 浓度在各生育期均是随着施肥量的增加呈现增大趋势。在排水期，稻田水 TN 浓度与有机肥施用量呈显著正相关。沿着水稻生育期，稻田水中 TN 浓度呈现不同变化，但是两种种植模式稻田水中 TN 浓度均是返青期最高，排水期最低；绿肥加施有机肥种植模式下 TN 浓度含量在各生育期分别比单施有机肥种植模式高出 13.56％、31.43％、17.10％、19.53％和 37.88％。常规施肥种植模式沿生育期稻田水 TN 浓度含量与有机种植模式稻田水 TN 浓度含量变化趋势一致；单施有机肥种植模式和绿肥加施有机肥种植模式稻田水 TN 浓度与常规施肥种植模式相比，各生育期前者均比后者低，且沿着水稻生育期，降幅依次增大。在排水期，两种有机种植模式各施肥水平稻田水中最高浓度分别比常规处理低 59.59％和 65.03％。三种种植模式在排水期稻田水中 TN 浓度分别比农田灌溉水质标准降低了 88.75％、90.17％和 72.83％，TN 浓度降低的高低顺序为：绿肥加有机肥种植模式＞单施有机肥种植模式＞常规施肥种植模式。

无论是在单施有机肥种植模式还是在绿肥加施有机肥的种植模式，稻田水中的 TP 浓度在各生育期均是随着施肥量的增加呈现增大趋势，各个施肥水平稻田水中 TP 浓度都以返青期最高。在排水期，稻田水 TP 浓度与有机施肥量呈显著正相关。两种不同有机种植模式下，稻田水 TP 浓度以返青期最高，然后慢慢下降，到孕穗期和排水期又呈微微上升趋势；绿肥加有机肥处理除抽穗期外，其余各时期均高于单施有机肥，且在排水期显著高于单施有机肥处理。两种有机种植模式和常规施肥种植模式在返青期稻田水 TP 浓度比较接近，但之后，两种有机种植模式各生育期稻田水 TP 浓度均低于常规施肥种植模式，至排水期，两种有机种植模式稻田水中 TP 浓度分别比常规施肥种植模式低 22.22％和 5.56％。三种种植模式稻田水中 TP 浓度分别比农田灌溉水质标准低了 94.40％、93.20％和 92.80％，稻田水 TP 浓度降低的高低顺序为：单施有机肥种植模式＞绿肥加有机肥种植模式＞常规施肥种植模式。

#### 6.9.1.2 不同施肥种植模式对稻田水氮磷削减程度

单施有机肥种植模式和绿肥加施有机肥种植模式在施用常规施肥种植模式同等氮素条件下，稻田水 TN 浓度分别 0.58mg/L、0.87mg/L；在单施有机肥和绿肥加施有机肥种植模式下，最佳有机施肥量排水期稻田水 TN 浓度分别 0.71mg/L、0.93mg/L。施用有机肥可以明显降低稻田水 TN 浓度，同时在有机种植模式下，绿肥加施有机肥种植模式的稻田水 TN 削减程度略低于单施有机肥种植模式。与常规施肥种植模式比，单施有机肥和绿肥加施有机肥两种种植模式排水期稻田水 TP 浓度分别为 0.20mg/L 和 0.24mg/L；在单施有机肥和绿肥加施有机肥两种植模式下最佳有机施肥量排水期稻田水 TP 浓度分别 0.21mg/L 和 0.25mg/L。与常规施肥种植模式稻田水 TP 浓度相比较，

施用有机肥的种植模式显著削减了稻田水 TP 浓度。在施用常规施肥种植模式同等氮素条件下，两种有机种植模式所施磷素明显高于常规施肥种植模式，可是到排水期稻田水 TP 浓度还是以常规施肥种植模式的高，而在两种有机种植模式中，TP 浓度削减程度，绿肥加施有机肥种植模式的效果略差于单施有机肥种植模式。

### 6.9.1.3　有机种植模式对稻田土壤氮磷含量的影响

无论是单施有机肥种植模式还是绿肥加有机肥的种植模式，水稻收获后稻田土壤中的全氮和碱解氮含量随着有机肥的施用量增加有增加的趋势。稻田土壤中全氮和碱解氮与施用有机肥量间呈线性正相关。绿肥加有机肥种植模式比单施有机肥种植模式稻田土壤全氮和碱解氮含量增加 10.92％和 10.10％。单施有机肥种植模式稻田土壤全氮和碱解氮含量分别比常规施肥种植模式高 41.70％～91.09％和 4.00％～21.15％；绿肥加施有机肥种植模式比常规施肥种植模式稻田土壤全氮和碱解氮分别高 57.09％～72.47％和 12.57％～37.71％。无论是单施有机肥种植模式还是绿肥加施有机肥种植模式，稻田土壤全磷含量随着有机肥的增加而升高。绿肥加施有机肥种植模式土壤全磷和速效磷的平均含量比单施有机肥种植模式增加了 6.00％和 21.45％，种植绿肥对提高稻田土壤中磷素含量具有明显作用。单施有机肥种植模式稻田土壤全磷和速效磷含量分别比常规施肥种植模式高了 32.76％～44.83％和 10.09％～19.41％，绿肥加施有机肥种植模式比常规施肥种植模式稻田土壤全磷和速效磷分别高 43.10％～50.00％和 23.67％～55.36％，表明施用有机肥可以明显增加土壤磷素含量和有效性。

### 6.9.1.4　有机种植模式对稻田重金属含量的影响

无论是单施有机肥种植模式还是绿肥加施有机肥种植模式，稻田土壤中全量的 As、Hg、Pb、Cr、Cd 含量在不同的 5 个施肥水平中都没有超过我国土壤环境质量标准 GB 15618—1995（pH＜6.5）的二级标准；两种有机种植模式在各施肥水平稻田土壤中的全量 As、Hg、Cd 的含量略有不同，但都没有达到 5％显著差异水平；两种有机种植模式下稻田土壤 Pb 含量都以 0kg/亩施肥水平最低，而各施肥水平的稻田 Pb 含量都有所升高。施用有机肥量的多少对稻田土壤全量重金属 As、Hg、Pb、Cr、Cd 的影响不大。两种有机种植模式下，稻田土壤中 As、Hg、Cr、Cd 的平均含量以单施有机肥种植模式较高，而 Pb 指标以绿肥加施有机肥种植模式较高，其中 Cd 含量低于我国土壤环境质量标准 GB 15618—1995（pH＜6.5）的一级标准（0.20mg/kg）。

常规施用化肥种植模式稻田土壤中 Hg 含量已略高于土壤环境质量二级标准（0.30mg/kg）；常规施肥种植模式稻田土壤中全量重金属 As、Hg、Cr 和 Cd 含量都明显较高，但 Pb 含量却在这两种模式之间；单施有机肥种植模式比常规施肥种植模式稻田土壤中全量重金属 As、Hg、Cr、和 Cd 含量分别比低 31.19％、21.43％、0.44％和 30.77％，而分别比绿肥加施有机肥种植模式高 35.84％、25.93％、1.34％和 34.62％。无论是单施有机肥种植模式还是绿肥加施有机肥种植模式，稻田土壤中 As、Hg、Pb 和 Cd 的有效态含量都随着有机肥施肥量的增加而增加，施用有机肥可以增加稻田土壤中有效态 As、Hg、Pb 和 Cd 的含量。常规施肥种植模式稻田土壤中有效态 As、Hg、Pb 和 Cd 均低于施用有机施肥种植模式，分别比单施有机肥种植模式中最低含量施肥水平低 17.73%、26.32%、5.84%和 11.11%，比绿肥加施有机肥种植模式中最低含量施肥水平低 4.96%、14.29%、3.63%和 5.88%。这表明施用有机肥提高了稻田土壤中 As、Hg、Pb、Cr 和 Cd 的有效性。

### 6.9.1.5　有机种植模式对水稻产量及品质的影响

无论是单施有机肥种植模式还是绿肥加施有机肥种植模式，随着施肥量的增加，有效穗数也逐渐增加，千粒重和结实率均以 0kg/亩施肥水平最高，500kg/亩施肥水平最低。除了结实率是单施有机肥种植模式高于绿肥加施有机肥种植模式外，其余产量构成因素及产量都是绿肥加施有机肥种植模式较高。在常规施肥种植模式下，亩有效穗数虽然较高，但其他各指标都明显较低，特别是千粒重，因此最终两种有机种植模式籽粒最高产量分别高于常规施肥种植模式 17.71%和 20.96%。随着有机肥施用量增加，产量呈现先增加后下降趋势，二者呈现二次抛物线线性关系，在施肥量为 400kg/亩时达到最大值，单施有机肥种植模式最佳施肥量为 301.45kg/亩，而绿肥加施有机肥种植模式最佳施肥量为 297.151kg/亩，且产量分别为 721.86kg/亩、710.00kg/亩。绿肥加施有机肥种植模式的产量略低于单施有机肥种植模式。

在品质方面：①无论是在单施有机肥种植模式还是绿肥加施有机肥种植模式，不同有机肥施肥水平稻谷中 As、Hg、Pb、Cd 的含量均低于国家食品卫生标准（粮食）；常规施肥种植模式与有机种植模式相比较，常规施肥种植模式稻谷中 As、Hg、Pb 含量均介于不同的有机施肥水平之间，而稻谷中 Cd 含量明显较有机种植模式高，分别比单施有机肥种植和绿肥加施有机肥种植模式中最高含量高出 15.00%和 27.78%，且该指标已超过中华人民共和国国家标准。②稻谷粗蛋白、总糖和淀粉含量随着有机肥施肥量的增加呈增加趋势；在单施有机肥种植模式下，粗蛋白、总糖和淀粉分别在 7.55%~8.30%、63.7%~71.61%和 40.46%~53.53%；在绿肥加施有机肥的种植模式下，蛋白质含量在各个施肥水平间差异都不显著，而总糖和淀粉含量在 0kg/亩和 500kg/亩施肥水平间达 1%著差异水平。不同有机种植模式下稻谷粗蛋白、总糖和淀粉的平均含量变化情况均为绿肥加施有机肥种植模式（GO）＞单施有机肥种植模式（O）。无论单施有机肥种植模式还是绿肥加施有机肥种植模式，粗蛋白含量比常规施肥种植模式的粗蛋白含量低，但是总糖和淀粉含量都比常规施肥种植模式高。

## 6.9.2　精准化施肥、施用微生物肥与稻田氮磷排放削减

通过以上研究，得到以下结论：

1）精准化施肥处理对稻田中水体全氮、全磷含量变化是有影响的。从总体趋势上来看，沿着生育期，水体中全氮、全磷含量呈逐渐下降的趋势。在分蘖期，水体中的全氮、全磷含量为水稻整个生育期中的最高值，且各个处理的全氮含量均超过了 12mg/L，超过了农田灌溉水质标准，而全磷含量均没有超过 5mg/L，达到农田灌溉水质标准；进入孕穗期，水体中的全氮、全磷含量明显降低，各处理间差异显著，全氮含量除对照处理外均低于 12mg/L，全磷含量均低于 5mg/L；随后几个时期水体中的全氮、全磷含量呈逐渐降低趋势，但下降幅度较小，成熟期稻田水体中的全氮、全磷含量是整个生育期中的最低值，都达到农田灌溉水质标准。

精准化施肥处理不同程度地削减了稻田水体中全氮、全磷含量。在分蘖期、孕穗期、齐穗期、乳熟期、成熟期分别平均削减全氮含量29.79%、42.77%、36.84%、26.24%、35.19%，整个生育期平均削减水体全氮34.17%，比农田灌溉水质标准（12mg/L）降低了56.98%、73.08%、71.80%、71.46%、70.28%，各处理全氮含量降低的高低顺序为：无机肥＞无机肥与有机肥结合＞氮肥后移＞地膜覆盖＞对照，且精准化施肥的4个处理降低程度差异不大；在分蘖期、孕穗期、齐穗期、乳熟期、成熟期分别平均降低全磷含量36.90%、21.12%、29.47%、24.30%、28.30%，整个生育期平均降低水体全磷28.02%，比农田灌溉水质标准（5mg/L）降低了95.76%、97.04%、96.96%、97.24%、96.62%，全磷含量降低的高低顺序为：氮肥后移＞无机肥＞无机肥与有机肥结合＞地膜覆盖＞对照。

2）与对照处理相比较，精准化施肥增加了土壤的全氮、全磷、碱解氮、有效磷含量，也增加了水稻籽粒、秸秆的全氮、全磷含量，为提高水稻产量奠定了基础。

3）以平均值计算，精准化施肥比常规施肥的有效穗数平均增加18.51%，结实率增加2.94%，千粒重增加4.08%，因而产量平均增产12.94%；但是不同施肥处理对产量的影响不同，从产量上来看，氮肥后移处理最高，无机肥与有机肥结合位居第二，其次是地膜覆盖，对照最低，以最高产量的处理和对照比较，两者之差达到1795.85kg/hm²。精准化施肥不仅削减了稻田水体中的全氮、全磷含量，而且增加了水稻产量，平均增加1127kg/hm²，即平均增加产量75.13kg/hm²。

4）微生物肥料施用后，沿着生育期，水体中全氮、全磷含量呈逐渐下降趋势。在水稻分蘖期，水体中全氮、全磷含量为水稻整个生育期中的最高值，除解磷菌处理（40kg/亩、80kg/亩）外，其他处理全氮含量均超过了12mg/L，未达到农田灌溉水质标准；全磷含量均没有超过5mg/L，达到农田灌溉水质标准；进入孕穗期，水体中的全氮、全磷含量明显降低，各处理间差异显著，达到5%的显著水平或1%的极显著水平，全氮含量除对照处理外均低于12mg/L，全磷含量均低于5mg/L；随后几个时期水体中的全氮、全磷含量呈逐渐降低趋势，但下降幅度较小，成熟期稻田水体中的全氮含量是整个生育期中的最低值，且都达到农田灌溉水质标准，全氮含量都低于12mg/L，全磷含量都低于5mg/L。微生物肥料施用的各个处理中，固氮菌处理（40kg/亩）、固氮菌处理（80kg/亩）、固氮菌处理（120kg/亩）有固氮菌作用，除对照处理外，使其在分蘖期、孕穗期、齐穗期、乳熟期、成熟期水体中的全氮含量相对偏高，但除分蘖期外均未超过农田灌溉水质标准；解磷菌处理（40kg/亩、80kg/亩），除对照外，使其在分蘖期、孕穗期、齐穗期、乳熟期、成熟期水体中的全磷含量相对偏高，但也未超过农田灌溉水质标准。

微生物肥料的施用不同程度地削减了稻田水体中的全氮、全磷含量。在分蘖期、孕穗期、齐穗期、乳熟期、成熟期分别平均削减全氮含量48.05%、59.98%、49.27%、46.07%、40.66%，整个生育期平均削减水体全氮48.81%，比农田灌溉水质标准（12mg/L）降低了56.98%、74.63%、72.61%、73.83%、75.94%、75.59%；在分蘖期、孕穗期、齐穗期、乳熟期、成熟期分别平均降低全磷含量51.79%、60.29%、57.93%、45.34%、41.98%，整个生育期平均降低水体全磷51.47%，比农田灌溉水质标准（5mg/L）降低了95.76%、97.50%、97.70%、97.66%、97.48%、97.36%。

5）微生物肥料的施用增加了土壤的全氮、全磷、碱解氮、有效磷含量，也增加了水稻籽粒、秸秆的全氮、全磷含量，为提高水稻产量奠定了基础。

6）以平均值计算，微生物肥料施用比常规施肥有效穗数平均增加15.53%，结实率增加0.65%，千粒重增加1.71%，因而产量平均增产6.46%。从产量上来看，固氮菌处理（120kg/亩）最高，固氮菌处理（80kg/亩）次之，再次是解磷菌处理（80kg/亩），对照处理最低，以最高产量的处理和对照比较，两者之间差值达到805.50kg/hm²。微生物肥料的施用不仅降低了稻田水体中的全氮、全磷含量，而且增加了水稻的产量，平均增加562.99kg/hm²，即平均增加产量37.53kg/亩。

### 6.9.3 缓控释氮肥氮释放、施用与稻田氮削减

#### 6.9.3.1 不同温度条件下的包膜氮肥氮释放

不同温度对包膜肥料的氮素释放速率有很大影响，且随着温度的升高，氮素初期溶出率增大，二者间成正相关关系。当温度控制在35℃时，包膜肥料的初期溶出率最大，A、B两种类型肥料的初期溶出率分别为30.1%和23.5%。在15℃时，A、B两种类型肥料在7天时间内的累计氮素溶出率均小于80%，随着温度的升高，其累计氮素溶出率也增大，在B型肥料中表现尤为明显。B型肥料在35℃时，前4天的累计溶出率80.7%，该值大于其在15℃条件下前7天的累计氮素溶出率。另外，在相同的浸提时间内，不同温度处理的氮素释放量有所差别，且差别显著。综合比较A、B两种包膜肥料，A的初期溶出率较B的高，而B在随后观察时间内的氮素溶出率较A大。这说明B的肥效期较短，适合于生长周期较短的作物施用。A的微分溶出率较小，通常微分溶出率较低的缓释氮肥有很好的缓释效果，在一定程度上可以说明A可能有较好的缓释效果，但A的初期溶出率较高，影响了A的缓释效果。初期溶出率是反映肥料颗粒包膜完整性的指标，初期溶出率越大，肥料颗粒包膜完整性越差，有较多的肥料颗粒由于包膜不完整如包膜不严密、包膜厚度不均一等而很快溶出养分。为了能够更好地、更有效地提高A的缓释效果，改良造粒工艺是必要的手段，也是该型肥料以后努力的方向。

#### 6.9.3.2 不同因素对包膜尿素材料有机物分解的影响

在不同条件下，将有机物料进行发酵培养，培养7天后检测其水溶性有机质/氮含量。结果表明，微生物G对物料中有机氮的分解能力比微生物H强，微生物H对物料中有机质的分解能力比微生物G强。当激活剂添加量为2%、温度为30℃时，微生物G的活性最高，物料J在微生物G的作用下，其水溶性有机质和水溶性有机氮含量均达到最大值，发酵效果最好。

#### 6.9.3.3 缓释尿素对稻田水体氮磷削减和水稻产量的影响

不同缓释尿素施肥处理和常规尿素施肥处理，随着生育期的延长，水体中全氮含量呈下降趋势。在水稻分蘖期，不同处理水体中的全氮含量为整个生命周期中的最高值，常规尿素施肥处理Ⅱ的全氮含量为24.25mg/L，缓释尿素施肥的处理Ⅴ、处理Ⅵ的全氮含量也超过了农田灌溉水质排放标准所规定的低于12mg/L的要求。而进入孕穗期、

齐穗期、乳熟期，水体中的全氮含量明显降低，对照处理组最低，最高的为处理Ⅱ。但是施肥量与处理Ⅱ相同的缓释尿素施肥处理Ⅳ（150kg/hm²），比处理Ⅱ大的缓释尿素施肥处理Ⅴ（225kg/hm²）、处理Ⅵ（300kg/hm²），水体中的全氮含量却比远低于处理Ⅱ。处理Ⅱ直到成熟期，其含量才与其他处理相近。不同的施肥处理水体全磷含量也随着水稻生育期含量逐渐降低。在分蘖期，水体中全磷含量是整个生育期中最高的，进入孕穗期，水体中全磷含量明显降低，降低幅度最大出现在处理Ⅴ。各处理的稻田中全磷含量差异不大，其值均满足农田灌溉水质标准所规定的低于5mg/L的要求。就水稻产量来看，施肥处理显著高于对照处理，其中水稻产量最高值达到了 10 029.2kg/hm²。综合不同施肥处理对水体氮磷元素含量的削减效果和水稻产量来看，以施用150kg/hm²缓释尿素的处理为最佳。

（本章执笔人：张崇玉）

## 参 考 文 献

鲍士旦.2005.土壤农化分析.第二版.北京：中国农业出版社

毕江涛，孙权，李素剑，等.2009.解磷微生物研究进展.农业科学研究，30（4）：58-64

仓恒瑾，许炼峰，李志安，等.2005.雷州半岛旱地砖红壤非点源氮、磷淋溶损失模拟研究.生态环境，14（5）：715-718

曹翠玉，张亚丽，沈其荣，等.1998.有机肥料对黄潮土有效磷库的影响.土壤，5：235-238

曹广峰.2008.塔式熔体造粒复合肥生产技术与改进.磷肥与复肥，23（4）：42-43

常雪艳，贺长征，孙玉河.2005.关注新型缓控肥料，发展我市现代农业.天津农业科学，11（1）：36-37

陈爱梅，李世民，阎兴泉.2005.几种微生物肥料在玉米上应用效果对比试验.现代化农业，（5）：22

陈春羽，王定勇.2009.水溶性有机质对土壤及底泥中汞吸附行为的影响.环境科学学报，29（2）：312-317

陈恩凤.1990.土壤肥力物质基础及其调控.北京：科学出版社

陈惠查，游俊梅，严宗卜，等.2006.不同播期与栽插株数对杂交水稻K优267产量与生育期的影响.贵州农业科学，34（1）：59-61

陈吉宁.2004，滇池流域面源污染控制技术研究.中国水利，（9）：47-50

陈礼智，王隽英.1987，绿肥对土壤有机质影响的研究.土壤通报，（10）：270-273

陈明桂，杨德金.2009.“底肥王”微生物菌肥在水稻上应用研究.现代农业科技，（22）：27-30

陈明良，朱东明.2002.复混肥生产技术综述.化肥工业，29（6）：10-14

陈强，崔斌，张逢星，等.2000.缓释肥料的研究与进展.宝鸡文理学院学报：自然科学版，20（3）：189-192

陈沈斌，廖顺宝，王卷乐，等.2003.精准水稻种植信息系统结构、管理与应用.地球信息科学，（4）：38-42

陈士平.1980.论绿肥在现代化农业生态系统中的地位.土壤通报，（01）：35-40

崔健，马友华，赵艳萍，等.2006.农业面源污染的特性及防治对策.中国农学通报，22（1）：335-340

丁爱华，王维.2003.微生物肥料处理水稻种子效果初报.垦殖与稻作，（4）：42-43

杜昌文，周健民，王火焰.2005.聚合物包膜肥料研究进展.长江流域资源与环境，14（6）：725-730

范ится定，周永亮，王溪金，等.2004.精准施肥技术在水稻生产中的应用探索.上海农业科技，（6）：22-23

范业宽，叶坤台.2002.土壤肥料学.武汉：武汉大学出版社

符建荣.2001.控释氮肥对水稻的增产效应及提高肥料利用率的研究.植物营养与肥料学报，7（2）：145-152

高峰，张颖.2007.微生物肥料产业化发展需要解决的几个问题.安徽农业科学，35（12）：3615

戈峰.1998.害虫生态调控的原理和方法.生物学杂志，17（2）：38-42

戈峰.2001.害虫区域性调控的理论、方法及实践.昆虫知识，38（5）：337-341

葛诚.2000.微生物肥料生产应用基础.北京：中国农业科技出版社

葛鑫，戴其根，霍中洋，等.2003.农田氮素流失对对环境的污染现状及防治对策.耕作与栽培，（1）：45-47

谷佳林，曹兵，李亚星，等.2008.缓/控释氮素肥料的研究现状与展望.土壤通报，2008，39（2）：431-434

谷佳林，徐秋明，曹兵，等.2007.缓控释肥的研究现状与展望.安徽农业科学，3（32）：169-172

顾介明，陆国权，顾春军，等.2007.水稻精准施肥试验.上海：上海农业学报，23（4）：124-126

国家环保局.1989.水和废水监测分析方法.北京：中国环境科学出版社

国家环境保护总局.2005.中华人民共和国环境保护行业标准（HJ/T166-2004）：土壤环境监测技术规范.北京：中国环境科学技术出版社

国家环境保护总局.2004.中国2003年环境公报.环境保护，（7）：3-17

国家统计局.2006.中国统计年鉴.北京：中国统计出版社

韩太日，梁运江，刘文利，等.1999.施用有机物料对草甸型水稻土理化性质的影响.延边大学农学学报，21（3）：191-194

郝万晨.2003.缓释肥料的开发.应用化工，32（5）：8-10

何浩然，张林秀，李强.2006.农民施肥行为及农业面源污染研究.农业技术经济，（6）：1-10

胡美英，赵善欢，王良川，等.1996.印楝素制剂对小菜蛾毒杀和生长发育抑制作用的研究.华南农业大学学报，17（4）：1-4

胡宗智，陈燕，桓光信.2004.缓控释肥料用包膜材料的现状及发展探讨.广东化工，32（2）：1-3

华珞，白铃玉，韦东普，等.2002.有机肥-镉锌交互作用对土壤镉锌形态和小麦生长的影响.中国环境科学，22（4）：346-350

华珞，陈世宝，白玲玉，等.1998.有机肥对镉锌污染土壤的改良效应.农业环境保护，17（2）：55-59

黄国勤，黄兴祥，钱海燕，等.2004.施用化肥对农业生态环境的负面影响及对策.生态环境，13（4）：656-660

黄永兰，罗奇祥，刘秀梅，等.2008.包膜型缓/控释肥技术的研究与进展.江西农业学报，20（3）：55-59

金继运，白由路.2001.精准农业与土壤养分管理.北京：中国大地出版社

金洁，杨京平，施洪鑫，等.2005.水稻田面水中氮磷素的动态特征研究.农业环境科学学报，24（2）：357-362

金之庆，石春林，葛道阔，等.2003.基于RCSODS的直播水稻精确施氮模拟模型.作物学报，29（3）：353-359

邹士鹏.2005.我国微生物肥料的现状及其发展趋势.现代化农业，（11）：15-17

李庆逵，朱兆良，于天仁.1998.中国农业持续发展中的肥料问题.南昌：江西科学技术出版社

李万才.2006.国内外微生物肥料的发展概况.当代蔬菜，（4）：22-23

栗铁申.2010.我国氮肥施用现状、问题和对策.农民科技培训，（7）：23-24

廖顺宝，陈沈斌，谢高地.2003.精准水稻种植信息系统的分析与设计.地球信息科学，（1）：54-57

凌小明，冯新军，陈军良.2000.频振式杀虫灯对棉铃虫的诱杀效果.浙江农业科学，（2）：78-80

刘凤枝.2001.农业环境监测实用手册.北京：中国标准出版社

刘洪亮，赵风梅，黄琴.2005.微生物菌肥对作物产量和品质的影响.新疆农垦科技，（3）：47-48

刘军，丁德承.1999.喷浆造粒干燥技术.硫磷设计，（1）：38-42

刘立春，顾国华，杨顾新.1997.双波诱虫灯在害虫测报中的应用观察.昆虫知识，34（2）：96-99

刘利军，洪坚平，闫双堆，等.2007.应用微生物肥料提高砀山酥梨品质的研究.中国生态农业学报，15（4）：72-74

刘培斌，张瑜芳.1999.稻田中氮素流失的田间试验与数值模拟研究.农业环境护，18（6）：241-245

刘瑞伟，皇传华，刘海军，等.2004，有机肥料对土壤重金属净化及叶菜生长的影响.农业与技术，24（6）

刘生战.2003.艾力特生物菌肥与氮磷化肥配施对春小麦产量的影响.甘肃农业科技，（5）：41-42

刘文拔.2008.有机肥对土壤-小麦、高粱系统中重金属污染的环境效应研究.贵阳：贵州大学硕士学位论文

刘向东，张孝羲.2002.稻田蜘蛛混合种群对稻飞虱的捕食功能作用.中国生物防治，18（1）：38-40

卢萍，单玉华，杨林章，等.2006，绿肥轮作还田对稻田土壤溶液氮素变化及水稻产量的影响.土壤，38（3）：270-275

陆永跃，尹楚道.1999.天敌对棉铃虫的控制作用研究.安徽农学通报，5（4）：18-21

吕爱英，王永歧，沈阿林.2004.6种微生物肥料在不同作物上的应用效果.河南农业科学，（4）：49-51

罗来君.2006.水稻生育性状的遗传相关性及其对产量的贡献.大麦与谷类科学，（3）：7-11

马铮，霍二伟，卢兆成，等.2006.杂交水稻主要性状对产量的影响.山东农业科学，（3）：21-23

莫华美，黄彭欣．1994．鱼藤酮及其混剂对蔬菜害虫的毒效研究．华南农业大学学报，15（4）：58-62

彭望禄，Pierre Robert，程惠贤．2001．农业信息技术与精确农业的发展．农业工程学报，17（2）：9-11

彭志红，赵志刚，张冠，等．2010．不同施肥方式对稻米品质及产量的影响．现代农业科技，（16）：69-70

祈永青，刁治民，刘涛，等．2008．联合固氮菌对植物促生作用的研究进展．青海草业，17（4）：22-27

秦德荣，苏仕华，成英，等．2003．有机肥配比对水稻产量品质的影响明．耕作与栽培，（3）：45-46

邱卫国，唐浩，王超，等．2004．水稻田面水N素动态径流流失特性及控制技术研究．农业环境科学学报，23（4）：740-744

荣伟，陈玉璞，刘芙燕，等．2005．聚苯乙烯包膜尿素缓释肥的缓释特性研究．沈阳师范大学学报（自然科学版），23（2）：193-195

石元春．2000．土壤学的数字化和信息化革命．土壤学报，37（4）：289-295

司友斌，王慎强，陈怀满．2000．农田氮、磷的流失与水体的富营养化．土壤（4）：188-193

苏阳，刘德琳．2006．控释氮肥对杂交水稻磷的吸收、残留和土壤固定磷的影响．湖南农业科学，6：59-62

苏瑞芳，李秀玲，张婉英，等．2008．商品有机肥对水稻生长、产量及稻米品质影响．上海农业学报，24（4）：127-130

隋小慧，韩晓日，高鸣，等．2008．几种包膜缓控释肥粒养分释放特征的研究．土壤通报，39（4）：858-960

唐莲，白丹．2003．农业活动非点源污染与水环境恶化．环境保护，（3）：18-20

唐拴虎，杨少海，陈建生，等．2006．水稻一次性施用控释肥料增产机理探讨．中国农业科学，39（12）：2511-2520

陶方玲．1994．捕食性天敌对白背飞虱种群的控制作用．华南农业大学学报，15（1）：54-59

腾建军．1994．稻鸭共栖的矛盾与对策．家畜生态，15（1）：25-26

田吉林，诸海焘，廖宗，等．2006．包膜尿素的养分释放特征及其肥效．水土保持学报，20（6）：128-132

汪家铭．2007．熔体塔式造粒法生产尿基复混肥．化肥工业，34（1）：32-34

汪仁，安景文，刑月华．2004．精准施肥技术应用效果及发展前景．农村教育，（8）36-37

汪雅谷，张四荣．2001．无污染蔬菜生产的理论和实践．北京：中国农业出版社

王道中，郭熙盛，王文军．2009．氮肥施用时期及用量对水稻生长和产量的影响．安徽农业科学，37（36）：17929-17930，17934

王海燕，杜一新，梁碧元．2007．我国化肥使用现状与减轻农业面源污染的对策．现代农业科技，（20）：135-136

王海云，王军．2006．农业面源对水环境污染及防治对策．环境科学与技术，29（4）：53-55

王红飞，王正辉．2005．缓/控释肥料的新进展及特性评价．广东化工，8：86-87

王卷乐，陈沈斌，廖顺宝．2004．基于组件GIS的精准水稻种植信息系统的开发．地理信息科学，6（2）：27-30

王开峰，彭娜，王凯荣，等．2008．长期施用有机肥对稻田土壤重金属含量及其有效性的影响．水土保持学报，22（1）：105-108

王亮，秦玉波，于阁杰，等．2008．新型缓控释肥的研究现状及展望．吉林农业科学，33（4）：38-42

王强，杨京平，陈俊，等．2004．非完全淹水条件下稻田表面水体中三氮的动态变化特征研究．应用生态学报，15（7）：1182-1186

王顺利，孟繁锡．2006．设施有机种植模式浅谈．北方园艺，（1）：68-70

王素英，陶光灿，谢光辉，等．2003．我国微生物肥料的应用研究进展．中国农业大学学报，8（1）：14-18

王新民，介晓磊，侯彦林．2003．中国控释肥料的现状与发展前景．土壤通报，34（6）：572-575

王岩，陈宜俍．2003．环境科学概论．北京：化学工业出版社

王彦才，李培富，康义．2001．玉米施用复合微生物肥料"农夫乐"的效果．宁夏农学院学报，22（2）：19-21

王月祥，赵贵哲，刘亚青，等．2008．缓/控释肥的研究现状及进展．化工中间体，（11）：5-11

魏朝富，陈世正，谢德体．1995．长期施用有机肥对紫色水稻土有机无机复合性状的影响．土壤学报，32（2）：159-166

魏峰，侯祥保，魏琳娜．2002．几种微生物肥料在小麦上的施用效果．安徽农业科学，30（1）：90，112

夏天翔，李文朝，潘继征．2008．抚仙湖流域不同农业模式砾质土壤环境质及其氮磷流失风险评估．湖泊科学，20（1）：110-116

谢明杰，程爱华，曹文伟．2000．我国微生物肥料的研究进展及发展趋势．微生物杂志，20（4）：42-45

熊又升，陈明亮，喻永熹，等.2000.包膜控释肥料的研究进展.湖北农业科学，5：40-41

徐春阳，沈其荣，冉炜.2002.长期免耕与施用有机肥对土壤微生物量碳、氮、磷的影响.土壤学报，39（1）：89-96

徐和昌，柯以侃，郭立新，等.1995.几种缓释肥料包膜的性质和分析方法.中国农业科学，28（4）：72-79

徐静安，潘振玉.2000.复合肥生产工艺技术.北京：化学工业出版社：97-104

徐秋明.2004.缓控释肥料的进展与展望.中国科技成果，（7）：4-7

徐阳春，沈其荣.2004.有机肥和化肥长期配合施用对土壤及不同粒级供氮特性的影响.土壤学报，41（1）：87-92

许善祥，杜建强.2003.地理信息系统在精准农业中的应用.现代化农业，（2）：33-34

许秀成，李茵萍，王好斌.2001.包裹型缓释/控制释放肥料专题报告（第三报）.包膜（包裹）型控制释放肥料各国研究进展（续）.磷肥与复肥，16（2）：10-12

许秀成，李茵萍，王好斌.2002.包裹型缓释/控制释放肥料专题报告.磷肥与复肥，17（1）：7-12

杨长明，杨林章，颜廷梅，等.2004.不同肥料结构对水稻群体干物质生产及养分吸收分配的影响.土壤通报，35（2）：199-202

杨立炯，李义珍，颜振德，等.1986.中国稻作学.北京：农业出版社

杨佩珍，王国忠，毕经伟.2006.上海郊区水稻精准施肥效益研究.上海农业学报，22（4）：99-103

杨绒，赵满兴，周建斌.2005.过硫酸钾氧化法测定溶液中全氮含量的研究.西北农林科技大学学报（自然科学版），33（12）：107-111

杨同文，尹飞，杨志丹，等.2003.包膜肥料研究现状与进展.河南农业大学学报，37（2）：141-144

尹长民.2002.运用生态方法控制害虫.系统工程，20（1）：10-16

尤民生，王海川，杨广.1999.农业害虫的持续控制.福建农业大学学报，28（4）：434-440

于经元，白书培，康仕芳.1999.缓释化肥概况（上）.化肥工业，26（5）：15-19

于立芝，李东坡，俞守能，等.2006.缓/控释肥料研究进展.生态学杂志，25（12）：1559-1563

俞晓平.1998.不同生境源的稻飞卵寄生蜂对寄主的选择和寄生特性.昆虫学报，41（1）：41-47

袁伟玲，曹凑贵，程建平.2005.水稻产量性状相关性及通径分析.垦殖与稻作，（4）：6-8

袁新民，同延安，杨学云，等.2000.有机肥对土壤 $NO_3$-N 累积的影响.土壤与环境，9（3）：197-200

袁洋.2009.包膜缓控释肥料用包膜材料的探讨.磷肥与复肥，24（2）：53-54

袁业琴，张富萍.2007.浅谈微生物肥料在绿色食品生产上的作用.农业与技术，27（2）：80-81

张福锁.2006.测土配方施肥技术要览（1）.北京：中国农业出版社

张红梅，顾和平，易金鑫，等.2009.微生物肥料对菜用大豆粒荚性状及鲜荚产量的影响.江苏农业科学，（3）：344-345

张建设.2009.中华人民共和国水污染防治法贯彻实施与水污染物排放标准及水体保护质量监管制度实务全书.北京：中国环境科学出版社

张良英.2007.聚乙烯醇-羧甲基葡甘聚糖肥料包膜的制备及性能.内蒙师范学院学报，22（6）：47-49

张良友.2005.精准施肥技术在农业综合开发项目区的应用.安徽农业科学，33（10）：1816

张令玉.2010.有机农业：任重道远——超有机农业革命带来的深远影响.现代企业文化，34（12）：24-28

张民，史衍玺，杨守祥，等.2003.控释和缓释肥的研究现状与进展.化肥工业，28（5）：27-30

张维理，武淑霞，冀宏杰，等.2004.中国农业面源污染形势估计及控制策略.Ⅰ21世纪初期中国农业面源污染的形式估计.中国农业科学，37（7）：1008-1017

张英健.1994.棉田捕食性天敌种群动态及其对害虫的控制作用.华东昆虫学报，3（2）：173-180

章明奎.2005.农业系统中氮磷的最佳管理实践.北京：中国农业出版社

赵劲松，张旭东，袁星，等.2003.土壤溶解性有机质的特性与环境意义.应用生态学报，14（1）：126-130

赵世民，唐辉，王哑明，等.2003.包膜型缓释/控释肥料的研究现状和发展前景.化工科技，Ⅱ（5）：50-54

中国标准出版社.2004.中华人民共和国国家标准：食品卫生检验方法理化部分（一）.北京：中国标准出版社

周代红，李灿华，何翼云，等.2004.包膜型缓释/控释复合肥造粒工艺分析.化工进展，23（2）：216-218

周德庆.2002.微生物学教程.北京：高等教育出版社

周建利，陈同斌.2002.我国城郊菜地土壤和蔬菜重金属污染研究现状与展望.湖北农学院学报，22（5）：476-480

皱洪涛，张玉龙，黄毅，等.2008.包膜缓释肥料研究进展.世界农业，349（5）：57-59

朱红霞，姚贤良.1993.有机肥在稻作制中的物理作用.土壤学报，（2）：131-136

朱利群，田一丹，李慧，等.2009.不同农艺措施条件下稻田田面水总氮动态变化特征研究.水土保持学报，2009，23（6）：85-89

朱普平，常志州，郑建初，等.2007.太湖地区稻田主要种植方式氮磷径流损失及经济效益分析.江苏农业科学，（3）：216-218

祝红福，熊远福，邹应斌，等.2008.包膜型缓/控释肥的研究现状及应用前景.化肥设计，46（3）：61-64

邹菁.2003.绿色环保型缓释/控释肥料的研究现状及展望.武汉化工学院学报，25（1）：13-17

邹应斌，黄建良，屠乃美，等.1999."旺壮重"栽培对双季杂交稻产量形成及生理特性的影响.作物学报，27（3）：343-350

Berg H V，Cock M W. 1993. Exclusion cage studies on the impact of predation on *Helicoverpa armigera* in cotton. Biocontrol Science and Technology，3（4）：491-497

Hoskinson R L，Hess J R，Robert P C，et al. 1998. Using the decision support system for agricultu（DSS4Ag）for sheat fertilization. Proceedings of the Fourth International Conference on Precision Agriculture，St. Paul，Minnesota，USA，19-22 July

Li F M，Cao J，Wang T C. 1998. Influence of phosphorus supply pattern in soil on yields of spring wheat. Journal of Plant Nutrition，（21）：1921-1930

Malzaer G L. 1996. Corn yield response variability and potential profitability of site-epecific nitrogenmanagement. Better Crop With Plant Food，（3）：6-8

Miller D N，Varel V H. 2003. Swine manare composition affects the biochemical origins composition and accuinlation of odorous compounal. Journal of Animal Science，81：2131-2138.

Patel A J，Sharma G C. 1977. Nitrogen release characteristics of controlled release fertilizers during a fourmonths soil incubation. J Amer Soc Hort Sci，102（3）：364-367

Raban S，Elina Z，Shaviv A. 1997. Release mechanisms controlled release fertilizers in practical use. Haifai Technion，（22）：287-295

Ramakrishna N，Steve R. 1997. Land cover characterization using multitemporalred，near-IR and thermal-IR data from NOAA/AVHRR. Ecological Applications，7（1）：79-90. 129-131

Trenkel M E. 1997. Controlled Release and Stabilized Fertilizers in Agriculture. Paris：International Fertilizer Industry Association

Wolfe A H，Patz J A. 2002. Reactive nitrogen and human health：acute and long-term implications. Journal of the Human Environment，31（2）：120-125

Younie D，Watson C A. 1992. Soil nitrate-N levels in organically and intensively managed grassland systems. Aspects Appl Biol，（30）：235-238

# 第七章　流域内植物篱控制坡耕地土壤侵蚀模式及面源污染控制效应

**摘　要**　坡耕地是流域中网间带的重要部分。坡耕地土壤侵蚀和营养元素流失不仅导致土壤肥力下降、耕地生产力降低，而且对流域水系造成面源污染。在云贵高原地区，坡耕地是流域面源污染的 4 个重要来源之一。本专题针对坡耕地土壤侵蚀问题，采用植物篱生态工程模式进行试验研究，分别设置了 9 种物种植物篱、不同植物篱物种组合和不同带宽植物篱控制土壤侵蚀对比试验。通过对比不同植物篱模式地表径流、土壤侵蚀和土壤主要营养物质（N、P、K）的拦截效果，选择出最适宜于红枫湖地区坡耕地水土流失防治的植物篱模式（物种、物种组合、带宽）。研究结果显示，在试验设计所选取的黄花菜、香根草、紫花苜蓿、椿树、桑树、构树、紫穗槐、灰毛豆、胡枝子 9 种物种中，水土保持效果最好的物种是灰毛豆，其泥沙流失量仅为没有任何土壤侵蚀控制措施的对照的 1/5，径流量为对照的 58.2%，总氮、总磷和全钾流失量分别为对照的 1/10、1/33、1/6；物种组合中，泥沙拦截效果最好的是香椿＋香根草组合，相对拦截率为 66.67%；营养元素拦截效果最好的是灰毛豆＋紫花苜蓿组合，其总氮磷钾相对拦截率为 79.08%、90.31%、83.84%；最适宜带宽为自上而下分 2、4、6 行植物篱模式，其总氮磷钾的流失量相当于对照的 34.22%、60.29%、56.30%。建议推广时物种选择灰毛豆、香根草，黄花菜、椿树，物种组合模式采用灰毛豆＋紫花苜蓿组合，植物篱带宽采用每三带中自上而下分别 2、4、6 行种植模式。

**关键词**　坡耕地；土壤侵蚀；氮磷钾流失；植物篱；物种组合；面源污染控制效应

## 7.1　研究意义

水土流失是我国最严重的环境问题之一（唐克丽，2004）。水土流失会导致一系列生态环境问题。一是使土层变薄，土壤蓄水能力降低，径流量增大，山洪、泥石流、滑坡发生频率显著增加，造成群众生命财产损失。二是水土流失带走表层土营养物质，破坏土壤结构，造成土地生产力下降。三是营养元素的流失，进入水系，使水体富营养化，刺激微生物繁殖，形成水华、赤潮等灾害，破坏水生生态系统的生态平衡。四是水土流失导致土地生产力下降后，为了维持粮食供给，不得不在荒坡上开垦，形成大面积坡耕地。五是导致河道、水库淤积，防洪能力下降，航运受到阻碍。

我国是水土流失最严重的国家。坡耕地是流域水土流失的主要来源。在长江流域，现有坡耕地约 1067 万 $hm^2$，年土壤侵蚀量为 8 亿 t 左右（史立人，2002）。我国丘陵山区坡耕地面积占耕地总面积的 50%～90%，其流失量占总流失量的 50%～80%（何腾兵，2000）。在东北黑土区，坡耕地占水土流失面积为 86%（唐克丽，2004）。据中国科学院地理所自然资源数据库 1984～1995 年资料，坡度大于 6°的耕地分省（直辖市）统计以贵州为首（81.0%），其次是云南（75.3%）、四川（67.6%）、重庆（79.5%）、湖南（32.7%）、湖北（36.8%）、江西（26.8%）、浙江（26.5%），表明云贵高原地区坡耕地面积很大（尹迪信等，2006）。

营养元素是农业生产的重要基础，由于坡耕地的特殊情况，在降雨条件下，营养元素会随着径流及径流携带的泥沙等流失。黄土高原地区坡耕地每生产 1kg 粮食，流失的土壤一般达到 40～60kg（姚芃，2007）。四川省遂宁水保试验站 1985 年紫色土坡耕地水土流失观测结果显示，大于 25°坡耕地水土流失量为 15 900t/km²（唐克丽，2004）。贵州省"两湖一库"地处黔中腹地，是贵阳市工农业生产和生活水源，流域内坡耕地在耕地中占有比较高的比重，坡耕地土壤侵蚀和营养元素损失是湖底淤积和水体富营养化现象的主要原因。目前"两湖一库"的水质已经发生不同程度的下降，虽然已采取大量措施治理点源污染，取得了显著成果，但坡耕地没有得到有效治理。要使湖泊水质发生根本好转，坡耕地水土流失得到有效控制是关键步骤之一。因此需要在"两湖一库"汇水区探索坡耕地治理的先进模式。

# 7.2 国内外研究现状

由于坡耕地水土流失很严重，国内外对坡耕地水土流失治理技术进行了一系列研究，主要治理技术包括下列几个方面（王震洪，2006）。

## 7.2.1 利用工程方法改变微地形措施

通过工程方法改变微地形，截断地表径流，抑制土壤侵蚀，可采取坡改梯、反坡梯田、多年犁作梯化、台地工程等措施。坡改梯治理坡耕地被认为是最有效的方式，是我国农业生产上的重要发明之一。该措施控制水土流失效益显著，同时能提高土地生产力。在黄土高原半干旱地区，为了拦截径流，增加土壤水分，发展了反坡梯田技术；因为一次修建，需要大量投资投劳，为了减轻一次性投入的负担，发展了多年犁作梯化技术；在坡地上种植经济林果，为了改善植物生长的土壤环境，发展了台地工程，以改变果树生长的小环境，促进果树生长。

## 7.2.2 水土保持农业技术措施

水土保持的农业技术措施主要包括保土耕作和保土栽培技术。保土耕作有横坡耕作、马尔采夫耕作、免耕法、坑田等。横坡耕作和坑田在我国普遍被推广。马尔采夫耕作、免耕法在国内推广较少。在我国北方，从 20 世纪 50 年代开始，水土流失重点治理流域实施了大面积的坑田与横坡耕作。该技术能蓄水保土，抗旱增产。在保土栽培方面，南北方都比较重视草田轮作、间作、套种、混种、带状间作、绿肥种植、地膜覆盖等技术在坡耕地治理中的作用。这些措施增加了坡耕地覆盖，改善了土壤理化性质，增强了土壤抗蚀性，在治理坡耕地中常常不需要额外投资，主要依靠群众在农业生产中参与就能够产生水土保持作用。特别是如果群众在应用中形成生产习惯的话，土壤保持效果就比较显著。

### 7.2.3　农林复合经营治理技术

由于农林复合经营技术能充分利用地力和空间，提高坡耕地产出，在国内外被广泛研究和应用。在云贵高原石漠化坡耕地，农林复合经营技术从20世纪80年代初开始就进行了应用研究和推广，《水土保持法》颁布后，针对"大于25°的坡耕地必须退耕还林"的硬性要求，在退耕地上广泛实施了林农间作、林农混播、林农套作、林草种植、林药林花结合等一系列模式，对土壤侵蚀控制曾起着显著的控制作用。在国外，这一治理措施在印度、尼泊尔、东南亚国家常常称为混农林业，并在山区广泛推广。在云贵高原地区，也推广过许多模式。措施能够改善农业生产环境，但由于经济效益比较差，林木和农作物、饲料作物争夺空间、阳光、水分和养分时，就牺牲树木和灌木，恢复到原来的单纯种植。农林复合经营要能被广大群众接受，关键是模式既要能发挥经济效益，又要能发挥生态效益。

### 7.2.4　退耕还林还草措施

根据《水土保持法》，大于25°的坡耕地实施强制退耕还林还草。退耕还林还草工程治理坡耕地主要是政策措施。国家采取了综合配套措施来推动工程的实施。主要采取的措施：一是对农民的补偿；二是退耕地的减免政策；三是开发退耕地的优惠政策；四是对不同的还林模式，分类经营、分类管理，建立相应的利益补偿机制和政策。退耕还林还草政策措施的巩固，关键是25°下坡耕地梯田化后粮食的增产和退耕后的经济林果收入能否显著增加。对于后者，决定于农业和林业生产技术的提高。

### 7.2.5　等高带状植物篱技术

在坡耕地上等高带状种植灌木或草本植物，形成土壤侵蚀控制带，控制带间产生的侵蚀，泥沙到达植物篱控制带后，将被挂淤、沉积，减少坡耕地土壤侵蚀量，经过逐年的淤积抬高，坡耕地逐渐形成梯平地。国外研究等高植物篱技术最早出现于20世纪30年代，在印度尼西亚，为了解决橡胶林的土壤流失及土壤培肥问题，在林下种植豆科固氮植物。80年代以后，该技术才在非洲热带和东南亚热带地区得到应用。近一二十年来，由于土地资源的破坏和生态环境质量的不断下降，国际上坡耕地农林业的研究非常活跃。对发展中国家来说，坡耕地土壤侵蚀是目前面临的极其严峻的问题，因此这些国家对坡耕地农业的研究更为积极。1970年菲律宾亚洲农业发展中心对植物篱技术进行了大规模的示范和推广，这对减少水土流失、增加农林经济效益和改善坡地土壤生态环境具有重要作用。此外，尼泊尔、印度、肯尼亚、泰国等国家都进行了大量的研究和实践，获得了宝贵的资料和成功经验。国内研究等高植物篱种植模式始于90年代初期。目前的研究主要集中在长江中上游干旱河谷区、三峡库区以及北方黄土高原水土流失区。研究主要集中在植物篱树种选择、生态效益评价以及土壤养分变化等方面。这些研究揭示了植物篱在减少土壤侵蚀量、有效降低坡度、缩短坡长、改善土壤理化性质以及生态和社会效益提高等多方面的综合效益，为我国坡耕地水土流失防治提供了新的手段。在国内，具体研究工作主要包括两个方面。

1）植物篱建设、管理研究。对于植物篱的建设模式进行研究，即研究植物篱的最适宜物种选择、株行距、带间距、带宽等，以及如何种植与管理等方面。李秀彬等（1996）认为植物篱品种的选择要考虑三个方面的问题：植物篱的生物学特性、环境适应能力、植物的功用。有研究者从植物篱设计、整地、种植、管理等方面进行了论述，包括物种选择、种植模式（株行距、带内结构、带间距等）方面，讨论了适合四川、贵州、云南、江西等地的坡耕地植物篱种类（张建锋等，2008；龙高飞等，2001）。李秀彬等（1996）概括了适合山东、陕西、山西、贵州等地的梯田生物埂类型，介绍了确定带间距的试验研究。许锋等（1999）和唐政红等（2001）的天然观测与模拟降雨的结果表明，侵蚀量迅速增加的坡段为 10～15m，因此，布设植物篱的位置应当在距开始产生径流的 10～15m 处，以达到控制细沟发育的作用，即植物篱带间距应该在这个距离内。

2）植物篱效益评价研究。培育植物篱的主要目的是水土保持，植物篱的水土保持效果是筛选植物篱模式的首要条件，一般通过对比径流量、泥沙量、营养元素流失量、植物篱土壤特性（含水量、容重、颗粒性等）和种植地的生态环境特征，判定植物篱物种、模式的好坏。植物篱种植需要占用土地，种植后会妨碍耕作，所以植物篱除保持水土外还需要产生一定的经济价值，以便增加种植的积极性，因此经济效益也是评估的一方面。植物篱经济价值的评估可以通过对比作物收获量、损失量、植物篱产品的经济价值等来进行。具体研究方面，黎建强等（2011）对长江上游 3 种不同植物篱（乔木类、灌木类和草本类）的研究表明，与植物篱带间相比，研究区 3 种不同类型植物篱带内土壤物理性质均得到了显著改善，乔木类、草本类和灌木类植物篱带内土壤孔隙度、含水量、饱和导水率、水稳性团聚体含量、抗蚀性、抗冲性和土壤黏粒含量平均值分别提高了 18.8%、30.1%、12.9%、139.3%、108.3%、95.9% 和 25.5%，土壤容重和土壤沙粒含量分别平均减小 17.3% 和 9.6%。姚桂枝和刘章勇（2010）在丹江口研究紫穗槐、金银花、黄花菜、龙须草植物篱表明，植物篱小区控制泥沙流失量仅为无植物篱对照的 14.3%～25%，植物篱小区径流中全磷、全钾、全氮浓度都低于对照。陈治谏等（2003）在中国科学院万县生态环境实验站用皇竹草培植植物篱，2 年试验结果表明，植物篱可减小坡耕地坡度 3°，增加土壤有机质 10.39%，减少地表径流量和土壤侵蚀分别为 75.82%、96.74%。2 年试验结果初步表明，坡地植物篱农业技术在减缓坡度、缩短坡长、改善土壤理化性状、减少水土流失、提高土地生产潜力方面具有显著效果。吕文星等（2011）在三峡库区李市镇的研究结果显示，黄荆和紫背天葵 2 种植物篱土壤密度平均值比对照分别低 13.7% 和 6.6%，土壤总孔隙度平均值比对照分别高 13.8% 和 7.7%，土壤含水量平均值比对照分别高 45.2% 和 15.3%，土壤砂粒含量平均值比对照分别低 6.3% 和 13.2%，土壤粉粒含量平均值比对照分别高 6.2% 和 16.6%，土壤黏粒含量平均值比对照分别高 23.4% 和 1.6%，土壤有机质、全氮、水解氮、全磷、有效磷、全钾、有效钾、阳离子交换量平均值分别比对照增加了 36.5% 和 6.5%、53.3% 和 27.8%、55.4% 和 8.4%、228.3% 和 36.3%、90.9% 和 32.1%、75.8% 和 14.6%、177.5% 和 99.3%、68.3% 和 7.3%，这说明植物篱显著改善了坡耕地的土壤物理性质，有利于提高土地生产力和水土保持，生态效益十分显著。在河北张家口怀安县常家沟试验场对 8°坡耕地上的试验观测表明（黎四龙等，1998），1995年汛期降水量 340mm 时，4 年生紫穗槐植物篱坡耕地比邻近坡耕地减少径流量

66.2%，减少泥沙流失量 72.2%，与有土埂的坡耕地相比，也可以分别减少径流量和土壤侵蚀量 47.6% 和 35%。

根据三峡库区秭归县研究推广得知（马根录，2009），植物篱的投资一般包括种苗费和平茬修剪用工，种苗费一般为一次性投入 2000～2700 元/hm²，修剪年需投工 60个/hm² 左右，平均按 7～10 年植物篱形成水平梯田推算，每公顷总投资为 0.8 万～1.2万元，而每公顷水平石坎梯田投资需要 3 万～10 万元，同时，植物篱本身的产出效益也是石坎坡改梯无法比拟的。试验表明，每株植物篱每年可向坡地提供 0.5～1.5kg 的鲜枝叶绿肥，按移栽 18 000 株/hm² 植物计算，植物篱每年可向坡地提供 8000～30 000kg 的鲜枝叶绿肥，若鲜枝叶按 0.10 元/kg 计算，每年产出价值可达 800 元/hm²以上。所提供的枝叶绿肥提高土壤肥力的功效也是相当巨大的，根据研究，固氮植物篱能使土壤全氮含量增加 65%～103%。由于植物篱技术投工主要用于种植和成篱植物的管理上，因此用工比较节省，在陕西省，培植植物篱工时仅相当于坡改梯工程的13.7%。在湖北秭归，植物篱投资为 2290.5 元/hm²，仅为石埂梯田投资的 9.4%（马根录，2009）。在四川西部，投入仅为一般坡改梯的 1/5～1/3，贵州罗甸县则更低，投入才及石埂梯地的 1/10（尹迪信等，2006）。

## 7.3　本研究关注的科学问题

"两湖一库"是贵阳市的工农业和生活水源地，水体已严重污染。汇水区坡耕地水土流失是重要的污染源。本研究针对"两湖一库"汇水区坡耕地水土流失导致泥沙、营养元素进入湖泊，造成水环境质量显著下降，试验植物篱模式控制坡耕地土壤侵蚀，比较不同植物种、物种组合和带宽植物篱模式控制土壤侵蚀效果，筛选出最优模式，为坡耕地治理提供技术支撑。研究植物篱控制土壤侵蚀试验，还要考虑以下问题：一是"两湖一库"汇水区并没有成片研究和推广植物篱控制土壤侵蚀的经验及技术，由于各种植物具有各自的生长周期、分枝（蘖）特点、环境适应性，其在本地的生长状况、水土保持效果会存在很大的差异，通过植物篱培植管理、植物适应性和水土保持效果评价，建立起植物篱控制土壤侵蚀的技术体系；二是在贵州大部分地区，由于坡耕地附近石料丰富，治理坡耕地习惯采用石埂梯田措施，但是，"两湖一库"汇水区位于黔中丘陵地区，石料并不丰富，为了在治理中降低成本，有必要推广植物篱这种成本低的模式，因此需要试验；三是过去的研究工作中，物种选择和配置模式比较少，无法适应多种类植物篱推广的需要，在一个比较大的区域推广植物篱，需要有比较多的植物篱物种和模式供选择。因此，本试验在"两湖一库"汇水区的大冲村流域，研究适应于当地生态环境、气候条件、人文特征的植物篱物种和模式，拟解决的主要问题有以下几方面。

1）掌握植物篱物种的生长适应性。对植物篱地上部分和根进行相关指标测定，评价植物生长的适应性。地上部分测定植株高度、地径、冠幅、分枝（蘖）量等指标；地下部分测定根系的分布幅度、空间分布情况、根系量等指标。

2）选出用植物篱控制水土流失的最佳植物种。用不同植物建成植物篱，通过水土流失指标测定，选出水土保持效果最佳的植物篱物种。

3）选出植物篱控制水土流失的最适物种组合。生态学理论表明，物种丰富的群落，不同物种占有相应的生态位，能够充分利用环境中的光、温、水、气、热条件，生态系统更加稳定，同时植物在不同生态位空间中，使单位空间中植物枝叶和根系更多，理论上多种植物组合的植物篱水土保持效果应更好。所以设计用不同植物组合建成植物篱，与单一物种植物篱进行比较，筛选出好的植物篱物种组合。

4）选择出植物篱控制水土流失的最适宽度。前人研究表明，植物篱通过茎、枝可以对颗粒形式流失的泥沙进行拦截，从而达到水土保持的作用。通常认为植物篱越宽、行数越多，枝干的量会越多，拦截效果会越好，然而事实是否如此，需要通过试验来确定。

5）通过试验地规划、物种选择、栽植、田间管理、水土保持效果评价，建立起植物篱培植和土壤侵蚀控制的技术体系，为"两湖一库"坡耕地治理提供技术。

# 7.4 研究方法

## 7.4.1 材料和方法

### 7.4.1.1 植物篱控制土壤侵蚀的机理分析

在大冲流域，由于坡耕地坡度大、土壤肥力不高，作物生长差，作物覆盖低。在夏季，中到大雨条件下，地表径流发育，土壤侵蚀较重，一般侵蚀模数大于无明显侵蚀，达到轻度侵蚀。根据调查，大冲小流域坡耕地存在以下水土流失形式：①溅蚀。当雨滴降落撞击地表时，由于雨滴具有动能，会使地表土壤颗粒发生分离，通过抛物线方式发生位移。在坡耕地上，由于植被覆盖度不高，土壤疏松，溅蚀成为非常重要的侵蚀形式。②面蚀。当降雨强度大于土壤的入渗速率时，就会产生地表径流，使土壤产生分散作用。由于径流分布较为均匀，对土壤的侵蚀是成层的剥蚀，导致土层变薄。③隐匿侵蚀。由于成土母质是石灰岩，形成的土壤颗粒较粗，非毛管孔隙较大，因而降雨入渗量大。在入渗过程中，使细小的土壤颗粒随土壤径流流向土壤深层，使肥力不断下降。

水土流失使土层变薄，营养物质损失，土壤肥力下降甚至消失，土地生产力的维持受到威胁的同时，造成水体面源污染。大冲坡耕地土壤侵蚀，降雨是主要动力。它通过雨滴击溅、浸润破坏土壤结构，进一步形成径流冲走土壤。长期的水土流失，土层逐渐变薄，土壤营养减少，土壤的蓄水保水作用进一步衰退，导致降雨时产生更多径流。因此要针对这个过程设计阻断措施。植物篱具有这种阻断功能。具体地，植物篱技术在坡地上沿等高线每隔一定距离带状密植矮化木本植物或多年生草本。通常选用的植物生长不高，对作物影响小，对种植者有一定经济效益。植物篱控制水土流失主要通过三种方式：①植物枝叶截留降雨，削减降雨动能，吸附雨水，减少地表径流。植被覆盖低时，降雨雨滴打击地表，造成溅蚀。降雨转变成地表径流造成剥蚀。有植物篱存在，很多雨滴到达地表前，首先落在枝叶上，雨滴能量被消耗，减轻了溅蚀。枝叶的表面有表皮毛，凸凹不平，有木栓，这些都会吸附降雨，从数量上减少径流。②增加土壤入渗，减少地表径流。植物篱植物生长中，根系的扩张导致坚硬的土壤变得疏松，有利于径流入渗。根系和土壤间存在边缘效应，径流容易通过边界入渗。③土壤根系能和土壤结合形成根土键，使土壤力学稳定性增强，在地表径流的冲刷下，有高的机械抗冲能力，土壤颗粒不容易流失。④植物篱增加了土壤有机质，增强了土壤抗蚀性和抗冲性（图7-1）。

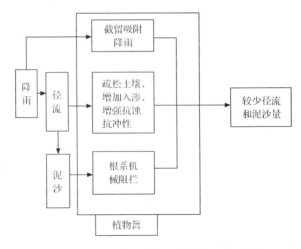

图7-1　植物篱防治水土流失过程示意图

## 7.4.1.2　技术路线

本研究总体设计上，在典型坡耕地上规划和建设标准径流小区，在小区中培植不同物种植物篱、不同物种组合植物篱和不同宽度植物篱，经过一定时间的培植后，现场和实验室测定不同植物篱模式降雨时水土流失强度指标（地表径流量、泥沙量、径流中氮、磷、钾等），对比不同处理的指标差异；测定植物篱的生长状况指标，评价其适应性，最终选出最佳的水土保持物种、物种组合、种植宽度、株行距等植物篱参数，建立植物篱培植和控制土壤侵蚀技术体系，为"两湖一库"汇水区坡耕地治理提供技术支撑（图7-2）。

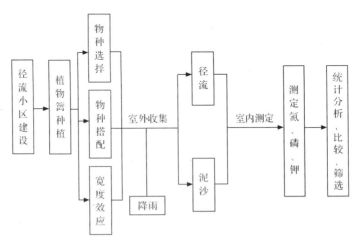

图7-2　技术路线图

### 7.4.1.3 试验设计

1）小区设计。根据要解决的问题，试验设计9种植物、6种物种组合和4种植物篱带宽的水土保持效果对比。按照3次重复的随机区组设计，植物篱物种选择需要30个小区（每种植物设置3个重复，9种植物共计27个小区，另外设3个小区作对照）、21个小区用来选择物种组合（6种物种组合，每种3个重复，另外3个小区作对照）、15个小区用来选择植物篱宽度（4种宽度模式，每种模式3个重复，另外3个小区作对照）。具体实施中，首先分别确定植物种选择、物种组合和植物篱宽度试验地，要求影响水土流失的土壤、坡度、坡位、坡向等条件一致。根据调查和分析，全部小区土壤类型为黄壤，坡度为15°～17°，坡位为丘陵山坡，坡向为西坡，所有小区之间土壤氮磷钾含量没有显著差异。然后，通过随机数表进行每种比较的小区布置。每个小区大小为20m×5m，面积100m²。

2）径流小区建设。考虑到材料的机械性能好、成本低，选择厚质聚氯乙烯塑料布做边界隔水材料。在边界处开沟1m，将材料埋入地下1m，并露出地面30cm，地面部分用土夹扶成埂状，隔断小区内外径流交换（图7-3和图7-4）。小区下方设置径流收集沟，收集小区径流并通过分流系统导入径流收集桶。

图 7-3　植物篱小区开沟

图 7-4　土建完成的植物篱小区

3）植物篱种植。在建设好的径流小区内按6.67m间距等高种植三带植物篱，带内植物篱统一栽植密度为株距10cm、行距15cm。物种选择试验，每带植物篱内栽植相同的2行植物，一个小区栽植3带（图7-5和图7-6），备选的9种植物见7.1.1.4节介绍。物种组合试验每带栽植2行（1行草本＋1行木本）植物，共有6种组合，即香椿＋香根草、灰毛豆＋香根草、香椿＋黄花菜、灰毛豆＋黄花菜、香椿＋紫花苜蓿、灰毛豆＋紫花苜蓿（图7-7）。宽度试验分别为每带栽植2行、4行、6行，以及从小区自上而下每带分别栽植2行、4行、6行。物种选用香根草与灰毛豆两种物种搭配，亦即1行香根草对1行灰毛豆间作模式（图7-8）。

4）水土流失监测。在小区下游，建设径流收集池，安装径流收集桶，收集径流及泥沙，测定径流中营养元素的浓度，评价各试验处理的水土保持效果，以筛选最佳植物篱模式。每次降雨产生径流后，量测储水桶中径流量，并混匀储水桶中径流水，用洗净

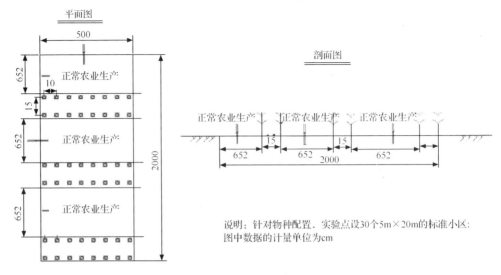

图 7-5　小区植物篱物种选择试验设计图

图 7-6　香椿植物篱（2行）

的矿泉水瓶采样约500mL，带回学校实验室测定样品中泥沙含量、氮、磷、钾元素含量。当分水池中沉积的泥沙达到一定量时，将泥沙称量后用自封袋取约1.5kg湿泥沙带回实验室测定其中的全氮、全磷、全钾。带回实验室的径流水样先过滤适量，然后测定滤液中总氮、氨态氮、硝态氮、总磷、全钾含量。TN用碱性过硫酸钾消解紫外分光光度法测定，TP用过硫酸钾钼酸铵分光光度计法，硝态氮采用紫外分光光度法测定，氨态氮采用纳氏试剂法测定，全钾采用火焰光度计法测定。带回实验室的湿泥沙先烘干，然后研磨过筛，测定土壤中的全氮、全磷、全钾含量。总氮测定用开氏法，氨态氮测定用靛酚蓝比色法，硝态氮测定用酚二黄酸比色法，总磷测定用硫酸-高氯酸氧化-钼蓝比色法，全钾测定用火焰光度计法。

图 7-7 灰毛豆＋香根草植物篱（2 行）

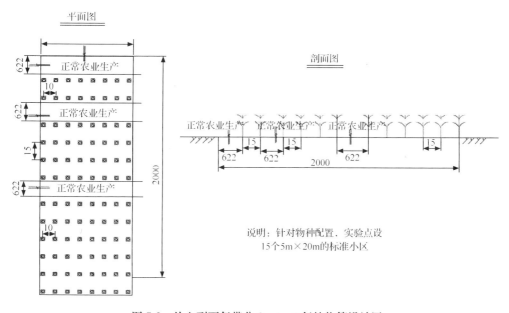

图 7-8 从上到下每带分 2、4、6 行植物篱设计图

## 7.4.1.4 植物篱物种

试验选用 9 种植物篱植物，这些植物的形态特征及生长习性如下。

**（1）灰毛豆（*Tephrosia purpurea*）**

别名灰叶、假蓝靛，红花灰叶。蝶形花科灰毛豆属。多年生灌木状草本。形态特征：高 30～60（150）cm；多分枝。茎基部木质化，近直立或伸展，具纵棱，近无毛或被短柔毛。羽状复叶长 7～15cm，叶柄短；托叶线状锥形，长约 4mm；小叶 4～8（10）对，椭圆状长圆形至椭圆状倒披针形，长 15～35mm，宽 4～14mm，先端钝，截形或微凹，具短尖，基部狭圆，上表面无毛，下表面被平伏短柔毛，侧脉 7～12 对，清晰；小叶柄长约 2mm，被毛。总状花序顶生、与叶对生或生于上部叶腋，长 10～15cm，较细；花每节 2（4）朵，疏散；苞片锥状狭披针形，长 2～4mm，花长约 8mm；花梗细，长 2～4mm，果期稍伸长，被柔毛；花萼阔钟状，长 2～4mm，宽约 3mm，被柔毛，萼齿狭三角形，尾状锥尖，近等长，长约 2.5mm；花冠淡紫色，旗瓣扁圆形，外面被细柔毛，翼瓣长椭圆状倒卵形，龙骨瓣近半圆形；子房密被柔毛，花柱线形，无毛，柱头点状，无毛或稍被画笔状毛，胚珠多数。荚果线形，长 4～5cm，宽 0.4（0.6）厘米，稍上弯，顶端具短喙，被稀疏平伏柔毛，有种子 6 粒；种子灰褐色，具斑纹，椭圆形，长约 3mm，宽约 1.5mm，扁平，种脐位于中央。花期 3～10 月。

产于福建、台湾、广东、广西、云南。生于旷野及山坡。广布于全世界热带地区。枝叶可作绿肥，捣烂投水中可毒鱼，又为良好的固沙及堤岸保土植物。

### (2) 胡枝子（*Lespedeza bicolor*）

别名帚条、二色胡枝子。蝶形花科胡枝子属。落叶灌木。高 0.5～3m，分枝细长而多，常拱垂，有棱脊，微有平伏毛。老枝灰褐色，嫩枝黄褐色，疏生短柔毛。三出复叶互生，顶生小叶宽椭圆形或卵状椭圆形，长 1.5～5cm，宽 1～2cm，先端钝圆，具短刺尖，基部楔形或圆形，叶背面疏生平伏短毛，侧生小叶较小，具短柄，托叶，总状花序腋生，总花梗较叶长，花梗长 2～3mm；花萼杯状，花冠蝶形，紫色，旗瓣倒卵形，翼瓣矩圆形，龙骨瓣与旗瓣近等长。荚果倒卵形，长 6～8mm，网脉明显，疏或密被柔毛，含 1 粒种子，种子褐色，歪倒卵形，有紫色斑纹花期 8 月，果熟期 9～10 月。

分布于我国的东北、内蒙古、华北、西北及湖北、浙江、江西、福建等地；在国外，蒙古、前苏联、朝鲜、日本也有分布。胡枝子为中生性落叶灌木，耐阴、耐寒、耐干旱、耐瘠薄。根系发达，适应性强，对土壤要求不严格。由于其生长快，封闭性好，且适于坡地生长，是丘陵漫岗水土流失区的治理树种。其根瘤菌能固定土壤中的游离氮，改良土壤，提高土壤肥力。花多、花期长、泌蜜量大，可做蜜源。胡枝子是高产型树叶饲料资源，分枝多，叶量丰富。叶片具有浓郁的香味，适口性好，营养价值高，是牛、马、羊、猪、兔、鹿、鱼的好饲料。

### (3) 香根草（*Vetiveria zizanioides*）

别名岩兰草、培地茅。禾本科香根草属多年生丛生草本。因其根很香，故名香根草。秆高 1～2m；叶片条形，质硬，宽 4～10cm；圆锥花序长 15～40cm，分枝以多数轮生，在秋季开花，一般无果，主要靠分蘖繁殖；纵深发达根系可深达 2～3m（迄今最深的根系在泰国，为 5.2m），根直径一般为 0.7～0.8mm。香根草能适应各种土壤环境，强酸强碱、重金属和干旱、渍水、贫瘠等条件下都能生长。香根草属于低补偿（C4）植物，光合作用强，日温达 10℃时就萌发生长。在自然条件下香根草很少结实。具有适应能力强、生长繁殖快、根系发达、耐旱耐瘠等特性；有"世界上具有最长根系的草本植物"、"神奇牧草"之称；被世界上 100 多个国家和地区列为理想的保持水土植物。由于香根草生长快，抗性强，具有很好的穿透性，抗拉强度好，已陆续被用于保护公路、河堤、梯田等。香根草可作为生产香精的原料。香根草的芳香成分可用于防治蛀虫，现一些地方用来生产香水。

原产于印度等国，现主要分布于东南亚、印度和非洲等（亚）热带地区。

**（4）紫穗槐**（*Amorpha fruticosa*）

别名棉槐、椒条、棉条、穗花槐。蝶形花科紫穗槐属落叶灌木。高1～4m，丛生、枝叶繁密，直伸，皮暗灰色，平滑，小枝灰褐色，有凸起锈色皮孔，幼时密被柔毛；侧芽很小，常两个叠生。叶互生，奇数羽状复叶，小叶11～25，卵形，狭椭圆形，先端圆形，全缘，叶内有透明油腺点。总状花序密集顶生，花轴密生短柔毛，萼钟形，常具油腺点，旗瓣蓝紫色，翼瓣、龙骨瓣均退化。荚果弯曲、短，长7～9mm，棕褐色，密被瘤状腺点，不开裂，内含1种子，种子具光泽，千粒重10g。花果期5～10月。紫穗槐是喜光，耐寒、耐旱、耐湿、耐盐碱、抗风沙、抗逆性极强的灌木，在荒山坡、道路旁、河岸、盐碱地均可生长，可用种子繁殖及进行根萌芽无性繁殖，萌芽性强，根系发达，每丛可达20～50根萌条，平茬后一年生萌条高达1～2m，2年开花结果，种子发芽率70%～80%。

原产美国，广布于我国东北、华北、河南、华东、湖北、四川等省，是黄河和长江流域很好的水土保持植物。该植物枝叶繁密，根部有根疣可改良土壤，枝叶对烟尘有较强的吸附作用，因此，常用做工业区绿化和防护林树种。紫穗槐枝叶还可做绿肥，枝条可以编筐。因果实含芳香油（种子含油率达10%），叶、根与茎含紫穗槐苷（是黄酮苷，水解后产生芹菜素），也可做蜜源植物种。

**（5）紫花苜蓿**（*Medicago sativa*）

蝶形花科。苜蓿的寿命一般是5～10年，在年降水量250～800mm、无霜期100天以上的地区均可种植。喜中性土壤。pH 6～7.5为宜，6.7～7.0最好。紫花苜蓿是全国乃至世界上种植最多的牧草品种。由于其适应性强、产量高、品质好等优点，素有"牧草之王"之美称。苜蓿的营养价值很高，粗蛋白、维生素含量很丰富，动物必需的氨基酸含量高，苜蓿干物质中含粗蛋白15%～26.2%，相当于豆饼的一半，比玉米高1～2倍；赖氨酸含量1.05%～1.38%，比玉米高4～5倍，成株高达1～1.5m。

紫花苜蓿发达的根系能为土壤提供大量的有机物质，并能从土壤深层吸取钙素，分解磷酸盐，遗留在耕作层中，经腐解形成有机胶体，可使土壤形成稳定的团粒，改善土壤理化性状；根瘤能固定大气中的氮素，提高土壤肥力。农谚说："一亩苜蓿三亩田，连种三年劲不散"。紫花苜蓿枝叶繁茂，对地面覆盖度大，二龄苜蓿返青后生长40天，覆盖度可达95%。其是多年生深根型，在改良土壤理化性状、增加透水性、拦阻径流、防止冲刷、保持坡面、减少水土流失方面的作用十分显著。据测定，在坡地上，种植普通农作物与紫花苜蓿相比，每年每亩地表径流大16倍，土壤侵失大9倍。紫花苜蓿是严格的异花受粉植物，常靠外部机械力量和昆虫采蜜弹开紧包的龙骨瓣而受粉，花期长达40～60天，花期进行田间放蜂，可使蜂蜜产量大幅度提高，同时也提高苜蓿种子产量。

**（6）构树**（*Broussonetia papyrifera*）

别名构桃树、构乳树、楮树、楮实子。桑科构树属落叶乔木。高达16m；树冠开张，卵形至广卵形；树皮平滑，浅灰色或灰褐色，不易裂，全株含乳汁。单叶互生，有时近对生，叶卵圆至阔卵形，长8～20cm，宽6～15cm，顶端锐尖，基部圆形或近心形，边缘有粗齿，3～5深裂（幼枝上的叶更为明显），两面有厚柔毛；叶柄长3～5cm，密生绒毛；托叶卵状长圆形，早落。椹果球形，熟时橙红色或鲜红色。花期4～5月，果期 7～9 月。雄花序下垂，雌花序有梗，有小苞片 4 枚，棒状，上部膨大圆锥形，有毛。子房包于萼管内，柱头细长有刺毛，聚花果球形，直径 1.5～2.5cm，成熟时橘红色；小瘦果扁球形。花期 5～6 月，果期 8～9 月，雌雄异株。强阳性树种，适应性特强，抗逆性强。根系浅，侧根分布很广，生长快，萌芽力和分蘖力强，耐修剪。抗污染性强。

构树分布于中国黄河、长江和珠江流域地区，也见于越南、日本。该树种具有速生、适应性强、分布广的特点。构树叶是很好的猪饲料，其树皮是造纸的高级原料，材质洁白。乳液、叶、果实及种子具有药用价值。根皮、树皮可鲜用或阴干。种子具有补肾、强筋骨、明目、利尿的功效，用于治疗腰膝酸软、肾虚目昏、阳痿、水肿。叶具有清热、凉血、利湿、杀虫的功效，用于治疗鼻衄、肠炎、痢疾。皮具有利尿消肿、祛风湿的功效，用于治疗水肿、筋骨酸痛；外用治神经性皮炎及癣症。乳可利水、消肿、解毒，用于治疗水肿、癣疾，以及蛇、虫、蜂、蝎、狗叮咬。

### (7) 香椿（*Toona sinensis*）

别名山椿、虎目树、虎眼、大眼桐、椿花、香椿头、香椿芽。楝科香椿树落叶乔木。形态特征：树木可高达 10 多米。叶互生，为偶数羽状复叶，小叶 6～10 对，叶痕大，长 40cm，宽 24cm，小叶长椭圆形，叶端锐尖，长 10～12cm，宽 4cm，幼叶紫红色，成年叶绿色，叶背红棕色，轻被蜡质，略有涩味，叶柄红色。圆锥花序顶生，下垂，两性花，白色，有香味，花小，钟状，子房圆锥形，5 室，每室有胚珠 3 枚，花柱比子房短，朔果，狭椭圆形或近卵形，长 2cm 左右，成熟后呈红褐色，果皮革质，开裂成钟形。6 月开花，10～11 月果实成熟。种子椭圆形，上有木质长翅，种粒小。雌雄异株。

香椿喜温，适宜在平均气温 8～10℃的地区栽培，抗寒能力随苗树龄的增加而提高。用种子直播的一年生幼苗在 8～10℃左右可能受冻。香椿喜光，较耐湿，适宜生长于河边、宅院周围肥沃湿润的土壤中，一般以砂壤土为好。适宜的土壤酸碱度为pH5.5～8.0。

原产于中国，分布于长江南北的广泛地区。香椿被称为"树上蔬菜"的部分是香椿树的嫩芽，每年春季谷雨前后，香椿发的嫩芽可做成各种菜肴。香椿树干通直，树冠开阔，枝叶浓密，嫩叶红艳，常用作庭荫树、行道树，园林中配置于疏林，作上层滑干树种，其下栽以耐阴花木。香椿是华北、华东、华中低山丘陵或平原地区土层肥厚的重要用材树种、"四旁"绿化树种。入药可主治外感风寒、风湿痹痛、胃痛、痢疾等。

### (8) 桑树（*Morus alba*）

桑科桑属。落叶乔木。树冠倒卵圆形。叶卵形或宽卵形，先端尖或渐短尖，基部圆或心形，锯齿粗钝，幼树之叶常有浅裂、深裂，上面无毛，下面沿叶脉疏生毛，脉腋簇生毛。聚花果（桑椹）紫黑色、淡红色或白色，多汁味甜。花期 4 月；果熟 5～7 月。

喜光，对气候、土壤适应性都很强。耐寒，可耐−40℃的低温，耐旱，不耐水湿。也可在温暖湿润的环境生长。喜深厚疏松肥沃的土壤，能耐轻度盐碱（0.2%）。抗风，耐烟尘，抗有毒气体。根系发达，生长快，萌芽力强，耐修剪，寿命长，一般可达数百年，个别可达数千年。

原产我国中部，有约 4000 年的栽培史，栽培范围广泛，东北自哈尔滨以南，西北从内蒙古南部至新疆、青海、甘肃、陕西；南至广东、广西，东至台湾；西至四川、云南；以长江中下游各地栽培最多。垂直分布大都在海拔 1200m 以下。桑树树冠丰满，枝叶茂密，秋叶金黄，适生性强，管理容易，为城市绿化的先锋树种。宜孤植作庭荫树，也有与喜阴花灌木配置树坛、树丛或与其他树种混植风景林，果能吸引鸟类，宜构成鸟语花香的自然景观。居民新村、厂矿绿地都可以用，是农村"四旁"绿化的主要树种。桑树的枝叶和桑皮都是极好的天然植物染料。染料使用部位为枝叶、树皮。桑叶染色，在丝布与棉布的呈色很接近，可染出卡其黄、黄褐色。

### (9) 黄花菜（*Hemerocallis citrina*）

别名萱草、忘忧草、金针菜、萱草花、健脑菜、安神菜、绿葱、鹿葱花、萱萼。百合科萱草属。多年生草本，高 30～65cm。根簇生，肉质，根端膨大成纺锤形。叶基生，狭长带状，下端重叠，向上渐平展，长 40～60cm，宽 2～4cm，全缘，中脉于叶下面凸出。花茎自叶腋抽出，茎顶分枝开花，有花数朵，大，橙黄色，漏斗形，花被 6 裂。蒴果，革质，椭圆形。种子黑色光亮。花期夏季。

生于山坡、草地或栽培。供食用及药用，治头晕、耳鸣、心悸、腰痛、吐血、衄血、大肠下血、水肿、淋病、咽痛、乳痈等。

## 7.5 植物篱栽培管理技术

植物篱种植可以采用苗木种植、播种种植和扦插种植的方式。播种种植是一种好的植物篱培植方式，因为操作方便、成本低，但是由于种子长成小苗时通常正是农户除草时节，无论是人工锄草还是喷洒除草剂都容易破坏植物篱，而且播种种植形成植物篱所需时间较长。扦插种植植物篱要求土壤湿润度高，空气湿度大。苗木种植植物篱在种植时就成型，成活后，对自然灾害抵抗力较强，容易管护，田间管理对其影响较小。限于试验区土壤干旱，扦插成活率达不到要求，试验针对不同植物种选取苗木种植和播种种植。研究工作涉及物种选择、物种组合和植物篱带宽水土保持效果试验，物种包括灰毛豆、香根、紫花苜蓿、紫穗槐、黄花菜、胡枝子、桑树、香椿、构树 9 种，其中香根草、黄花菜、桑树、香椿、构树采用苗木种植方式，灰毛豆、紫花苜蓿、紫穗槐、胡枝子采用播种种植方式。

### 7.5.1 灰毛豆

灰毛豆在本试验中涉及物种选择、物种组合（灰毛豆＋香根草、灰毛豆＋紫花苜蓿、灰毛豆＋黄花菜）、带宽效应三个方面。

#### 7.5.1.1 选种和播种

用播种方式进行灰毛豆植物篱培植，播种前需要选种，选种要选择饱满、无瘪、无霉变的种子。灰毛豆优良种子外皮呈灰绿色，有黑色斑纹，具有光泽，胚为白色。播种宜选在春季气温稳定到 10℃以上、降雨过后土壤湿润时。通常在播种前需要对种子进行发芽率试验，以便确定播种时的播种量。一般是通过少量种子在小范围内试播，测试其发芽率。播种前需要用 40℃温水浸泡种子，时间不小于 24h，种子捞出晾干后即可播种。播种时先在需要播种的土地上开沟，沟深 20cm，回填细土 1cm 后，稍压紧，然后播种。播种量根据发芽率测试结果可适量多播 5%。接着覆盖细土约 2cm，有条件可以浇一次透水。

### 7.5.1.2 出苗

灰毛豆播种后约 5 天出芽，要注意拔除其周围杂草。若遇干旱可在早晨浇水，但不能在晴天中午浇水，以免造成幼苗枯死。40 天后，幼苗通常已长到约 20cm 高，这时需要对生长过密的苗进行间苗，对出现缺苗的地方进行补苗，以形成设计要求的株距。由于灰毛豆本身具有固氮能力，通常情况下不需要施用氮肥。但是可以在其苗高达到 10cm 左右（约出苗后 20 天），使用磷肥、钾肥等以促进其生长。

在本研究中，灰毛豆采用条播方式于 2010 年 6 月进行，并于 8 月份根据播种的出苗情况进行间苗、补苗。由于群众对植物篱意义认识不足、植物篱妨碍耕作等原因，2010 年种植的植物篱在当年试验期结束后遭到严重的破坏，本课题组又于 2011 年 4～6 月重新播种培植植物篱。2010 年和 2011 年试验地遭受罕见干旱，降雨很少，但本课题组还是避开不利条件，完成了植物篱培植。具体做法是：根据天气预报，确定降雨时间，提前整地，并准备好种子、劳力、工具，抓住降雨过后的时机播种；待苗木长成幼苗后，视疏密情况进行间苗和补苗，形成株距 10cm、行距 15cm 的植物篱。在出苗期间，未发现灰毛豆遭受病虫害，不需要特别管护。

### 7.5.1.3 管理

在灰毛豆植物篱尚未生长旺盛的时候，需要对其进行除草、刈割、施肥等管理工作。

1）除草。灰毛豆植物篱刚种植完成，其生长势弱，竞争力也弱，需要对其周围生长的杂草，甚至是对其影响较大的农作物进行清除以保证灰毛豆植物能获得充足的水分、光照等生长条件。2010 年分别于 7 月和 9 月对植物篱进行人工除草，2011 年于 8 月进行人工除草。

2）刈割。由于灰毛豆植物篱种植后生长较为迅速，当其生长到预定高度后需要对其进行刈割，控制其高度，以免影响耕地作物的生长，但是需要注意刈割不宜在秋末和冬季进行，因为会导致植株死亡，宜在春末夏初进行。刈割能使植物生长高度一致，刈割后的植物枝叶可以进行土面覆盖，防治雨水对土壤的溅蚀，也可减少地表径流，起到水土保持的作用，并培肥土壤。本研究刈割管理于 2010 年 11 月和 2011 年 7 月进行。刈割的控制高度为 80cm，宽度控制为距离植物篱带 50cm 处。

3）施肥。由于干旱气候，植物篱长势受到影响，而本试验需要在较短时间（两年）内对植物篱的水土保持效果进行比较，为促进植物的生长，在 2011 年 7 月第一场降雨过后对植物篱施用氮肥（尿素），肥料直接施用于植物篱带上，按植物行数施用，试验地共施用尿素 20kg。

## 7.5.2 香根草

本试验中香根草植物篱涉及物种选择、物种组合（灰毛豆＋香根草、香椿＋香根草）、宽度效应（全部）。一般可以直接从市场购买到香根草苗，因此香根草植物篱采用苗木种植方式培植比较方便。

### 7.5.2.1 苗木准备和栽植

香根草适宜于夏初（约4月）种植，这时已经降雨，土壤湿润，成活率高。

1）取苗。起苗时应割掉地上部分，留约40cm茎叶，应该保证根长大于30cm，单枝分蘖至少具有3条根，留有土球最好，这样易于成活。

2）运苗。用于植物篱培植的苗应尽可能就近购买，以减少运输成本和尽可能少地降低苗在运输过程中水分消耗，保证苗能够成活。同时苗被运输到栽植地点后也应尽可能减少苗的水分损失，及时栽植。

3）栽植。栽植前一晚需要用水浇透植株根部，让其吸饱水分。在种植时，将水装在一个较大的容器内，倒入保水剂，把吸饱水的苗根系沾上保水剂后栽植，这样可提高水分的利用率和成活率。栽植时在地面开沟，深约30cm，回填细土10cm，浇透水，将香根草（大丛）分成每丛3~4个分蘖的小丛，按设计株行距栽植，覆土至略高于地表、压紧、浇透水。为保证苗木种植达到苗正、根舒、土紧的种植要求，要对每一株植物进行单独覆土，覆土后压紧，浇透水。

### 7.5.2.2 管理

在香根草植物篱尚未生长旺盛的时候，需要对其进行除草、刈割、施肥等管理工作。

1）除草。香根草植物篱刚种植完成，其生长势弱，竞争力也弱，需要对其周围生长的杂草，甚至是对其影响较大的农作物进行清除，以保证香根草能获得充足的水分、光照等生长条件。2010年分别于7月和9月、2011年于8月进行人工除草。

2）刈割。由于香根草植物篱种植后生长迅速，当其生长到预定高度后需要对其进行刈割，控制其高度，以免影响耕地作物的生长，但是需要注意刈割不宜在秋末和冬季进行。刈割产生的枝叶可堆置在植物篱上方，增进植物篱的水土保持效果，刈割也可以促进植株分蘖。刈割的控制高度约为80cm，宽度控制为距离植物篱带50cm处。本研究于2010年11月和2011年7月对植物篱进行刈割。

3）施肥。香根草成活率较高，分蘖力强，只要保证有充足的水分、阳光，可以不施肥。但是，由于干旱影响，植物篱长势受到影响，因此在2011年7月的第一场降雨过后对植物篱施用氮肥（尿素），肥料直接施用于植物篱带上，按植物行数施用，试验场共施用尿素20kg。

## 7.5.3 紫花苜蓿

紫花苜蓿植物篱涉及物种选择（紫花苜蓿双行）、物种组合（紫花苜蓿＋灰毛豆、紫花苜蓿＋香椿）试验，种植方式为播种。

### 7.5.3.1 种子准备和播种

选择饱满、无瘪、无霉变的种子。紫花苜蓿正常种子种皮呈淡黄色，与稻谷颜色相近，种皮光滑，胚淡黄色。市售紫花苜蓿种子通常在种皮外包裹一层绿色外壳，需要去除。通过揉搓后才容易看出种子质量。

播种前需要用自来水浸泡一夜，捞出晾干后即可播种。由于紫花苜蓿种子很细，撒播不易控制播种量，外包外壳经过水浸泡后会黏成一片，不易分开，不利于播种，可以采用将种子与细干土混合，形成分散的种土混合物，再进行播种。播种时先在需要播种的土地上开沟，沟深20cm，回填细土至约沟深1cm，稍压紧，覆盖细土约2cm。有条件可以浇一次透水；没有条件浇水，最好根据天气预报，选择在小到中雨之前播种。大雨前播种可能导致种子流失，或雨滴打击地表导致种子暴露，无法萌发出苗。

### 7.5.3.2  出苗和管理

紫花苜蓿种子发芽率较高，事先可不进行发芽率试验。紫花苜蓿生长较缓慢，且直立生长高度不会太高（约50cm），不必担心影响作物生长，但是应该在其生长达到一定长度时，对其主茎进行剪除或短截，促进其新枝生长和分蘖。由于紫花苜蓿本身具有固氮能力，通常情况下不需要施用氮肥，但是可以在其苗高达到10cm左右（约出苗后25天）对其使用磷肥、钾肥等，以促进其生长。当苗生长至20cm高时需要进行间苗和补苗，促使其形成设计规格的植物篱。为了促进生长，在苗期阶段，要经常观察植物篱中杂草并清除。当植物篱形成并长到要求高度时，植物篱杂草具有保持水土的作用，不用清除。

## 7.5.4  紫穗槐

紫穗槐涉及物种选择试验（双行），采用播种方式培植植物篱。选种时，选择饱满、无瘪、无霉变的种子，紫穗槐正常种子种皮呈红褐色，较坚硬，胚呈现淡黄白色，自然条件下萌发力非常低。播种前通常需要进行发芽率测试。播种前需要用自来水浸泡一夜，捞出晾干后即可播种。播种时先在需要播种的土地上开沟，沟深20cm，回填细土至约沟深1cm，稍压紧，根据发芽率测试结果播种（可适量多播5％，以防种子不发芽导致将来植物篱缺失），覆盖细土约2cm，有条件可以浇一次透水。紫穗槐播后约10天出苗，苗生长很缓慢，通常一年生苗只能长到30～40cm，所以除草工作需要长期进行。当植株长到10cm时即可对其进行间苗和补苗，由于紫穗槐本身具有固氮能力，通常情况下不需要施用氮肥，可在其苗高大于10cm后在春夏之交及夏秋之交施磷、钾肥，助其生长。当植物篱长到预定高度后进行刈割，时间宜在5月、6月。

## 7.5.5  黄花菜

黄花菜植物篱涉及物种选择（双行）、物种组合（黄花菜＋香椿、黄花菜＋灰毛豆），采用苗木种植方式进行植物篱培植。

### 7.5.5.1  苗木准备和栽植

黄花菜苗要求无病、生长健壮、根系发达。种植前需剪除植株的枯根、老根，地上部分留约10cm。起苗时应尽量保证根的完整，留有土球最好。用于植物篱建设的苗应该尽可能就近购买，以减少运输成本和水分损失，保证苗能够成活。苗运输到栽植地点后应及时栽植。

黄花菜种植时间可选在3～6月，种植前一晚需用水将植株根系浇透。种植时在地上开沟，深约20cm，回填细土至10cm，种苗，覆土至略高于土表，压实，再浇透水。为了保证成活，当天用人工挑水方式挑一定量的水到试验地，利用保水剂吸水，将植物根系沾满保水剂后开沟种植。

### 7.5.5.2 管理

成活后植株很快长出新叶，要注意除草，防止被作物遮住阳光。由于黄花菜植株高50～60cm，对作物影响较小，可以不对其进行刈割。由于干旱影响，植物篱长势受到影响，而本试验需要在较短时间（两年）内对植物篱的水土保持效果进行比较，为促进植物的生长，在2011年7月第一场降雨过后对植物篱施用氮肥（尿素）。肥料直接施用于植物篱带上，按植物行数施用，共施用尿素20kg。由于干旱，黄花菜植物受到蚜虫的危害较重，蚜虫危害的部位是花葶和花，可通过喷施农药（如吡虫啉、啶虫脒、辟蚜雾等）防治，亦可通过控制植物篱，使不长出花葶，即可不受危害。

## 7.5.6 胡枝子

胡枝子植物篱涉及物种选择（双行），采用播种种植方式培植植物篱。选种时，选择粒大、饱满、无病虫害的种子。胡枝子成熟种子为棕褐色，棕黑色为已变质种子。播种时间可选在3～6月。由于其种子外壳较为坚硬，导致发芽困难，播种前需进行发芽率测试，并且播种前需用温水（约40℃）浸泡一夜。捞出晾干后即可播种，播种时先在需要播种的土地上开沟，沟深20cm，回填细土至约沟深1cm，稍压紧，根据发芽率测试结果播种（可适量多播10%，以防种子不发芽导致将来植物篱缺失），覆盖细土约2cm，有条件可以浇一次透水。

在胡枝子植物篱尚未生长旺盛的时候，需要对其进行除草、刈割、施肥等管理工作。胡枝子生长缓慢，然而它属于灌木，待其达到植物篱控制高度后，需要对其进行刈割，以防止它对作物生长的影响。刈割的控制高度约为80cm，宽度控制为50cm。胡枝子是豆科植物，可以不施氮肥，只施用磷钾肥。但由于干旱影响，植物篱长势受到影响，2011年7月施用了一次氮肥，促进其生长。由于氮肥施用，植株明显加快生长，有利于水土保持。达到生长高度的胡枝子植物篱，在以后管理上仅通过刈割就可长期发挥水土保持功能。

## 7.5.7 桑树

桑树涉及物种选择（双行），采用苗木种植的方式培植植物篱。选择二年生、生长较为均匀、地径在1cm左右、生长健壮、无病虫害、根系较为发达的植株。起苗时，应该尽量保持根系完整，至少保留30cm长根系，带土球最好，可将地上部分截断至长约80cm。用于植物篱建设的苗应尽可能就近购买，减少运输成本和水分损失，提高成活率。在栽植前一夜对根系浇透水，让其吸饱水分。种植时可以应用保水剂，在地面开沟，深约40cm，回填细土10cm，按设计株行距种苗、覆土至略高于地表、压紧、浇透水。桑树易于成活，初期管理需要除草，生长稳定后不必精细管理，不用施肥。待其长到预定高度后进行刈割。在桑树植物篱尚未生长旺盛的时候，需要对其进行除草、刈割等管理工作。

### 7.5.8 香椿

香椿植物篱涉及物种选择试验（双行）、物种组合试验（香椿＋香根草、香椿＋黄花菜、香椿＋紫花苜蓿），采用苗木种植的方式进行植物篱培植。选择生长较为均匀、地径在 1cm 左右、生长健壮、无病虫害、根系较为发达的二年生植株。取苗时应尽量保持根系完整，至少保留 30cm，带土球最好，将地上部分截断至长约 80cm。栽植前一夜，根系充分被水湿透，栽植时使用生根粉以提高成活率。香椿生长较快，待其生长到控制高度后，需要对其进行刈割。香椿容易遭受象甲危害，蛀蚀茎基部，导致植株死亡，可通过人工捕杀、农药灌堵蛀孔等方式防治，常用农药有甲胺磷、敌敌畏、敌百虫、乐果等。

### 7.5.9 构树

构树植物篱涉及物种选择试验（双行），采用苗木种植的方式培植植物篱。苗木要选择二年生、均匀、地径在 1cm 左右、生长健壮、无病虫害、根系发达的植株。取苗时应保持根系完整性，保留 30cm 根系，带土球，地上部分截断至长约 80cm。种植前一夜对根系浇透水，种植时用保水剂。在构树植物篱尚未生长旺盛的时候，需要对其进行除草、刈割、防止根萌蘗等管理工作。构树生长较快，待其生长到控制高度后，进行刈割，刈割可每年进行 2～3 次。构树根蘗能力强，当种植年限在两年以上时，可能会影响作物种植区的正常耕作，目前尚无彻底防治方法，只能通过对植物篱两边每年进行深挖，截断较大的长根。

## 7.6 植物篱的生长状况

研究工作选择地径、株高、分蘗数、冠幅、分枝数等指标评估植物篱生长状况。这些生长指标中，地径、株高反映了植物的生长势。地径、株高越大，说明植物具强的控制水土流失的潜力，因为基于植被生态学，地径、株高越大，植物生物量越大，植物具有更多的根系固定土壤和更大的树冠截留降雨，减轻土壤侵蚀量。分蘗使植物从量上增加植物机械拦截降雨和径流的面积，减轻土壤侵蚀量。冠幅反映了树冠的大小，树冠直接截留降雨，削减了降雨动能，减轻雨水对地面的溅蚀。分枝数通过影响冠幅而间接影响植物篱的水土保持效果。

通过每种植物篱 7 个样本（木本调查单株，草本调查丛）的调查，得到植物篱植物生长情况见表 7-1。从表中可以看出，平均地径最大的是构树，其次是香椿和黄花菜，最小的是紫花苜蓿。株高最高的是构树，其次是香椿和香根草，最小的是紫花苜蓿。平均分蘗数最大的是香根草，达到 29 株，其次是紫花苜蓿，为 11 株，桑树 1 株，其余的没有分蘗现象。在这些植物篱物种中，构树冠幅最大，其次为香椿和香根草。分枝数也是通过影响冠幅而间接影响植物篱的水土保持效果，分枝数以桑树最大，构树次之，黄花菜、紫穗槐和香根草无分枝，因此分枝数最小。由每个种的生长指标可以看出，尽管各个种生长水平差异很大，但这些植物都能在红枫湖地区正常生长，其中以构树、香根草、紫花苜蓿、香椿、灰毛豆五种植物生长较快，长势较旺。

表 7-1 不同植物篱生长指标

| 物种 | 地径/mm | 株高/cm | 分蘖数/株 | 冠幅/cm² | 分枝数/枝 |
|------|---------|---------|-----------|----------|-----------|
| 香根草 | 7.60 | 111.14 | 29 | 7 780.29 | 0 |
| 香椿 | 16.88 | 115.71 | 0 | 6 425.71 | 2 |
| 灰毛豆 | 5.10 | 68.86 | 0 | 1 329.00 | 3 |
| 紫穗槐 | 5.12 | 32.57 | 0 | 649.14 | 0 |
| 紫花苜蓿 | 2.79 | 29.00 | 12 | 2 475.86 | 3 |
| 构树 | 21.98 | 151.29 | 0 | 11 807.71 | 7 |
| 桑树 | 11.19 | 95.14 | 1 | 2 578.71 | 9 |
| 胡枝子 | 5.20 | 41.14 | 0 | 102.14 | 1 |
| 黄花菜 | 16.07 | 64.43 | 0 | 1 501.43 | 0 |

# 7.7 土壤侵蚀控制效应评估

2010年7~10月，共监测降雨5次，采水样5次，每次66个，共计330个。2011年由于干旱，没能够形成有效地表径流，没有采集到水样。所采样品用来评估不同物种植物篱、木本草本搭配植物篱、植物篱宽度处理对坡耕地地表径流、土壤侵蚀、径流中总氮、总磷和全钾的拦截效果。

## 7.7.1 不同物种植物篱拦截效果

### 7.7.1.1 不同物种植物篱对地表径流的拦截效果

由表7-2可以看出，不同植物篱处理地表径流量均值都小于对照，其中，黄花菜、

表 7-2 不同物种植物篱处理地表径流量

| 植物篱处理 | 地表径流量/L | | | | | | 相对拦截率/%* |
|-----------|------|------|------|------|------|------|------|
| | Ⅰ | Ⅱ | Ⅲ | Ⅳ | Ⅴ | 均值 | |
| 对照 | 335.74 | 19.13 | 460.90 | 274.22 | 117.75 | 241.55 | 0.00 |
| 胡枝子 | 515.29 | 20.64 | 230.28 | 239.22 | 104.77 | 222.04 | 8.08 |
| 桑树 | 388.95 | 10.34 | 147.05 | 101.53 | 57.34 | 141.04 | 41.61 |
| 构树 | 298.69 | 19.82 | 129.46 | 131.08 | 68.82 | 129.57 | 46.36 |
| 香椿 | 323.88 | 14.67 | 160.97 | 87.44 | 50.66 | 127.52 | 47.21 |
| 黄花菜 | 368.93 | 9.94 | 76.21 | 45.86 | 32.41 | 106.67 | 55.84 |
| 紫花苜蓿 | 79.79 | 21.77 | 192.73 | 74.94 | 47.28 | 83.30 | 65.51 |
| 紫穗槐 | 176.35 | 17.12 | 67.74 | 97.44 | 54.49 | 82.63 | 65.79 |
| 香根草 | 116.01 | 14.38 | 89.31 | 96.74 | 56.83 | 74.65 | 69.10 |
| 灰毛豆 | 116.81 | 17.85 | 96.44 | 74.48 | 44.23 | 69.96 | 71.04 |

注：Ⅰ、Ⅱ、Ⅲ、Ⅵ和Ⅴ表示按顺序的5次降雨观测值；＊相对拦截率（％）＝〔（对照水土流失指标均值－不同处理水土流失指标均值）×100〕÷对照水土流失指标均值；下同

紫花苜蓿、紫穗槐、香根草、灰毛豆对地表径流的相对拦截率大于50%，说明这5种植物作为植物篱，水土保持效果要比胡枝子、桑树、构树、香椿好。其中，灰毛豆植物篱处理对地表径流的相对拦截率最高，径流量仅为对照的28.96%。5种拦截率高的植物中，草本植物占了3种，说明草本植物能较为有效地拦截地表径流。因为草本植物的枝叶分布在离地面较近的位置，分蘖较多，地茎较大，使它们具有更大的机械拦截面积，延缓了地表径流运动，促进了下渗。而且草本植物根系在表土层生长迅速，使土壤变疏松，孔隙增多，在降雨时，能促进地表径流入渗。对于木本植物，灰毛豆具有最大的拦截率，因为灰毛豆植株较矮，分枝多，冠幅较大，有类似草本植物的特征。

### 7.7.1.2 不同物种植物篱对地表径流中总磷的拦截效果

由表7-3可以看出，除胡枝子外，各植物篱处理的磷素流失量都小于对照，香椿、构树、香根草、紫花苜蓿、灰毛豆几种植物篱处理的相对拦截率大于50%，其中灰毛豆的拦截能力最大，达到了77.01%，磷流失量仅相当于对照的22.98%。胡枝子植物篱的拦截效果比对照还差，是由于胡枝子植物篱是通过播种建成，植物小，生长缓慢，几乎没有拦截的作用，但是种植对土壤的干扰，与同是种植玉米的对照比，还增加了磷的输出。另外，对照表7-3和表7-2发现，尽管存在着植物篱处理产生的径流量越高，径流中磷相对拦截率越低的趋势，但这9种植物篱拦截径流中磷并不完全和径流量对应。例如，桑树、香椿、构树植物篱处理径流相对拦截率相对小，但径流中磷的相对拦截率却要大一些。然而，胡枝子和灰毛豆的径流相对拦截率和磷的相对拦截率却处于最差和最好水平。

**表 7-3　不同物种植物篱处理地表径流中总磷含量和相对拦截率**

| 植物篱处理 | 地表径流中总磷含量/（mg/100m²） | | | | | | 相对拦截率/% |
|---|---|---|---|---|---|---|---|
| | Ⅰ | Ⅱ | Ⅲ | Ⅳ | Ⅴ | 均值 | |
| 对照 | 77.81 | 17.31 | 97.97 | 172.07 | 45.73 | 82.18 | 0.00 |
| 胡枝子 | 264.69 | 6.37 | 112.93 | 41.58 | 23.60 | 89.83 | −9.31 |
| 黄花菜 | 295.88 | 3.10 | 21.39 | 13.17 | 4.42 | 67.59 | 17.75 |
| 紫穗槐 | 161.74 | 1.41 | 16.42 | 42.93 | 36.72 | 51.85 | 36.91 |
| 桑树 | 81.89 | 2.62 | 82.67 | 29.66 | 44.45 | 48.26 | 41.28 |
| 香椿 | 51.89 | 4.49 | 84.98 | 23.19 | 31.79 | 39.27 | 52.21 |
| 构树 | 35.83 | 17.17 | 31.27 | 52.41 | 47.22 | 36.78 | 55.24 |
| 香根草 | 9.66 | 5.56 | 38.63 | 30.94 | 26.34 | 22.23 | 72.95 |
| 紫花苜蓿 | 22.92 | 4.14 | 56.30 | 19.02 | 4.44 | 21.36 | 74.01 |
| 灰毛豆 | 24.31 | 2.45 | 41.55 | 20.18 | 5.95 | 18.89 | 77.01 |

### 7.7.1.3 不同物种植物篱对地表径流中总氮的拦截效果

由表7-4可以看出，所有植物篱处理地表径流中总氮含量都小于对照，有7种植物篱拦截率高于50%，表明植物篱对氮流失具有显著的拦截作用，而且相对拦截率显著高于地表径流中磷的拦截率。灰毛豆对总氮的拦截率仍然最高，其总氮流失量不足

10％，而其他植物篱处理对径流中总氮拦截率与地表径流、总磷拦截率比，拦截大小顺序发生了一些变化。

表7-4  不同物种植物篱处理地表径流中总氮含量和相对拦截率

| 植物篱处理 | 地表径流中总氮含量/（mg/100m²) | | | | | | 相对拦截率/% |
|---|---|---|---|---|---|---|---|
| | Ⅰ | Ⅱ | Ⅲ | Ⅳ | Ⅴ | 均值 | |
| 对照 | 987.86 | 73.11 | 302.33 | 180.65 | 62.47 | 321.28 | 0.00 |
| 桑树 | 658.32 | 85.64 | 300.10 | 170.22 | 60.14 | 254.88 | 20.67 |
| 香椿 | 640.56 | 53.87 | 209.86 | 45.39 | 44.79 | 198.89 | 38.09 |
| 紫穗槐 | 48.01 | 49.06 | 395.15 | 108.16 | 57.21 | 131.52 | 59.06 |
| 香根草 | 356.91 | 81.57 | 124.77 | 8.36 | 39.71 | 122.26 | 61.95 |
| 紫花苜蓿 | 252.43 | 34.73 | 93.51 | 35.22 | 40.12 | 91.20 | 71.61 |
| 黄花菜 | 211.20 | 44.71 | 87.53 | 54.56 | 35.81 | 86.76 | 73.00 |
| 构　树 | 35.30 | 119.51 | 78.31 | 100.25 | 54.91 | 77.66 | 75.83 |
| 胡枝子 | 34.79 | 35.39 | 195.02 | 12.37 | 54.98 | 66.51 | 79.30 |
| 灰毛豆 | 21.90 | 46.12 | 32.12 | 35.23 | 23.55 | 31.78 | 90.11 |

## 7.7.1.4  不同物种植物篱对地表径流中全钾的拦截效果

由表7-5可以看出，所有植物篱处理对地表径流中全钾拦截率都大于对照，而且都超过50％。灰毛豆仍然具有最大的拦截率，其次是草本植物香根草、黄花菜和紫花苜蓿，木本植物的拦截率相对较小。

表7-5  不同物种植物篱处理地表径流中全钾含量和相对拦截率

| 植物篱处理 | 地表径流中全钾含量/（mg/100m²) | | | | | | 相对拦截率/% |
|---|---|---|---|---|---|---|---|
| | Ⅰ | Ⅱ | Ⅲ | Ⅳ | Ⅴ | 均值 | |
| 对照 | 78.23 | 77.93 | 582.90 | 205.61 | 401.49 | 269.23 | 0.00 |
| 构树 | 63.92 | 44.79 | 105.43 | 148.34 | 198.30 | 112.16 | 58.34 |
| 胡枝子 | 113.21 | 54.18 | 161.73 | 115.28 | 83.13 | 105.51 | 60.81 |
| 香椿 | 84.08 | 14.62 | 132.92 | 34.66 | 106.72 | 74.60 | 72.29 |
| 桑树 | 34.46 | 26.53 | 78.40 | 118.95 | 39.07 | 59.48 | 77.91 |
| 紫穗槐 | 30.70 | 15.12 | 27.37 | 98.98 | 125.02 | 59.44 | 77.92 |
| 紫花苜蓿 | 28.14 | 50.93 | 120.70 | 51.92 | 29.34 | 56.21 | 79.12 |
| 黄花菜 | 57.92 | 15.74 | 96.24 | 28.29 | 82.26 | 56.09 | 79.17 |
| 香根草 | 17.55 | 24.14 | 44.74 | 57.65 | 38.72 | 36.56 | 86.42 |
| 灰毛豆 | 33.43 | 13.04 | 60.21 | 35.47 | 21.23 | 32.68 | 87.86 |

### 7.7.1.5 不同物种植物篱处理对泥沙及其所携带的磷、钾元素拦截效果

由表7-6可以看出，所有植物篱处理泥沙相对拦截率都比对照高，相对拦截率最高是香根草，其次是灰毛豆，最差的是构树。泥沙中总磷的相对拦截率则是灰毛豆最高，其次是胡枝子，最低也是构树。对全钾的相对拦截率，香根草最高，灰毛豆次之，构树和紫穗槐最小，但这两种植物比对照还低，这可能是实验误差所致，或者可能是构树和紫穗槐处理小区土壤全钾含量过高，通过径流携带的泥沙含量也高的缘故。

表7-6 不同物种植物篱处理泥沙及其携带的磷、钾元素含量、相对拦截率

| 植物篱处理 | 泥沙量/ (g/100m²) | 相对拦截率/% | 磷含量/ (mg/100m²) | 相对拦截率/% | 钾含量/ (mg/100m²) | 相对拦截率/% |
|---|---|---|---|---|---|---|
| 对照 | 219.33 | 0.00 | 247.80 | 0.00 | 33.93 | 0.00 |
| 构树 | 163.50 | 25.45 | 159.56 | 35.61 | 46.56 | −37.22 |
| 紫穗槐 | 113.17 | 48.40 | 70.23 | 71.66 | 38.23 | −12.67 |
| 桑树 | 105.00 | 52.13 | 117.83 | 52.45 | 29.04 | 14.41 |
| 紫花苜蓿 | 103.17 | 52.96 | 40.50 | 83.66 | 18.26 | 46.18 |
| 黄花菜 | 88.17 | 59.80 | 154.56 | 37.63 | 23.27 | 31.42 |
| 香椿 | 76.50 | 65.12 | 42.82 | 82.72 | 6.12 | 81.96 |
| 胡枝子 | 58.83 | 73.18 | 20.42 | 91.76 | 8.93 | 73.68 |
| 灰毛豆 | 27.33 | 87.54 | 7.20 | 97.09 | 4.04 | 88.09 |
| 香根草 | 23.67 | 89.21 | 28.00 | 88.70 | 3.42 | 89.92 |

## 7.7.2 不同植物篱物种配置方式的水土保持效果

### 7.7.2.1 不同植物篱物种间配置方式对地表径流的拦截效果

由表7-7可以看出，在所选用的几种组合中，以香椿加香根草植物篱处理拦截的地表径流量最多，达到78.30%；其次是灰毛豆加紫花苜蓿植物篱，相对拦截率为64.66%；最小为灰毛豆加黄花菜，相对拦截率超过50%的植物篱处理只有两种。分析不同物种配置方式植物篱处理地表径流相对拦截率有比较高和比较低，本课题组认为其原因有两点：一是植物之间生态位互补，有利于增加相对拦截率。如具有最高拦截率的植物篱处理香椿加香根草组合，香椿是木本植物，没有分蘖，有分枝，是深根系植物，而香根草是草本植物，有丰富的分蘖，根系分布浅，没有分枝。香根草通过分蘖能在地面形成密实的植物生长，而香椿能在较高处形成分枝。在近地表空间上，单株生长的香椿和密实的香根草分蘖不会形成竞争，而是形成互补；在较高的空间，香椿形成的分枝和香根草的上部植物体也不会形成竞争，而是形成互补，因此，两种植物栽植在一起在垂直空间上能够形成良好的覆盖，有利于拦截降雨，促进地表径流的入渗。而且，在土壤营养的获取上，由于根系分布的差异，两种植物也存在互补，有利于植物生长。对于灰毛豆加紫花苜蓿，两种植物的高度不同，分蘖和分枝也存在差异，它们在生态位上也

是互补的，结果控制地表径流的能力强。二是植物之间存在生态位竞争，不利于增加相对拦截率。例如，灰毛豆加黄花菜组合，尽管一个是木本，一个是草本，但两种植株高度接近（表7-1），二者在近地表都不分蘖，都是通过植株生长提高植物覆盖，因此存在着生长空间的竞争，不利于垂直空间上的覆盖增加，并提高降雨截留能力，减小地表径流，因此，相对拦截率低。

表 7-7　不同物种配置方式植物篱处理地表径流量和相对拦截率

| 植物篱处理 | 地表径流量/L | | | | | | 相对拦截率/% |
|---|---|---|---|---|---|---|---|
| | I | II | III | IV | V | 均　值 | |
| 对照 | 484.67 | 24.62 | 192.68 | 194.37 | 97.15 | 198.70 | 0.00 |
| 灰加黄 | 325.70 | 15.73 | 197.35 | 212.96 | 98.00 | 169.95 | 14.47 |
| 灰加香 | 334.76 | 30.03 | 96.14 | 164.05 | 84.93 | 141.98 | 28.55 |
| 椿加紫苜 | 311.02 | 15.76 | 179.52 | 125.01 | 62.40 | 138.74 | 30.18 |
| 椿加黄 | 203.85 | 17.12 | 201.12 | 161.21 | 77.58 | 132.17 | 33.48 |
| 灰加紫苜 | 56.20 | 13.33 | 128.11 | 99.67 | 53.79 | 70.22 | 64.66 |
| 椿加香 | 65.84 | 14.03 | 39.12 | 56.64 | 39.89 | 43.11 | 78.30 |

注：灰表示灰毛豆，黄表示黄花菜，香表示香根草，春表示香椿，紫苜代表紫花苜蓿。I～V表示依次的径流收集序号。下同

### 7.7.2.2　不同植物篱物种间配置方式对径流中总氮的拦截效果

由表7-8可以看出，不同植物篱配置方式拦截径流中总氮都超过了50%。拦截率最高的是灰毛豆加紫花苜宿，其次是香椿加香根草，最低是灰毛豆加黄花菜。这一结果与地表径流的相对拦截率基本对应。

表 7-8　不同物种配置方式植物篱处理地表径流中总氮含量和相对拦截率

| 植物篱处理 | 地表径流中总氮含量/（mg/100m²） | | | | | | 相对拦截率/% |
|---|---|---|---|---|---|---|---|
| | I | II | III | IV | V | 均值 | |
| 对照 | 732.37 | 308.24 | 503.26 | 359.6 | 395.80 | 459.85 | 0.00 |
| 灰加香 | 302.53 | 144.78 | 223.25 | 138.27 | 114.84 | 184.73 | 59.83 |
| 灰加黄 | 438.12 | 137.64 | 276.59 | 147.35 | 126.57 | 225.25 | 51.02 |
| 灰加紫苜 | 133.79 | 78.54 | 95.37 | 80.37 | 93.00 | 96.21 | 79.08 |
| 椿加香 | 185.33 | 90.63 | 113.47 | 95.37 | 68.77 | 110.71 | 75.92 |
| 椿加黄 | 268.53 | 143.79 | 218.94 | 129.83 | 103.78 | 172.97 | 62.39 |
| 椿加紫苜 | 240.48 | 117.65 | 186.54 | 80.64 | 49.96 | 135.05 | 70.63 |

### 7.7.2.3　不同植物篱物种间配置方式对地表径流中总磷的拦截效果

从表7-9中可以看出，香椿加香根草是最好的拦截组合，相对拦截率达到了64.73%，其他植物篱组合相对拦截率都比较低。其他组合只有香椿加香根草组合拦截率的一半或几分之一。其中，灰毛豆加黄花菜植物篱处理的相对拦截率为负值，说明该

组合植物篱处理地表径流带走的总磷量比对照还大，这主要是农作物管理或处理小区土壤营养元素差异造成的试验误差。香椿加香根草组合和灰毛豆加紫花目宿组合对径流中总磷的拦截效果与地表径流和总氮的拦截效果基本一致，都处于较好水平，而灰毛豆加黄花菜都处于较差水平。

表7-9　不同植物篱物种间配置方式地表径流中总磷含量和相对拦截率

| 植物篱处理 | 地表径流中总磷含量/（mg/100m²） | | | | | | 相对拦截率/% |
| --- | --- | --- | --- | --- | --- | --- | --- |
| | I | II | III | IV | V | 均值 | |
| 对照 | 143.22 | 3.87 | 76.76 | 50.08 | 22.05 | 59.20 | 0.00 |
| 灰加黄 | 80.79 | 5.30 | 109.83 | 159.87 | 19.43 | 75.05 | -26.77 |
| 灰加香 | 172.00 | 5.76 | 25.65 | 46.18 | 24.53 | 54.83 | 7.38 |
| 椿加黄 | 130.58 | 5.68 | 51.53 | 60.91 | 11.84 | 52.11 | 11.98 |
| 椿加紫苜 | 71.58 | 36.91 | 57.70 | 60.59 | 29.49 | 51.25 | 13.43 |
| 灰加紫苜 | 25.89 | 1.94 | 122.94 | 42.53 | 16.20 | 41.90 | 29.22 |
| 椿加香 | 40.87 | 8.95 | 9.29 | 29.90 | 15.36 | 20.88 | 64.73 |

## 7.7.2.4　不同植物篱物种间配置方式对地表径流中全钾的拦截效果

不同植物篱物种间配置方式对全钾的相对拦截率最高是灰毛豆加紫花苜蓿，其次是香椿加香根草，最小的相对拦截率是灰毛豆加黄花菜。灰毛豆加香根草、香椿加黄花菜、香椿加紫花苜蓿处于中等水平。但是，拦截率最高的前两位几乎是中等水平拦截率的2倍（表7-10）。

表7-10　不同植物篱物种间配置方式地表径流中的全钾含量和相对拦截率

| 植物篱处理 | 地表径流中全钾流失量/（mg/100m²） | | | | | | 相对拦截率/% |
| --- | --- | --- | --- | --- | --- | --- | --- |
| | I | II | III | IV | V | 均值 | |
| 对照 | 174.63 | 61.03 | 158.02 | 215.17 | 324.99 | 186.77 | 0.00 |
| 灰加黄 | 142.10 | 35.54 | 327.20 | 111.12 | 239.39 | 171.07 | 8.41 |
| 椿加紫苜 | 99.65 | 41.92 | 99.81 | 141.47 | 158.22 | 108.22 | 42.06 |
| 椿加黄 | 81.58 | 30.10 | 112.58 | 146.00 | 124.50 | 98.95 | 47.02 |
| 灰加香 | 16.94 | 28.97 | 43.04 | 201.24 | 191.48 | 96.33 | 48.42 |
| 椿加香 | 20.35 | 46.77 | 24.87 | 51.08 | 45.37 | 37.69 | 79.82 |
| 灰加紫苜 | 12.24 | 37.33 | 43.24 | 52.01 | 35.33 | 36.03 | 80.71 |

## 7.7.2.5　不同植物篱物种间配置方式对泥沙及其携带的磷、钾的拦截效果

不同植物篱物种配置方式对泥沙的拦截率以香椿加香根草组合最高，其次是灰毛豆加紫花苜蓿和香椿加黄花菜，这三种组合相对拦截率超过了50%（表7-11）。对全钾的相对拦截率，只有灰毛豆加黄花菜低于50%，其他组合都超过了50%，其中，灰毛豆加紫花苜蓿拦截率超过了90%。对全磷的拦截率，所有组合都超过了50%，其中，香

椿加香根草、香椿加紫花苜蓿、灰毛豆加香椿超过了90％。

表 7-11　不同植物篱物种间配置方式泥沙及其携带的磷、钾含量和相对拦截率

| 植物篱<br>处　理 | 泥沙含<br>量/g | 相对拦截率/％ | 全钾含量<br>/mg | 相对拦截<br>率/％ | 全磷含<br>量/mg | 相对拦<br>截率/％ |
|---|---|---|---|---|---|---|
| 对照 | 99.00 | 0.00 | 106.96 | 0.00 | 76.66 | 0.00 |
| 椿加黄 | 41.17 | 58.41 | 51.05 | 52.27 | 31.98 | 58.28 |
| 椿加香 | 33.00 | 66.67 | 43.97 | 58.89 | 7.08 | 90.76 |
| 椿加紫苜 | 57.17 | 42.25 | 36.35 | 66.02 | 6.30 | 91.78 |
| 灰加黄 | 93.50 | 5.56 | 55.54 | 48.07 | 35.71 | 53.42 |
| 灰加香 | 73.50 | 25.76 | 39.75 | 62.84 | 4.38 | 94.29 |
| 灰加紫苜 | 38.67 | 60.94 | 8.57 | 91.99 | 34.99 | 54.36 |

## 7.7.3　不同宽度植物篱的水土保持效果

### 7.7.3.1　不同宽度植物篱对地表径流的拦截效果

　　研究结果表明，各宽度的植物篱处理下，地表径流量都小于对照，最大的是分别 1＋1、2＋2、3＋3 植物篱处理，相对拦截率为 48.12％，其次是每带 3＋3 植物篱处理，相对拦截率为 39.14％，其他两种类型则相对拦截率比较低（表 7-12）。

表 7-12　不同宽度植物篱处理地表径流量和相对拦截率

| 植物篱<br>处　理 | 地表径流量/L | | | | | | 相对拦截<br>率/％ |
|---|---|---|---|---|---|---|---|
| | Ⅰ | Ⅱ | Ⅲ | Ⅳ | Ⅴ | 均值 | |
| 对照 | 424.81 | 18.59 | 150.16 | 118.92 | 65.30 | 155.56 | 0.00 |
| 每带 1＋1 | 260.67 | 22.24 | 234.07 | 87.76 | 54.91 | 131.93 | 15.19 |
| 每带 2＋2 | 319.13 | 22.37 | 107.15 | 75.04 | 47.10 | 114.16 | 26.61 |
| 每带 3＋3 | 303.45 | 17.58 | 90.16 | 31.80 | 30.35 | 94.67 | 39.14 |
| 分别 1＋1、<br>2＋2、3＋3 | 179.25 | 22.85 | 71.35 | 78.08 | 51.97 | 80.70 | 48.12 |

　　注：每带 1＋1 表示 1 带香根草加 1 带灰毛豆，每带 2＋2 表示 2 带香根草加 2 带灰毛豆，每带 3＋3 表示 3 带香根草加 3 带灰毛豆，分别 1＋1、2＋2、3＋3 表示一个小区中按顺序 1 带香根草加 1 带灰毛豆，2 带香根草加 2 带灰毛豆，3 带香根草加 3 带灰毛豆。下同。

### 7.7.3.2　不同宽度植物篱对地表径流中总氮的拦截效果

　　各个宽度植物篱处理与对照比，地表径流所带走的总氮都比对照少。流失量最小的是分别 1＋1、2＋2、3＋3 植物篱处理，相对拦截率为 65.78％，其次为每带 3＋3，以下为每带 2＋2 和每带 1＋1（表 7-13）。

**表 7-13　不同宽度植物篱处理地表径流量中总氮含量和相对拦截率**

| 植物篱处理 | 地表径流中总氮含量/ (mg/100m²) | | | | | | 相对拦截率/% |
|---|---|---|---|---|---|---|---|
| | Ⅰ | Ⅱ | Ⅲ | Ⅳ | Ⅴ | 均值 | |
| 对照 | 883.86 | 53.11 | 202.33 | 110.65 | 53.47 | 260.68 | 0.00 |
| 每带1+1 | 558.32 | 45.64 | 200.1 | 70.22 | 50.14 | 184.88 | 29.08 |
| 每带2+2 | 460.51 | 43.87 | 179.86 | 45.39 | 44.79 | 154.88 | 40.59 |
| 每带3+3 | 334.79 | 35.39 | 105.02 | 22.37 | 39.85 | 107.48 | 58.77 |
| 分别1+1、2+2、3+3 | 252.43 | 34.73 | 93.51 | 25.22 | 40.12 | 89.20 | 65.78 |

### 7.7.3.3　不同宽度的植物篱对地表径流量中总磷的拦截效果

不同宽度植物篱处理地表径流中总磷流失最小的是每带3+3植物篱处理，分别1+1、2+2、3+3植物篱处理次之，然后是每带2+2和每带1+1植物篱处理（表7-14）。

**表 7-14　不同宽度植物篱处理地表径流量中总磷含量和相对拦截率**

| 植物篱处理 | 表径流量中总磷含量/ (mg/100m²) | | | | | | 相对拦截率/% |
|---|---|---|---|---|---|---|---|
| | Ⅰ | Ⅱ | Ⅲ | Ⅳ | Ⅴ | 均值 | |
| 对照 | 133.80 | 5.87 | 26.71 | 20.28 | 55.84 | 48.50 | 0.00 |
| 每带1+1 | 32.33 | 12.16 | 85.18 | 61.30 | 5.38 | 39.27 | 19.03 |
| 每带2+2 | 116.72 | 0.89 | 25.91 | 30.20 | 19.30 | 38.60 | 20.41 |
| 每带3+3 | 59.18 | 7.30 | 25.90 | 9.29 | 6.74 | 21.68 | 55.30 |
| 分别1+1、2+2、3+3 | 20.57 | 4.14 | 84.64 | 29.09 | 7.53 | 29.19 | 39.81 |

### 7.7.3.4　不同宽度植物篱对地表径流量中全钾的拦截效果

不同宽度植物篱处理对地表径流中全钾的拦截效果，每带1+1行植物篱反而比对照差，其余三种处理皆比对照好，最好的是每带3+3行，为对照的39.31%（表7-15）。出现比对照差的原因可能是局域小区出现人类干扰所致。

**表 7-15　不同宽度的植物篱地表径流量中全钾含量和相对拦截率**

| 植物篱处理 | 地表径流中全钾含量/ (mg/100m²) | | | | | | 相对拦截率/% |
|---|---|---|---|---|---|---|---|
| | Ⅰ | Ⅱ | Ⅲ | Ⅳ | Ⅴ | 均值 | |
| 对照 | 40.06 | 35.44 | 115.44 | 159.21 | 166.59 | 103.35 | 0.00 |
| 每带1+1 | 51.82 | 74.79 | 320.48 | 60.80 | 51.19 | 111.82 | −8.20 |
| 每带2+2 | 48.24 | 33.80 | 66.64 | 75.61 | 127.83 | 70.42 | 31.86 |
| 每带3+3 | 45.91 | 27.88 | 65.37 | 36.23 | 27.72 | 40.62 | 60.70 |
| 分别1+1、2+2、3+3 | 45.86 | 45.62 | 53.06 | 47.00 | 99.39 | 58.19 | 43.70 |

### 7.7.3.5 不同宽度植物篱对地表径流量中泥沙及携带的总磷、全钾的拦截效果

不同宽度植物篱都对泥沙的流失有较好的拦截作用，效果最好的是每带3+3植物篱处理，其次是每带2+2植物篱处理，最差的是分别1+1、2+2、3+3处理。各个宽度植物篱处理对泥沙中磷的拦截率都超过90%，远远高于泥沙的拦截率，究其原因可能是植物篱显著的挂淤作用，使颗粒态的磷进入径流得到显著控制，最后烘干的泥沙中磷含量很低，因而磷拦截率高。另外，吸附在土壤颗粒上的磷十分容易淋失，在土壤颗粒被径流冲刷过程中，可能很多吸附在土壤颗粒表面和内部的磷已经进入径流，烘干后的土壤，磷的测定值就很低，拦截率就很高，这一结果与水样中液体部分测得的磷含量比较高、拦截率较低是对应的（表7-14）。全钾的拦截率最高的组合是分别1+1、2+2、3+3植物篱处理，其次是每带1+1植物篱处理，每带2+2植物篱处理拦截率最低。表7-16还表明，4个组合泥沙中全钾拦截率与泥沙和泥沙中磷的拦截率比都较低，其原因可能是与钾的化学性质有关。钾元素在降雨径流的作用下形成的溶解态所占比例很小，而结合态却较高，因此，在泥沙中钾的含量较高，拦截率低（表7-16）。

**表7-16 不同宽度植物篱处理地表径流中泥沙及携带的总磷、全钾含量和相对拦截率**

| 植物篱处理 | 泥沙量/g | 相对拦截率/% | 磷含量/(mg/100m²) | 相对拦截率/% | 钾含量/(mg/100m²) | 相对拦截率/% |
|---|---|---|---|---|---|---|
| 对照 | 133.67 | 0.00 | 222.18 | 0.00 | 205.87 | 0.00 |
| 每带1+1 | 54.17 | 59.47 | 19.89 | 91.05 | 158.76 | 22.88 |
| 每带2+2 | 67.00 | 49.88 | 3.44 | 98.45 | 188.61 | 8.38 |
| 每带3+3 | 53.17 | 60.22 | 4.03 | 98.19 | 180.38 | 12.38 |
| 分别1+1、2+2、3+3 | 82.50 | 38.28 | 18.04 | 91.88 | 119.86 | 41.78 |

总体来说，对于不同宽度植物篱水土保持效果，理论上相对拦截率应该是最宽的植物篱处理拦截效果应该最好。具体地，每带3+3植物篱处理要比分别1+1、2+2、3+3植物篱处理相对拦截率高，因为后者的植物篱总带数低于前者6带。但结果表明，分别1+1、2+2、3+3植物篱处理在地表径流、总氮和流失泥沙中全钾的相对拦截率上是最高的，对径流中总磷、全钾的相对拦截率也排在第2位。对相同总带数的每带2+2植物篱处理和分别1+1、2+2、3+3植物篱处理比较发现，后者在地表径流、地表径流中总氮、总磷、全钾、径流泥沙中全钾的相对拦截率上远高于前者。这些结果说明一个问题：在植物篱带宽配置上，设置不同带宽有利于植物篱对坡耕地上地表径流、径流中营养物质的有效控制。本课题组认为，其原因可能是不同带宽可能影响了地表径流流动的水力学性质和泥沙输移。分别1+1、2+2、3+3植物篱处理小区内植物篱带数是逐步增加的，上部带数少，径流更容易产生，侵蚀也多，而下部带数多，径流和侵蚀相对少。上部产生的侵蚀流到下部植物篱带容易沉积，形成微沉积带。微沉积带和宽的植物篱结合，可能促进了径流的下渗，减少了地表径流，但是由于侵蚀相对强烈，单

位体积径流输出的泥沙要高。而上下均匀栽植的植物篱，由于降雨时，上下径流率和侵蚀率相等，上部侵蚀相对少，不容易在下部形成微沉积带，就没有微沉积带和宽植物篱结合促进径流入渗的效应。但是植物篱的挂淤能力强，产生的泥沙要少。

## 7.8　讨论

在植物篱物种选择试验中，通过对径流量、泥沙量及径流中营养元素的对比表明，与对照比，植物篱可以增加植被覆盖度，有效减少了土壤、氮、磷、钾等营养元素流失，减轻了对水体的面源污染。在草本、木本、灌木植物篱中，草本植物篱对土壤更具有显著的保护作用，其总氮、磷和钾流失量仅为对照的 31.15％、19.67％和 36.60％。就单个物种植物篱，以灰毛豆植物篱拦截效果最佳，与对照相比，其总氮、磷和钾流失量仅为对照的 9.89％、2.985％和 15.54％。就不同植物篱物种配置方式对耕地营养元素的拦截效应，灰毛豆×紫花苜蓿植物篱对坡耕地营养元素的拦截效应最大，这种植物篱对总氮、磷和钾相对拦截率分别为 79.08％、90.31％和 83.84％，显著拦截了营养元素的流失。而灰毛豆×黄花菜对氮的拦截效应最小，植物篱对总氮、磷和钾相对拦截率仅分别为 51.02％、59.02％和 48.86％。这些结果说明，不同植物篱物种配置方式较单种植物篱更具有显著的拦截营养元素的作用。植物篱行宽对营养元素的拦截效应不是越宽拦截效果越好，而是行宽为自上而下 1＋1、2＋2、3＋3 的模式最好。

通过以上结论可知，单一物种组成的植物篱以灰毛豆植物篱水土保持效果最好，而且它属于固氮植物，能从大气中固定氮；其枯枝落叶也含有丰富氮素，能够培肥土壤，增强水土保持效果，值得推广。然而由于生长迅速（一年生苗能长到 50cm 高，地径约 5mm），不易对其进行高度、粗度的控制，影响作物生长，推广和管理时应注意。不同植物篱物种配置方式对营养元素拦截模式中，灰毛豆＋紫花苜蓿显示了良好的拦截作用。这是由于灰毛豆是固氮植物，耐瘠薄，根系发达，生长快，容易形成比较多的枝叶，增加植物篱覆盖，而紫花苜蓿基部分枝较多，高度没有灰毛豆那么高，两种植物组合培植的植物篱形成了高低搭配，在垂直高度上，充分占据了生态位空间。当降雨的时候，可能对雨滴动能具有明显的削减作用，减轻了溅蚀，同时，在地表部分具有浓密枝干和枝叶，对地表径流也具有拦截入渗的作用，使土壤侵蚀和营养元素流失显著下降。因此，这种模式值得推广。在宽度效应试验中表现最好的并不是每带六行（即 3 行灰毛豆＋3 行香根草），而是自上而下每带分别 2 行、4 行、6 行的植物篱模式，可见，对营养元素流失的拦截并不是植物篱宽度越大越好。宽度增大会占用过多的耕地，花费更多投入，并取得好的效果。

水土流失是世界性的问题，而我国现阶段的发展水平和发展模式也决定了有大量的人口生活在农村（唐克丽，1999，2004）。由于人多地少，要保证粮食生产和其他农作物种植，不得不在坡耕地开展农业生产，因此导致坡耕地水土流失，使生产力下降，对水体构成面源污染。坡耕地在我国耕地中占有很大比例，在世界上，我国坡耕地利用比例也是最高的，所以坡耕地水土流失治理是广大农村解决生产问题和环境问题的重大课题。现阶段运用得较为广泛的坡耕地水土保持措施有坡改梯、农林混作、退耕还林还草、植物篱、保土耕作和栽培措施等（王震洪，2006）。耕作措施有横坡耕作、秸秆覆盖、免耕等保护性耕作。各种耕作措施具有自身的优势和不足，因此适用于不同的条件。工程措施是通过改变微地形、机械拦截等方式达到水土保持目的的，因此它具有见效快的优点，建设完成后立即见效而且效果显著，然而其需要一次投入较多的材料和人力物力，在经济条件不允许的条件下无法实施。工程措施通常需要经常加以维护，而且有一定的使用寿命，维护和重建也需要较多的投入，因此它较为适合有持续资金支持的地方。耕作措施简便易行，投入很少，见效快，值得推广，但是其水土保持效果通常效果不是特别好，农民有时也不容易接受，因此它只适用于作为辅助性措施进行水土保持。退耕还林还草见效快，水土保持效果也好，是很好的水土保持措施，我国已经在很多地方推广退耕还林，也取得了很好的效果，但是坡耕地是中国耕地的一种重要形式，如果将所有坡耕地都退耕还林将有可能导致粮食危机，因此必须找到一种明显减少水土流失的同时能够保证耕地的正常使用。植物篱正是这样的水保措施，它只是在耕地上每隔一定的距离沿等高方向种植狭窄带状的植物，因此对耕地的占用很少。

通过对植物篱物种的选择可以选出根系分布与作物根系分布重叠很小的植物，降低植物篱与作物对水分、养分的竞争。可以通过对植物篱的修剪，控制其高度和侧向生长，减少其对作物光线和空间的竞争。如果选用具有一定经济价值的物种（中药材、蔬菜、饲料、绿肥等），还可以为农户创造一定的经济收入。因此，植物篱是坡耕地水土流失防治的最佳选择，值得推广应用。特别是在贵州山区坡耕地水土流失面积大、流失严重的条件下，植物篱，特别是经济植物篱的推广将会获得良好的生态效益和经济效益。通过本研究表明，植物篱控制土壤侵蚀是十分显著的。仅仅是单种植物篱，地表径流中营养元素的相对拦截率都达到45%以上，大部分植物篱小区达到60%以上，这是十分显著的水土保持效果。如果从侵蚀模数考虑，这种降低幅度可以使坡耕地土壤侵蚀从轻度降低到无明显流失。试验进一步表明，不同物种组合植物篱和宽带植物篱相对拦截效果更好。

过去对植物篱的研究，开展了某一个物种或者少数几种的植物篱的比较研究（黎建强等，2010），开展了减流减沙效益（彭熙等，2009），减少径流及径流中营养元素的研究（黎建强等，2010）。本研究着眼于"两湖一库"汇水区农业面源污染中的重要组成部分——坡耕地水土流失及营养元素流失，较为全面地对植物篱的水土保持效果进行了研究。主要体现在试验比较的物种较多，为9种，分别有乔、灌、草3种不同生活型的植物。本试验设计了木本植物与草本植物搭配建设植物篱的试验，过去的研究多对单一物种的植物篱进行研究，而植物篱本身是一个小型的生态系统，生态学的研究已经明确指出，物种的多样性对生态系统的稳定性有利，系统的稳定性提高以后，有利于其物质、能量的循环和传递，促进系统内功能的改善，这样植物篱功能的发挥理论上就会有更强的保证。通过搭配试验，实际分析了物种组合拦截效果好的生态学原因。本研究还设计了植物篱带宽效应试验，即是对不同带宽的植物篱进行比较。过去已有关于植物篱带间距的试验（唐政洪等，2001），并且根据坡度与水土流失的关系，创造了一个带间距计算的经验公式（施讯，1995），然而对于植物篱的带宽却很少研究，虽然对于植物篱水土保持机理的研究表明植物篱主要通过机械拦截泥沙的方式实现水土保持的目的，当然也可以据此推断，植物篱带越宽，对泥沙的拦截效果会越好，水土保持效果会越好。然而，坡耕地上种植植物篱的目的是在水土保持的同时可以种植农作物，植物篱带越宽就会占用越多的土地，因此需要了解水土保持效果达到一定要求的植物篱最小带宽，并分析其机理。本研究达到了这个研究目的。根据坡耕地治理要达到的目标和坡耕地在生产中的方便操作，我们建议培植双带单种植物篱或双带不同植物组合植物篱即可。

本研究对不同物种植物篱、物种组合植物篱、不同带宽植物篱对坡耕地水土流失防治效果的研究其实是一个问题的三个方面，最终目的就是要探索出适应"两湖一库"汇水区气候、地质、地貌、土壤、人文等条件，水土保持效果最佳的植物篱建设模式，为推广提供依据。试验虽然仅对植物篱的水土保持效果做研究，取得相应的结果。试验设计选择的物种都具有一定经济价值，但是2010年和2011年贵州分别遭遇了罕见的春旱和夏秋连旱，植物篱植物生长时间短，植物篱的经济效益没有得到明显展示。然而，大量研究表明，植物篱作为一种重要的水土流失治理模式，已经在许多地区产生了显著的经济效益（王幸等，2011；唐亚等，2001；陈一兵等，2002；卜崇峰等，2006）。因此，从经济上考虑，这些水土保持效果好的植物篱也是值得推广的。

（本章执笔人：周运超）

## 参 考 文 献

卜崇峰，蔡强国，袁再健，等.2006.三峡库区等高植物篱的控蚀效益及其机制.中国水土保持科学，4（4）：14-18

陈一兵，林超文，朱钟麟，等.2002.经济植物篱种植模式及其生态经济效益研究.水土保持学报，16（2）：80-83

陈治谏，廖晓勇，刘邵权.2003.坡地植物篱农业技术生态经济效益评价.水土保持学报，17（4）：124-127

陈治谏，刘邵权，杨定国，等.2000.长江上游水土流失与防治对策研究.水土保持学报，14（4）：1-5

何腾兵.2000.贵州喀斯特山区水土流失状况及生态农业建设途径探讨.水土保持学报，14（5）：29-34

黎建强，张洪江，程金花，等.2011.长江上游不同植物篱系统的土壤物理性质.应用生态学报，22（2）：418-424

黎建强，张洪江，程金花，等.2010.不同类型植物篱对长江上游坡耕地土壤养分含量及坡面分布的影响.生态环境学报，19（11）：2574-2580

黎四龙，蔡强国，吴淑安，等.1998.坡长对径流及侵蚀的影响.干旱区资源与环境，12（1）：29-35

李秀彬，施迅.1996.等高活篱笆试验研究的若干问题.地理研究，15（1）：66-72

龙高飞，蒲玉琳，谢疆.2011.农业面源污染的植物篱控制技术研究进展.安徽农业科学，39（19）：11711-11714

吕文星，张洪江，程金花，等.2011.三峡库区植物篱对土壤理化性质及抗蚀性的影响.水土保持学报，25（4）：69-73

马根录.2009.植物篱技术在湖北坡耕地治理中的应用和效益分析.长江科学院院刊，26（3）：9-12

彭熙，李安定，李苇洁，等.2009不同植物篱模式下土壤物理变化及其减流减沙效应研究.土壤，41（1）：107-111

施迅.1995.坡地改良利用中活篱笆的种类选择和水平空间结构初步研究.生态农业研究，3（2）：49-53

史立人.2002.长江中上游水土流失的综合防治.中国水土保持，9：2-4

唐克丽.1999.土壤侵蚀环境演变与全球变化及防灾减灾的机制.土壤与环境，8（2）：81-86

唐克丽.2004.中国水土保持.北京.科学出版社

唐亚，谢嘉穗，陈克明，等.2001.等高固氮植物篱技术在坡耕地可持续耕作中的应用.水土保持研究，8（1）：105-110

唐政洪，蔡强国，许峰，等.2001.半干旱区植物篱侵蚀及养分控制过程的试验研究.地理研究，20（5）：593-600

王幸，张洪江，程金花，等.2011.三峡库区坡耕地植物篱模式效益评价研究.中国生态农业学报，19（3）：692-698

王震洪.2006.黔滇交界区坡耕地分区治理模式及效益评价.山地农业生物学报,25(1):23-29

许峰,蔡强国,吴淑安.1999.等高植物篱在南方湿润山区坡地的应用——以三峡库区紫色土坡地为例.山地学报,17(3):193-199

姚桂枝,刘章勇.2010.丹江口库区坡耕地不同植物篱对径流及养分流失的影响初探.安徽农业科学,38(6):3015-3016

姚芃.2007-06-29.我国水土流失形势严峻.法制日报:007版

尹迪信,唐华彬,罗红军,等.2006.植物篱技术发展回顾和贵州省的研究进展.水土保持研究,13(1):15-17

张建锋,单奇华,钱洪涛,等.2008.坡地固氮植物篱在农业面源污染控制方面的作用与营建技术.水土保持通报,28(5):180-185